電源開発株式会社磯子火力発電所　（写真提供：J-POWER［電源開発（株）］）

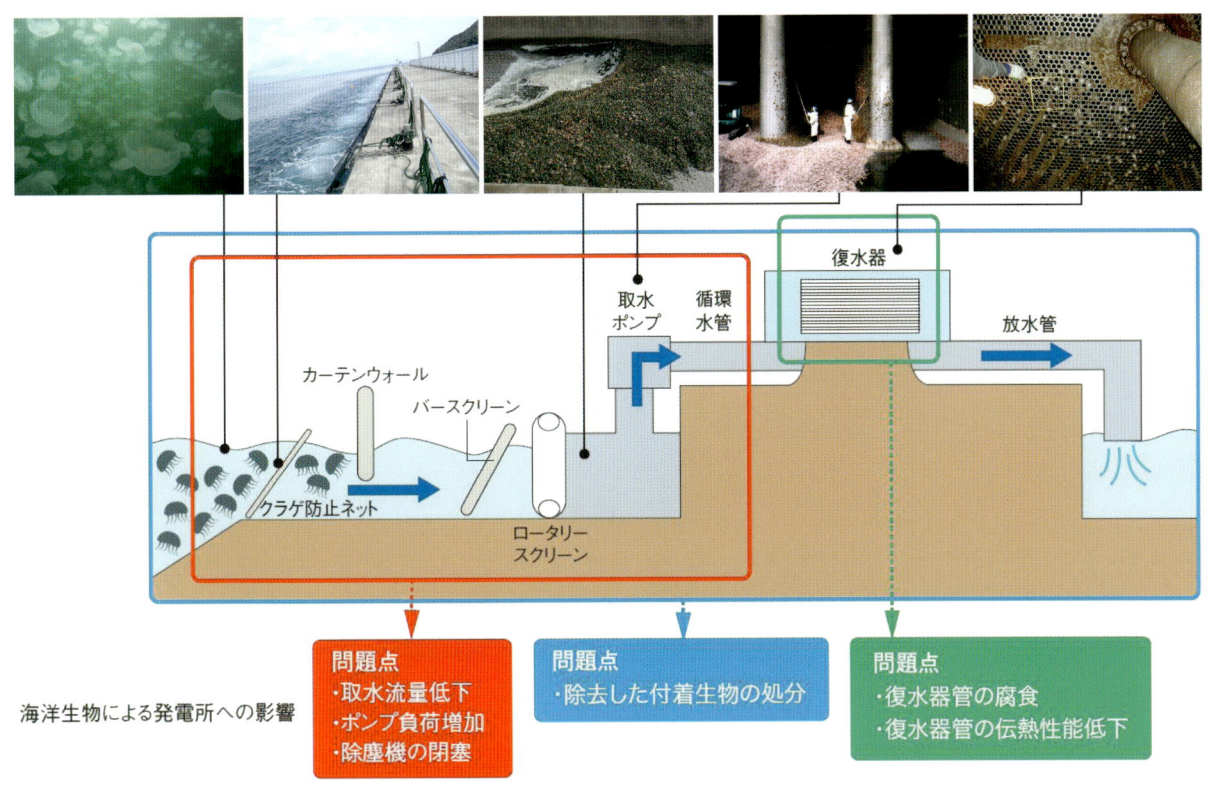

海洋生物による発電所への影響

問題点
・取水流量低下
・ポンプ負荷増加
・除塵機の閉塞

問題点
・除去した付着生物の処分

問題点
・復水器管の腐食
・復水器管の伝熱性能低下

図4・4　海水冷却水設備における海生生物による障害事例（©野方靖行）

汚損状況

(循環水系)

取水路

取水路天井

循環水管

掻き落とした汚損生物

(ポンプ)

管棲多毛類

(バルブ)

（復水器・熱交換器）

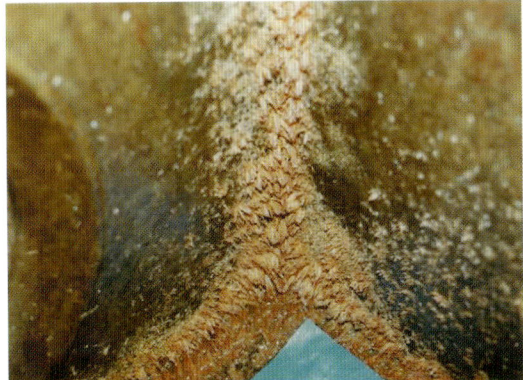

ヒドロ虫類群集

生物皮膜

フジツボ類による細管出口の閉塞

（LNG気化器トラフ）

用水路に付着したムラサキイガイ

用水路内に付着したヒドロ虫類

汚損生物

(刺胞動物)

左　：ミズクラゲ群集
左下：ミズクラゲのポリプ
右下：ヒドロ虫類
　　　（ベニクダウミヒドラ）の
　　　ポリプ群体の形態

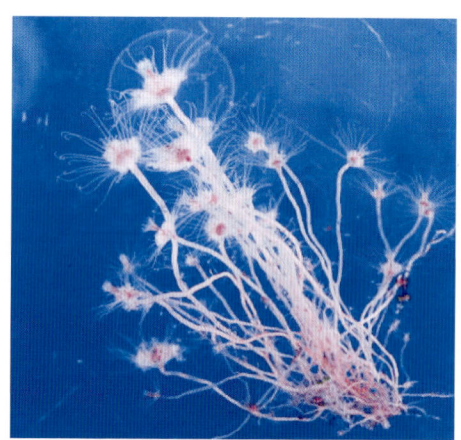

(軟体動物)

左上：カワヒバリガイ，右上：セブラマッセル
左下：ムラサキイガイ，右下：ミドリイガイ

ミドリイガイ

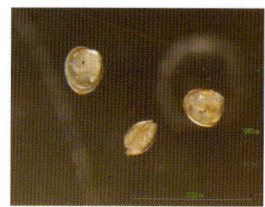

ムラサキイガイ付着幼生
（ペディベリジャー幼生）

マガキ

節足動物

タテジマフジツボ

アカフジツボ

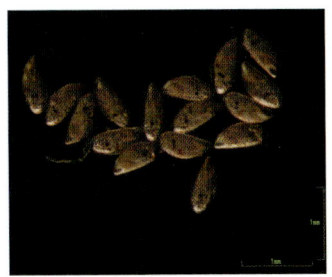
フジツボの付着幼生
（キプリス幼生）

環形動物

管棲多毛類

外肛動物

フサコケムシ類

原索動物

ホヤ類

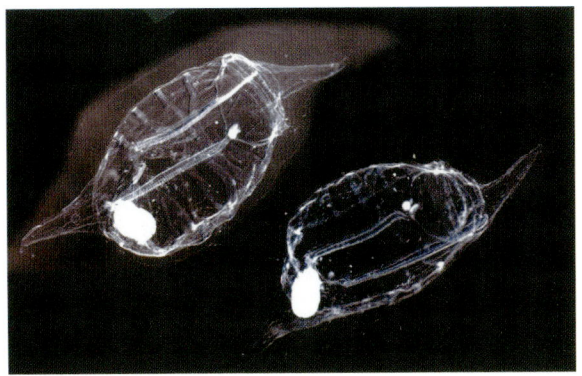
トガリサルパ　（提供：伊東　宏博士）

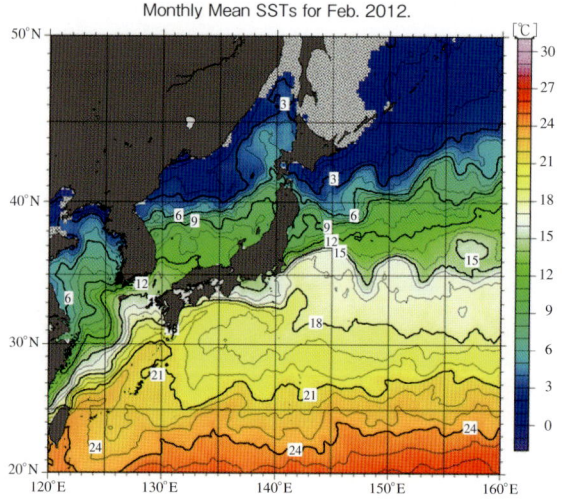

図2・1 人工衛星とブイ・船舶による観測値によって求めた日本近海の2014年2月における月平均海面水温度（℃）（気象庁ホームページより引用）

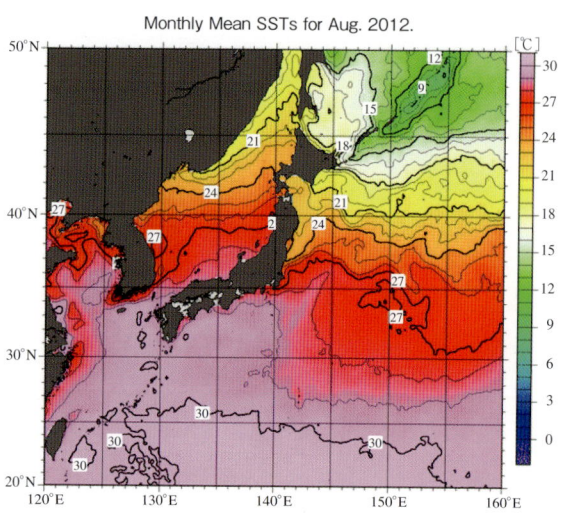

図2・2 人工衛星とブイ・船舶による観測値によって求めた日本近海の2013年8月における月平均海面水温度（℃）（気象庁ホームページより引用）

図3・8 日本沿岸におけるイガイ類の分布

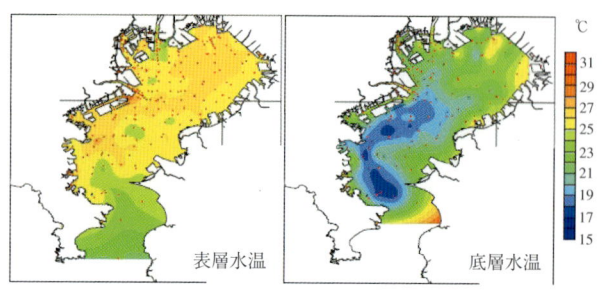

図3・10 東京湾の水温（2011年8月3日）
（2011年度東京湾一斉調査調査結果より）

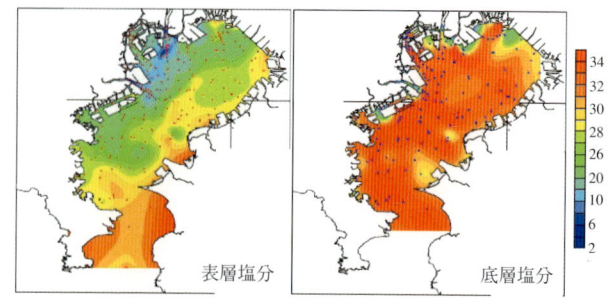

図3・11 東京湾の塩分（2011年8月3日）
（2011年度東京湾一斉調査調査結果より）

図3・9 東京湾沿岸の地形区分
（東京湾環境情報センターHPより）

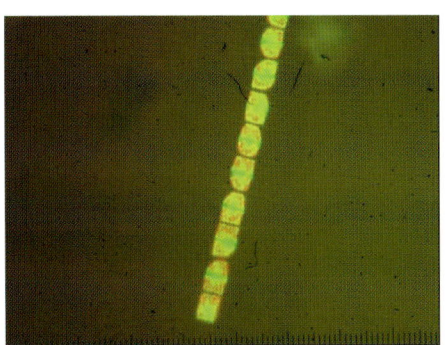

図3・61 FDA染色による活性細胞（上）
と不活性細胞（下）の判別例

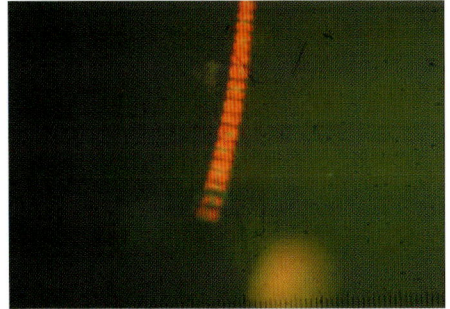

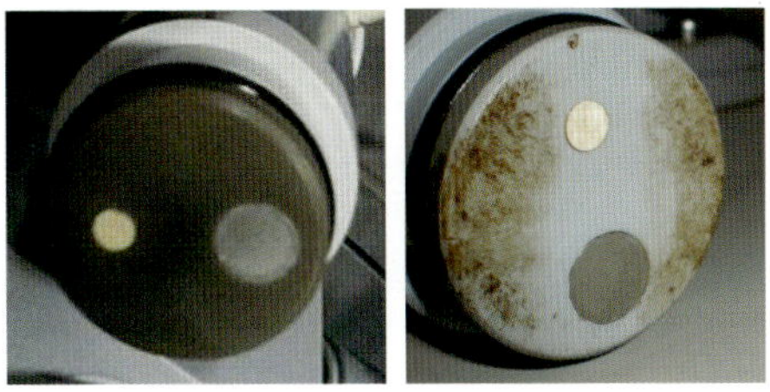

図5・15 センサー洗浄例
左：洗浄前（全体に珪藻が付着している），
右：洗浄後

各種幼生・プランクトン免疫染色（AP系）例

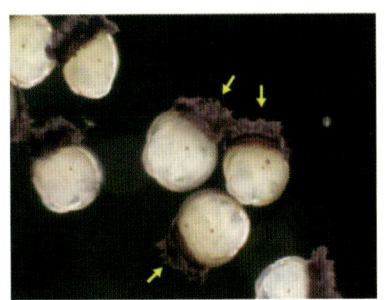

ムラサキイガイ・ペディベリジャー

アサリ・ペディベリジャー

バイガイ・ペディベリジャー

対照（ムラサキイガイ・ペディベリジャー）

コペポーダ類（野外資料）

＊この抗体の場合，
ムラサキイガイ付着期幼生
の面盤に特異的に反応する．

図5・44 抗体による染色例〔提供：中国電力（株）〕

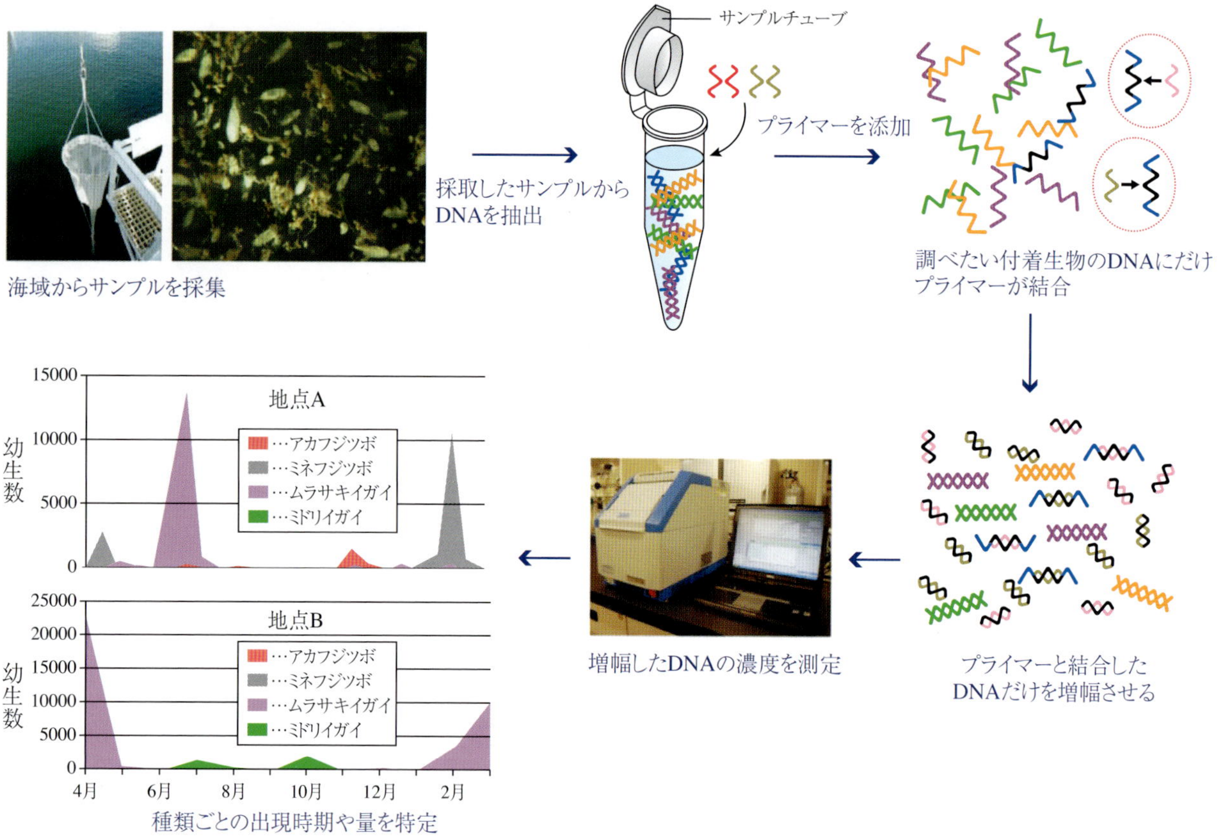

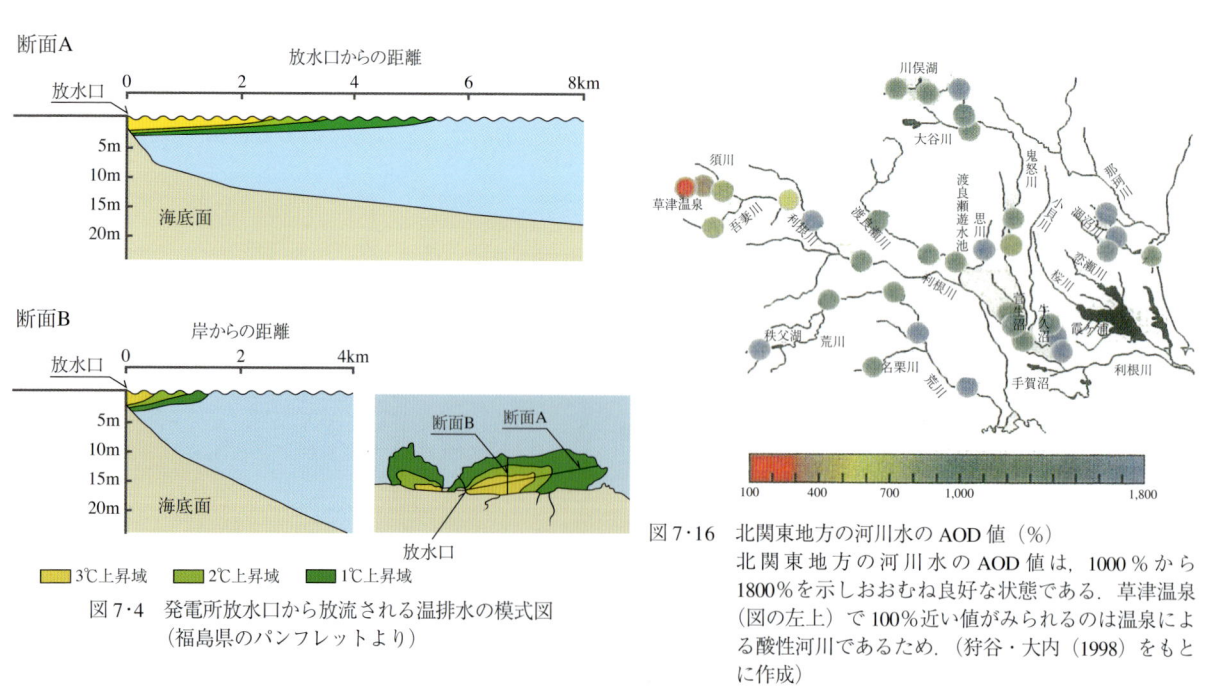

図 5・45 遺伝情報による付着生物の検出・定量方法（野方，2012）

図 7・4 発電所放水口から放流される温排水の模式図（福島県のパンフレットより）

図 7・16 北関東地方の河川水の AOD 値（%）
北関東地方の河川水の AOD 値は，1000% から 1800% を示しおおむね良好な状態である．草津温泉（図の左上）で 100% 近い値がみられるのは温泉による酸性河川であるため．（狩谷・大内 (1998) をもとに作成）

発電所海水設備の汚損対策ハンドブック

火力原子力発電技術協会　編

恒星社厚生閣

平野禮次郎先生の思い出とともに

　研究室で，また現場で防汚業務に取り組まれている方々のなかには，本書を手にされて故・東京大学名誉教授平野禮次郎先生（2013 年 7 月 1 日ご逝去）のお名前を思い浮かべる方も多いことと存じます．私自身は付着生物研究を勧められることは無かったのですが，先生が助教授になられて初めての卒論生，大学院生として動物プランクトン研究のご指導を受け，さらに水産増殖学講座および水産海洋学講座では教官としてお仕えするという栄誉に浴することができました．先生のもとでは，自分の専門以外の多くをお手伝いする機会をいただきましたが，今また，本来であれば先生ご自身が率先してお書きになったであろう推薦文執筆の機会をいただき，最後のお手伝いかと感無量でございます．

　私どもが学生であった昭和 40 年前後は，付着生物の問題と言えば，船底付着のほかは生け簀など養殖施設の海水交換阻害が語られるくらいで，「日本海海戦で我が国が世界最強のバルチック艦隊を撃滅できたのは，北海からの長旅で彼らの船に付着したフジツボのおかげだ」という，平野先生の無脊椎動物学講義の名調子も思い出されます．当時の対策は単純に「とにかく掻き落とす，塗料を塗る」という力業でしたが，かたや先生ご自身は，終戦間もない時代の卒論研究でそれまで困難とされてきたフジツボ類幼生の飼育を成功に導き，代表種についてノープリウス期での検索表を作成しているなど，現在の防汚研究の王道でもある "生物種ごとの生態に基づいた基礎研究と応用研究" の先駆けとなっていらっしゃいます．のちに我が国は高度成長期を迎えるのですが，その原動力となった発電産業の方々が頻繁に来訪されるようになったのも，復水器冷却水などの水路，配管の閉塞が深刻になってきたことと，先生のご名声を聞きつけてのことだったのでしょう．やがて昭和 50 年代に入ると，学内では研究テーマとして付着生物を選択する学生も増え，大学の同級であった梶原武先生 (東大海洋研究所名誉教授・故人) 等とともに日本付着生物学会を創設するに至ります．

　平野先生は，基礎科学としても緻密な研究をされる方でしたが，実はそのポリシーは「研究のための研究をしないこと」，「社会のための出口を持った研究をする」で，事実，防汚研究に携わる方々とご一緒の時，また現場をお訪ねする出張などでは，日頃物静かな先生がいかにも楽しそうに振る舞われるのを目の当たりにすることができました．本書を通覧いたしますと，先生が直接に，また間接にお育てになった多くの弟子諸氏が執筆されているのに気づきますが，その方々が皆「社会のための出口を目指して」お仕事をされている様子が目に浮かぶように感じます．それが故に本書が，海洋生物研究に携わる者にとっては防汚という現実の技術開発にどう係わるか，また対象とするプラントはどのようなものであるかを知る，一方，技術者にとっては自然の生態系や付着生物とはどういうものかを知る良い手引き書となるに違いありません．防汚研究の先達であり，このハンドブックの刊行を心からお慶びになったであろう平野先生のお姿，お志を思い浮かべつつ本書をご推薦申し上げます．

　2014 年 10 月

東京大学名誉教授　日野明徳

はじめに

　一般社団法人火力原子力発電技術協会には，同じ課題を持つ会員同士が集まって情報交換や勉強会などを行う研究会が幾つかある．その中で最初に活動を開始したのが今回，このハンドブックを作成した「海生生物対策研究会」である．協会の研究会活動には多様なメリットがあるが，どの研究会にも共通しているのが多様な企業・団体にわたるネットワークの構築である．海生生物研究会においても，海生生物の研究者，防汚対策技術や周辺技術の開発者，そして火力や原子力の発電所で海水設備の保守管理に携わる実務者など幅広いネットワークが構築された．

　数年にわたる活動を経て，海生生物対策研究会では「もっと現場の方々に役立つ情報提供ができないか」との思いから，幅広いネットワークを活かし，事業用から自家用に至る海水冷却を利用している発電所で設備の保守管理に携わっている現場技術者のためのハンドブックを作成することとした．

　ハンドブックの作成に当たっては，海生生物対策研究会のメンバーを中心に付着生物研究の専門家から付着防止技術の開発や設備を維持管理するための分析機器等の開発などに携わる技術者，実際に設備を保守管理する現場の技術者など，それぞれの部門第一線で活躍している専門家が執筆を担当し，基礎知識から新技術や応用技術の実用事例に加え，開発を終えて適用箇所を模索している最新技術まで掲載するなど，充実した内容のハンドブックとすることができた．

　多方面からの切り口を持つこのハンドブックは，1章から順に読んでいただいても，また，実務の中で疑問に思った事や調べたい事を辞典的に特定の章・項を読んでいただいても良いように構成した．

　発電所の海水設備の保守管理は大変地味な仕事であるが，発電プラントの効率から周辺地域の環境や廃棄物問題など多様な課題を抱えており，発電所を運営する上では重要な仕事の一つである．地味ではあるが重要な海水設備の保守管理を担う現場技術者の方々に対して，その日常業務をサポートする目的で作成したのがハンドブックである．このハンドブックが常に現場事務所の担当者の机の上に置かれ，時には設備の保守管理作業の現場に携帯され，代々の実務者に引き継がれて使用され，多くの手垢でぼろぼろになるまで読まれることを期待している．

2014 年 10 月

一般社団法人　火力原子力発電技術協会

会長　伴　鋼造

執筆者一覧 (50音順)

氏名	生年	所属
飯淵 敏夫	1960年生,	(公財) 海洋生物環境研究所
石黒 秀典	1984年生,	日本エヌ・ユー・エス株式会社
稲田 慶子	1983年生,	東京電力株式会社
遠藤 佑介	1983年生,	東北電力株式会社
大澤 勇	1971年生,	中部電力株式会社
大庭 忠彦	1953年生,	株式会社ナカボーテック
奥畑 博史	1974年生,	関西電力株式会社
尾谷 克芳	1955年生,	タプロゲジャパン株式会社
勝本 暁	1972年生,	片山ナルコ株式会社
*勝山 一朗	1949年生,	日本エヌ・ユー・エス株式会社
神庭 恵	1949年生,	元 日本原子力発電株式会社
小林 聖治	1964年生,	日本エヌ・ユー・エス株式会社
紺野 亜紀子	1980年生,	電源開発株式会社
坂口 勇	1948年生,	(一財) 電力中央研究所
品川 高儀	1950年生,	日本エヌ・ユー・エス株式会社
島田 繁	1952年生,	株式会社東科精機
下村 一等	1967年生,	北海道電力株式会社
定道 有頂	1957年生	日本エヌ・ユー・エス株式会社
眞道 幸司	1970年生,	(公財) 海洋生物環境研究所
杉本 正昭	1954年生,	株式会社環境総合テクノス
鈴木 あや子	1955年生,	日本エヌ・ユー・エス株式会社
鈴木 聡司	1977年生,	日本エヌ・ユー・エス株式会社
鈴木 崇行	1965年生,	日本エヌ・ユー・エス株式会社
*野方 靖行	1973年生,	(一財) 電力中央研究所
長谷川 一幸	1974年生,	(公財) 海洋生物環境研究所
濱田 稔	1966年生,	中部電力株式会社
*原 猛也	1952年生,	(公財) 海洋生物環境研究所
藤井 忠彦	1952年生,	中国塗料株式会社
藤田 義彦	1968年生,	株式会社環境総合テクノス
*船橋 信之	1955年生,	(一社) 火力原子力発電技術協会
古田 岳志	1966年生,	(一財) 電力中央研究所
松村 達也	1963年生,	三菱重工環境・化学エンジニアリング株式会社
松本 智彦	1968年生,	片山ナルコ株式会社
松本 正喜	1965年生,	日本エヌ・ユー・エス株式会社
柳川 敏治	1973年生,	中国電力株式会社
山下 桂司	1958年生,	株式会社セシルリサーチ
吉田 太佳司	1960年生,	中国塗料株式会社
渡邉 幸彦	1960年生,	(公財) 海洋生物環境研究所

* 編者

なお,他に沖縄電力株式会社,株式会社四国総合研究所,相馬共同火力発電株式会社,北陸電力株式会社の協力を得ました.

発電所海水設備の汚損対策ハンドブック　目次

平野禮次郎先生の思い出とともに ....(日野明徳) iii
はじめに ....(伴　鋼造) v

1章　発電所の海水設備 1
1・1　発電所の仕組みと海水の利用 ....(船橋信之) 2
1・2　発電所の海水設備 ....(船橋信之) 7
1・3　取水設備 ....(船橋信之) 9
1・4　復水器などの熱交換器と周辺設備 ....(船橋信之) 15
1・5　放水設備 ....(船橋信之) 23

2章　海　水 27
2・1　海水の性状 ....(長谷川一幸) 28
2・2　海水温 ....(長谷川一幸) 29
2・3　海水の流動 ....(長谷川一幸) 30

3章　海生生物 33
3・1　海生生物の基礎知識 ....(野方靖行) 34
3・2　海生生物の地域特性 ....(野方靖行) 38
3・3　生物皮膜 ....(勝山一朗・山下桂司) 42
3・4　海藻類 ....(松本正喜) 46
3・5　イガイ類 ....(渡邉幸彦・野方靖行) 48
3・6　カキ類 ....(渡邉幸彦) 54
3・7　フジツボ類 ....(野方靖行) 56
3・8　ヒドロ虫類 ....(山下桂司) 62
3・9　その他大型付着生物 ....(野方靖行) 68
3・10　クラゲ類 ....(濱田　稔) 76
3・11　サルパ類 ....(飯淵敏夫) 81
3・12　動植物プランクトン ....(飯淵敏夫) 85

4章　発電所海水設備の運用と管理 93
4・1　海水設備の保守管理技術の歴史 ....(神庭　恵・原　猛也) 94

4・2　海水冷却水系統における生物汚損対策設備の概要
　　　　　　　　　　　　　　　　(杉本正昭・藤田義彦).......... 96
4・3　海生生物による海水冷却水設備の障害と対策
　　　　　　　　　　　　　　　　(杉本正昭・藤田義彦).......... 99
4・4　海水設備の保守・管理の概要
　　　　　　　　　　　　(杉本正昭・藤田義彦・船橋信之).......... 102

5章　海生生物対策技術（防汚対策） 107
5・1　防汚対策の基礎知識 ....(勝山一朗).......... 108
5・2　防汚塗料 ....(藤井忠彦・吉田太佳司).......... 112
5・3　塩素注入 ....(原　猛也・勝山一朗・松村達也).......... 118
5・4　塩素注入の運用管理 ....(島田　繁).......... 126
5・5　塩素以外の酸化剤 ....(松本智彦・勝本　暁).......... 133
5・6　その他の薬剤 ....(古田岳志).......... 137
5・7　スポンジボール・ブラシ打ち ....(杉本正昭).......... 142
5・8　除貝装置 ....(尾谷克芳).......... 146
5・9　電気防汚 ....(大庭忠彦).......... 148
5・10　流速や高水温による付着防止 ....(坂口　勇・野方靖行).......... 154
5・11　汚損生物幼生の検出方法 ....(野方靖行).......... 160
5・12　研究段階の技術 ....(野方靖行).......... 164
5・13　海生生物廃棄物の処理・再利用技術 ...(坂口　勇・野方靖行).......... 170

6章　対策の評価 185
6・1　対策の評価における基礎知識 ....(勝山一朗・小林聖治).......... 186
6・2　防汚剤・防汚塗料などのスクリーニング方法
　　　　　　　　　　　　　　　　(勝山一朗・小林聖治).......... 192
6・3　モデルコンデンサ・実機を用いた試験方法
　　　　　　　　　　　　　　　　(勝山一朗・山下桂司・小林聖治).......... 198
6・4　実機運転データからわかること
　　　　　　　　　　　　　　　　(定道有頂・山下桂司・勝山一朗).......... 203

7章　環境への配慮の考え方 209
7・1　冷却水の取水連行と温排水 ....(原　猛也).......... 210
7・2　化学物質使用における責務 ....(石黒秀典).......... 218

7・3	化学物質のリスク評価と管理 ....(原　猛也・眞道幸司)..........	223
7・4	化学物質の生物に対する毒性の試験法 ....(眞道幸司)..........	225
7・5	水環境中濃度の推定 ....(眞道幸司)..........	233
7・6	生態影響リスクの推定方法 ....(眞道幸司)..........	236
7・7	化学物質による生物影響の総合的評価	
	....(眞道幸司・鈴木あや子)..........	242
7・8	水質に関わる基準設定 ....(眞道幸司)..........	247

8章　関係法令　263

8・1	関連法令の基礎知識 ....(原　猛也)..........	264
8・2	環境影響評価法 ....(品川高儀・鈴木崇行・鈴木聡司)..........	267
8・3	水質汚濁防止法 ....(古田岳志・眞道幸司)..........	279
8・4	産業廃棄物処理法 ....(石黒秀典)..........	285
8・5	化学物質関連法 ....(石黒秀典)..........	295

9章　対策技術の実用事例と開発事例の紹介　311

9・1	クラゲ対策①　クラゲ洋上処理 ....(東北電力（株）)..........	312
9・2	クラゲ対策②　クラゲなど海生生物流入対策	
	....(北陸電力（株）)..........	316
9・3	クラゲ対策③　クラゲ減容化技術 ....(関西電力（株）)..........	320
9・4	クラゲ対策④　クラゲ監視システム ....(四国電力（株）)..........	322
9・5	クラゲ対策⑤　クラゲなど対策のための取水槽塵芥ピット	
	....(沖縄電力（株）)..........	324
9・6	付着生物のモニタリング技術 ....(中国電力（株）)..........	326
9・7	付着防止技術①　高機能清掃ロボット ....(中部電力（株）)..........	332
9・8	付着防止技術②　海水電解装置 ....(相馬共同火力発電（株）)..........	334
9・9	付着防止技術③　防汚パネル(1)取水路への設置	
	....(東京電力（株）)..........	336
9・10	付着防止技術④　防汚パネル(2)　取水管への設置	
	....(電源開発（株）)..........	340
9・11	付着防止技術⑤　マイクロバブルによる生物付着抑制	
	....(関西電力（株）)..........	342
9・12	コンポスト化処理 ....(北海道電力（株）)..........	344
9・13	海外の事例 ....(小林聖治・原　猛也)..........	346

1章　発電所の海水設備

　火力発電所や原子力発電所では，蒸気タービン復水器や補機冷却水の冷却器などに大量の海水が使われている．復水器では，海水によりタービンから排出された蒸気を冷却することでタービン背圧を低くして発電プラントの効率を高め，タービンで仕事を終えて凝縮した蒸気を再びボイラーや原子炉に送り出している．補機の軸受や潤滑油や発電機冷却水素の冷却水を冷却するにも海水が用いられている．また，火力の主要燃料となっているLNGの気化器では，加熱用に海水が用いられている．さらに原子力発電所では，原子炉冷却材喪失事故時などの緊急時における非常用炉心冷却設備などでも海水が用いられており，海水は発電システムの中にあって重要な役割を担っている．
　ここでは，火力発電所や原子力発電所について，発電の仕組み，海水冷却設備の機器構成や各機器の機能などについて説明する．

　　　　1・1　発電所の仕組みと海水の利用
　　　　1・2　発電所の海水設備
　　　　1・3　取水設備
　　　　1・4　復水器などの熱交換器と周辺設備
　　　　1・5　放水設備

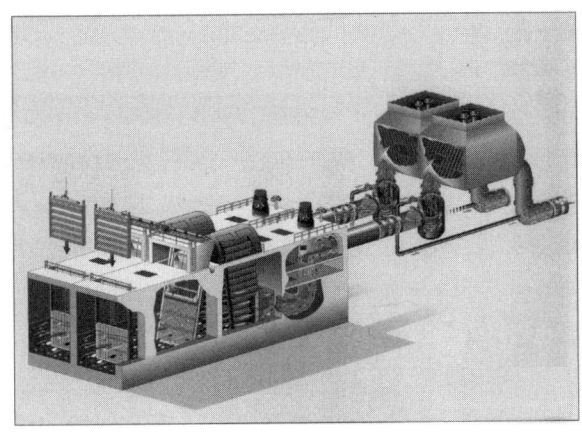

（提供：タプロゲジャパン社）

1・1 発電所の仕組みと海水の利用

化石燃料を用いる火力発電として汽力発電方式とガスタービンコンバインドサイク発電方式について，また原子力発電として加圧水型と沸騰水型について，各々発電の仕組みを概説し，発電を行う際の海水利用について解説する．

1) 火力発電
①汽力発電方式

汽力発電方式の概略を図1・1に示す．発電機を回転させる動力を発生するための作動流体として，化石燃料を燃焼させて作った水蒸気を利用する発電方式を汽力発電という．

汽力発電では，まず水を給水ポンプで加圧してボイラーに送り，ボイラーで化石燃料を燃焼させた熱で水を加熱し水蒸気を作り，この蒸気で蒸気タービンを回転させて発電機で発電する．作動流体を液体から気体に変化させて循環する仕組みをランキンサイクルといい，蒸気タービンの入口出口の圧力差を大きくすることでプラント効率を高くできることから，蒸気タービン出口蒸気を海水で冷却して蒸気タービン背圧を低くしている．また，蒸気を凝縮させた水（復水）は，復水ポンプで再びボイラーに送られる．

汽力発電に用いる燃料は，石油，天然ガス（LNG），石炭といった化石燃料全般を利用することができるが，近年，天然ガスは後述するガスタービンコンバインドサイクル発電方式が主流となっている．一方，石油は燃料コストが高いことから汽力発電の燃料としては石炭が主流となってきている．

②ガスタービンコンバインドサイクル発電方式（以下GTCC発電方式という）

GTCC発電方式の概略を図1・2に示す．GTCC発電方式はガスタービンと蒸気タービンを組み合わせた方式で，発電効率が高いことが特徴である．まず，燃料を燃焼させた高温高圧ガスでガスタービンを回転させて発電し，ガスタービンから出る高温の排気ガスを用いて高温高圧の蒸気を作り，さらに蒸気タービンを回して発電する方式で，ガスタービン単体や蒸気タービン単体の発電方式より高い発電効率を得ることができる．ガスタービンの排気ガスから蒸気を作る装置を排熱回収ボイラーという．

なお，ガスタービン排気ガスは後段の排熱回収ボイラーで熱回収した後，煙突によって大気に放出されるため海水などでの冷却はしないが，蒸気タービンは背圧を低くしてプラント効率を高くするために，汽力発電と同様にタービン出口の蒸気を海水で冷却している．

一般的にGTCC発電では，プラント出力のうちガスタービンが2/3，蒸気タービンが1/3を発生させており，必要な冷却海水の量も通常の汽力と比べ1/3程度となっている．

GTCCで用いられる燃料は天然ガス（LNG）などの気体燃料であるが，石炭をガス化するガス化炉とそのガス化した燃料を用いたガスタービン，さらにガスタービン出口の排熱とガス化炉の排熱を活用した蒸気タービンを1つのシステムとした石炭ガス化複合発電方式（IGCC）も開発され実用時期にきている．図1・3に石炭ガス化複合発電方式を示す．

1・1 発電所の仕組みと海水の利用

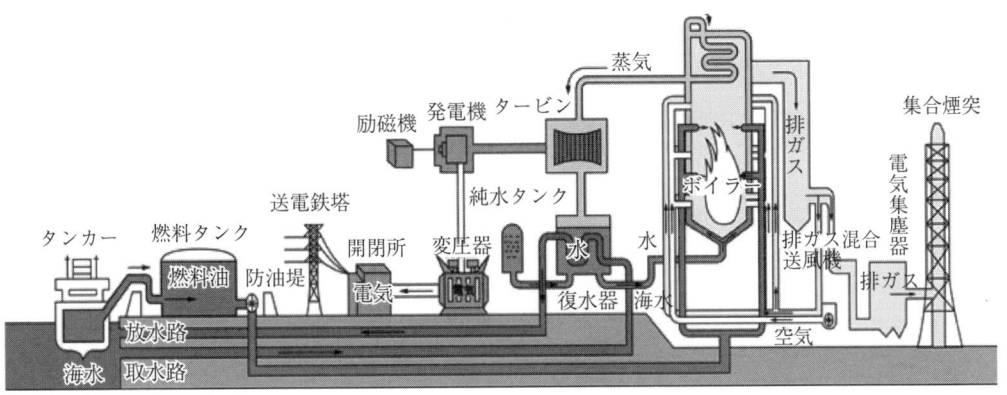

図1・1 汽力発電の仕組み

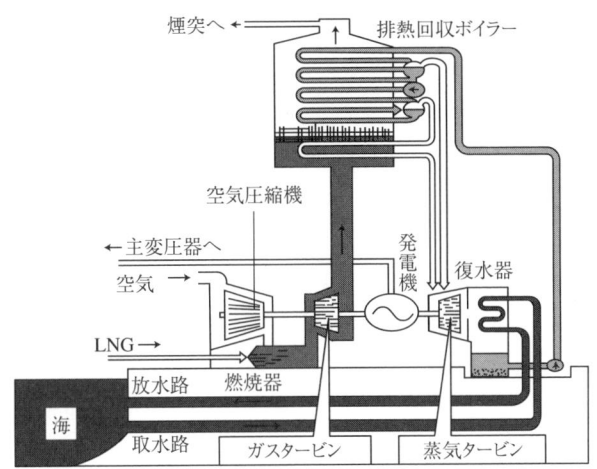

図1・2 ガスタービンコンバインドサイクル発電の仕組み

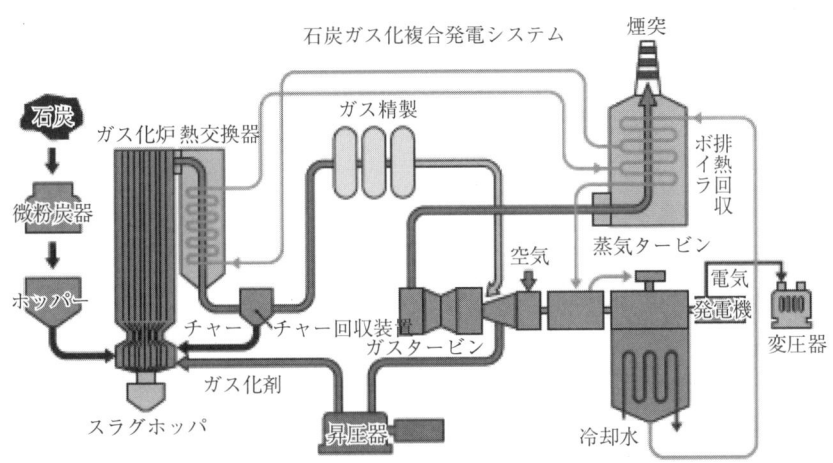

図1・3 石炭ガス化複合発電の仕組み

2）原子力発電の仕組み

　日本の事業用原子力発電方式は，原子炉の冷却材と減速材に軽水を用いる軽水炉型が主流で，加圧した原子炉冷却水＆減速材を蒸気発生器に送って蒸気を作る加圧水型（PWR）と，原子炉の冷却水＆減速材を蒸気にして蒸気タービンに導入する沸騰水型（BWR）の2種類がある．

　なお，日本の原子力発電所は全て海岸線に立地し，復水器などの冷却水として海水を利用しているが，海外では内陸に立地する場合も多く，この場合の復水冷却には水の利用量を抑えるために水の潜熱を利用した冷却塔を採用している．

①加圧水型発電方式（PWR：Pressurized Water Reactor）

　加圧水型の基本構成を図1・4に示す．PWRでは高圧水が原子炉容器内で低濃縮ウラン燃料により高温に熱せられ，ポンプにより原子炉容器と蒸気発生器の間を循環する．これを一次冷却系という．蒸気発生器では，内部に設けられた多数の細管を通じて別の循環系統との間で熱交換を行い，発生した蒸気を蒸気タービンに導入して発電機を回転させ発電を行っている．この蒸気発生器から蒸気タービンの系統を二次冷却系という．蒸気タービンを出た蒸気はタービン下部に設置された復水器により冷却され水（復水）に戻り，再び蒸気発生器に送られる．

　PWRは冷却系に一次と二次が存在しその間に蒸気発生器があるなどシステム的には複雑になるが，一次系内に放射性物質が漏れ出ても二次系への汚染が生じないことから，二次側では運転・保守を考慮した放射性防護対策を必要としないメリットがある．

②沸騰水型発電方式（BWR：Boling Water Reactor）

　沸騰水型の基本構成を図1・5に示す．BWRでは，低濃縮ウラン燃料により水を蒸気に変えて直接タービンへ導入し，発電機を回して電気を起こす．タービンを回した後の蒸気は，タービン下部に設置された復水器により冷却され，水（復水）となって給水ポンプにより再び原子炉に送られる．

　BWRでは，タービンに送られる蒸気中に放射性物質が含まれる可能性があることから，復水器でも放射線遮断，放射性気体廃棄物の処理などの対策が必要となる．このことから，復水器冷却細管にはチタン管などの高い信頼性を有する材料を採用するなど，防護対策が必要となる．

　なお，最新のBWR基は，原子炉系の単純化，格納容器小型化，制御棒駆動機構の多様化，耐震性の向上，非常用炉心冷却システムの最適化などを図った改良型BWR（ABWR）が採用されている．

3）海水の利用

　日本国内の大型火力発電所・原子力発電所の多くは，冷却用として大量の海水を利用している．その利用形態は主に冷却用で，蒸気タービン復水器や各種の補機冷却用であるが，それ以外にもLNGを気化してガス化するための加熱用熱源としても用いられている．以下，海水利用の主要なものを下記に概説する．

①蒸気タービン復水器

　火力原子力発電プラントでは，タービン効率を高くするためにタービン出口の背圧を冷却材で冷却して真空レベルまで低くし，凝縮した水（復水）を再びボイラーあるいは原子炉に送っている．蒸気の冷却には大量の冷却材が必要となるため，国内のプラントのほとんどが海水を用いている．

1·1 発電所の仕組みと海水の利用

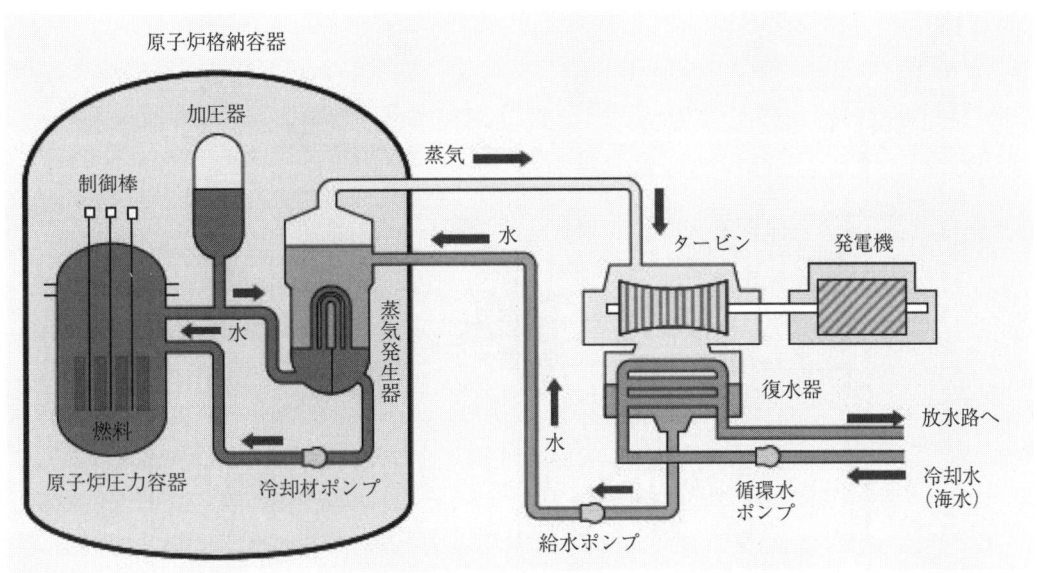

図1·4 加圧型原子力発電（PWR）の仕組み

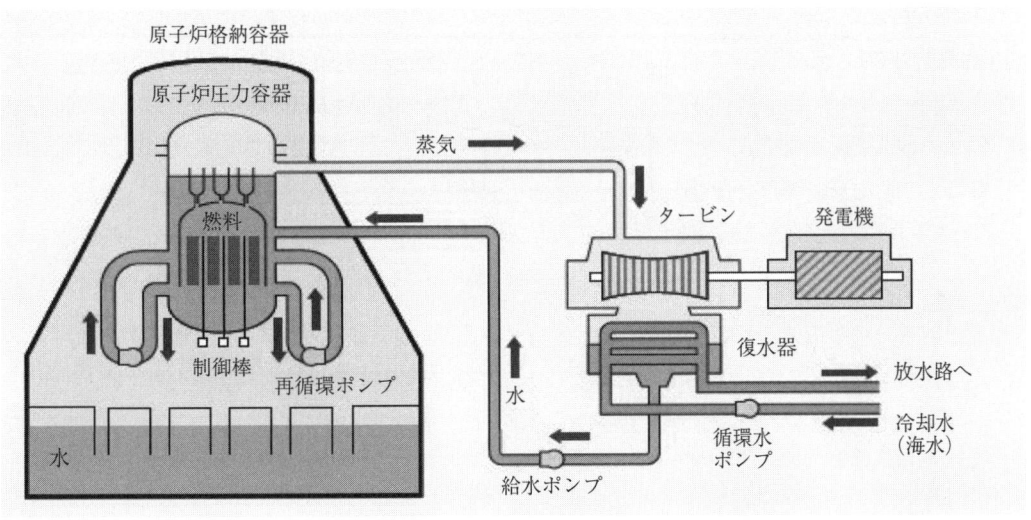

図1·5 沸騰水型原子力発電（BWR）の仕組み

②海水冷却器（補機冷却水冷却器）

火力発電プラントでは，補機類の軸受，潤滑油，発電機冷却水素などを冷却するための冷却水を所定の温度まで低下させるために，海水を用いて熱交換器（海水冷却器）で冷却している．

③LNG基地LNG気化器

−160℃以下のLNG（液化天然ガス）をガス化するために加熱する必要があり，国内のLNG基地の多くが加熱用に海水を用いている．他の海水利用が冷却用であるのに対してLNGの気化では加熱用に用いているため，使用を終えた海水は冷排水となる．LNGは火力発電所に隣接されることがほ

1章　発電所の海水設備

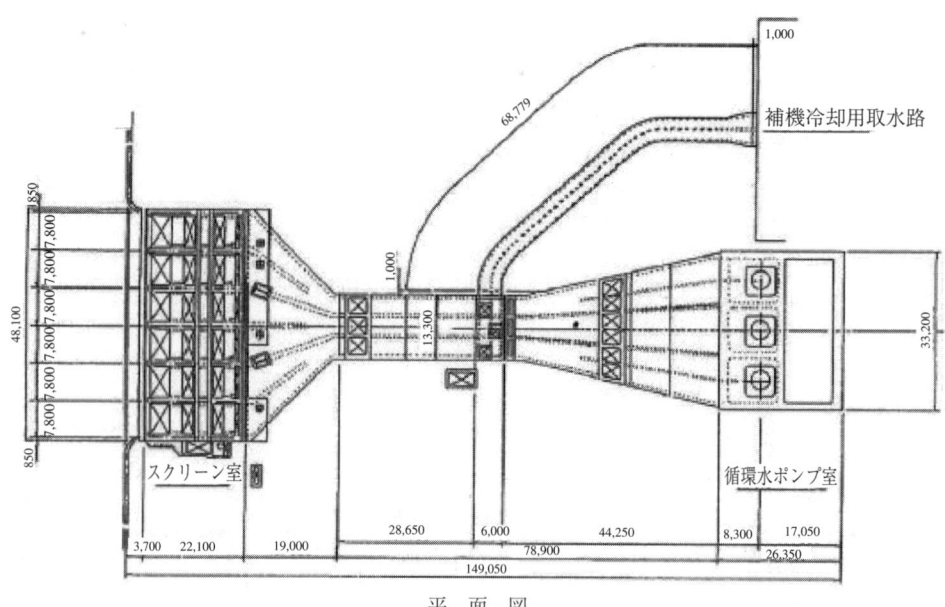

平　面　図

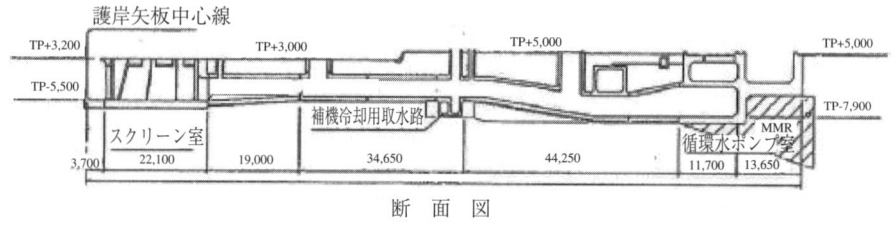

断　面　図

図1・6　取水路図（原子力の例）

とんどであるため，取水・放水路を発電所と共有することが多い．発電所の放水路から取水したり，取水路に放水したり，その方式は多様である．ただ，発電所から排出される温排水の熱量とLNG基地から排水される冷温排水の熱量では圧倒的に温排水の熱量が大きく，冷排水が温排水の影響を緩和する寄与は小さい．

なお，LNG気化器の伝熱部を流れる海水の流路は狭く，ここに貝などによる閉塞が起こると直ちに気化器が凍結して損傷を受けることから，閉塞に対する対策は重要である．

④原子炉補機冷却用海水設備

原子力発電プラントでは，火力と同様のプラント補機類の軸受などの冷却に加えて原子炉の冷却材喪失事故などの緊急時における非常用炉心冷却装置で海水冷却機能を有している．そのため，取水口から取水槽までは蒸気タービン冷却海水と共有するが，その後段に原子炉補機冷却海水ポンプを設置し別の系統を形成している．また，場合によっては，取水口から別の系統を構成している発電所もある．

図1・6に，補機冷却用取水路を含む原子力発電所の取水路構造を示す．　　　　　　（船橋信之）

1・2 発電所の海水設備

　火力発電プラントや原子力発電プラントの海水冷却系統設備は，大きく取水設備，復水器などの熱交換器と関連機器，放水設備の3つに分類され，それぞれの設備に多様な種類がある．ここでは，発電所海水冷却系統の代表的な設備構成を図1・7に示し，各設備を概説する．

1）取水設備

　取水設備は，取水口，取水槽，スクリーン設備，循環水ポンプ，取水管などからなる．

　取水口は海水を取り入れる入口で，発電所と海域の敷地境界に設置する場合と，海域境界から離れた沖合に設置する場合がある．

　取水槽は，取水口の後にあってこの後段に各種のスクリーン設備が設置されている．スクリーン設備には，取り入れた海水中の塵芥などを除去する役割があり，バースクリーン，レーキ付きバースクリーン，ロータリースクリーン（トラベリングスクリーン）など，多様なスクリーン設備が設置されている．

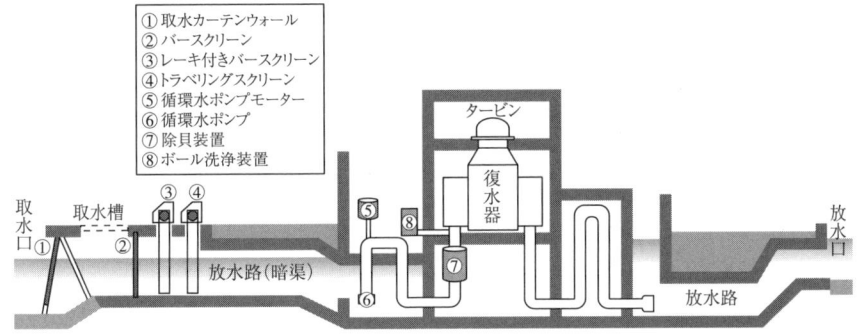

取水路方式（暗渠）
・取水口から復水器直前に設置した循環水ポンプまで自然流化式にて流れ込ませ，循環水ポンプにより，復水器に送水する

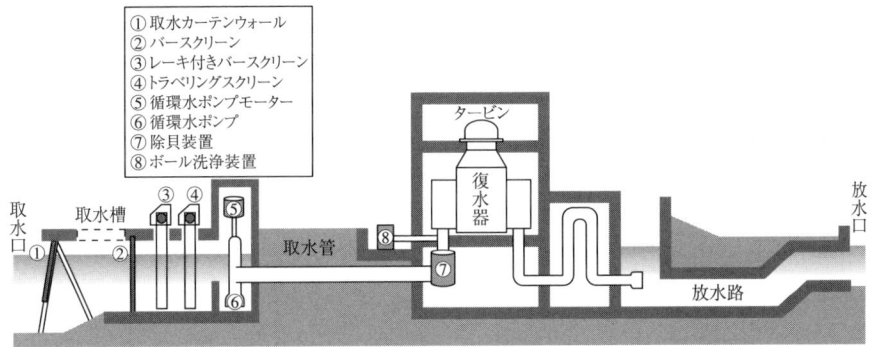

取水管方式（圧送式）
・循環水ポンプを取水口とスクリーン設備の直後に設置し，流速を高めて復水器に送水する

図1・7　発電所の海水冷却系統の種類

循環水ポンプは各種のスクリーン後段に設置され，復水器の直前に設置する方式と，取水口直後に設置する圧送方式がある．復水器の直前に設置する場合は，スクリーン設備から取水路で海水を送ることが多く，一方，スクリーン設備の直後に循環水ポンプを設置する場合は，復水器までの間を送水管で流速を高めて送る圧送方式が採用されている．圧送方式には，流速を高めることで送水管内面への海生生物の付着を抑制する効果がある．

取水路（取水管）は，取り入れた海水を送るための設備で，コンクリート製の開渠または暗渠の水路方式と，鋼管製の配管方式がある．

2）復水器などの熱交換器とその周辺設備

復水器は，蒸気タービン出口蒸気を冷却して背圧を下げてプラント効率を高め，蒸気を凝縮させて水（復水）にして再びボイラーや原子炉に送る役割を担っている．

海水冷却器（冷却水冷却器）は，各種のポンプや電動機などの軸受冷却や潤滑油冷却や発電機の冷却水素などを冷却する補機冷却水を海水で冷却するための熱交換器で，海水冷却器または冷却水冷却器などと呼ばれており，シェル＆チューブ型が多く採用されている．

復水器や海水冷却器の周辺には，熱交換器としての機能を維持するために細管ボール洗浄装置，除貝装置，逆洗設備（弁）などが設置されている．

3）放水設備

放水設備は，放水路(管)と海域への放水路（管）や放水口などの設備で構成される．放水路は暗渠式放水路が多く採用されている．また，海域への放流水は周辺海域より温度が高く水量も多いことから，放水口は波浪などの自然条件に依らず安定して放流できることなど，周辺海域への環境影響を配慮して設置されている．

〔船橋信之〕

1・3 取水設備

取水設備には，海水を取り入れる取水口，海水を流す取水路（管），取り入れた海水からごみなどを取り除くスクリーン設備を設置した取水槽や海水を取り込むポンプ（循環水ポンプ）からなり，これらを経て海水を復水器などの熱交換器に供給する．

1）取水口

取水口は，海水を海域から取り入れる入口の設備で，発電所と海域の境界に設置する場合と，沖合に設置する場合の2通りある．取水口の形状や位置の選定は，発電所が立地する条件によりいろいろな方式があり，大きくは表層取水と深層水取水に分けられるが，いずれも海水冷却を効率的に行うために安定して低い温度の海水を取り込むことが求められる．表層取水と比較して深層取水は，

- 夏季に低温の海水を取水することができ，プラント効率を高くできる
- 表層面を浮遊するごみやプランクトンやクラゲの流入を防げる
- 取水路内への波浪の侵入を低減でき，冷却水ポンプの安定した運転に寄与できる

といった利点があることから，現在は深層取水が主流となっている．

深層取水も，海岸に設けたカーテンウォールにより取水する方式と，海岸から離れた沖合に設置した取水塔方式に分けられる．なお，取水の流速は一般的には0.2m/s以下である．

図1・8にカーテンウォールと沖合深層取水口の構造を示す．

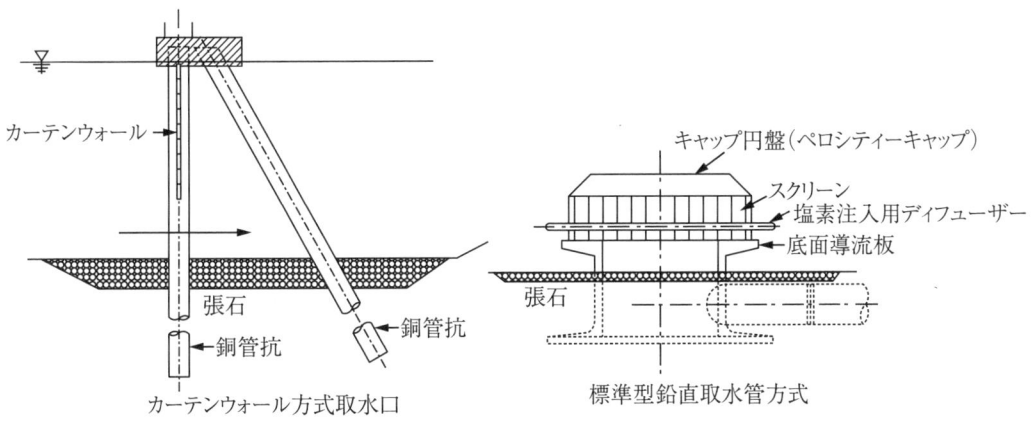

図1・8 取水口カーテンウォールと沖合深層取水口の構造形式の構造

2）取水槽のスクリーン設備

取水槽に運ばれた海水は，スクリーン室に設置された各種のスクリーンよって流れ込んだごみやクラゲなどの海生生物といった塵芥を除去した後に，循環水ポンプにより復水器や冷却水冷却器（海水冷却器）に供給される．スクリーンには，粗く塵芥を取り除く粗除塵機として固定式バースクリーン，

レーキ付きバースクリーン，回転スクリーンと，細かい塵芥を取り除く主体除塵機としてロータリースクリーン（トラベリングスクリーン），ネットスクリーンなどがある．

　発電プラントの立地する海域の自然条件などにより，これらの中から適切な設備を選択し設置している．なお，これらのスクリーン装置はごみや海生生物などの塵芥が循環水ポンプを経て復水器へ流入するのを防止する装置であるが，スクリーン以降の取水路などに付着成長した海生生物などが剥離して復水器に流入しても復水器が目詰まりなどを起こさないよう，最近のプラントでは復水器入口やLNG気化器前に除貝フィルターを設置するケースが増えている．除貝装置については，5章5・8を参照のこと．図1・9にスクリーン室の設備構成の例を示し，以下代表的なスクリーンについて解説する．

①固定式バースクリーン

　単純な平鋼材を縦方向に等間隔に並べ横棒で補強した格子状のスクリーンで，取水入口に設置して後段のスクリーンなどの設備を保護する目的で設置される．ごみなどの粗めの塵芥を堰き止めて流入防止を図る構造である．取水口にカーテンウォールを設置している発電所では，固定式バースクリーンを設置しないケースもある．

②回転バースクリーン（図1・10）

　バースクリーン自体が回転する構造で，大容量のクラゲに対応できる．また，バースクリーン自体に付着して繁殖する海生生物が減少するため，長期間にわたって初期の通水面積を確保でき，水位上昇を抑えることができる．また，バーのピッチを小さくすることで小さな塵芥を取り除くことが可能となる．

③レーキ付き回転バースクリーン（図1・11）

　固定バースクリーンで捕捉したごみなどを回転するレーキ付きバケットで掻き揚げてトラッシュトラフに排出する装置で，連続的にクラゲやごみなどの塵芥を取り除くことができる装置である．回動するレーキは，直接水位差の影響を受けないので，比較的小さな動力で運転できる．

　回転バースクリーンと同様に，レーキ付きバケットは水路内からフロア上の間を回動するため，連続的に塵芥の回収が可能となる．このタイプは，海藻などのシート状の塵芥に適している．

④ロータリースクリーン（トラベリングスクリーン）（図1・12）

　バースクリーンなどを通過した塵芥を除くための装置で，捕捉する網枠を取水路内から地上面の間を回動させ，捕捉したごみなどの塵芥を上流側でスプレー水により取り除く．大容量の処理が可能である．方式にはストレートフロー方式とダブルフロー方式があるが，ストレートフロー方式が多く採用されている．このストレートフローにも多様な方式があり，多く採用されている垂直型フロントスプレー方式と垂直型ダウンスプレー方式の2方式を図1・12に示す．垂直型ダウンスプレー方式の方がスクリーンで捉えた塵芥を取り除く性能が高いが，回転軸が多くなりコストが高くなる．したがって，垂直型フロントスプレー方式で対応できる海域では垂直型フロントスプレー方式が，また，より高い性能が必要な海域では垂直型ダウンスプレー方式が採用されている．

1・3 取水設備

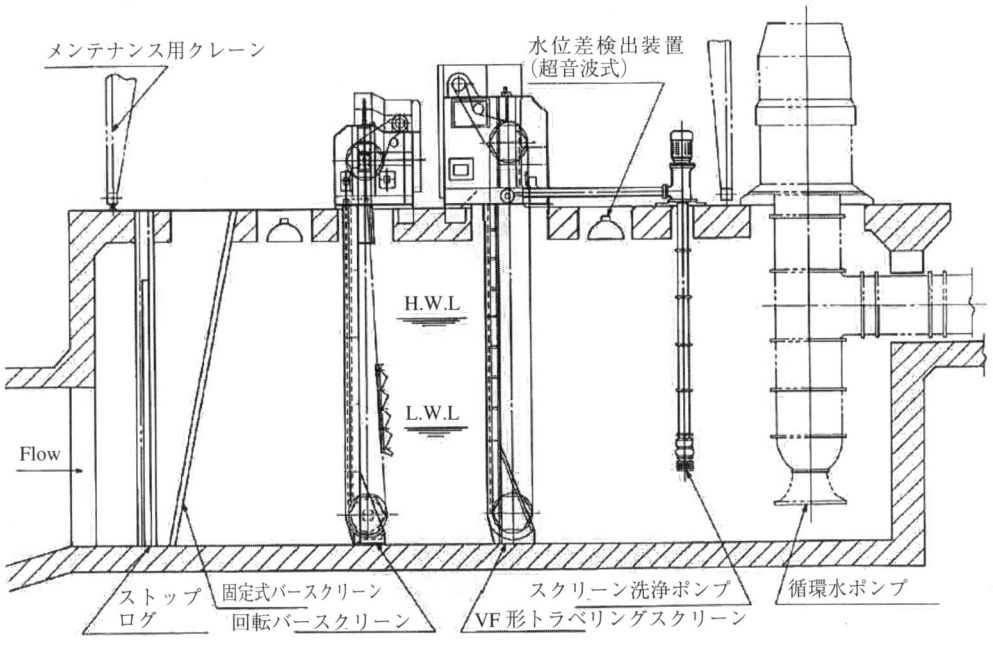

図1・9 スクリーンの設備構成例

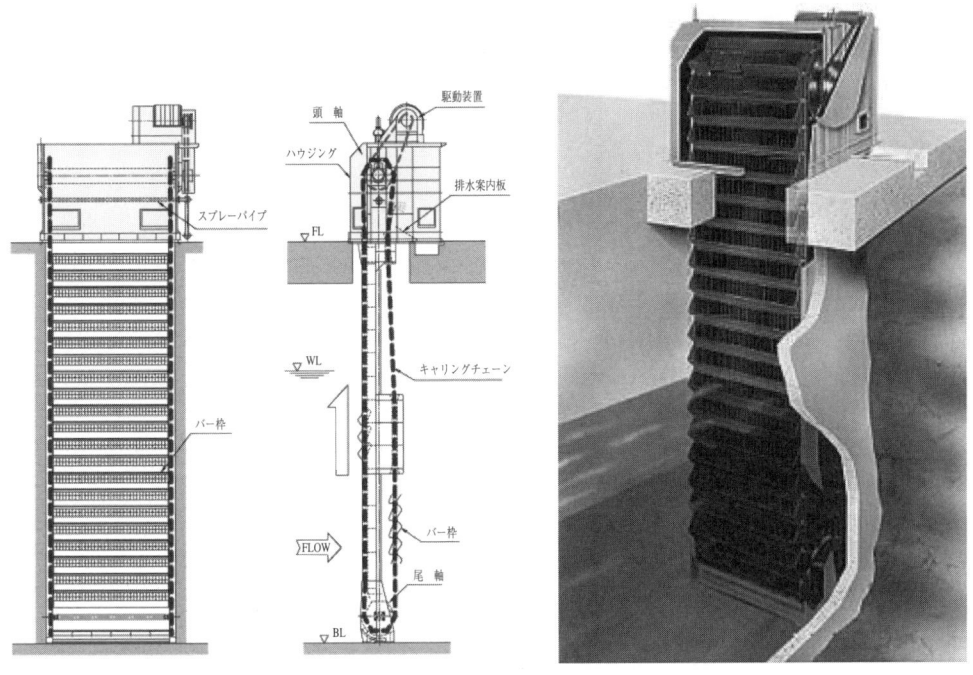

図1・10 回転バースクリーン

3）取水路（取水管）

取水方式には自然流下式の取水路方式とポンプ圧送式の取水管方式の2通りがある.

①取水路

取水路は取水した海水を自然流下式にて取水槽や循環水ポンプに送水する水路で，コンクリート製の暗渠あるいは開渠となっている．自然流化方式では，循環水ポンプ動力を最小化するために水路を長くとり復水器直前に循環水ポンプを設置している．取水路では，導入勾配，土砂の堆積，海生生物の付着，流速，水路内の偏流，循環水ポンプトリップ過渡期の取水槽水位変動を考慮して設計されている．後述の取水管方式と異なり，コンクリート構造の取水路壁面には貝などの海生生物が付着しやすく，一般的には 20 cm 程度の付着代を考慮して粗度係数を 0.014〜0.027 の間で設計されている．

②取水管

取水管は，取水槽と循環水ポンプ室および復水器を繋ぐもので，海生生物などが付着しにくくなる 3m/s 以上の管内流速となるように径やポンプの吐出圧が設計される．そのためポンプ吐出圧が高いことに加えポンプ以降の全長が長くなることからポンプ動力は取水路方式と比べて大きい．管材には内面ガラスフレーク系コーティングの鋼管か FRP 管が用いられる．設計の際の粗度は鋼管で 0.012，FRP 管で 0.011 である．図 1・13 に取水路（管）の構造例を示す．

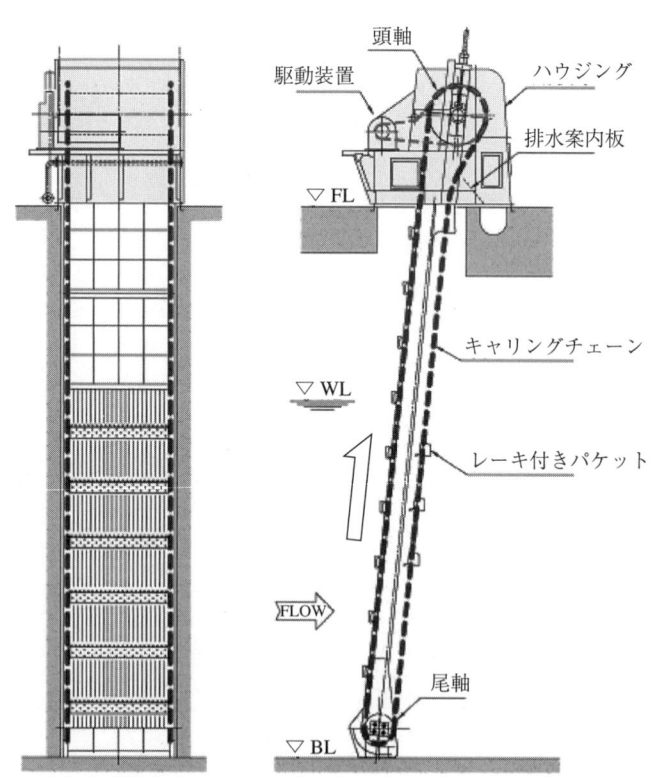

図 1・11　レーキ付きバースクリーン構造図

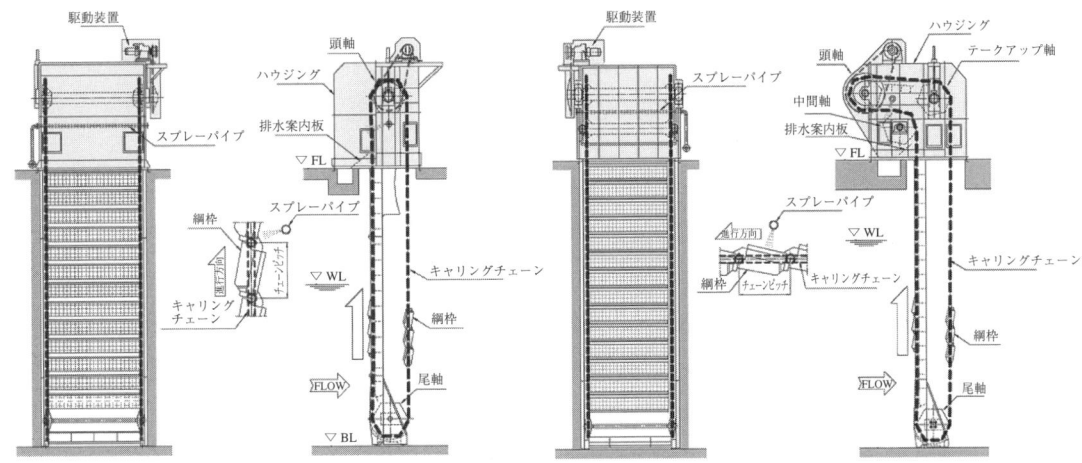

図1·12　垂直型フロントスプレー式とダウンスプレー式トラベリングスクリーン

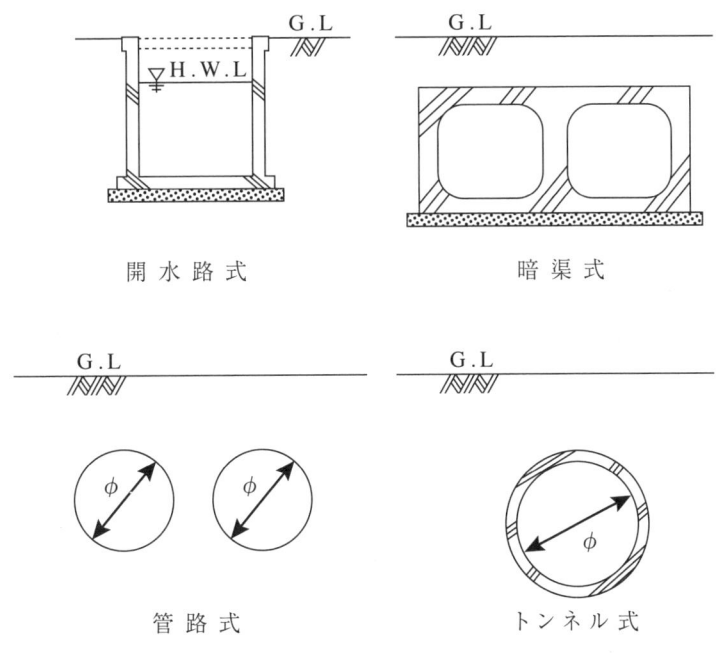

図1·13　取水路（管）の構造例

4）循環水ポンプ

循環水ポンプは，取水槽に設置された各種のスクリーンを経た水を復水器などの熱交換器に送る役割をもっている．循環水ポンプには，運転操作が簡単で据付面積も小さくNPSH(有効吸込水頭)を大きく取れてキャビテーションの発生を防止できる立軸ポンプが一般的に採用されている．

また，インペラには，
- 流量が減少するに従って揚程が増加するため，配管のサイホン形成が容易
- 全流量範囲で軸動力がほぼ一定で，電動機の容量を最小化でき締切運転が可能
- 最高効率点付近の効率曲線がなだらかで，過大流量においても効率がよい

などの理由から，斜流形インペラが採用されている．

このインペラには固定翼式と可動翼式があり，最近は稼働翼が多く採用されている．

可動翼はコスト的にはやや高くなるが，
- 冬季，夏季の水温変化に対しての流量調整を弁ではなく可動翼により自動調整できる
- 省エネである
- キャビテーションが発生しにくい
- インペラ角を最小にして起動することで起動トルクを最小化できる

といった利点がある．

循環水ポンプに用いられる電動機は，信頼性が高く使いやすい直入起動のカゴ型誘導電動機が採用されている．

ポンプの主要部品材質は，固定翼・可動翼で大きな差はない．インペラには耐食性の高いオーステナイト系ステンレス鋼が採用されている．吸い込みベル，ガイドケーシングには，比較的清浄な海水域では2%ニッケル塗装鋳鉄が採用され，汚染海水域では2%ニッケル塗装鋳鉄にさらにタールエポキシ樹脂などの防食塗装を施した材質か，オーステナイトステンレス鋳鉄を採用した材質が使われている．シャフトには，炭素鋼またはステンレス鋼が採用されている．インペラやケーシングなど，幅広く採用されているオーステナイトステンレス鋼であるが，海水中で使用する場合はすきま腐食や孔食などの管理が必要である．

ポンプの軸受には，水潤滑式のゴム軸受が採用されている．このゴム軸受は，注水が途切れると瞬時にして焼きつくことから，軸受への注水は重要なポイントである．循環水ポンプの軸受では冷却水を回収することができないことから，起動停止時には淡水の軸受冷却水を用い，連続運転中は自圧水を用いている．

（船橋信之）

1・4 復水器などの熱交換器と周辺設備

蒸気駆動プラントの重要な構成要素である復水器について，その役割や構造について解説し，併せて復水器周辺設備である海水冷却器，復水器細管洗浄装置，除貝装置などについて説明する．図1・14に復水器廻りの冷却水管系統を示す．

1）復水器

復水器は，蒸気タービンから排出された蒸気を凝縮することでタービン背圧を真空近傍に保ちプラント熱効率を高くする役割と，凝縮した水（復水）を回収してボイラーや原子炉に再び送る役割をもっている．復水器の性能は一般的に真空度で示される．真空度は復水器の伝熱特性の影響を受けて変化し，この伝熱性能は熱貫流率で評価される．実際の復水器設計にあたっては，基本的な伝熱設計に加え，細管配列や蒸気中の非凝縮ガスの排出を効果的に行うことが配慮されている．具体的な構造は，タービンメーカによって異なる．参考までに復水器の主要メーカーの特徴と鳥瞰図を図1・15～18に示す．

復水器は，冷却方式，冷却水側パス数，区分，冷却水流れの向き，胴数，脱気機能の有無により多くの方式が存在する．海水を冷却水として用いる場合は，細管の内側に冷却海水を，外側に蒸気を配する表面復水器を採用している．表面復水器では，タービン性能向上のために複数の排気口を有する複圧式が採用される．複圧式の採用により，タービン背圧の平均値が単圧式と比較して低くなりタービン熱落差が増加することや，低排気圧力側の復水を飽和温度の高い高排気圧力側に流すことで低温復水を再熱でき，高温の復水をプラントに再送付することで抽気蒸気量を削減するなどにより，熱消費率は0.1～0.2％向上する．

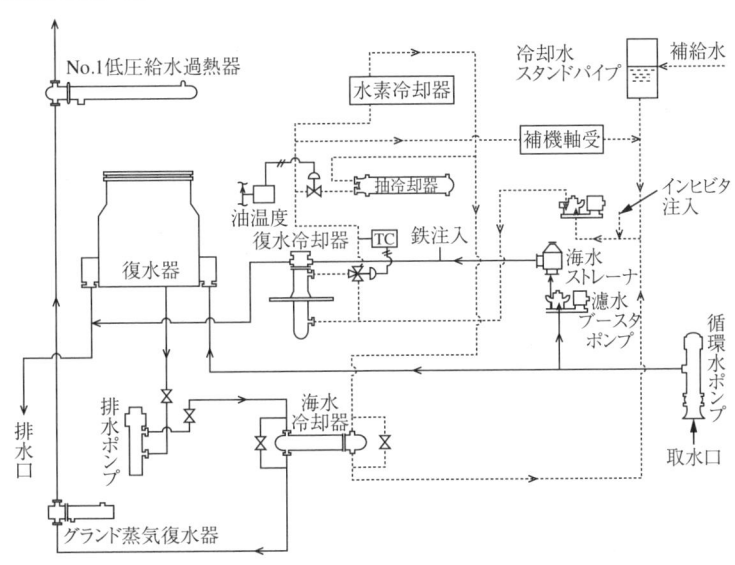

図1・14 復水器廻りの冷却水管系統図[3]

1章　発電所の海水設備

図1・15　富士電機(株)のダウンフロー型復水器の構造と特徴
①管群は薄く長く切れ目のない帯状とし，この帯状の管群を折りたたみ復水器胴体内に配置した構造となっている．
②管群全体としては上方からの蒸気が流入しやすく，多数の細管が流入蒸気に直接接触できる短冊形としている．
③管群のどの部分を通過した蒸気も空気冷却部に至る圧力損失が均一になるように，流量に見合った流路を設けている．
④中央およびサイドから底部に流れる蒸気は滴下してくる復水と接触し再加熱し，過冷却防止と脱気を促進する．
⑤空気冷却部を出た空気-蒸気混合気は，復水器全長にわたって設置した空気抽出管に集め，空気冷却部の真上に抜ける配管により外部へ取り出す構造とした．

図1・16　(株)日立製作所のスーパーバランスドダウンフロー型（SBDF型）復水器の構造と特徴
復水器内の蒸気凝縮流と流体力学の理論である「吸込流」との類似性を適用し，冷却管の集合体である管巣中央近傍に非凝縮性ガス（空気）の吸込み点を配置し，管巣外周形状を等圧線上に配列することにより，蒸気を均一に流入させ，効率よく凝縮させる配列としている．
①管巣上部に位置する放射部は，蒸気の流線に一致した垂直並行に配列し，蒸気入口で広く，凝縮による流量の減少に合わせ下方を狭くする櫛形の流路形状とすることにより，蒸気流入圧力損失を低減する配列としている．
②空気集合管を前述の吸込み点に配置することにより，非凝縮性ガスの停滞による冷却管の熱交換能力低下の抑制を可能とする．
③ダクトで細管の一部を囲い空気冷却部を形成することにより，空気集合管を流入する非凝縮性ガスに付随する蒸気を更に凝縮させ，非凝縮性ガスを効果的に排出できる構造としている．

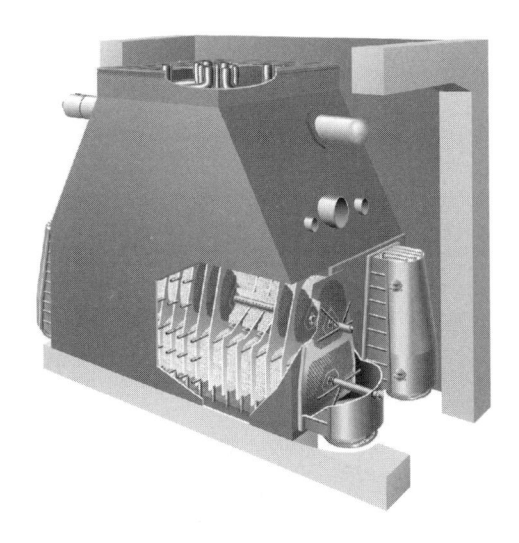

図 1・17　三菱重工㈱のラジアルフロー型復水器の構造と特徴
　①管群外周経常は流線形状とし，スムーズな蒸気流れを形成し管群へ均一に蒸気が流入するよう設計．
　②管群外周部の疎散部を設けた管配列とし，蒸気の管群通過圧損減少を図っている．
　③管群密集部の中間に緩衝帯を設け，管群内圧損のバランスを図っている．
　　空気抽出部の適切な位置に配置し，管群中央部圧力の均一化，管群全体平均熱貫流率の向上並びに復水の過冷却防止を図っている．
　　2 管群の復水器では，必要に応じ，上下管群間にはドレントレイを設け，下部管群が上部管群の凝縮ドレンの影響を受けない構造となっている．

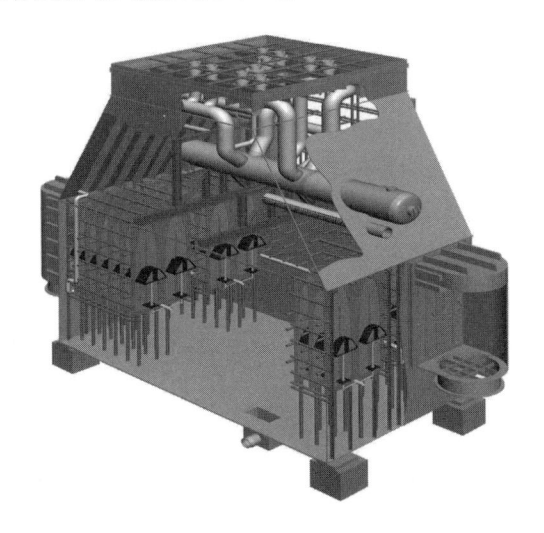

図 1・18　㈱東芝の AT 型復水器の構造と特徴
　①管配列を楔形とし，管巣周囲での局所的な高流速蒸気の発生を防止し，均等に流入するよう設計されている．
　②管巣中央部の空気冷却部は，鉛直方向の中央通路の上下から蒸気を取り込み，左右の三角形状の空気冷却管巣に下部から蒸気を流入させている．空気冷却管巣は，凝縮による体積流量の減少に合わせて上向きに流路がせまくなるように台形にし，流速低下に伴う伝熱特性の低下を防止する構成となっている．
　③1 管板にくさび型の管配列を 2 つ配置し，管板の縦横比に合わせて管配列の高さと幅が調整される．
　④管の概ね 40％は空気冷却部の下部にあり，下部の管巣から流入した蒸気は上向きに空気冷却部へと向かい，空気冷却部にて過冷却した復水を再熱する構造となっている．

①冷却水のパス数

大型復水器の場合，図1·19に示す冷却水入口水室⑧から管内を通って冷却水出口水室へと流れる1パスが多いが，一定の管内流速を確保する必要性から冷却管本数が少ない中小規模の復水器では，冷却管長が短くできる2パスを採用することが多い．2パスの場合，図1·19の水室⑧が上下に入口水室と出口水室とに二分され，冷却海水は入口水室から入って細管を通って反対側にある水室⑨で反転して再び反対側の細管を通って出口水室⑧から復水器の外にでる．なお，3パス以上の構造をもつ復水器も存在するが，水室構造が複雑となるいことから通常は2パスまでが採用されている．

②区　分

区分は管束を区分する数を示しており，例えば水室が2つで各々管束を分離できる場合は半区分となる．半区分，4区分，6区分……であれば，ある水室の冷却水を停止することにより復水器運転中であっても冷却水を停止した当該区分の水室点検が可能である．ただし，内部に点検人が入る場合は，十分な安全対策が必要となる．

③冷却水流れ向き

冷却水の流れの向きには，図1·20に示すように対向流と並行流とがある．例えば蒸気タービンの排気口がA·B2つで復水器が単胴で冷却水が半区分の場合，同一方向の水室から冷却水を流す（並行流）と冷却水温度が低い入口側の蒸気圧力が低くなり，蒸気タービン排気圧力がAとBとでアンバランスになりやすいため，冷却水を対向流とすることでアンバランスを解消できる．

④胴　数

復水器はタービン排気口の数に応じた設置，あるいは複数の排気口に対して復水器歩帯を1つ（単胴）とすることもあり，本体の数に応じて単胴，双胴，3胴‥‥となる．原子力発電プラントでは3胴型が，採用されることが多い．3胴型では，3つの胴内圧力をバランスさせるために連絡胴により3つの胴は結ばれている．

⑤脱気復水器

脱気復水器はシステムを簡素化するために復水器に脱気機能をもたせたもので，主にガスタービンコンバインドサイクルの蒸気タービン復水器に採用されている．その形式と特徴を表1·1に示す．

2）海水冷却器（補機冷却水冷却器）

海水冷却器は，発電プラントの油冷却器や発電機水素冷却器などで受熱した補機冷却水を海水で所定の温度に冷却するための熱交換器である．図1·21に示すように，一般的なシェル＆チューブ型が採用されることが多い．胴側流体は，胴側入り口管台より胴側に流入し，内部の管支持板によりジグザグ状に形成された通路を流れる間に多数の冷却管を介して管側流体と熱交換する．一方，管側流体は，水質入口管台より水室に流入する．水室内部は，管側パス数に応じて仕切り板で区分されており，管側流体は冷却管内を管側パス数分繰り返し通過し，この間に熱交換する．

海水冷却器の細管材にはアルミニウム黄銅管が採用されることが多いが，耐海水腐食性に優れるものの，長期間の使用のためには鉄イオン注入などの防食管理を行うことが多い．アルミニウム黄銅管よりさらに耐海水腐食性に優れた細管材としてチタン管を採用するケースも増えてきている．

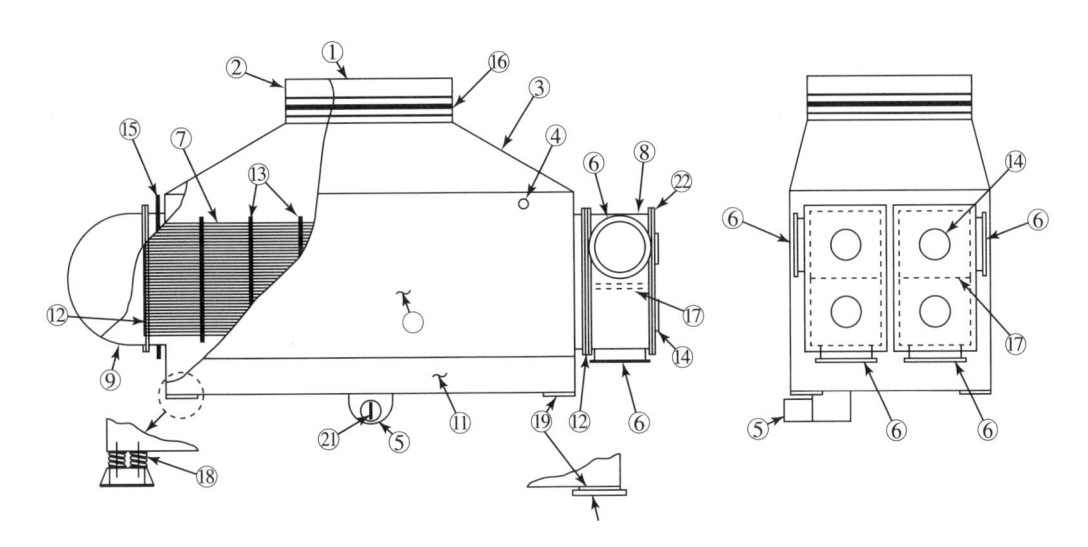

図 1・19　復水器の構造
①蒸気入口，②拡張継ぎ手，③中間胴，④ベント出口，⑤復水出口配管，⑥冷却水出入り口，⑦細管，⑧冷却水入口水室，⑨冷却水戻り側水質，⑩シェール，⑪ホットウェル，⑫管板，⑬管支持板，⑭点検口，⑮復水器胴伸縮継ぎ手，⑯排気口端部継ぎ手，⑰水室仕切板，⑱支えばね，⑲支持構造物，⑳ソールプレート，㉑過流防止板，㉒水室カバー，

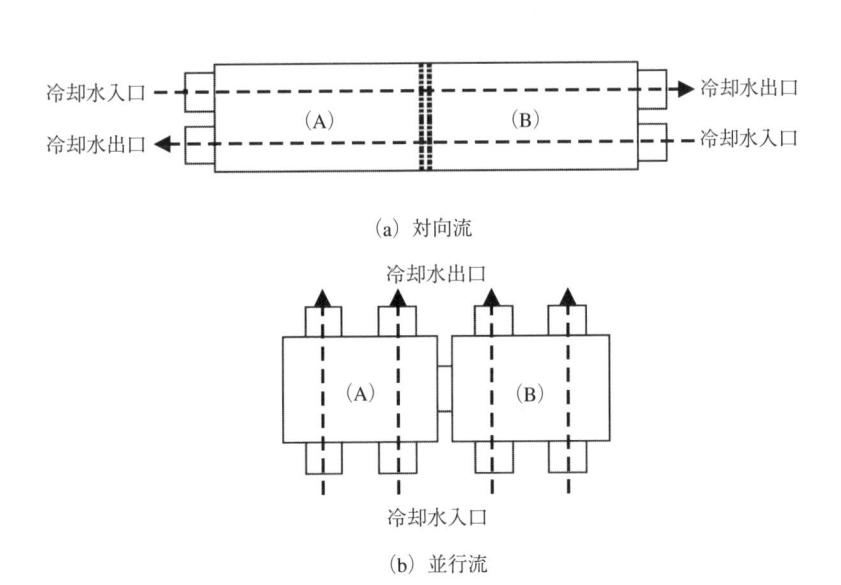

(a) 対向流

(b) 並行流

図 1・20　復水器の海水流路（対向流と並行流）

3) オープンラック式 LNG 気化器

LNG 基地では，約−160℃の LNG をガスにするための気化器としてランニングコスト，設備費の両面で優れているオープンラック式気化器（ORV：Open Rack Vaporizer）が最も広く使われている．オープンラック式気化器は加熱源として海水を用いて LNG を加熱する熱交換器であり，加熱源である海水が遮断されると即座に伝熱パネルが凍結し，気化器から先への LNG ガス供給を阻害するため，常に海水が流れるように維持することが重要となる．

オープンラック式 LNG 気化器の概念図を図 1・22 に，主要構造を図 1・23 に示す．オープンラック式 LNG 気化器の熱交換部は多数の伝熱管をカーテン状に一列に配置し，これらを上下のヘッダーパイプで一本化したパネル構造となっている．更に各パネルは上下のマニホールドパイプで一体化され気化器ブロックを形成し，コンクリート架構に渡したフレームで上部から懸架される．

LNG は下部から供給され伝熱管を上昇する．海水は，海水マニホールドより散水管を通り上部に設置されたトラフで伝熱管外表面に散水され LNG を加熱する．

トラフから伝熱管に散水されるところに貝などが付着すると海水の流れを阻害し，その部分のパネルが内部を流れる約−160℃の LNG により局部的に低温となって海水が流れているパネルとの間で大きな温度差を生じ，気化器を損傷させる．そのため，気化器への貝などの流入を防止するために 6) で述べる除貝フィルターを気化器前に設置しているプラントが多い．

4) 復水器細管ボール洗浄装置

復水器細管のボール洗浄装置は，細管内面に付着した汚れを取り除くことで伝熱性能を回復させる装置である．比較的汚れている海域では，復水器の性能維持のために重要な設備であるが，きれいな海域では次の 5) 項に示す逆洗だけでボール洗浄装置を設置しない場合もある．なお，黄銅管と比較してチタン管は海生生物付着による汚損を受けやすいことから，ボール洗浄装置の適切な運用がプラント熱効率維持のために重要である．ボール洗浄装置については，第 5 章 5・7 項でその詳細を説明する．

5) 復水器逆洗装置

逆洗装置は，配管と弁で構成され，弁の操作により冷却水の流れの方向を変えて復水器などの熱交換器内に堆積した障害物を取り除く装置である．装置の構成例を図 1・24 に示す．プラントによっては，除貝装置を設置し逆洗装置を設置しないケースもある．

6) 除貝装置（マッセルフィルター）

除貝装置は，復水器などの海水を冷却水に用いる熱交換器の入口直前に設置し，運転を停止することなく自動的に流入してきた貝を中心とする塵芥を外部に排出する装置である．本装置は，取水槽に設置する各種スクリーン以降に取水路や取水管内面に付着成長し剥離した貝などの流入を防止する目的で設置される．除貝装置については，5 章 5・8 に詳細を説明する．

〔船橋信之〕

表1·1 脱気復水器形式とその比較

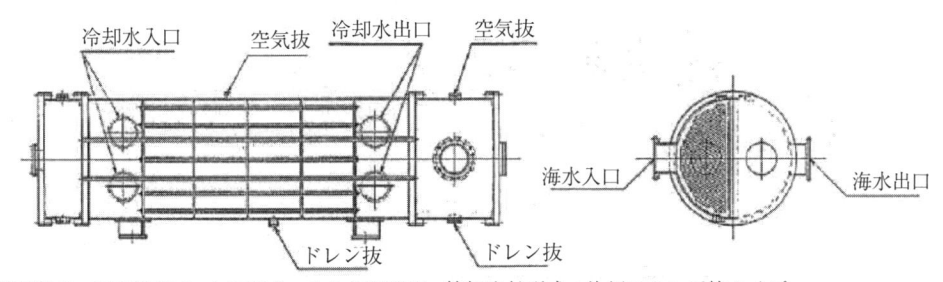

形式	トレイ型	トレイ・隔離室・バブリング併用型	バブリング型
構造（断面図）			
特徴	・管群横にトレイ配置 ・高さが最も低い ・脱気時間がやや長い	・構造がやや複雑 ・脱気時間が最も短い	・構造は簡単 ・設置面積は最も少ない
脱気時間	○	◎	○
設置面積	○	○	◎
高さ	◎	○	◎
蒸気流量	◎	◎	○

管板型式：固定管板式　水室型式：ふた板分離型　管板取付型式：片側フランジ締タイプ

図1·21　海水冷却器の構造

図1·22　オープンラック式気化器の概念図

1章　発電所の海水設備

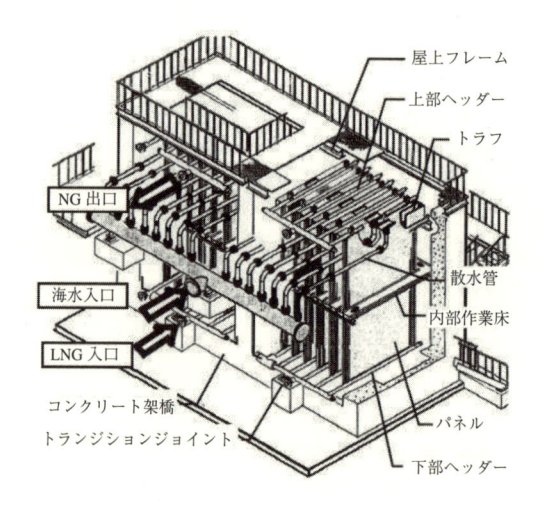

図1・23　オープンラック式気化器の主要構造

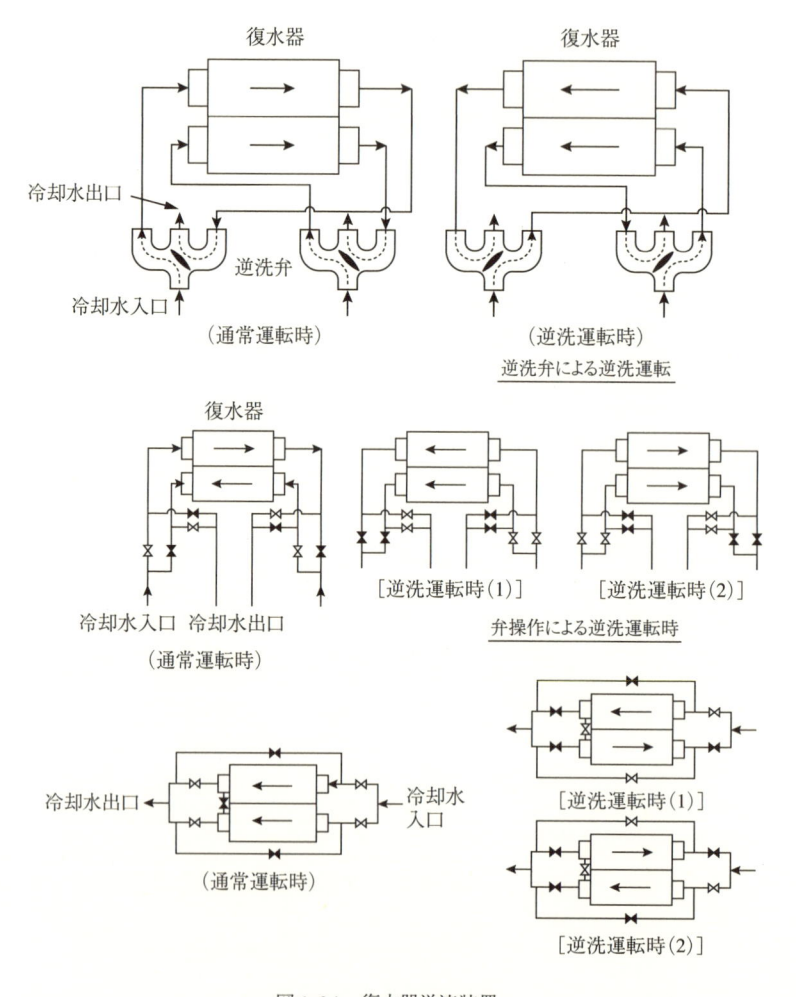

図1・24　復水器逆流装置

1・5　放水設備

　放水設備は，放水路（管）と放水口で構成されている．放水口から放流する海水は周辺海域温度が高く放水量も多いことから，波浪などの自然条件によらず安定して放流できることが重要で，放水流動や温度上昇による周辺海域の環境に配慮して放水口の位置や放水方式が決められている．放水口の形式には大きく分けて周辺水との希釈混合が比較的少ない表層放水方式と周辺水との混合目的とする水中放水方式の2通りがあるが，発電所の設置される地点の自然条件や周辺の海底を含めた地形や海底の底質や周辺海域の利用状況（港湾地区，船舶の航行，漁業の状況）などを考慮した設計がなされている．図1・25に放水口の形式分類例を示し，代表的な方式について解説する．

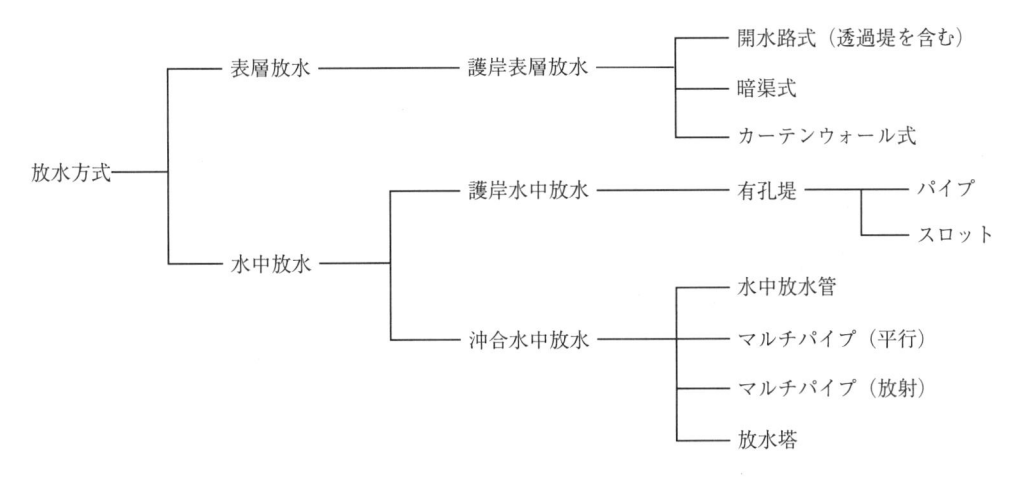

```
                                    ┌─ 開水路式（透過堤を含む）
                  ┌─ 護岸表層放水 ─┼─ 暗渠式
       ┌─ 表層放水 ─┘               └─ カーテンウォール式
放水方式 ┤
       │                              ┌─ パイプ
       │          ┌─ 護岸水中放水 ─ 有孔堤 ─┤
       └─ 水中放水 ┤                          └─ スロット
                  │                  ┌─ 水中放水管
                  └─ 沖合水中放水 ──┼─ マルチパイプ（平行）
                                    ├─ マルチパイプ（放射）
                                    └─ 放水塔
```

図1・25　放水口の形式分類例

1）表層放水方式

　表層放水方式は護岸放水でかつ開水路式となる．暗渠あるいは管渠などの放水路で護岸に導き，そこから直接放水する方式で．周囲水との混合による希釈は少なく大部分は密度流となって表層部を流れ水平拡散により希釈されていく．放水流を出口で均等化するなどのため，潜堤，カーテンウォールなどの減勢工を放水口に設置したり，放水口前面に消波ブロックなどの透過堤を設置する例もある．

　表層放水方式の適用条件および特性を以下に示す．

・水深が浅い場合でも可能
・開口部を広くとり，適切な放水対策を行うことにより低流速で放流することが可能
・波浪の影響を受けやすく，波浪のある場所では前面に消波ブロックなどを設置する必要がある
・初期混合による希釈はあまり期待できない
・温排水の拡散範囲が広くなるため，海域の流れの少ない場所では放水口近傍が高温になり易い
・放水口を設置するために適当な海岸線が必要

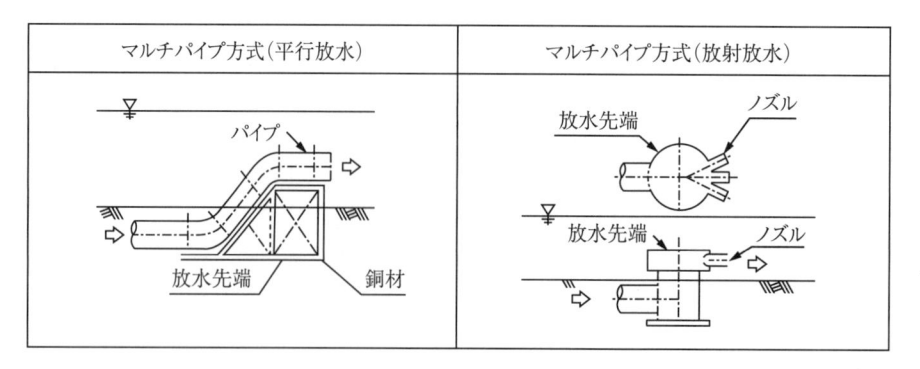

図1・26 水中放水（沖合放水）構造例

2）水中放水方式（護岸放水）

護岸放水で水中放水とする場合は，護岸の下部にパイプまたはスリットを設置し，比較的早い速度で放水する方式で有孔堤パイプ式（スリット式）と呼ばれる．温排水が表層に到達するまでに周囲の海水と混合希釈し，海表面付近に浮上した後は表層放水方式と同様に水平拡散希釈を図る方式．護岸の背面は放水池を設置する例が多い．水中放水方式（護岸放水）の適用条件および特性を以下に示す．

- 水深は深いほど周囲の水と混合しやすくなるため有利
- 周囲の水と混合希釈させるため，放水口前面の放水流速は比較的速い（2 m/s 以上）
- 深い位置から放水するため，波浪の影響を受けにくい
- 初期混合による希釈は，放流水の流れによる混合と温排水の浮上効果による
- 温排水の拡散範囲は表層放水に比べ小さくなる．
- 放水口を設置するため適当な海岸線が必要
- 船舶航行が多い海域には放流流動影響があり，適さない

3）水中放水方式（沖合放水マルチパイプ方式）

水中放水を沖合放水方式で行うマルチパイプ方式には，平行放水方式と放射放水方式の2通り（図1・26）があり，いずれも沖合まで放水管を延長して海底近くから放水する方式である．平行放水が放水管と平行に放水するのに対して，放射放水では埋設部から垂直に海水域に立ち上げ放射状にセットされた放水ノズルから放射状に放水する．放水の配分やノズルの取り付けのため上部にヘッドタンクなどを有する．水中放水方式（沖合放水）の適用条件および特性を以下に示す．

- 水深は混合希釈にとって深いほどよい．ただ，パイプ母管の埋設施工から水深は制約される
- 周囲の水と混合希釈させるため，放水口前面の放水流速は比較的速い（2 m/s 以上）
- 波浪が大きい場所では，放水パイプ固定方法を検討する必要がある
- 初期希釈は，護岸放水＜放射放水＜平行放水の順で効果が大きい
- 温排水の拡散範囲は，表層放水に比べ小さくなる
- 設備点検，パイプ内の除貝などが必要
- 沖合設置となるため，放水口のための海岸線は不要

（船橋信之）

参考文献

火力原子力発電技術協会（2000）：火原協会講座26　火力発電―全体計画と付帯設備―，一般社団法人火力原子力発電技術協会．

火力原子力発電技術協会（2002）：火原協会講座28　原子力発電―全体計画と付帯設備―，一般社団法人火力原子力発電技術協会．

火力原子力発電技術協会（2005）：火原協会講座31　タービン・発電機及び熱交換器，一般社団法人火力原子力発電技術協会．

火力原子力発電技術協会（2005）：復水器及び復水器管管理ハンドブック，一般社団法人火力原子力発電技術協会．

2章 海 水

　我が国は国土が狭く，発電所の冷却に大量の用水を求めようとすると，淡水の場合，工業用水の他に農業，飲料などの用途があり，その割り当てに限界がある．また，よく米国や欧州など大陸に見られる冷却塔による方式もレジオネラの問題や騒音の問題などがあり立地が限られることから，当然のように，冷却水を海水に求めざるを得ないのが現状である．
　この章では，海水中に含まれる塩分とそれによる金属腐食，海水中に生息する生物の分布や成長を左右する水温，生物の卵や幼生を移送する海流や潮汐流などの流れなどについて，基本的事項を解説する．

　　2・1　海水の性状
　　2・2　海水温
　　2・3　海水の流動

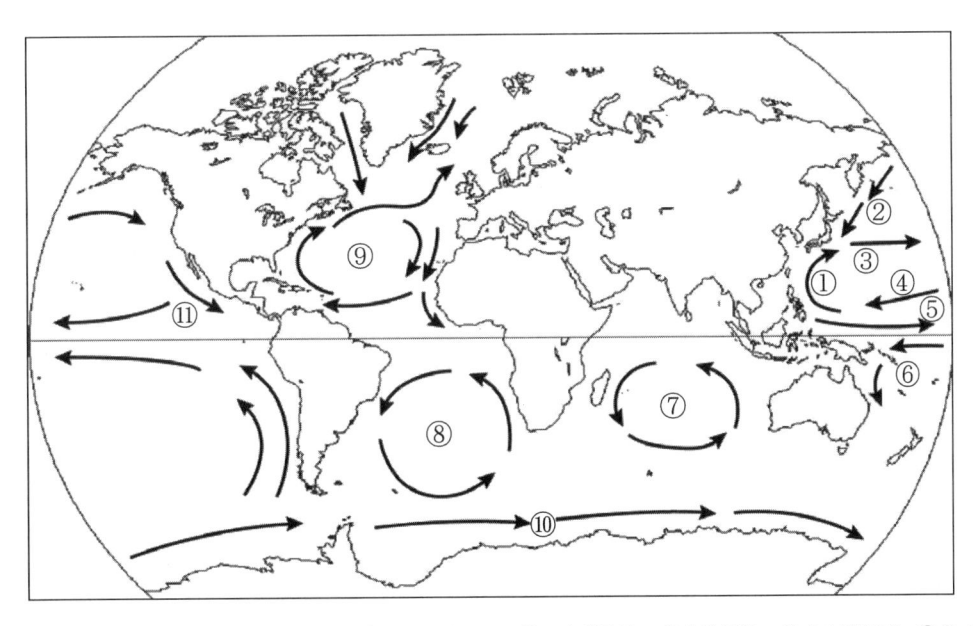

図2・4　世界の海流（①黒潮，②親潮，③北太平洋海流，④北赤道海流，⑤赤道反流，⑥南赤道海流，⑦南インド海流，⑧南大西洋海流，⑨北大西洋海流，⑩南極海流，⑪カリフォルニア海流）（**CraftMAP**を使用）

2・1 海水の性状

1) 海水に含まれる成分

海水には河川水や降水などによって様々な物質が供給される．そのため，海水には多様な成分の物質が含まれるが，主要な化学成分をまとめると表2・1のようになる．

なお，海洋観測の一般的な測定項目に登場する「塩分」は，海水1kgに溶解している固形物質の全量をグラムで表したものであるため，様々な物質が混ざっている混合物を測定していることになる．また，表2・1からもわかるように，海水中には塩味の代表的な味物質であるナトリウムイオンが多量に含まれているため，海水は塩辛く感じる．

2) 海水の性状と腐食

腐食に関連する海水性状を以下にあげる．
①海水は溶存酸素を含むほぼ弱アルカリ性（pH8程度）の水溶液である
②海水は腐食を促進させる成分を多量に含む
③海水は電気伝導率が高い

金属の腐食を考えた場合，水中の溶存酸素が大きく関係し，溶存酸素が腐食を促進する酸化剤として作用する．そのため，溶存酸素が少ないと腐食の進行は遅くなる．また，一般に中性水溶液は不動態状態（金属表面に腐食作用に抵抗する酸化被膜が生じた状態）を維持する作用があるが，海水に含まれる多量のCl^-が不動態被膜を破壊してしまうため，淡水よりも腐食が進行する．電気伝導率は水に溶解する無機塩類の量に概ね比例するので海水は水道水に比べて約500倍の電気伝導率があるが，溶液に電気伝導性がなければ腐食反応は進行しないため海水の方が淡水よりも腐食に対する影響が大きくなる．

（長谷川一幸）

表2・1 標準的な海水1kgに含まれる主要化学成分の量（北野，1990を参考）

イオン	グラム (g)	イオン	グラム (g)
ナトリウムイオン（Na^+）	10.65	塩化物イオン（Cl^-）	18.98
カリウムイオン（K^+）	0.38	臭化物イオン（Br^-）	0.065
マグネシウムイオン（Mg^{2+}）	1.27	硫酸イオン（SO_4^{2-}）	2.65
カルシウムイオン（Ca^{2+}）	0.40	炭酸水素イオン（HCO_3^-）	0.14
ストロンチウムイオン（Sr^{2+}）	0.008	ホウ酸（H_3BO_3）	0.026

2・2 海水温

1）日本近海の海水温

日本列島は南北に細長いため，北海道の根室沖では8月でも海面水温が15℃前後であるが，九州・沖縄地方では2月でも20℃前後もあり，海域間で大きな温度差が存在する．また，同じ緯度でも冷水塊が親潮によって運ばれる太平洋側と暖水塊である対馬暖流が支配的な日本海側では，季節によって大きな温度差が生じる．例えば，8月の日本海側では海面水温が25℃を超える海域が北海道でも頻繁に出現するが，太平洋側では25℃を超える海域が宮城県以北にまで達することは稀である．図2・1（カラー口絵），図2・2（カラー口絵）に人工衛星とブイ・船舶による観測値によって求めた日本近海の2014年2月と2013年8月における月平均海面水温を示した．

2）地球温暖化による海水温上昇

近年地球温暖化にともなう，海水温の上昇が懸念されている．気象庁によれば，日本近海における2013年までのおよそ100年間にわたる海域平均海面水温（年平均）の上昇率は，+1.08℃/100年であるとされる．この上昇率は，世界全体で平均した海面水温の上昇率（+0.51℃/100年）よりも大きな値で，日本近海で海水温が急速に上昇していることがわかる．海域別に見ると，太平洋側よりも日本海側での上昇率が顕著である（図2・3）．世界規模で見れば，日本近海の海水温上昇は顕著であるが，最大でも100年で2℃に満たない上昇率である．また，海水温の変動は必ずしも直線的ではなく，平年並みの年もあれば平年よりも海水温が低い年も高い年もある．そのため，単年の結果のみで海水温の上昇を地球温暖化の影響と判断することは危険である．

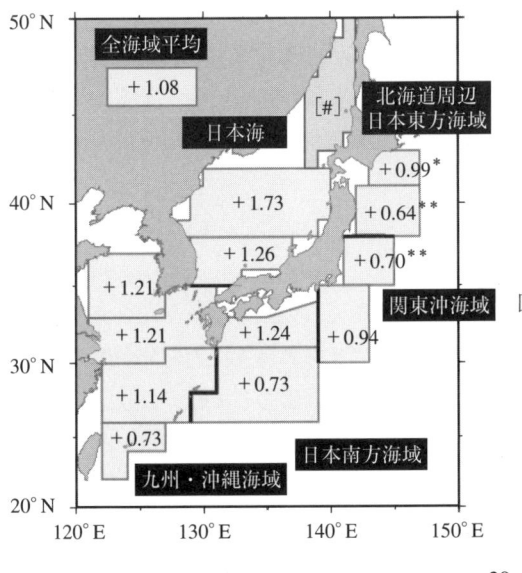

（長谷川一幸）

図2・3 日本近海の海域平均海面水温（年平均）の長期変化傾向（℃/100年）（気象庁ホームページより引用）
※図中の無印の値は統計的に99%有意な値を，「＊」および「＊＊」を付加した値はそれぞれ95%，90%有意な値を示す．また，上昇率が[#]とある海域は，統計的に有意な長期変化傾向が見出せないことを示している．

2・3 海水の流動

1) 世界の海流
　海洋には様々なスケールの海水の運動が存在しているが，広い空間で海水の運動を長期間平均したときにある程度いつも定まった向きに海水を動かすような流れを海流と呼ぶ．世界の主な海流を図2・4（2章扉）に示した．

2) 日本近海の海流
　日本の近海の代表的な海流としては黒潮や親潮などがあげられる．日本近海の表層海流分布を図2・5に示した．

①黒　潮
　北太平洋の亜熱帯には大規模な時計回りの流れが存在する．黒潮はその一部を担う世界の海流の中でも代表的なものである．黒潮の流速は時に5ノットにも達することがあるが，流速や幅，深さなどは時と場所によって大きく変わる．

　黒潮の顕著な特徴として，これほど大きな海流であるにも関わらず流路が蛇行することがあげられる．黒潮は九州南端まではほぼ決まった流路を取るが，その後，岸沿いに進む場合と紀伊半島沖で南方に大きく蛇行する場合がある（図2・6）．

　また，黒潮系の海流として日本海側を通過する暖流が存在する．日本海には対馬海峡から黒潮系の海水が流れ込み，蛇行しながら東流するがこれは対馬暖流と呼ばれる．その後，水塊の大部分は津軽海峡を通って，三陸沿岸に沿って南下するがこれは津軽暖流と呼ばれる．津軽海峡を通過しなかった水塊の一部は北海道西岸を北上し，宗谷海峡からオホーツク海に出るがこれは宗谷暖流と呼ばれる．

②親　潮
　北太平洋の亜寒帯には反時計回りの流れが存在する．親潮はその一部を担う海流で，千島列島から北海道の南東岸沿いに三陸沖まで南下する．日本近海における代表的な寒流で栄養塩類やプランクトンが豊富なため，「魚類や海藻類を養い育くむ親」に由来するとも言われている．黒潮に比べ流速は速いときでも1ノット程度であるが，深層にまで流れが及ぶため流量は大きく，黒潮に匹敵する規模になりうることもある．

3) 海流の成因
　海水には様々な力が作用して流れを生んでいるが，規模が大きく，変動がゆるやかな海流に作用する力は圧力勾配と地球の自転によるコリオリの力が卓越すると考えられる．圧力勾配が生じる原因の1つとして考えられるのは海水の密度差である．海水は暖められれば膨張して軽くなり，冷やされれば収縮して重くなる．また，淡水が流入すれば塩分が低下することで軽くなり，海水が蒸発すれば塩分が上昇して重くなる．この他にも密度差を生む要因は様々だが，なんらかの理由で生じた密度差によって発生した圧力勾配とコリオリの力によって進路が曲げられた海流はおよそ釣り合っていること

が知られているため，このことを利用して海流の規模や大きさを推定することができる．圧力勾配を生じる要因としては，密度差以外にも風によって海表面が吹き寄せられる効果などが考えられる．

4）沿岸の流動特性を決める要素

外洋の海流に比べ沿岸の流動はもっと複雑な要素が作用して流動特性が決まる．外洋からの影響が大きいか大きくないかは沿岸海域の開放度（湾港幅/湾長：値が小さいと開放度小）で区別され，外海から侵入する潮汐流もこれに影響される．この他にも，対象とする沿岸海域の広さ，水深，海岸・海底地形，コリオリ力の大小によっても流動特性は変化する．また，成層が発達すると上層と下層で異なった流動特性をもつようになり，成層が解消されると上層と下層で同じような流動特性をもつようになる．

①潮汐流

月や太陽の起潮力によって海水面は昇降するが，これにともなう海流の流れを潮汐流と呼ぶ．潮汐の基本形は，1日に満潮と干潮が2回ずつ起こる1日2回潮型，1日に満潮と干潮が1回起こる1日

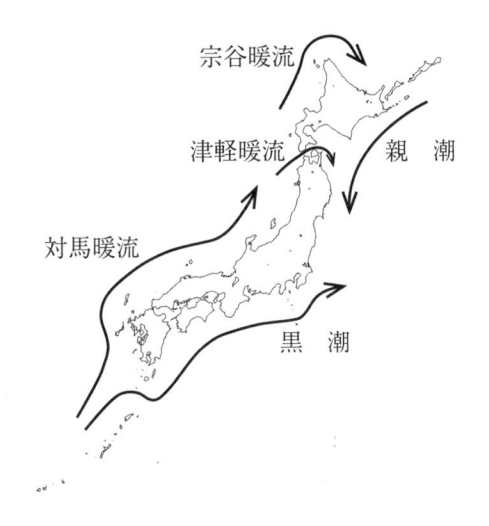

図2・5 日本近海の表層海流分布（CraftMAPを使用）

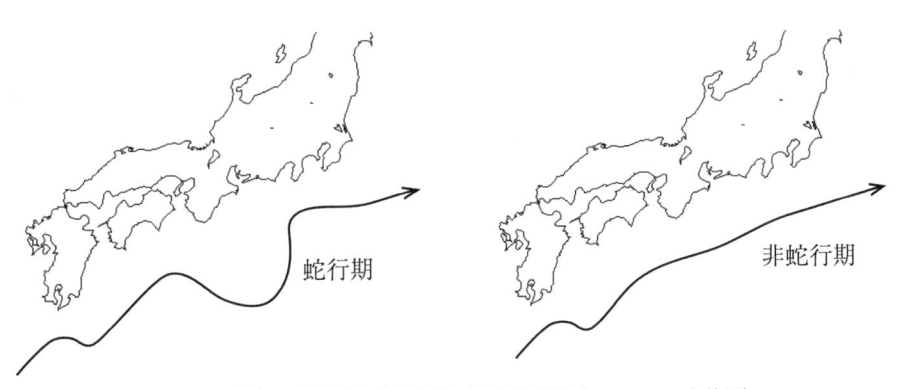

図2・6 黒潮の蛇行期と非蛇行期の流路模式図（CraftMAPを使用）

1回潮型，1日に満潮と干潮が2回ずつ起こるものの2つの満潮・干潮に差があり，時には1日1回潮型にもなってしまう混合潮型がある．潮汐流は往復流であるため，1潮汐周期（12時間25分）平均すれば，海洋に投入された物質はもとの位置に戻ることになり，物質輸送を考えると瞬間的な移動量は大きいが，長期間平均するとその影響度は低い．

②残差流

残差流の主成分には，風によって発生する吹送流，河川からの淡水流入や海面の加熱・冷却などによって発生する密度流，潮汐流の非線形性と地形の効果などによって生じる潮汐残差流がある．残差流は潮汐流に比べて流速は小さいが，物質輸送に果たす役割は潮汐流より大きくなる．

(長谷川一幸)

文　献

北野　康（1990）：炭酸塩堆積物の地球科学—生物の生存環境の形成と発展—，東海大学出版会．

参考文献

淵　秀隆・西村　実・菱田耕造・岩下光男・相馬正樹・鳥羽良明・大久保　明（1970）：海洋科学基礎講座1　海洋物理Ⅰ，東海大学出版会．
藤井哲雄（2011）：基礎からわかる金属腐食，日刊工業新聞社．
川合英夫・高野健三（1972）：海洋科学基礎講座2　海洋物理Ⅱ，東海大学出版会．
宮坂松甫（2008）：「腐食防食講座—海水ポンプの腐食と対策技術—」第1報：腐食の基礎と海水腐食の特徴，エバラ時報，220，28-35．
中原紘之・村田武一郎・近藤健雄（2008）：おもしろサイエンス　海の科学（NPO大阪湾研究センター海域環境研究委員会編），日刊工業新聞社．
日本海洋学会　沿岸海洋研究部会 編（1990）：続・日本全国沿岸海洋誌（総説編・増補編），東海大学出版会．
日本海洋学会 編（1991）：海と地球環境　海洋学の最前線，財団法人東京大学出版会．
大島泰雄・田村徳一郎（1980）：水産土木ハンドブック（農業土木学会水産土木研究部会編），緑書房．
ソルト・サイエンス研究財団（2013）：ソルト・サイエンス・シンポジウム2012「海水・塩の科学」開催について，Webそるえんす，4，1-18．
宇野木早苗・斎藤　晃・小菅　晋（1990）：海洋技術者のための流れ学，東海大学出版会．
宇野木早苗（1993）：沿岸の海洋物理学，東海大学出版会．
柳　哲雄（1989）：沿岸海洋学—海の中でものはどう動くか—，恒星社厚生閣．

3章　海生生物

　冷却水として用いる海水とともに，様々な海生生物が海水設備へと流入する．流入する生物種によっては，発電所冷却水路系内で付着・成長し汚損原因となり様々なトラブルを引き起こすこととなる．本章では，主に発電所などでの汚損被害を引き起こす生物種に絞り，それらの特徴，生態および起因する問題などについて解説する．

　　　3・1　海生生物の基礎知識
　　　3・2　海生生物の地域特性
　　　3・3　生物皮膜
　　　3・4　海藻類
　　　3・5　イガイ類
　　　3・6　カキ類
　　　3・7　フジツボ類
　　　3・8　ヒドロ虫類
　　　3・9　その他大型付着生物
　　　3・10　クラゲ類
　　　3・11　サルパ類
　　　3・12　動植物プランクトン

発電所取水路に付着した厚さ約 20 cm のアカフジツボ塊

3・1 海生生物の基礎知識

海には微生物から脊椎動物まで高等植物を除くほぼすべての生物が生息しており，内湾・外洋などそれぞれの特性によって様々な生態系を構築している．海洋には100万種以上の生物が生息しており，それは，地球上の生物の約80％を占めているという．特に島国である我が国は，世界でも有数の生物多様性を維持しており，最近の研究によると，全世界既知種約23万種の約15％にあたる3万4000種が生息している（CoML report, 2010）．

1）海生生物の種類・分類

前述のように海生生物には非常に多くの生物種が含まれるが，現在は表3・1に示すような分類体系に基づいて命名されている．過去には生物全体をモネラ界，原生生物界，植物界，菌界および動物界に分ける五界説が主流であったが，現在は，リボゾームRNAの塩基配列に基づいた分類により，真正細菌ドメイン，古細菌ドメインおよび真核生物ドメインの3ドメインを「界」の上位に新たに区分した仮説が多くの科学者に支持されている（図3・1）．この仮説に基づき，原始生物から真正細菌と古細菌という，原核生物の2大系統が発生し，この2大系統の微生物の融合（共生）の結果，真核生物が出現したものと考えられている．バイオフィルムを形成する細菌類以外の海生生物は真核生物ドメインに属し，大型付着生物の多くは動物界に属しており（表3・1），動物界には，35門が存在している．代表的な付着生物種については，後述の各項において詳細を解説している．

表3・1　一般的に用いられている分類体系フレームと分類例

和名	ドメイン	界	門	綱	目	科	属	種
英名	domain	kingdom	division/phylum	class	order	family	genus	species
(例)ヒト	真核生物	動物界	脊索動物門	哺乳綱	サル目	ヒト科	ヒト属	H. sapiens
(例)ミズクラゲ			刺胞動物門	鉢虫綱	旗口クラゲ目	ミズクラゲ科	ミズクラゲ属	ミズクラゲ
(例)アカフジツボ			節足動物門，甲殻亜門	顎脚綱，鞘甲亜綱，蔓脚下綱	完胸上目，無柄目，フジツボ亜目	フジツボ科	オオアカフジツボ属	アカフジツボ
(例)大腸菌	真正細菌	真正細菌界	プロテオバクテリア門	γプロテオバクテリア綱	腸内細菌目	腸内細菌科	エケスリキア属	大腸菌

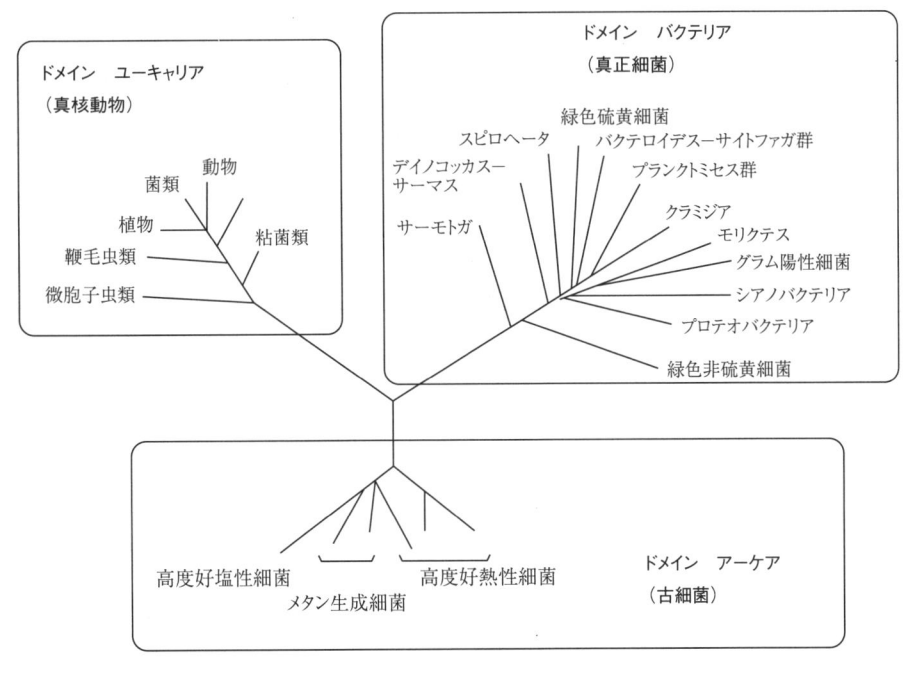

図3·1 3ドメイン説による生物の分類

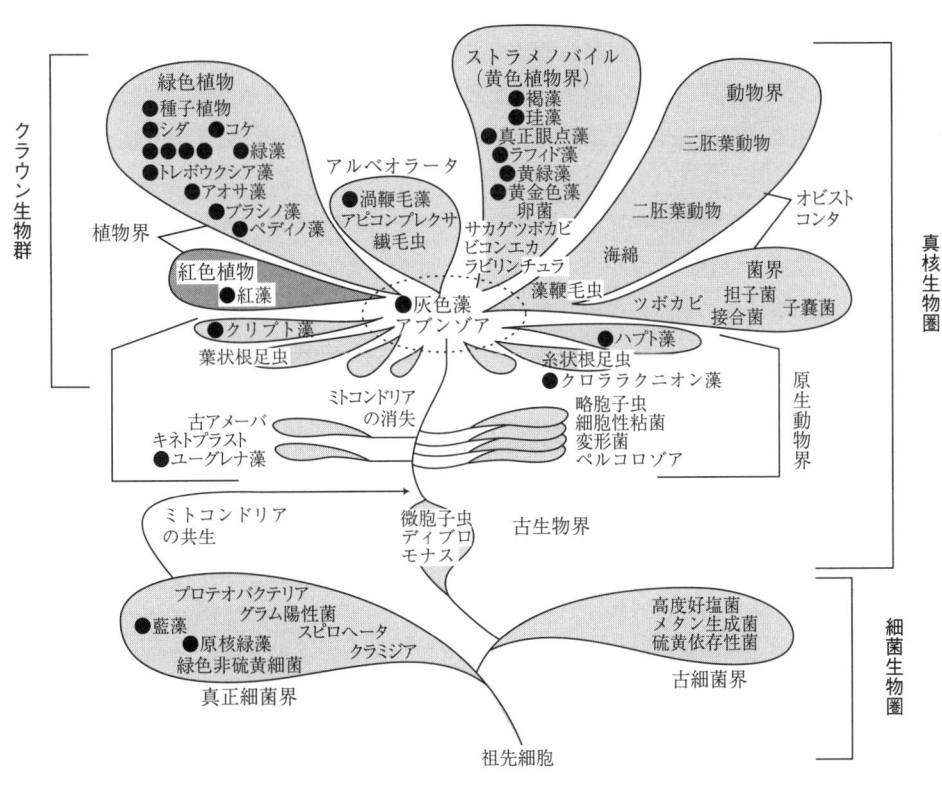

図3·2 地球上の生物の分類
〔国立科学博物館（HP/2011/6）による『海に生きる—くうか・くわれるか』から〕

3章 海生生物

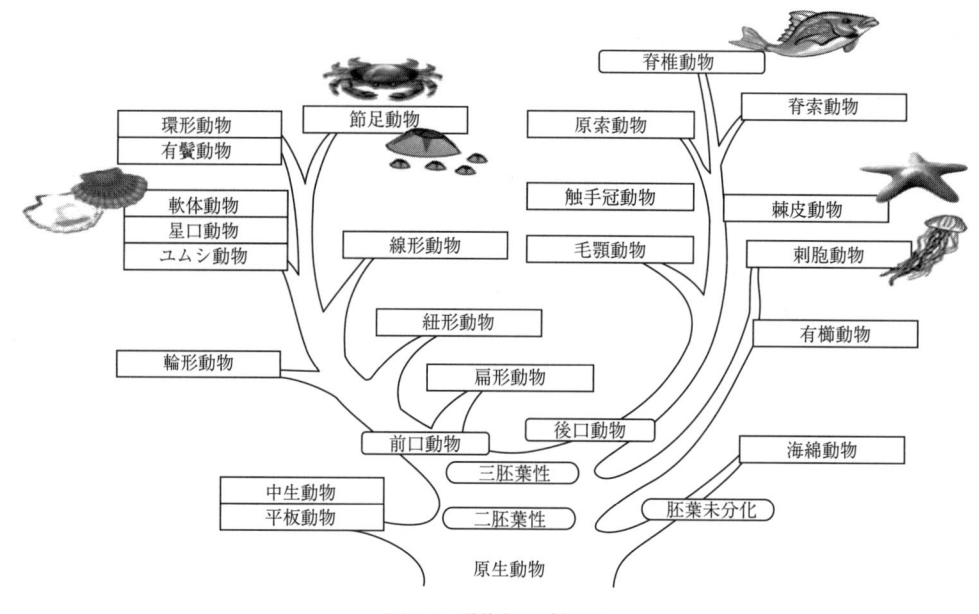

図3・3 動物類の系統樹

2）生活形態などによる分類

海洋生物は前述の分類体系とは別に生活形態によって，表3・2のように大まかに分類されて扱われることもある．ベントス（底生生物）は，海底などの上や中で生活する生物を指し，発電所で問題となるような固着性生物はベントスの範疇に含まれる．水底に当たる場所であれば，岩，砂，泥やサンゴや海藻などにすむ生物も含まれ，固着性・移動性は問われない．ネクトン（遊泳生物）とは遊泳力が高く，自らの力で水流に逆らって泳ぐことができる生物であり，魚類のほとんどが該当する．一方，同じく水中で生活するが，遊泳能力がほとんどなく，水流に逆らえないものをプランクトン（浮遊生物）と呼ぶ．この範疇には，大型の生物であるが，勢いよく泳ぐことができないエチゼンクラゲのようなものも含まれる．これらの分類では明確に区別することは難しい生物群も存在し，一時的に底質から離れて移動するものの底質を生活基盤とする底魚のように広範囲を移動するわけではないものや，オキアミのように小型ながら基本的に遊泳して生活をおくる中間に位置する生物もある．

また，ベントスとして生活する多くの無脊椎動物は，卵から孵化した後に，一時プランクトン（図3・4）として，幼生期を送る．浮遊生活の期間は数分から数カ月と種類によって様々であるが，水中を漂うことによって親から離れ，分布を広げていると考えられる．一定期間，プランクトン生活を送り，成長した幼生は，好適な海中の基質に付着し，変態することで着底生活を始める．

3）汚損生物とは

発電所で問題となる生物のほとんどはベントスとして固着生活を営む．固着生活をおくる生物は海藻類からホヤなどの脊索動物まで多岐にわたっており，それらは付着生物と総称される．付着生物にはノリ，カキ，マボヤなど水産物として重要な生物も含まれるが，発電所取水系統，船底，漁具などの人工

表3・2 水生生物の生活形態による分類

名　称	特　徴	細分・備考
ベントス (底生生物)	底質表面や中に生活し，遊泳する場合でも一時的	表在動物：海底表面に生息 埋在動物：体を底質に埋在して生息 海生生物の約8割はベントスとして生息している
ネクトン (遊泳生物)	水中を自由に移動しながら生活する遊泳能力の高いもの	多くの魚類，オキアミ類，遊泳性エビ類，イカ類，海産哺乳類など
プランクトン (浮遊生物)	水中を漂いながら生活する遊泳能力の低いもの	植物プランクトン 動物プランクトン（終生・一時） 一時プランクトン（ベントスの幼生や魚の稚魚など）

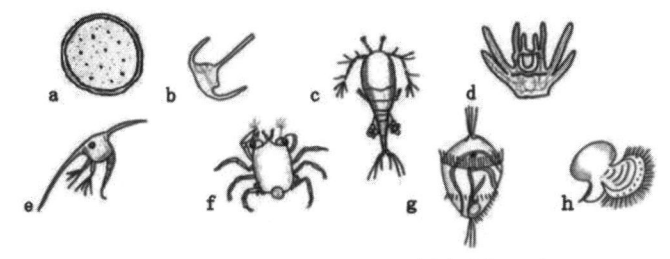

図3・4 代表的なプランクトン（Ⓒ倉谷うらら）
aとb：植物プランクトン，c：カイアシ（浮遊性の甲殻類），d：ウニのプルテウス幼生，e：カニのゾエア幼生（前期），f：カニのメガロパ幼生（後期），g：多毛類（ゴカイ）のトコロフォア幼生，h：腹足類（貝）のベリジャー幼生．d～hは一時プランクトン（成長するとプランクトンとしての浮遊生活をやめるもの）．

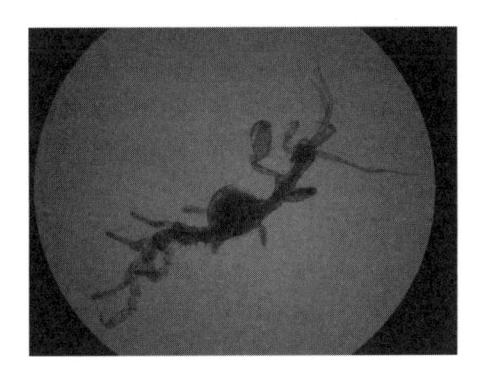

図3・5 ワレカラの1種

構造物に付着し，効率低下や不具合を引き起こす場合には，それらの種を汚損生物として扱っている．汚損生物という言葉は，具体的な生物種を指しているものではなく，例えば，漁業重要種であっても，望ましくない場所に付着し，不具合を引き起こす場合には汚損生物として扱われることもある．また，ヨコエビやワレカラ（図3・5；節足動物の一種）などのように移動能力を有しているが漁網などに大量に生息することで網目の閉塞などの漁業被害などをもたらす場合には，それらも汚損生物と呼ばれる．

(野方靖行)

3・2 海生生物の地域特性

多様性に富む海生生物であるが，それらは場所により異なる生態系を形成している．2章でも触れられているが，我が国は南北に長く広がり熱帯域から亜寒帯域に至る幅広い気候帯を有しているとともに，黒潮・親潮に代表される寒暖流などの影響もあり，多様な環境が形成されている．例えば，沿岸域においては，サンゴ礁，藻場，干潟，砂浜，岩礁など異なる環境が点在しており，それぞれに特徴的な海生生物が生息している（図3・6, 図3・7）．また，場所的には近隣であっても，河川水の影響や波あたりの強弱などの環境要因により，生息する生物に違いがみられる．

1) 気候の違いによる分布特性

前述のように，我が国の海域は熱帯域から亜寒帯域までを含むため，それぞれに異なる生物種が存在している．生物の分布を決定する要因は様々であるが，最も影響を与えると考えられているものは，温度（水温）である．生物種により北限や南限が異なっているが，それらは，生物種ごとの温度耐性に起因することがほとんどである．図3・8（カラー口絵）にイガイ類の水平的な分布の違いを示したが，他種の付着生物においても同様に海域により水平分布は異なっている．2章の図2・3でも紹介されているが，例えば8月の平均海面水温で考えると，北海道周辺と九州・沖縄周辺では10℃前後の水温の開きがある．そのような水温の違いが生物の水平的な分布に与える影響は大きく，30℃以上の高水温に弱いムラサキイガイの分布は夏季の高水温による影響を大きく受ける．一方，南方系外来種であるミドリイガイなどは，冬季の10℃以下の低水温で死滅するため，冬季水温により北限が規定されることとなる．

2) 沿岸域の特性

図3・6のように，海域はいくつかに分類できるが，大きくは沿岸域，外洋域および深海域に分けることができる．人間活動と関係が深いのは沿岸域であり，沿岸域はさらに汽水域（河口域），藻場，砂浜，干潟，サンゴ礁，岩礁域などに細分化することができる．

①河口域：1つまたは複数の河川などが海へ流れ込む，河川環境と海洋環境の移行区域．潮汐・波浪・海水流入などの海洋からの影響と，淡水・栄養塩・堆積物の河川影響をともに受ける．

②藻　場：沿岸に広がる海草（アマモなど）および海藻（ホンダワラ・アラメなど）による群落が形成されている場所．藻場は海生生物の生息場・えさ場となるなど重要な役割を果たしている．

③岩礁域：岩礁や巨石が点在する急傾斜な基質から構成される海岸．干満や波あたりなどにより様々な場所を提供することにより，多様な生物が生息する．低潮線以下に藻場が形成される場合が多い．

④砂　浜：海岸に砂が堆積している場所．砂質は波によって常に動く不安定な環境であり，磯や干潟と比べ多様性は低い．

⑤干　潟：潮間帯の砂地や泥地で，勾配が緩やかな浜であり，河口域に発達する河口干潟などがある．砂浜と比べ，勾配が緩やかで波の影響が少なく，多様性に富んでいる．

⑥サンゴ礁：熱帯の海岸に多くみられる，造礁サンゴの群落によって形成される地形．

図3・6　海域環境の分類
（環境省　海洋生物多様性保全戦略公式サイトより）

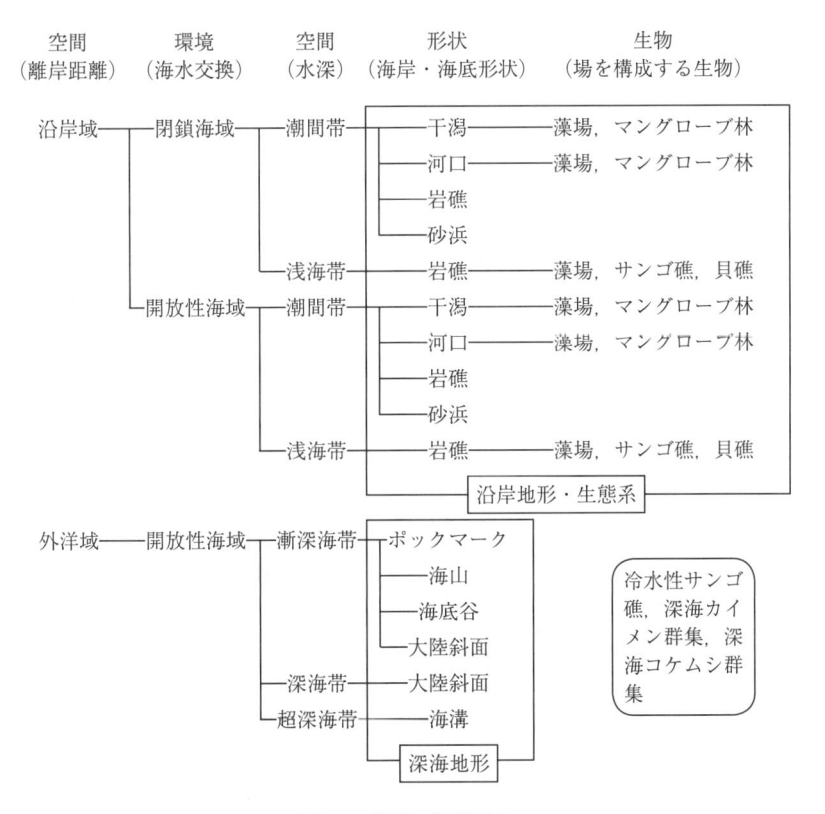

図3・7　海洋の類型区分

3) 閉鎖性内湾域での特性

前述のような地形の特性は常に明確に分かれているわけではなく，それぞれが繋がりあって海岸を形成している場合が多い．例えば東京湾のような閉鎖系の湾などでは，人工護岸⇒河口域⇒干潟・藻場⇒砂浜⇒岩礁域のようにそれらは連続して存在しており，それぞれ異なる環境を提供している（図3・9，カラー口絵）．東京湾を例にとり，閉鎖性内湾域の特性を述べる．

①海洋環境

図3・9（カラー口絵）のように東京湾の湾奥部の多くは埋め立てによる人工護岸となっているが，三番瀬のように一部干潟の環境も残っている．人工護岸を除くと，干潟主体である湾奥部から湾口部にかけて，沿岸地形は徐々に砂浜部，岩礁域へと移行している．また，図3・10，3・11（ともにカラー口絵）に示すように，東京湾の水温および塩分は湾奥部と湾口部ではかなり異なっており，湾奥部に関しては河川水の影響を受け塩分はかなり変動するとともに，低塩分となっている．一方，湾口部に関しては，水温，塩分ともに外洋の海水の影響を受けている．

②生物相

東京湾では様々な機関において生物相の調査がなされているが，紙面の関係から，すべてを紹介することは不可能であり，ここでは付着生物（ベントス）に絞って一例を紹介するにとどめる．堀越・岡本（2007，2011）や藤木ら（2009）によると，東京湾における付着生物の水平分布は湾奥部から湾口部にかけていくつかのグループに分けることができる（図3・12）．コウロエンカワヒバリガイ，マガキ，シロスジフジツボに代表される湾奥部のグループの出現は，低塩分，波浪影響が少ない，および富栄養度が高いなどといった指標で特徴づけられる．また，湾奥部でも塩分の安定している千葉側においては，それらに加え，アオサ，タテジマイソギンチャクなどの種類が観察される．一方，波浪影響が強く，高塩分である湾口部においては，紅藻類や匍匐性貝類の出現の多さで特徴づけられる．このように閉鎖的な内湾域においても，塩分や波浪の影響により出現する生物種に変化がみられる．

（野方靖行）

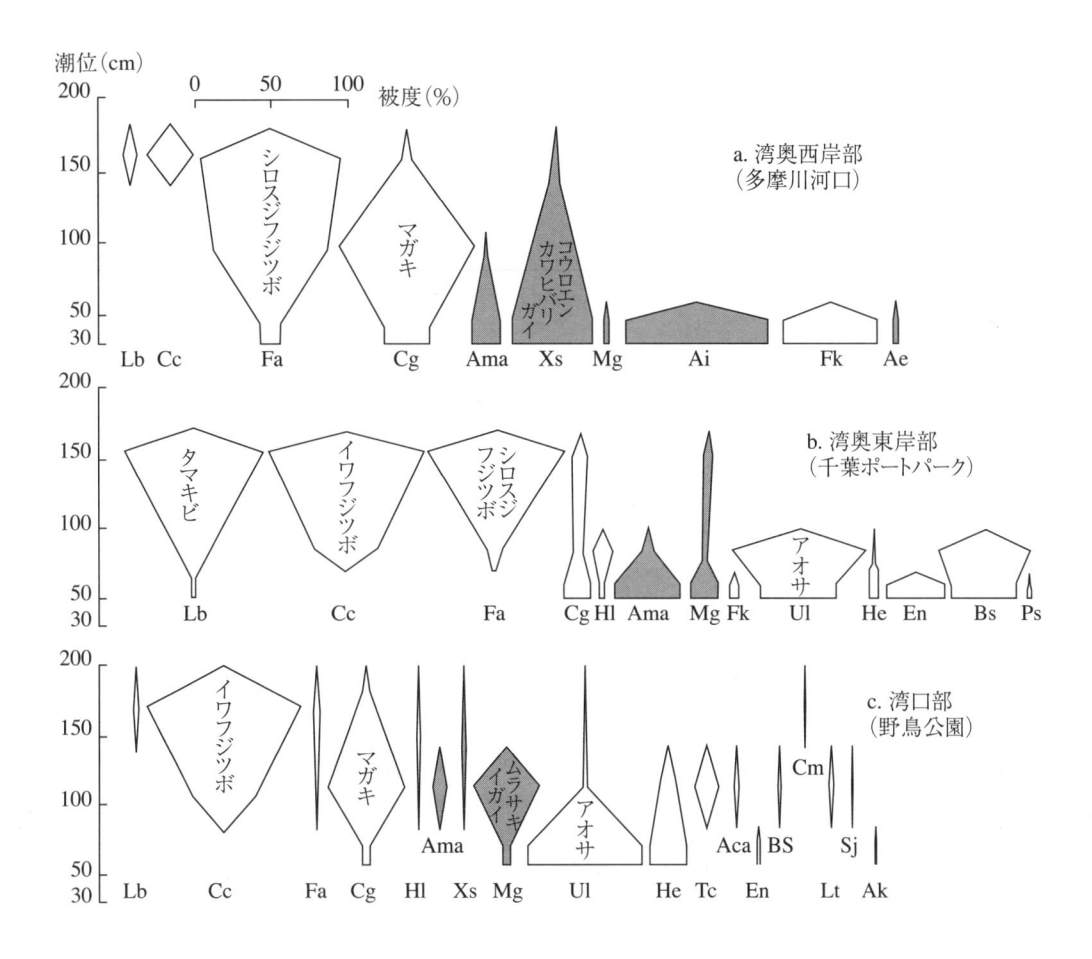

東京湾潮間帯におけるおもな付着生物の垂直分布
2004年夏季の例．28cm × 28cmのコドラートを49マスに分け，各生物種について，出現したマスの割合を被度とした．Lb：タマキビ，Cc：イワフジツボ，Fa：シロスジフジツボ，Cg：マガキ，Hl：タテジマイソギンチャク，Ama：タテジマフジツボ，Xs：コウロエンカワヒバリガイ，Mg：ムラサキイガイ，Ai：ヨーロッパフジツボ，Fk：ドロフジツボ，Ae：アメリカフジツボ，Ul：アオサ属，He：エゾカサネカンザシ，Tc：イボニシ，Aca：ヒメケハダヒザラガイ，En：アオノリ属，Bs：フジツボ類幼個体，Ps：ウスカラシオツガイ，Cm：カメノテ，Lt：コモレビコガモガイ，Sj：カラマツガイ，Ak：クロガネイソギンチャク．移入種は■で示した．

図3・12　東京湾内の地点とベントス分布の関係
（堀越・岡本，2011を改変）

3・3 生物皮膜

微生物を主体とする生物と粘性多糖類などの非生物物質の両方が含まれ，基盤表面に形成されるゼラチン状の皮膜を産業界（用水業界，水処理業界，電力業界など）では「スライム」と呼んでいる．JIS H 7901:2005 海洋生物忌避材料用語では，スライムの定義は，水中の微生物が作用してできる粘状物質とされ，「参考」では，「用水と接する物体表面に微生物が付着し，増殖し，それらが分泌する粘液に水中の有機物，土砂などの無機物が付着し，付着厚さが徐々に増加していったもの」をスライムと説明している．一方，川辺（2001）は「スライム」の名称より「生物皮膜」が好ましいとしている．ここでは「スライム」＝「生物皮膜」として扱い，それらの形成過程・引き起こされる障害などを解説する．

1）生物皮膜の形成過程と性状

生物皮膜の形成過程を模式的に図3・13に示す．コンクリート面，鋼塗装管内面あるいは水槽のガラス面など物体表面に海水が接すると，その表面には直ちにイオンや有機物分子が吸着し1日程度で下地皮膜が形成される．そこに海水中に浮遊している細菌が，付着・脱離を繰り返す．その過程で，付着した好気性細菌などの微生物が増殖し，増殖した微生物が細胞外多糖物質を生産し，数日でいく種かの細菌や菌類などの微生物が集合した共同体として生物皮膜が形成される．この生物皮膜には，海水中の粘土成分などの鉱物粒子が取り込まれ，図3・14に示す植物の付着珪藻や動物の原生動物なども構成員となる．フジツボ類やイガイ類の付着幼生も加入することになる．この生物皮膜に対して，環境水が流水の場合はせん断力が働き脱離が起こる．このように，生物皮膜は時々刻々，構造・組成を動的に変化させながら形成されていくと考えられている（森崎，2005）．

生物皮膜の肉眼的状況を図3・15左に示す．また，図3・15右には初期生物皮膜の走査型顕微鏡写真を示す．桿菌と多数の繊維状構造物（細胞外分泌有機物と思われる）が混在付着している様子がうかがわれる．

生物皮膜の定量は，復水器管汚れ測定方法（川辺・荒木，1993）が参考になり，スポンジボールなどの清掃方法で捕集，静置後メスシリンダーで湿体積を求め，その後乾燥重量を求めるとしている．

生物皮膜の組成に関して，川辺・熊田（1990）は，腐食生成物を含まないAPF管（内面エポキシ塗装アルブラック管）とチタン管では水が92%を占め，他は有機物が2%，粘土鉱物の主成分であるシリカなどの無機物が6%との例を報告している．

生物皮膜の生成量は，場所，海域，時期，付着基盤などの影響を受けるが，一例を示す．多奈川第二発電所の冷却水による9月から12月の水温15℃から25℃の条件で，約4カ月通水したチタン製の1インチ試験細管では，流速1 m/sの場合湿体積0.06 cc/cm^{2}程度，流速2 m/sの場合0.05 cc/cm^{2}程度，流速3 m/sの場合0.04 cc/cm^{2}程度であった（川辺ら，1985）．ここで，生物皮膜は付着成長と脱離を繰り返すと先述したが，高流速ではその量が少ない．なお，坂口ら（1983）も，管内面に形成される生物皮膜量は，壁面から1 mmにおける流速が大きくなるほど指数関数的に減少すると報告している．

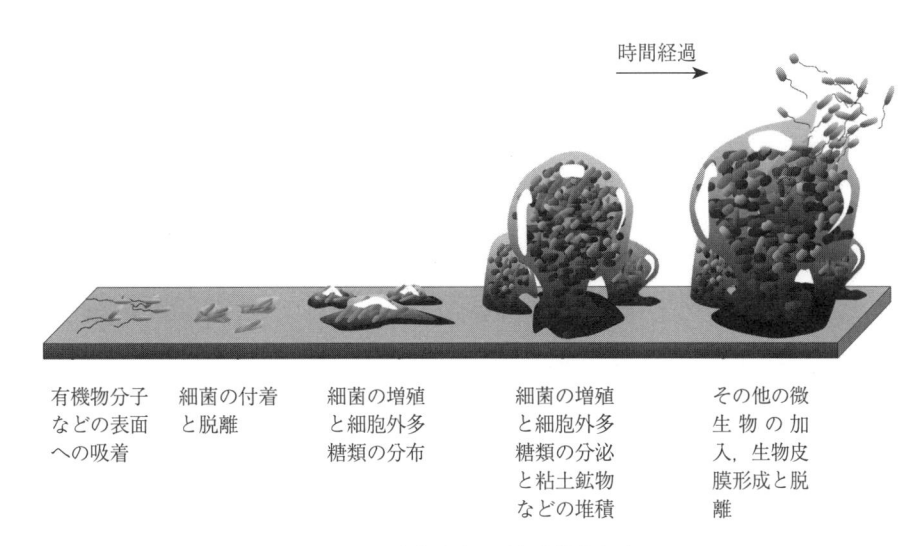

図 3·13　生物皮膜の形成過程模式図
(Media in category "Media from PLOS journals"
http://ja.wikipedia.org/wiki/%E3%83%90%E3%82%A4%E3%82%AA%E3%83%95%E3%82%A3%E3%83%AB%E3%83%A0#mediaviewer/File:Biofilm.jpg)

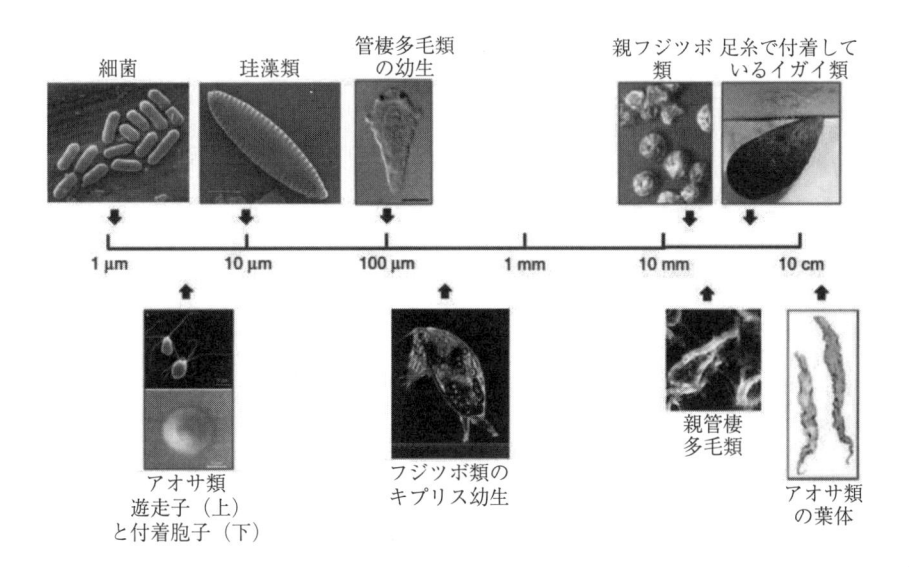

時間経過 →

有機物分子などの表面への吸着　細菌の付着と脱離　細菌の増殖と細胞外多糖類の分布　細菌の増殖と細胞外多糖類の分泌と粘土鉱物などの堆積　その他の微生物の加入，生物皮膜形成と脱離

図 3·14　付着生物群集の構成とサイズ
(Callow and Callow, 2011 を改変)

細菌　珪藻類　管棲多毛類の幼生　親フジツボ類　足糸で付着しているイガイ類

1 μm　10 μm　100 μm　1 mm　10 mm　10 cm

アオサ類遊走子（上）と付着胞子（下）　フジツボ類のキプリス幼生　親管棲多毛類　アオサ類の葉体

2) 生物皮膜による障害ほか

先の JIS H 7901：2005 海洋生物忌避材料用語によれば，生物皮膜は熱交換器の伝熱性能や管内流量を低下させたり，腐食を誘導したり，他の付着生物の付着を促進する場合があると説明している．生物皮膜の消長が，伝熱性能（汚れ係数）および管内流量（摩擦損失）へ影響するのである．

生物皮膜による細管伝熱性能低下に関して，生物皮膜は腐食生成物やスケールに比較し汚れ係数の増加程度が高い（川辺，1990）．その付着物量と汚れ係数の関係について，図 3·16 にチタン管とアルミニウム黄銅管での試験における例を示す．この図によれば，付着物量が湿体積で 0.01 cc/cm² 程度あると清浄度は 70％から 80％程度に低下することがわかる．また，生物皮膜は流動阻害を起こし，管内流量を低下させる．川辺ら（1985）は，先述の多奈川第二発電所における試験で，内面研磨チタン管の場合，流速 2 m/s では 95 日間で新管通水開始時に比較して，管内流量が 30％低下した例を報告している．

次に腐食の誘導であるが，生物皮膜中の微生物は基盤が金属の場合，微生物腐食を誘起する．微生物の代表は，嫌気性の硫酸還元細菌（SRB）で，海水中に含まれる SO_4^{2-} を S^{2-} にし，S^{2-} が鋼や銅合金を腐食する．また，好気性細菌の鉄細菌は錆びこぶを生成し，マンガン酸化細菌は銅合金の異常潰食の原因となる（菊池，2005；川辺，2009）．

3) 生物皮膜の他の付着生物の付着促進

フジツボはガラス基板にも付着する（katsuyama et al., 1992）が，薄い生物皮膜によって付着が促進され，生物皮膜が厚くなると逆に付着が阻害される（鶴見，1996）．また，イガイ類については，野外では，基盤として生物皮膜の他，海藻と同種個体も付着を促進する（Satuito et al., 1995）．生物皮膜が幼生の付着に関与している事実は，多くの論文によって証明されているが，付着生物の種によって影響は異なる．生物皮膜が様々な付着生物の幼生の付着を促進するという報告は多く，海洋環境によって形成される生物皮膜中の微生物相も異なると推定される．海洋のどのような環境下で，どのような種組成を主体とする生物皮膜が形成されるか，その微生物相によって，各種付着生物の幼生付着がどのように左右されるか，さらに，その後，各々の環境下で付着生物群集全体としてどのように遷移していくかという点は，生態学的に興味深いテーマであり，付着生物の幼生が生物皮膜相を介して着生環境の適・不適を認識している可能性もある．しかしながら，生物皮膜を構成する微生物のほとんどが培養不可能であることも大きな制約となって，この生物皮膜相－付着生物幼生間相互関係についての生態学的な観点からの詳細な解明は進んでいない．

4) 生物皮膜対策

生物皮膜は海水中の微生物に起因するため，海水を薬剤で処理し微生物の活性を低下させることが有効である．発電所冷却水系の場合は塩素（海水電解処理）や酸化剤処理が有効である．また，問題となる付着箇所が主として復水器細管であることから，管清掃例えば通水中の処理ではスポンジボール洗浄が一般的である．

（勝山一朗・山下桂司）

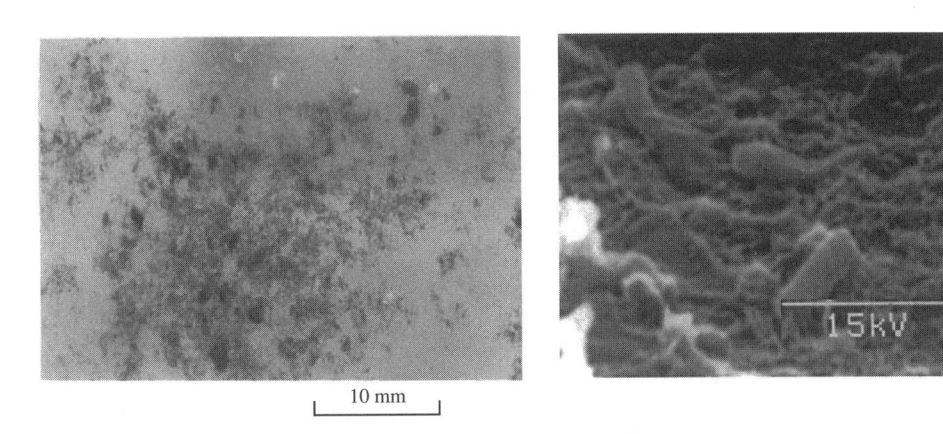

図 3·15 生物皮膜の観察
左：肉眼的観察，右：走査型電子顕微鏡観察

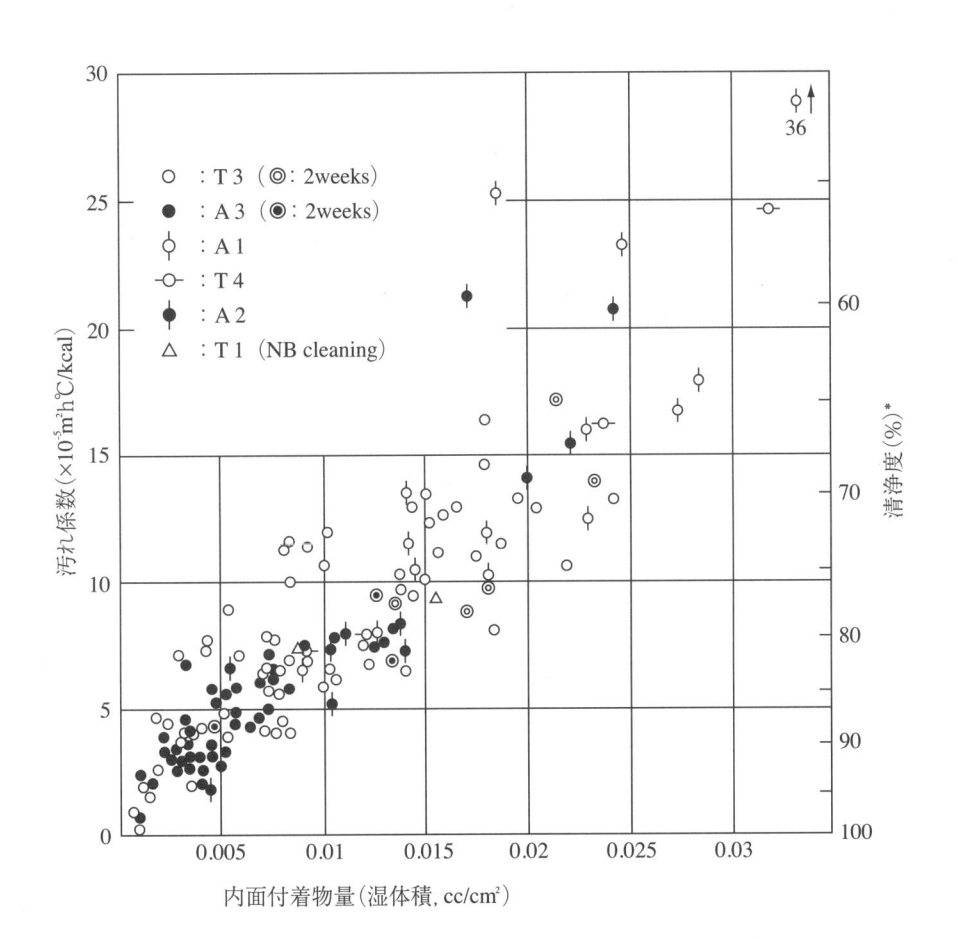

図 3·16 生物皮膜の付着量と汚れ係数との関係（川口ら，1980）
＊：熱貫流還流率 3,110 Kcal/m²h℃ を基準とする．

3・4 海藻類

　春の取水口のコンクリート構造物に目をやると緑色の海藻が目につく（図3・17）．海藻は，付着生物であるが，発電所冷却水系の汚損としては，ほとんど注目されない．理由は，海藻は植物であり，生育には光を必要とするが，冷却水系は循環水ポンプ以降放水口までほとんどの部分に光が届かないため，海藻が生活できないからである．なお，スクリーンに集積される残渣の中に観察される緑色の海藻は，流れ着いたアオサの仲間と考えられる（図3・18）．

1) 海藻類の分類

　海藻とは海水中で生育している藻類のことである．海藻は植物であるが葉，茎，根などの分化は見られず，種子は形成されない．一方，海水中で生育するアマモ類は花を咲かせ種子をつける種子植物であり，同じ「かいそう」でも「海草」と書き，海藻類とは区別されている．

　藻類とは，水中で生育している酸素発生型光合成を行う植物をまとめた総称であり，生物学的には系統の異なる多数のグループを含んでいる．藻類は，単細胞性のものと，多細胞性のものがあるが，一般的に海藻類といえば多細胞性の種類をさす．海藻類は，主に紅藻類，褐藻類，緑藻類を含んでいる．名前が示す通り，紅い海藻が紅藻類，褐色の海藻が褐藻類，緑色の海藻が緑藻類である．付着生物の調査研究に用いられる付着板で，よく観察される緑藻と褐藻を図3・19と図3・20に示す．

　我々が日ごろから食用として利用している海藻類も多く，紅藻類としてはアマノリ（海苔のこと）やマクサ（寒天の原料），褐藻類ではワカメやコンブ，緑藻類ではアオノリなどがあげられる．紅藻類や褐藻類は，緑藻類とは異なる色素を含んでいるため，紅色や褐色を示している．このような色の違いは，海中で生活する海藻類にとって大きな意味をもっている．海藻類は光合成によって水と二酸化炭素から有機物を作り，酸素を放出している．海中では青い光は深い所まで透過するが，緑藻類に含まれている色素では青い光を光合成に利用することができない．紅藻類，褐藻類に含まれている色素は，青い光を吸収し光合成に利用することができる．このため紅藻類や褐藻類は，緑藻類よりも深いところで生育することができ，海中の深い場所で紅藻類や褐藻類が大きな群落を形成している．

2) 海藻類の生活史

　海藻の生活史は複雑で先のアオサ類の生活史を図3・21に示す．我々が目にする藻体（30 cm以上もの藻体になることが多い）は，有性世代（n）の雌性配偶体と雄性配偶体および無性世代（1n）の胞子体の3種類がある．胞子体は藻体周辺部が黄緑色に成熟し4本の鞭毛をもつ遊走子（長径0.01 mm程度）が放出される．遊走子は成長し有性世代（n）の配偶体に生長成熟し2本の鞭毛をもつ配偶子を放出する．配偶子は雄と雌であり，単為発生で配偶体に生長する場合もあるし，接合して接合体となり胞子体に生長する場合もある．成熟後の藻体は枯死する．

　海藻は，海中で光があれば，岩盤などの基質から剥がれても波間を浮遊しながら生長することができるが，光の届かない配管の中では生育することができない．発電所の方から，復水器の水室に藻の

図3・17 取水口で見られる海藻類（緑藻のアオサ類）

図3・18 砂浜に打ち上げられたアオサ類

図3・19 付着板に付着した緑藻ミル

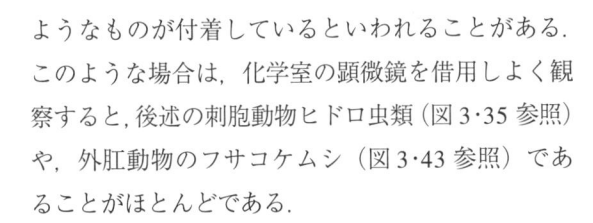

図3・20 付着板に付着した褐藻フクロノリ

ようなものが付着しているといわれることがある．このような場合は，化学室の顕微鏡を借用しよく観察すると，後述の刺胞動物ヒドロ虫類（図3・35 参照）や，外肛動物のフサコケムシ（図3・43 参照）であることがほとんどである．

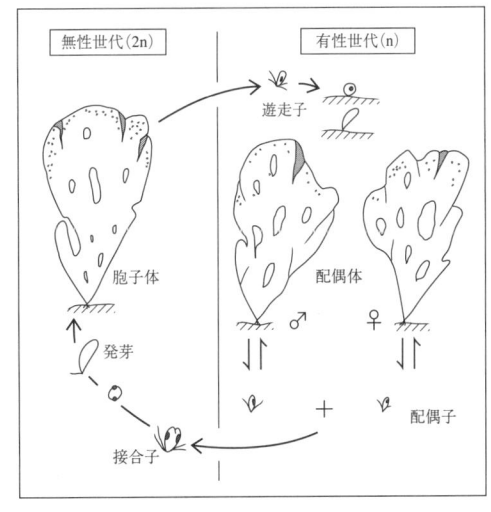

3) 発電所への被害など

海藻の場合，付着・成長する事による冷却水系への障害はほとんど聞かないが，岩盤などの着生基質からはがれた流れ藻が大量に流れ着き，スクリーンを閉塞させる事例がある．そのため，一部の発電所においては，海藻流入防止用のネットを設置し，海藻の大量流入を防いでいる．また，LNG気化器のトラフなど光のあたる場所にはアオサなどの藻類が繁茂し，トラフの淵に掛かって，水切れの原因になる可能性が考えられる．

（松本正喜）

図3・21 アナアオサの生活史

3・5 イガイ類

イガイ類は，フジツボ類とともに発電所汚損生物の代表である．いくつかの種があり，全世界に広く分布するものと我が国周辺に限られるものがある．

1) イガイ類の形態・分類

イガイ類とは，軟体動物門二枚貝綱イガイ目イガイ科に属する二枚貝の総称である．貝殻は殻頂が前側に偏り三角形状になったものが多く，内側には真珠光沢がある．足の先端で付着場所を探した後，足糸と呼ばれる強固な繊維状のタンパク質によって基質に付着し，密集した個体群を形成する（Yonge, 1976）．

イガイ科には多種が属するが，本邦の海域での汚損生物として特に注目されるものとして，ムラサキイガイ *Mytilus galloprovincialis*，ミドリイガイ *Perna viridis*，コウロエンカワヒバリガイ *Xenostrobus securis*，があげられる．これら3種は，環境省が公表している要注意外来生物に指定されている．本節ではこの3種を中心に，生態などについて概説する．

2) ムラサキイガイの生態・特徴

ムラサキイガイはイガイ属に属する．1920年代に日本で初めて発見された地中海を原産とする外来種で，1950年代頃までには全国に分布を広げた．この貝の侵入により，沿岸の生物相は大きく変化したといわれている．殻の形状は卵三角形で，殻の外側は光沢がある黒褐色から黒青色をしており，内側には真珠光沢がある．欧州では食用に養殖されており，「ムール貝」としてヨーロッパイガイ *Mytilus edulis* とともに流通している（図3・22）．

本邦のイガイ属の在来種には，他にイガイ *Mytilus coruscus*，キタノムラサキイガイ *Mytilus trossulus*，がある．北海道太平洋沿岸からオホーツク沿岸にかけて，ムラサキイガイとキタノムラサキイガイ両種の分布域は重なっており（図3・8 カラー口絵参照），両種の交雑種が存在することが知られている（井上，2001；桒原，2001）．

①ムラサキイガイの生活史

ムラサキイガイは雌雄異体であり，海水中に放卵・放精して受精する．直径約70μmの受精卵は水温18℃の場合，約10時間でトロコフォア幼生（担輪子幼生）となり，浮遊生活に入る．その後，ベリジャー幼生（被面子幼生），D型幼生，殻頂期幼生を経て，殻長210μm以上のペディベリジャー幼生（変態期幼生）となり，足が発達を始め，足糸を分泌して基盤に付着する．付着した幼生は変態を始め，1～3日で終了して，親と同じ形をした稚貝になる（図3・23）．成長は水温や餌環境に影響されるが，比較的早く，1カ月で4～5 mm，6カ月で25～30 mm，1年で60～70 mmくらいになる．稚貝は1年で成熟する（坂口，1986）．主な餌は植物プランクトンであり，ペディベリジャー幼生以降のステージにおいては，鰓の表面に生えた繊毛により水流を発生させ，唇弁へと海水中の粒子を運び込み，そこで餌と餌以外を選別する．餌以外の粒子や動物プランクトンなどは，擬糞として放出さ

れる.

幼生の付着について，繊維状の海藻にまず付着し（第一次付着），ここで1～1.5 mmに成長した後，再び浮遊して，成貝群集に最終付着（第二次付着）するという，一次・二次付着モデルが提案されて

図3・22 ムラサキイガイと付着状況（提供：電中研）

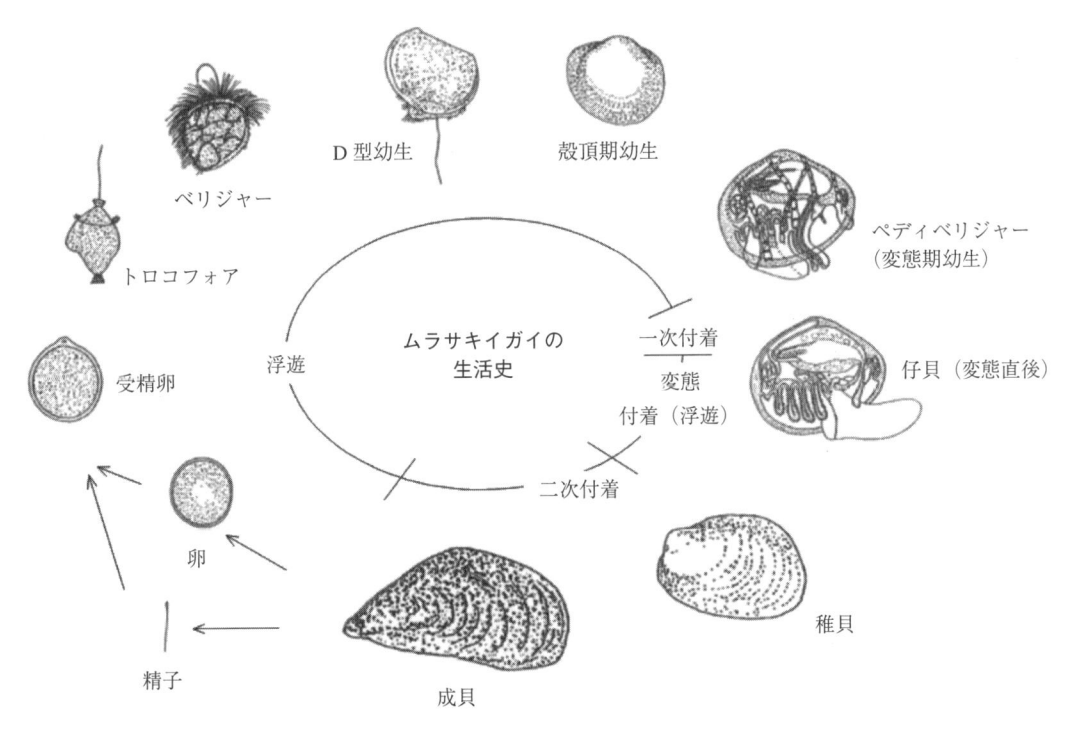

図3・23 ムラサキイガイの生活史
（Bayne, 1971；坂口, 1986より改変）

いるが（Bayne, 1964），一次付着した場所に直接付着する場合も多数報告されている（包ら，2008）．ムラサキイガイの幼生の着生は，基質である海藻，同種成体および微生物フィルム由来のケミカルシグナルによって誘起される（包ら，2008）．

②ムラサキイガイの生態

　生殖線の成熟度や生殖線面積比から類推される，ムラサキイガイの東北から九州までの繁殖期は，10～4月であり，九州の方がやや長い．また，安田（1967）によると，福井県丹生浦湾においての繁殖期は1～7月（水温5℃～25℃）で，その盛期は2～5月とされている．付着時期は，冬から春が多く，東京湾では4月頃が盛期で，東北では5～7月頃が盛期となる（坂口，1986）．浮遊幼生出現盛期から稚貝着生盛期まではおおよそ1カ月程度と考えられている．坂口・梶原（1988）の東京湾でのムラサキイガイの生態調査結果によると，調査期間内においては4月5日の水温13.6℃の時に約220個体/m^{3}と出現量のピークを迎えており，その際に採集されたのはD型幼生であった．また，その翌週には幼生数は減少し，付着稚貝個体数の上昇が確認され，5月上旬には岸壁のムラサキイガイ群中に占める稚貝の割合が40％以上になっている．広島湾では幼生は2月下旬から5月中旬にかけて断続的に出現するが，ピークは4月中旬から下旬であった（広島市水産振興センター，2008）．ミドリイガイより低温域に分布し，29℃以上の高水温での死滅が報告されている（久保田，2011）．

3）ミドリイガイの生態・特徴

　ミドリイガイはミドリイガイ属に属する．1960年代に日本で初めて発見された西太平洋・インド洋の熱帯海域沿岸部を原産とする外来種で，日本国内の温暖な沿岸海域にはすでに分布を拡大している．ミドリイガイ属の中にはモエギガイ *Perna canaliculus*，ペルナガイ *Perna perna*，ミドリイガイ *Perna viridis* が知られている（劉・渡辺，2002）が我が国へ移入し分布拡大しているものはミドリイガイとされている（羽生，2000）．外観形態はムラサキイガイに似るが，表面の色調は茶褐色が主体で腹縁部に細い帯状の「緑唇」がみられるものと，暗緑色が主体で腹縁部がやや巾の広い鮮やかな緑色帯がみられるものがある（図3・24）（Siddall, 1980；原田，1999）．

①ミドリイガイの生活史・生態・出現時期

　本来のミドリイガイの生息域であるインド周辺海域の水温は25℃～35℃程度，香港では17℃～30℃程度であり，水温が17℃程度になると成長はほぼ停止するとされている（劉・渡辺，2002）．本種の分布に関する塩分の影響について，実海域の調査では塩分5.2程度の海水からでも分布が報告されている（劉・渡辺，2002）．

　基本的な生活史はムラサキイガイと同様であり（図3・23），直径約50μmの受精卵は，26℃では，受精後14～18時間でD型幼生に，6～8日間で殻長約190μmになり，15～20日間で足糸が分泌され変態して付着稚貝となる（Siddall, 1980）．江ノ島における本種の産卵盛期は8～9月である（吉安ら，2004）．伊勢湾奥部における本種幼生の出現時期は6～12月で，7～8月にピークがあり，11～6月に出現するムラサキイガイとは出現時期が異なる（中部電力（株），2011）．ミドリイガイの侵入が報告された直後は東京湾，伊勢湾，大阪湾などの外来船の行き交う箇所のみで問題となっていたが，その後，それらの海域において越冬個体および生殖を行っていることが報告され，現在は西日本側を

図3・24　ミドリイガイと発電所放水路への付着状況（提供：電中研）

図3・25　コウロエンカワヒバリガイ（提供：電中研）

中心に分布域が広がりつつある．現在の分布域に関しては，国立環境研究所侵入生物データベースを参照いただきたい（URL：http://www.nies.go.jp/biodiversity/invasive/DB/detail/70280.html）．

　熱帯原産の本種は，冬期水温が15℃を下回らない条件であれば越冬可能であるが，12℃を下回る条件では生存が困難である（植田ら，2010，2013）．また，近年の海水温の上昇とともに，ムラサキイガイ類との生息状況の交代が報告されており，西日本沿岸ではムラサキイガイの出現が減少し，ミドリイガイが主要な付着生物種と交代している事例がある（山田ら，2010）．

4）コウロエンカワヒバリガイの生態・特徴

　コウロエンカワヒバリガイはクログチガイ属に属する．1970年代に日本で初めて発見されたオーストラリア，ニュージーランドを原産とする外来種で，2000年以降は新潟県，茨城県以北を除いた，九州，瀬戸内海，東海地方，関東地方に分布を拡大している（木村，2001）．殻長は約1～2 cmであり，潮間帯～水深5 mの岸壁などに生息する．形態は淡水性のカワヒバリガイ *Limnoperna fortunei* に似ており，当初，亜種として記載されたが，その後別属別種と判明した（図3・25）．カワヒバリガ

イも最近の分布拡大により利水設備や水力発電所などへの被害が報告されている．外来種であることから，環境省より特定外来生物に指定されているが，完全な淡水性であるため，火力・原子力発電所においての被害は見られない．コウロエンカワヒバリガイの生活史・生態・出現時期に関する知見は限られている．浜名湖における本種の産卵期は4〜11月，産卵盛期は6〜7月および9月である（木村，2001）．20℃において，受精後5日で殻長70μmのD型幼生となり，定着は受精後約5週間の殻長270μm程度となった時点であった（Abdel-Rezek, F. A., et al, 1993）．淡水から海水まで，広い範囲の塩分耐性がある（木村ら，1986）．

5）発電所におけるイガイ類の汚損実態

発電所の冷却水路系で最も付着量が多いのはイガイ類，特にムラサキイガイである．冷却水の取水路はイガイ類の生息に適した環境となっているため，20〜30 cmの厚い層になり付着することもある．イガイ類が取水路に付着にすることで冷却効率が低下することから，発電所では多大なコストが費やし，イガイ類を除去・回収している．年間の付着生物回収量が1,000トンを超える場所もあり（火力原子力発電技術協会，2005）（図3・26），回収量の多い地点では，回収した付着生物の処理・処分に苦慮している．

また，表3・3に示すように，ムラサキイガイとミドリイガイは水温耐性が異なり，生存に適さない水温条件にさらされることで死亡し，大量剥離による除塵機などの閉塞を引き起こすことが知られている．このため，ムラサキイガイでは夏季に30℃程度の高水温が数日間継続する環境，ミドリイガイについては冬季の10℃程度の低水温が継続するような場合に注意が必要である．

6）発電所におけるイガイ類の防汚対策

海生生物の付着を未然に防ぐ対策としては，薬液注入，防汚塗装，高流速など（坂口，2003）があり，それぞれ5章において詳細な解説がされているので参照いただきたい．なお，付着生物の出現時期に合わせて最適な付着生物対策の運用が行えれば，コストを低減できる可能性がある．ムラサキイガイおよびミドリイガイ浮遊幼生については，モノクロナール抗体を用いて特異的に認識することが可能で，検出用のキット（9章9・6参照）も市販されている．

〔渡邉幸彦・野方靖行〕

表3・3 ムラサキイガイとミドリイガイの特徴

	ムラサキイガイ	ミドリイガイ
原産地	地中海など	東南アジア・西大西洋
生息水温	〜30℃	13℃〜32℃
主な付着時期	4〜6月	7〜9月
大量死亡時期	8〜9月（水温30℃以上）	2〜3月（水温10℃以下）

3·5 イガイ類

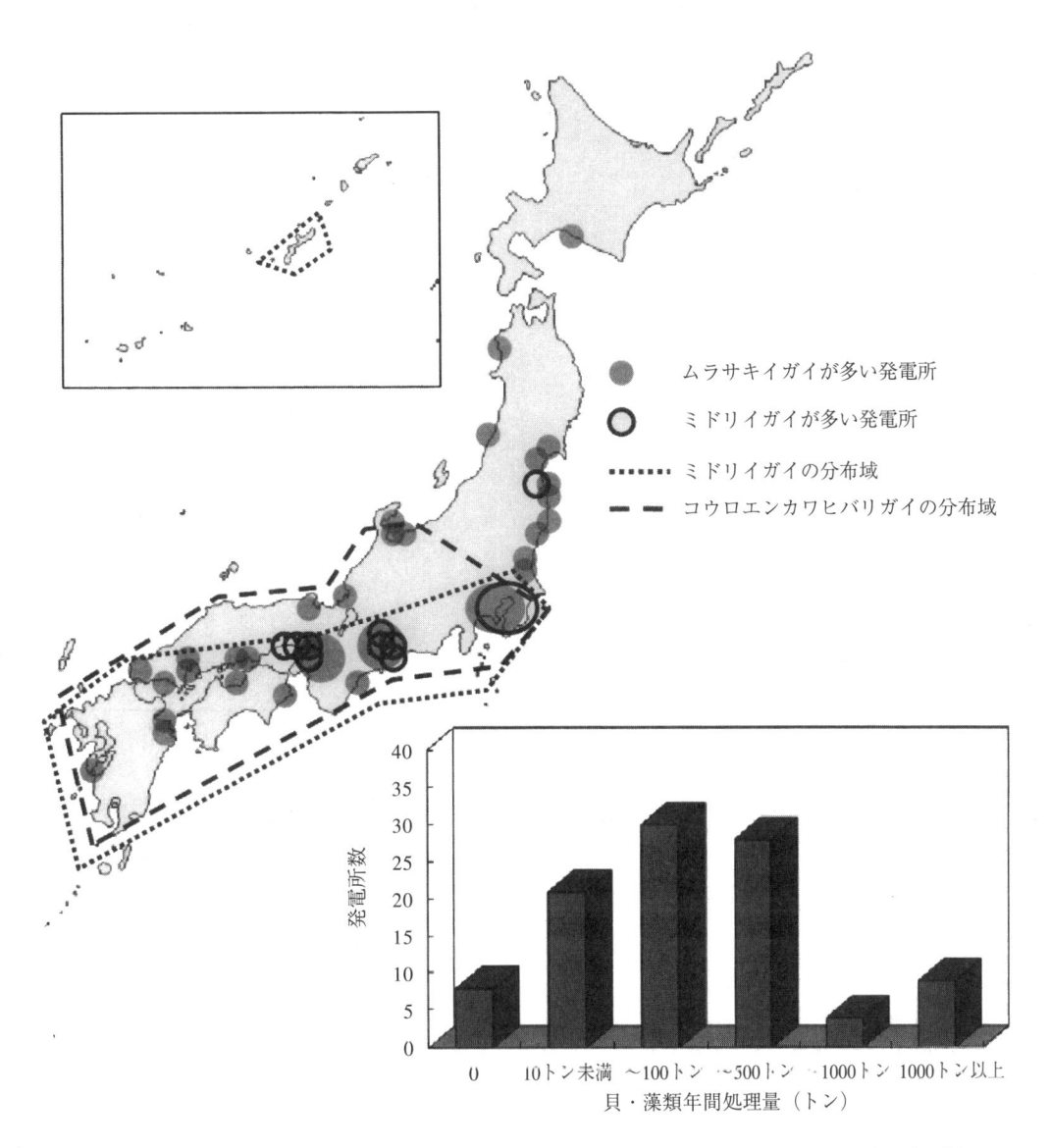

図 3·26 イガイ類の分布域と火原協アンケート（2003）による発電所での出現状況，年間処理量
　　注）ムラサキイガイの分布は沖縄を除くほぼすべての日本沿岸であり，区域を指定せず．

3・6 カキ類

カキとは，軟体動物門二枚貝綱ウグイスガイ目イタボガキ科に属する二枚貝の総称である．

本邦に生息するカキ類は，30種類前後と考えられている（岡本，1986）．主な種類に，スミノエガキ *Crassostrea ariakensis*，マガキ *Crassostrea gigas*，イワガキ *Crassostrea nippona*，トサカガキ *Lopha cristagalli*，ベッコウガキ *Neopycnodonte cochlear*，オハグロガキ *Saxostrea mordax*，コケゴロモガキ *Ostrea circumpictea*，イタボガキ *Ostrea denselamellosa*，クロヒメガキ *Ostrea futamiensis*，ケガキ *Saccostrea kegaki* などがある．マガキは，食用に各地で養殖が行われており，近年，イワガキの養殖も拡大している．本邦温帯域の内湾潮間帯では，上部から下部に向かって，フジツボ類，マガキ，ムラサキイガイの順に帯状分布する様子が一般的に観察される．

1）カキ類の形態

殻の形は，付着場所の環境などによって，細長くなったり，丸くなったりと変化に富み一定していない．通常は下側の殻（基質に付着している方，左殻）が深くくぼんで大きく，上側の殻（右殻）はこれに蓋をするようにやや扁平で小さい．殻の表面は褐色〜紫褐色で，成長に伴い波打った葉状の褶片が生じる．殻の内面は白色から灰白色である．軟体部にはやや大型の閉殻筋を1つ有する．

2）カキ類の生活史と生態（図3・27）

雌雄異体であるが，年によって雌雄が異なる（性転換をする）個体が存在する．産卵は体外受精を行う卵生と，体内で受精を行い幼生を産出する胎生とがある．前者にはスミノエガキ，マガキ，イワガキ，トサカガキ，ベッコウガキ，クロヒメガキ，ケガキ，オハグロガキ，後者にはコケゴロモガキ，イタボガキがある（今井，1971）．

カキ類の生活史は，前項のムラサキイガイの生活史と変態期幼生までは類似している．すなわち，受精後，一連の卵割が行われた後，トロコフォア幼生（担輪子幼生），ベリジャー幼生（被面子幼生）を経て，約24時間でD型幼生となる．このころから餌をとり始め，約2週間で殻高300μmに達し，有足のペディベリジャー幼生（変態期幼生）となる（菅原，1991）．

ペディベリジャー幼生は，遊泳と匍匐を繰り返して付着場所を選ぶ．適当な場所に至ると左殻を基物に付着させて横になり，足腺がセメント物質を出して2〜3分で固着する．固着した個体は，鰓が急速に発達するとともに，殻がキチン質から石灰質に変わり，稚貝の形態となる（今井，1971）．珪藻，渦鞭毛類などの微小藻類や有機懸濁物質を餌とする．

広塩性で，生息適温は7〜28℃である．産卵期は，マガキの場合，有明海では5月上旬〜11月下旬（田中，1954），広島県では6〜8月，宮城県では7〜9月である（小金沢，1978）．

また，カキの基質への付着については，グラム陰性菌のメラミンを含むバクテリアフィルムに付着が誘起されること，L-DOPAに5〜10分間触れると付着行動を起こし，基盤に固着することが明らかにされている（Coon and Bonar, 1985）．

図 3·27 カキ類の生活史（卵から親になるまで）（Wallace *et al.*, 2008 より改変）
a：放卵中の親ガキ（雌），b：放卵中の親ガキ（雄），c：未受精卵，d：精子，e：受精卵，f：D型幼生，g：初期アンボ期，h：後期アンボ期（成熟アンボ幼生），i：付着幼生，j：付着稚ガキ（付着後数日経過），k：付着幼ガキ（付着後 10 日経過），l：付着幼ガキ（付着後 20 日経過），m：付着幼ガキ（付着後 30 日経過）

3) 発電所におけるカキ類の汚損実態

通常，生物量としてはイガイ類やフジツボ類よりも付着量は少ないことが多いが，一部の発電所では最優占種の1つとなっている．内湾の奥の発電所でも出現はしているが，湾口部など比較的水通しのよい海域に面する発電所に多く出現する傾向が見られる（火力原子力発電技術協会，1993）

4) 発電所におけるカキ類の防汚対策

浮遊幼生の付着を防止する対策としては，前出のイガイ類の場合と同様に，薬液注入，防汚塗装，高流速がある．マガキ浮遊幼生を，モノクロナール抗体を用いて特異的に認識する検出用キットも開発されている．

（渡邉幸彦）

3章　海生生物

3・7　フジツボ類

　フジツボ類は，イガイ類とともに発電所汚損生物の代表である．比較的大型のものが発電所に被害をもたらすが，種類が多く顕微鏡サイズ以上に育たないものもいる．

1) 分類学上の位置
　フジツボの仲間は19世紀前半まで軟体動物（貝やイカの仲間）に含まれていたが，甲殻類（エビやカニなど）と共通する幼生期を経ることが明らかとされ甲殻類に分類された経緯をもつ．現在，フジツボ類は分類学的には節足動物門，甲殻亜門，顎脚綱，鞘甲亜綱，蔓脚下綱に属し，柄部を有する有柄目（図3·28A）と柄部をもたず直接付着する無柄目（図3·28B）の2つのグループからなる（山口, 2006）．このうち，発電所での発電支障の原因となるのは主に無柄目フジツボ亜目フジツボ科に属するものがほとんどである．

2) 分　布
　フジツボ類は北極海から南極海に至るすべての海域に生息し，鉛直的にも，潮間帯上部から深海数千mまで分布している．一方，河川の影響を強く受け低塩分となる河口域には分布するものの，淡水に生息するフジツボは存在しない．また，フジツボ類は岩礁や貝殻など固い基盤に付着するものが一般的であるが，一部には海綿，クラゲ，クジラの皮膚など特殊な場所に生息する種類も見られる．フジツボ亜目は，世界的に400種類程度が知られており，そのうち国内には150種程度が生息するとされている．

　我が国の沿岸で出現する種の分布に関しては，上述の塩分の他，水温，波あたり，潮位などが大きく関係していると考えられている．発電所周辺で多く観察される種類は，タテジマフジツボ，アメリカフジツボ，ヨーロッパフジツボ，シロスジフジツボ，ドロフジツボ，サンカクフジツボ，アカフジツボ，オオアカフジツボ，ハナフジツボ，ミネフジツボ，チシマフジツボなどである．アカフジツボやオオアカフジツボは主に河川水の影響の少ない外洋に面した場所で多くみられ，ハナフジツボ，ミネフジツボ，チシマフジツボは主に寒流の影響を受ける北海道から東北地方で出現する．

3) 生態・生理学的特徴
①形態・食性
　フジツボ類の成体は石灰質の殻を分泌し，体部はその殻内に格納される（図3·29，図3·30）．石灰質で形成される殻の形状は種によって様々であるが，フジツボ科の場合，周殻は4〜6枚（図3·29A）から形成される殻板で構成されており，それらは外套組織から分泌される石灰質により連続的に成長することで，殻高・殻径が大きくなる．また，周殻と独立して，楯板（図3·29B·C）および背板（図3·29D·E）が頂部を覆うように形成されることで体部を保護している．軟体部は図3·30のように，ちょうどエビが頭部から殻に入り込んだような形態となっており，軟体部は脱皮により成

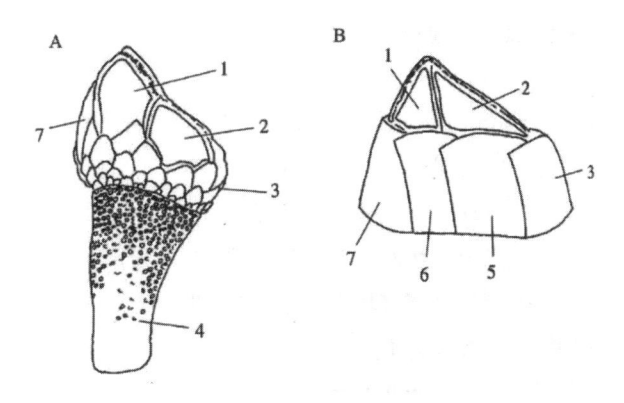

図 3・28 固着型蔓脚類の 2 型(林, 2006)
(A) 有柄型, (B) 無柄型 1:背板, 2:楯板, 3:嘴板, 4:柄部, 5:側板, 6:峰側板, 7:峰板

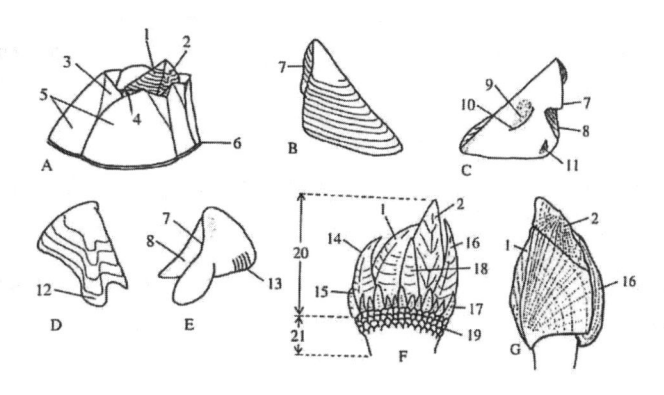

図 3・29 フジツボ類の部位説明(山口・久恒, 2006)
A〜E:フジツボ亜目タテジマフジツボの殻板(A:周殻, B:楯板の外面, C:楯板の内面, D:背板の外面, E:背板の内面), F:ミョウガガイ亜目カメノテの殻板, G:カルエボシの殻板. 1:楯板, 2:背板, 3:輻部, 4:翼部, 5:主壁, 6:殻底, 7:関節隆起, 8:関節溝, 9:閉殻筋痕, 10:閉殻隆起, 11:下制筋痕, 12:距, 13:下制筋裂刻, 14:嘴板, 15:亜嘴板, 16:峰板, 17:亜峰板, 18:側板, 19:柄鱗, 20:頭状部, 21:柄部.

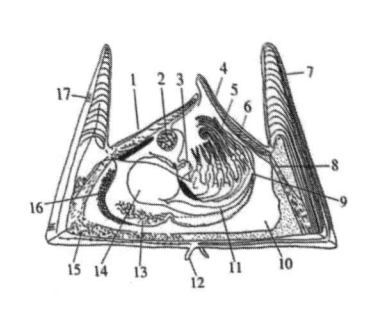

図 3・30 フジツボ類の体制(林, 2006)
1:楯板, 2:閉殻筋, 3:口, 4:背板, 5:蔓脚, 6:陰茎, 7:峰板, 8:筋肉, 9:肛門, 10:外套腔, 11:腸, 12:第 1 触角, 13:精巣, 14:中腸, 15:卵巣, 16:卵塊, 17:嘴板

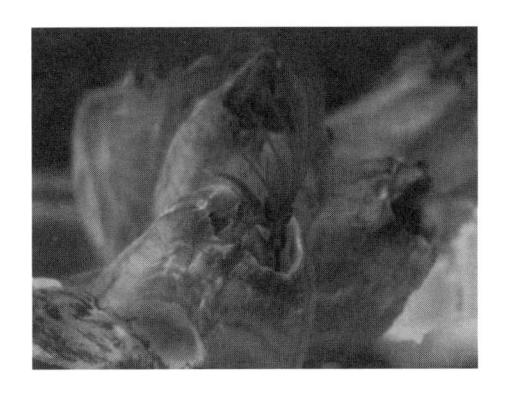

図 3・31 蔓脚を広げたアカフジツボ

長する．フジツボ類の6対の胸脚は蔓脚（図3・31）と呼ばれ，これを海中に大きく広げることにより，水流を起こすとともに，流れてくるプランクトンや懸濁有機物などを絡め取って摂餌する．また，石灰質の殻を形成する他に，フジツボ類が他甲殻類と異なる大きな特徴としては，第1触角付近にあるセメント腺から底部にタンパク質が主成分であるセメント物質を分泌し，基盤と強固に接着して付着生活をおくる点である．

②生　態

フジツボ類は，ほとんどの場合，雌雄同体であるものの他個体との交尾による有性生殖を行うとされている．フジツボ類は，付着生活を始めると移動できないため，交尾の際には非常に長いペニスを他個体の外套腔に挿入し，精子を送り込む．外套腔の下部には1対の卵巣があり，受精卵は外套腔内の卵嚢で孵化直前まで保育される（図3・30）．

寒い地方に生息するフジツボ（寒流系フジツボ）では，珪藻が大繁殖する春先にタイミングを合わせるように起こり，基本的には年1回の周期である．一方，暖海性のフジツボ類では，生殖巣の発達と孵化を繰り返し，餌が十分にあり水温が好適に維持されれば年に多数回行うことが知られている．岩城（2006）によれば，三重県沿岸の潮間帯フジツボの年間産卵回数はヨーロッパフジツボで32回，タテジマフジツボで21〜26回に達する．また，種により異なるが，初期成熟年齢と成熟サイズは表3・4のように報告されており（岩城，2006），付着後3週間程度で再生産可能となる．

フジツボ類は，浮遊生活を行う幼生と付着生活をおくる成体の2つの世代に大きく分けられる（図3・32）．卵から孵化したノープリウス幼生は，海中の植物プランクトンを主に摂餌しながら，脱皮を繰り返し成長する．6回目の脱皮の際に，それまでのノープリウス幼生と大きく異なる形態である，キプリス幼生となる．付着期であるキプリス幼生になるまでの期間は，実海域においては2週間前後と考えられている．キプリス幼生は，$500\mu m$前後のラグビーボール状の形態（図3・32B）であり，摂餌せずに好適な付着場所を探す付着に特化した幼生である．その際には探索行動と呼ばれる特殊な行動をとり，付着肢となっている第1触角により基盤表面を歩くように移動しながら好適な場所を探す（図3・32C）．付着場所を決定した後には，1対のセメント腺よりセメント物質を放出し，基盤へ付着し変態する．

キプリス幼生の付着に関しては，付着基板上で一時付着，探索行動，遊泳などの行動を繰り返しながら行うが，ビデオカメラによる観察によると，基盤周辺の流速が早くなると匍匐距離の短縮が見られ，また匍匐の速度および距離は昼間よりも夜間において長くなるという結果が得られている．また，アカフジツボとサンカクフジツボで調べた付着時刻に関する海域調査では，朝（4〜10時）頃に最も多く，次に夕方から夜にかけて（16〜22時）であり，夜間や昼間の付着は少なかった（加戸，2006a）．最近の報告では，フジツボ成体の殻が赤色の蛍光を発しており，キプリス幼生は赤色蛍光を認識して集まるといった結果が報告されている（Matsumura, 2014）．これらの結果から，付着場所の選択に光は大きな影響を与えていると考えられるが，発電所内部は暗渠であり，その中での着生に関して当てはまるかは不明である．また，前述のように，フジツボは移動できないが他個体との交尾により繁殖するため，お互いに群居する必要がある．その群居性には，化学物質を解した情報交換，いわゆるフェロモンが重要な役割を果たしており，これまでに着生誘起タンパク質複合体（SIPC）

表 3·4 フジツボ類の成熟年齢とサイズ

種　類	年齢（日）	殻底長径（mm）
ヨーロッパフジツボ	17	4.46
シロスジフジツボ	17	5.15
サラサフジツボ	データなし	7.48
タテジマフジツボ	22	7.32
アメリカフジツボ	50	11.99
ドロフジツボ	データなし	9.98

（岩城，2006 を改変）

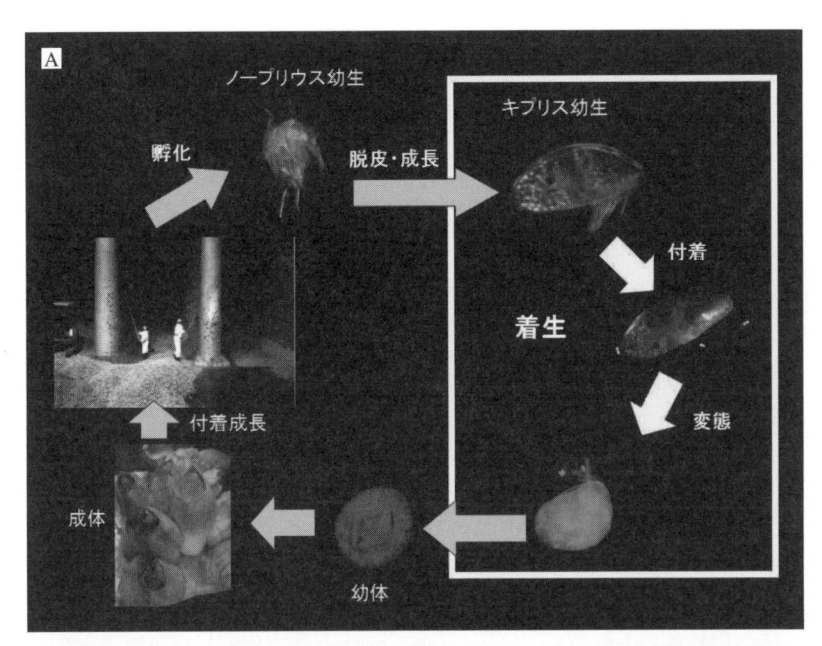

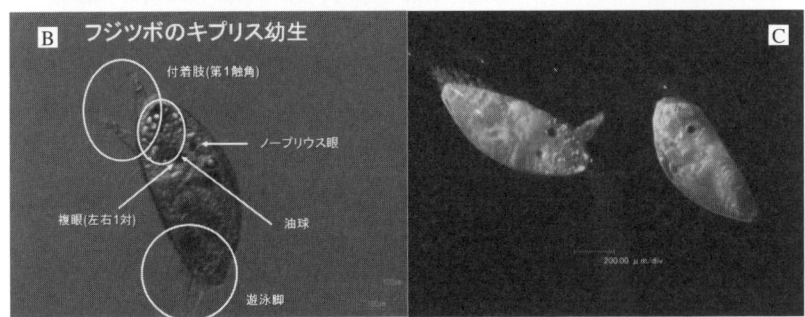

図 3·32　フジツボ類の生活史とキプリス幼生

（Matusmura ら，1998）や溶出性着生誘起フェロモン（WBP）（Endo ら，2009）が単離報告されている．

　基盤に接着するセメント物質に関しては，キプリス幼生と成体で異なると考えられており，それぞ

れ複数のタンパク質が接着に関係していることが示されている（岡野，2006；紙野，2006）．

③分布・付着時期の傾向

堀越ら（2007），藤木ら（2009）などのように，フジツボ類の分布とその生息環境に関しての調査結果はいくつか報告されているが，水温，塩分，波あたりなどにより，フジツボ類の分布は変化することが知られている．地域差などもあるが，内湾域，特に河川水の影響が及びやすい海域の発電所では，タテジマフジツボ，シロスジフジツボ，アメリカフジツボ，ヨーロッパフジツボ，ドロフジツボなどが優先して付着する．一方，外洋に面している発電所では，アカフジツボやココポーマアカフジツボの付着が観察される．

それらフジツボ類の付着時期に関しては，前述の孵化のタイミングで示したように，主に水温や餌環境で左右される．例えばアカフジツボに関しては，水温18℃を超えてくると幼生が出現し始め，付着時期に関しては，日本海側の三隅発電所の調査では5～6月と9～10月に付着ピークを迎え（柳川ら，2003），若狭湾の発電所での付着もほぼ同時期である（山下・神谷，2006）．太平洋側である宮城県南三陸町での調査では8月後半から10月前半ごろにピークを迎える（野方ら，2005）．一方，北海道や東北地方に立地する発電所で付着が見られるチシマフジツボ，ミネフジツボなどの付着時期は12～2月頃と考えられている．

タテジマフジツボ，アメリカフジツボ，ヨーロッパフジツボなどは古くに日本に移入した外来種であるが，近年，ココポーマアカフジツボ（山口ら，2011），キタアメリカフジツボ（加戸，2006b），*Perforatus perforatus*（野方，2013）など新たに日本に移入・定着したフジツボが報告されており，これらの分布・生態に関する調査も急がれる．

4）留意すべき汚損実態の特徴

フジツボ類はイガイ類と並び，発電所取水系統内に付着する主要な汚損生物である（図3・33～35）．イガイ類は足糸により体を固定するのに対し，フジツボ類は前述のようにセメント物質にて強固に付着するため，死亡個体も脱落せずに残ることが多く，清掃の際には付着跡が残存してしまう場合もある．また，特にシリコン系防汚塗料のように柔らかい材質の塗膜などの場合，剥離させる際に塗膜が一緒に剥がれてしまうこともあり，注意が必要である．

また，フジツボ類の付着は，復水器の流動・伝熱阻害や腐食などの被害を引き起こすことが知られている（川辺ら，1994）．多数のフジツボ類が付着することにより，流動，伝熱阻害が引き起こされる．また，復水器細管としてアルミニウム黄銅管を採用している場合には，フジツボ類の付着や閉塞により，管内閉塞による局部潰食や汚染水腐食を引き起こす（川辺ら，1994）．

5）防汚対策における留意点と有効な対策例

具体的な防汚対策は，5章に記載されている対策の組み合わせで対処することになると考えられるが，イガイ類やヒドロ虫と比較して付着力が強固であるため，付着を防ぐ対策や付着直後の小型のうちに処理する対策を適切に運用することが推奨される．例えば，復水器や補機冷却水冷却器への海水電解塩素注入や逆洗・スポンジボール洗浄を適切に運用することにより，付着量を大幅に減じること

が可能となり，トラブル防止に繋がると考えられる．また，適切な対策の立案には，5 章や 9 章で紹介されているような，フジツボ幼生の出現時期や量を調査し，どのようなフジツボの種類がいつ頃どのくらい流入（付着）するのかを把握しておくことも望ましいと考えられる．

(野方靖行)

図 3·33　フジツボの取水バースへの付着状況

図 3·34　復水器入口に詰まったフジツボ

図 3·35　復水器出口側でスポンジボールの通過を妨げるフジツボ

3・8 ヒドロ虫類

1) 分類学上の位置

ヒドロ虫類は,刺胞動物門－ヒドロ虫綱に属する水生動物である.刺胞動物門に属する他の種類としては,サンゴ類やイソギンチャク類,ミズクラゲなどがある.ヒドロ虫綱は,花クラゲ目,軟クラゲ目,淡水クラゲ目,硬クラゲ目,剛クラゲ目など,11の目に分けられている(日本で見られるヒドロ虫類の大部分は,花クラゲ目または軟クラゲ目に属している).ヒドロ虫綱に属する種類は,今のところ,世界で約3,500種,日本で約530種が知られている.その一方,生活史の概要さえ不明な種も多く,分類体系についても研究者によって見解が異なる部分が多いのが現状である.

2) 一般的な形状

ヒドロ虫類の形状や生活史はかなり多様である.その体型は,大きくポリプ体とクラゲ体の2体(付着に適応した体型はポリプ,浮遊生活に適応した体型はクラゲと呼ばれる)に分けられ,さらにポリプは,単体型(ポリプが単立する)のものと,群体型(ポリプが根のようなものでつながる)のものに分けられる.日本の海洋沿岸域に生息するヒドロ虫類は,ポリプが群体性のものがほとんどであるが,これらは一見したところ植物のように見え,ちょうど植物の根に当たる部分で基盤に付着している.この根のような部分をヒドロ根(または走根),茎や枝のような部分をヒドロ茎,その先端にある触手と口をもった花のように見える部分をヒドロ花と呼ぶ(図3・36).ヒドロ茎は透明なキチン質のチューブ(囲皮)で包まれていることが多い.臨海発電所の海水設備に着生する代表的なヒドロ虫類としては,クダウミヒドラ類,タマウミヒドラ類,オベリア類,ウミシバ類,ハネガヤ類などがあげられる.これらのポリプ群体は,高さが数cm〜20cm程度で,芝状や樹木状の形状をしている.

3) 生活史の概要

ヒドロ虫類の生活史(一生の送り方)の基本パターンとしては,以下の3パターンがある.
①クラゲ体がなく,ほぼ一生定着生活を送るポリプ型.
②ポリプ体がなく,一生浮遊生活を送るクラゲ型.
③一生のうちで,付着生活と浮遊生活を交互に送るポリプ＋クラゲ交代型(世代交代型).
つまり,③では,同一種がポリプ体とクラゲ体という2つの姿形をとる.また,これらの①〜③のパターンはあくまで基本で,中間型やバリエーションも多く,生活史が不明な種も多い.
①ポリプ型の代表的な種類としては,ベニクダウミヒドラやタマウミヒドラなど,②のクラゲ型としてはツリガネクラゲなど,③のポリプ＋クラゲ交代型の種類としては,オベリア類,ギヤマンクラゲ,オワンクラゲなどがあげられる.①のポリプ型の例として,ベニクダウミヒドラの生活史を図3・37に示す.ベニクダウミヒドラは,ヒドロ虫類の中では比較的大型(茎の高さ約3〜8cm)で紅色のポリプ群体をもつ種類である.雌雄ポリプの精子と卵が受精後,雌ポリプの生殖体内で卵発生が進み,触手をもったユニーク姿のアクチヌラ幼生となって,生殖体外へ遊出する.この幼生は,触

図3·36 ヒドロ虫類（ベニクダウミヒドラ）のポリプ群体の形態

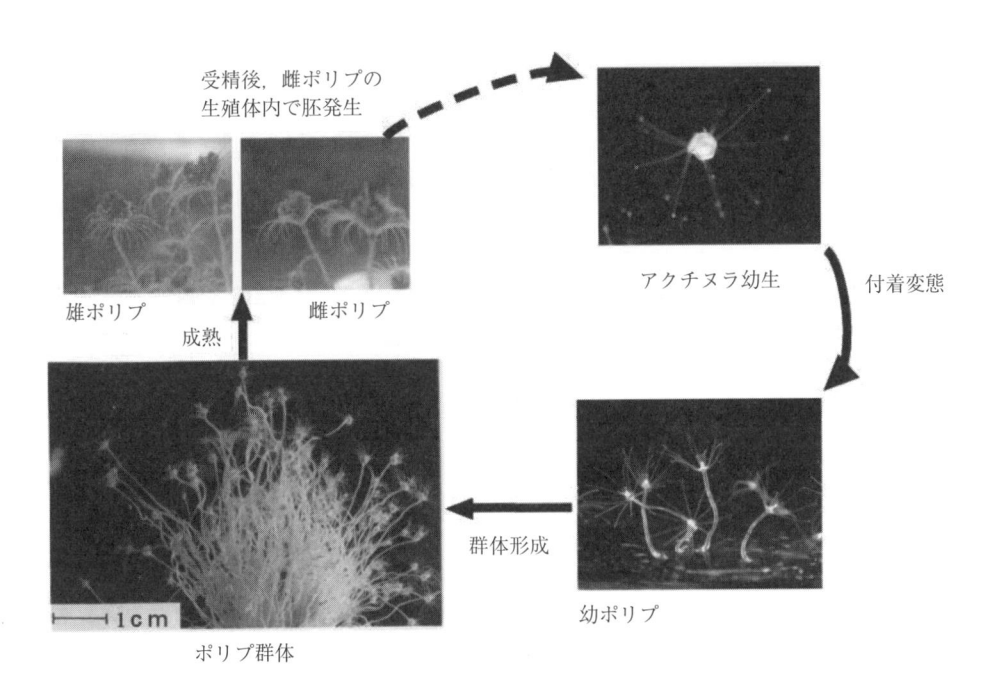

図3·37 ベニクダウミヒドラの生活史（ポリプ型）

手先端が基盤に衝突すると粘着刺胞を発射して即座に一次付着する．この付着反応の際には細胞内外のカルシウムイオンが重要な役割を果たすことが判明している．その後，体底部から接着物質を分泌して最終定着・変態し，幼ポリプとなる．その後，無性生殖によって，走根の伸長・分岐，ポリプの増加を繰り返してポリプ群体が形成される．

3章　海生生物

4）分布・出現時期など

　ヒドロ虫類は，大部分の種類が，海洋に生息している．着生ヒドロ虫類の生息分布域は，浅海，汽水，外洋，深海までと幅広い．それらの着生する基盤については，種類によって基盤の選択性の程度は様々であり，貝類やゴカイ類など，特定の生物の特定の部位にしか着生しない種（共生種）もあれば，岩礁の下面，海藻や他の付着動物の表面，浮き桟橋，発電所海水設備，定置網などの様々な人工基盤に着生する種もある．ここでは，ベニクダウミヒドラに限定して，出現時期を紹介したい．ベニクダウミヒドラは，本州以南の各地沿岸に生息している．ポリプ群体は，様々な人工基盤に着生するが，海域の比較的流れが速く，やや日陰になる部位に出現することが多い．垂直分布としては，相模湾で水深0 mから50 mまでの広範囲に群体が出現することが確認されている．本種ポリプ群体の出現・繁殖時期については，晩夏〜初秋を除くほぼ周年継続して出現・繁殖が認められる海域（相模湾長井）もあれば，主な出現・繁殖時期が，晩秋〜冬季に1回のみ見られる海域（若狭湾大島など）や，3〜7月と10〜12月の2回見られる海域（鹿児島湾桜島）もあり，海域によって出現・繁殖時期が大きく異なる．ただ，各海域とも，8月下旬〜9月中下旬の水温が26℃以上になる期間は，ポリプ群体が退行傾向にある．

5）生態・生理学的な特徴

　ヒドロ虫類は，触手などの組織に刺細胞と呼ばれる特殊な細胞群をもっており，これらの刺細胞から刺糸を発射し，餌となる動物プランクトンを捕捉し麻痺させた後，触手を曲げ口に運んで飲み込み捕食する（つまり，肉食性である）．消化吸収後の残りは，再び口から排泄する．ヒドロ虫類の生態・生理学的な特徴として特筆すべき点は，その驚異的な再生能力である．ヒドロ虫類は，極めて強い再生能力をもつことが知られており，細かく切り刻んでも，元通りの体を再生することができる（図3·38）．さらに，ヒドロ茎組織を囲皮から絞り出しても，細胞の再集合・再配列が行われ，ポリプが再生することが明らかになっている．同様に，枯れて退行した群体も，走根の一部が組織塊となって生き残り，時季に応じて，また新しいポリプを再生することが判明している．

6）汚損実態の特徴

　北陸から沖縄まで十数カ所の発電所で，付着状況は様々であるものの，ヒドロ虫類のポリプ群体の着生が確認されている．特に，塩素注入を全く行っていない発電所では，ヒドロ虫類ポリプ群体の大量付着や脱落・堆積，多数の細管閉塞が観察されることが多い．特に，バースクリーンでは，ヒドロ虫類群体が，バーを取り囲むように着生するため，取水抵抗が増し，差圧を上昇させる要因になる．復水器水室等内でも，ヒドロ虫類群体が壁面の広範囲に着生している状態が観察される（図3·39A, B）．また，壁面などから脱落した群体が，復水器細管の管入口を閉塞している状態がよく観察される（図3·39C）．多くのヒドロ虫類は芝状や樹枝状の形をしているため，2本以上の細管にまたがって閉塞していることも多い．また，出口側の管板面に群体が着生して，細管出口を狭窄している（図3·39D）ことも多い．これらの閉塞や狭窄は，スポンジボール洗浄を妨げ，細管内面の付着物の増加や冷却効率の低下を引き起こす原因となる．また，ヒドロ虫類の群体は，ムラサキイガイ幼生の好適

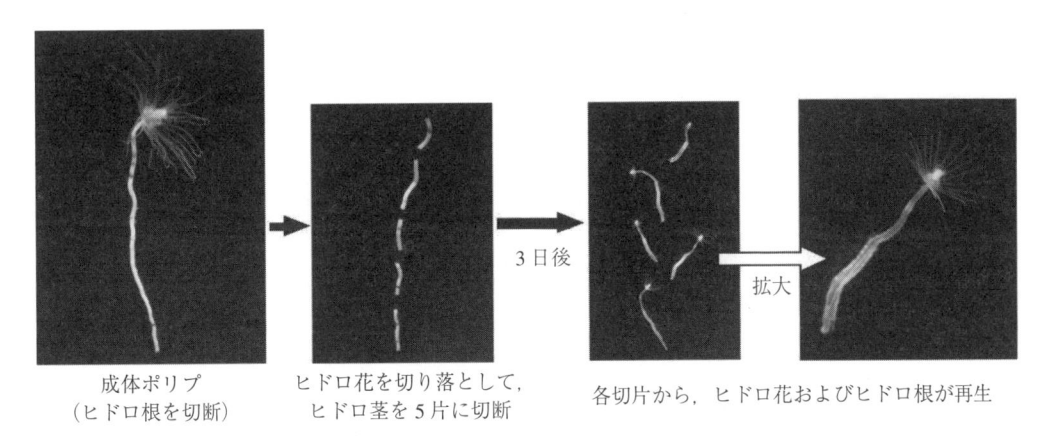

図3·38 ヒドロ虫類（ベニクダウミヒドラ）ヒドロ茎切片からの再生

成体ポリプ
（ヒドロ根を切断）

ヒドロ花を切り落として，
ヒドロ茎を5片に切断

3日後

各切片から，ヒドロ花およびヒドロ根が再生

拡大

図3·39 ヒドロ虫類（ベニクダウミヒドラ）による汚損状況
A：発電所復水器入口壁面，B：所内冷却水クーラー出口，C：流入群体による細管入口の閉塞，D：出口管板面への着生

な付着基盤になることが判明しており，様々な汚損被害の最初のキーになっていると考えられるため，細管内面に走根が侵入している場合などには，小型の種類でも特別な注意が必要である．復水器細管の腐食については，ヒドロ虫類の走根付着下におけるアバタ状の点食（粒界腐食）と，周辺部位におけるピット状の穿孔腐食が知られている．

7）防汚対策における留意点と有効な対策例

ヒドロ虫類の防汚対策において，最も注意を要する点は，その再生能力の旺盛さであろう．つまりヒドロ虫類群体を物理・化学的に処理する場合，100％完全に除去された場合は問題にならないが，ごく一部が分断されて残存した場合，各断片や組織塊から再生するため，処理によって逆に個体数を増やす可能性さえある．以下，ヒドロ虫類に対する有効な対策例・試験例について，紹介したい．

①化学的な対策法（薬剤および防汚塗料）

ベニクダウミヒドラ幼生および幼ポリプを用いた室内試験の結果では，試験開始時の残留塩素濃度 0.1 ppm で幼生・幼ポリプの付着および行動に対照区との明らかな差異があり，即効型の効果がみられる（図 3・40）．放水口で未検出というごく低濃度の注入運用でも，その繁殖時期を的確に捉え，効率的な処理を継続することによって，ヒドロ虫類による被害の未然予防・対策が十分に可能であると考えられる．実際，塩素注入を完全に停止した途端，これまで目立たなかったヒドロ虫類群体が，一気に大量繁茂するようになったプラントも多い．今後の調査研究が待たれる．

過酸化水素など，その他の防汚薬剤については，ヒドロ虫類への有効性と水産重要種などへの胚発生影響などの両方について，その後発・長期影響作用なども含めた詳細な調査研究が必要と考えられる．シリコン系防汚塗料については，ヒドロ虫類に対して，塗装後1年間程度はかなり有効であるものの，2年目以降は付着・着生が始まるものが多い．ヒドロ虫類がシリコン系塗料への付着・群体形成と剥離を繰り返すことによって，防汚性能の劣化を早めている可能性があり，検討が必要である．

②物理的な対策法など

ベニクダウミヒドラ着生群体に対するボール洗浄除去試験の例では，細管を1週間に3個スポンジボールが通過すれば，ヒドロ虫類群体は完全に除去可能であり，一方，3週間に3個のボールでは，十数％の群体が除去されず残存することが判明している．また，温水処理については，34℃の温水で5分間浸漬するとヒドロ虫類は死滅するとの報告がある（安井・山本，1980）．塩分低下・上昇については，塩分を15まで低下させるとポリプの成長が大きく抑制されること，塩分を40に上昇させると，幼生が付着することなく数日以内に死亡することが判明している．淡水処理については，断続的に処理を行うことで，ヒドロ虫類の付着・成長抑制に非常に有効な方法になりうる．

一方，ベニクダウミヒドラ幼生を現地で迅速に検出し定量する製品系が開発され実用化されている．今のところ，ヒドロ虫類対策として，現地で幼生や幼ポリプの出現をいち早く検知し，その繁殖期には，塩素を許容範囲最大限の濃度で途切れないように継続処理し，ボール洗浄を組み合わせて運用管理を徹底し，繁殖期が終了したら対策を低減するという方法が，現状で最善の合理的な対策と考えられる．

今後は，さらに，ヒドロ虫類幼生の生態や付着メカニズムを応用した環境保全型の革新的な付着制御技術の開発が待たれる．

〔山下桂司〕

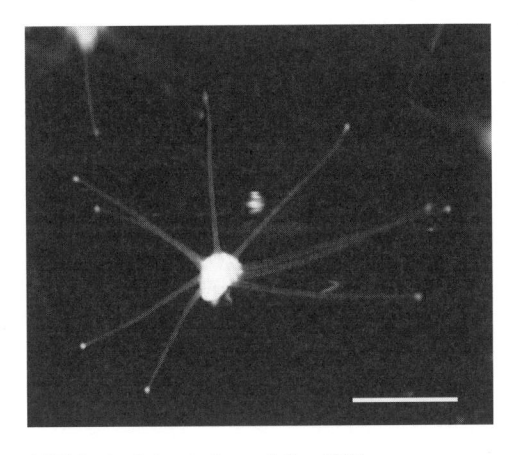

対照区におけるアクチヌラ幼生の状態：
触手を十分に伸長し，先端で容器底面に一次付着．
スケールバー：1 mm

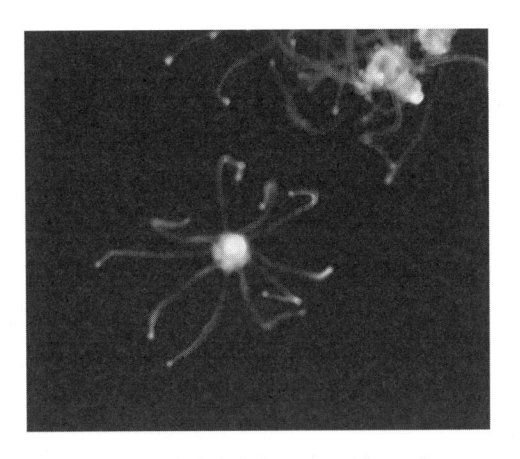

実験開始時の残留塩素濃度 0.1 ppm 区におけるアクチヌラ幼生の状態（収容開始から 10 分後）
触手が明らかな萎縮状態をとり，一次付着はしていない．スケールは左と同一．

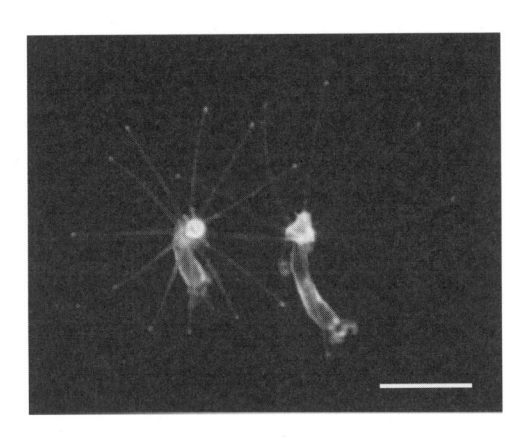

定着から 1 日後の幼ポリプを用いた実験：
対照区における幼ポリプの状態．
触手を十分に伸長し，アルテミ幼生の細片を摂食する．スケールバー：1 mm

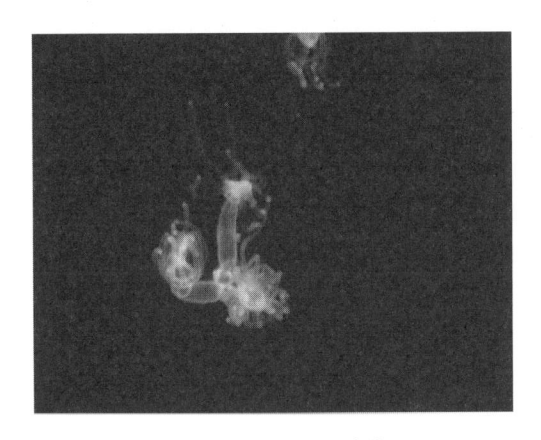

定着から 1 日後の幼ポリプを用いた実験：
実験開始時の残留塩素濃度 0.1 ppm 区における幼ポリプの状態（収容開始から 10 分後）．
触手を強く萎縮しており，摂食しない．
スケールは左と同一．

図 3・40　クダウミヒドラのアチヌ幼生および幼ポリプ（定着から 1 日後）に対する次亜塩素酸ナトリウム溶液の影響（原図：㈱セシルリサーチ）

3・9　その他大型付着生物

発電所冷却水路系には，本章の各論で概説されている他にも付着生活をおくる生物群が存在する．それら生物群も時に大量に付着し，発電所の運用を妨げる場合がある．ここでは，各論で紹介されていない生物群の一般的な形態・生態・付着状況を解説する．

1）海綿類（海綿動物）
①分　類
海綿動物門に属し，World Porifera Database によると約 8,500 種が記載種とされているが，分類・系統的関係の研究が十分になされておらず，今後種数は大幅に増加することが考えられる．海綿動物門は石灰海綿綱，六放海綿綱，尋常海綿綱と大きく大分類（表 3・5）されるが，尋常海綿綱が最も種類が多く，通常見かける種類である．

表 3・5　カイメンの種類

綱	骨格主成分	主な種類
石灰海綿綱（Calcarea）	炭酸カルシウム	アミカイメン・ケツボカイメン
六放海綿綱（Hexactinellida）	ケイ酸質六放体骨片	カイロウドウケツ
尋常海綿綱（Demospongiae）	海綿質繊維（スポンジン） ケイ酸質骨片	ムラサキカイメン（単骨海綿目） クロイソカイメン（磯海綿目）

②形態・生態的な特徴（図 3・41）
一部淡水性のものがあるが，ほとんどは海産であり，潮間帯から深海まで幅広く生息する．基本的には放射相状の形態を取るものが多いが，生息環境で大きく変化する．発達した組織・器官・神経系をもたず，体表に小孔と呼ばれる無数の孔があり，そこから水とともに餌を取り込み，胃腔を通り，大孔から排出される水溝系（canal system）を形成する．水溝系にはアスコン型，サイコン型，ロイコン型の 3 種類が知られており，後者になるほど複雑な構造となっている．水溝系の中に水流を発生させるのには襟細胞と呼ばれる上端に 1 本の鞭毛を有した海綿特有の細胞が関係しており，鞭毛を動かすことで水流を引き起こし，襟の部分に当たる部分で入ってきた懸濁有機物や微生物を補足する．体は上皮を形成する扁平細胞，内皮細胞層として襟細胞が並び，その間の中膠には体を支える骨片とともにゲル状物質と遊走細胞を含む．

生殖様式は多岐にわたっている．雌雄同体・雌雄異体ともに知られており，生殖方法としても無性生殖と有性生殖がともに知られている．有性生殖は基本的に他家受精により進行するが，精子と卵ともに大孔から放出される場合と，卵が中膠内に留まる場合がある．放出された卵は受精後浮遊型の幼生となり着底する．中膠内の卵は内部で発生が進行し，孵化後の幼生が大孔から放出される．無性生殖には外部出芽と内部出芽があり，生息環境が悪化した際には内部出芽により，厚い被膜で包まれた原始細胞の塊である還元体（芽球）を形成する．

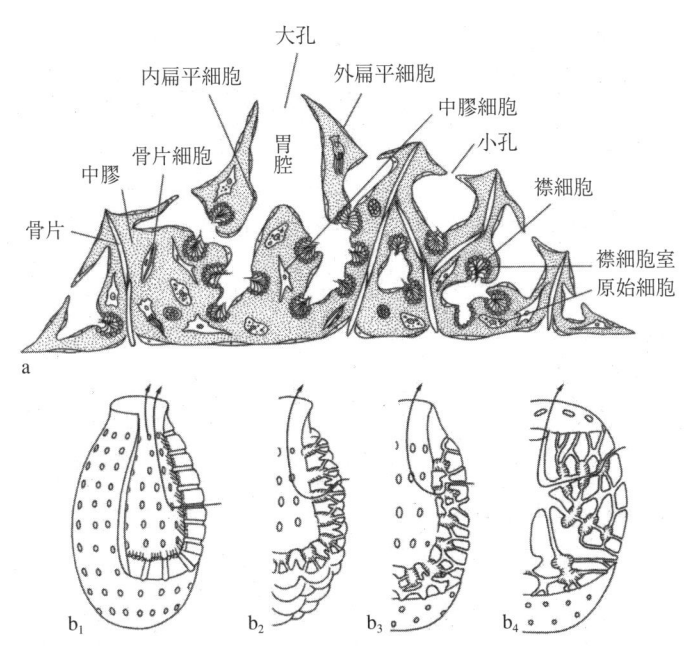

図 3・41 海綿の体の作り
a：海綿の体制，b₁：アスコン型海綿，b₂・b₃：サイコン型海綿，b₄：ロイコン型海綿（渡辺，2000 より改変）

③発電所での被害

ほぼすべてが付着性の種類であり，海水取水施設への付着・成長が知られている．しかし，ムラサキイガイやフジツボ類と比べるとその被害は少ない．

2）管棲ゴカイ（環形動物）

①分 類

多毛類とは環形動物門多毛綱に属する動物の総称でゴカイなどの仲間である．その中で，石灰質の棲管を形成し付着生活をおくるカンザシゴカイ科に属する管棲ゴカイ（管棲多毛類）が一般的に汚損生物として扱われる．人工構造物に付着する代表的な種としてはエゾカサネカンザシ *Hydroides ezoensis*，カニヤドリカンザシ *Ficopomatus enigmaticus*，ウズマキゴカイ *Janua* (*Dexiospira*) *foraminosa* などがあげられる．海洋調査の際にセルプラ類とされている場合があるが，Serpula 属（カンザシゴカイ属）のローマ字読みの名残である．付着性の管棲多毛類の種類査定に関しては，今島（1979）の検索表や西・田中（2006）に掲載されているので，参照していただきたい．

②形態・生態的な特徴

多毛類の体は細長く，多くの体節にわかれているが，管棲ゴカイ類の場合，一般的に知られているゴカイやイソメと比較すると，明確な疣足を観察できない点や頭部の触手が鰓糸上であることが大きく異なる（図 3・42）．多くは体外受精であり，水温によって成長速度は異なるものの受精後約 1 日でトロコフォア幼生となり，実験室レベルで 7〜10 日程度で着底期となる（岡本・渡辺，1997）．幼生の出現時期は春季から秋季にかけてであり，浜名湖での付着板の実験では 5 月と 10 月に出現ピーク

3章　海生生物

が観察されている（図3・43）（岡本・渡辺，1997）．雑食性であり，寿命は2年程度と考えられている．

③発電所での被害

管棲ゴカイ類は流速の早い場所にはあまり付着せず，取水路，軸受冷却水冷却器，循環水ポンプ胴体部分などに付着が見られることが多い（図3・44）．常時稼働していない海水ポンプのインペラに多量に付着し，ポンプが起動できなくなったという事例もある．

3）コケムシ（コケムシ動物＝外肛動物）
①分　類

コケムシの仲間はコケムシ動物門（外肛動物門）という独立した動物門に属し，現生種は6,000種ほどが報告されている（広瀬，2012）．その中で海産の種類は裸喉綱に属し，その中には，虫室がクチクラから形成される櫛口目と虫室が石灰化する唇口目が存在する．汚損種としては，櫛口目では，ホンダワラコケムシ科ホンダワラコケムシ *Zoobotryon pellucidum* が代表的である．唇口目はコケムシの中で最大のグループであるが，その中でもフサコケムシ科フサコケムシ *Bugula neritina*，チゴケムシ科チゴケムシ *Dakaria subovoidea* などの仲間が代表種としてあげられる．また，一部にスナツブコケムシの仲間のように砂泥底に生息し，付着生活をおくらないグループも存在することが知られている．

②形態・生態的な特徴

コケムシの仲間は群体を形成し，個虫と呼ばれる1mm程度の個々の個体が出芽により無性的に増殖することによりやがて群体を形成する．群体は板状，塊状，樹枝状など様々な形態（図3・45）を示すが，種によって特徴的なものとなる．また，そのように複雑な形態を示すことから，他の生物群と勘違いされることも多い．特に板状に伸びるのではなく，起立してレタス状に群体を形成する種類（図3・45左）や樹状に群体を形成する種類（図3・45右）はサンゴや海藻と混同されてしまうことがある．個々の個虫はキチンや石灰質で形成される虫室を形成し，その中の虫体は虫室の一端の開口部から触手冠を出し入れし，植物プランクトンや懸濁有機物をその下部にある口へ運びこむ（図3・46）．虫室や口蓋は種を分類する際の重要な形質となっている．虫体の消化管はU字状に屈曲し，肛門は触手冠の外側に開く．群体形成時は無性的にクローンを作り増殖するが，雌雄同体であり，有性生殖を行い浮遊幼生を放出することで分散する．

生態が知られている種類は少ないが，フサコケムシなど多くの種では卵ではなく幼生の形で産出し，浮遊生活期は数時間と短い．一方，受精卵の形で産出する種では浮遊期が数カ月と長いとされている．繁殖盛期はホンダワラコケムシで6～7月，フサコケムシで3～11月，浮遊期間はホンダワラコケムシで24時間，フサコケムシで5～7時間程度とされている（北村，1991）．ホンダワラコケムシ群体はかなり大型になり，最大で2.5mにもなるとされており，英虞湾での調査では，群体は6～12月まで存在し，翌春には前年繁殖群体の基部から再度出芽する（山村，1975）．フサコケムシでは，群体サイズは10cm程度，水温が13℃以上で成長が活発になり，32℃付近まで成長し，水温が10℃を下回ると群体の部分的な崩壊が始まるとされている（北村，1991）．

3·9 その他大型付着生物

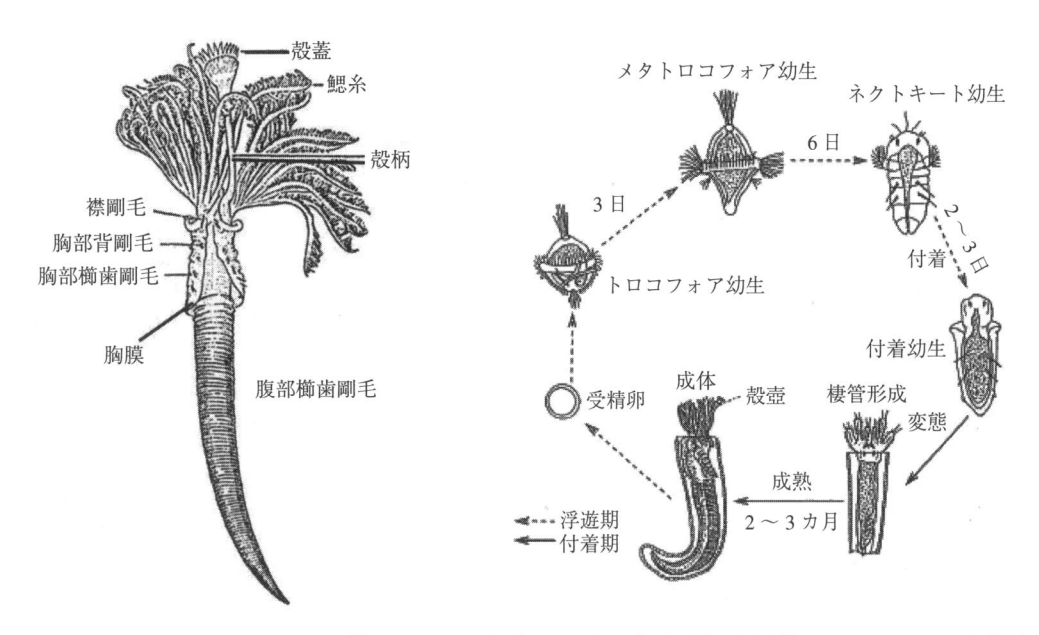

図3·42 管棲ゴカイの体のつくり（今島，1979を改変）と生活史（海生生物汚損対策マニュアル，1991を改変）

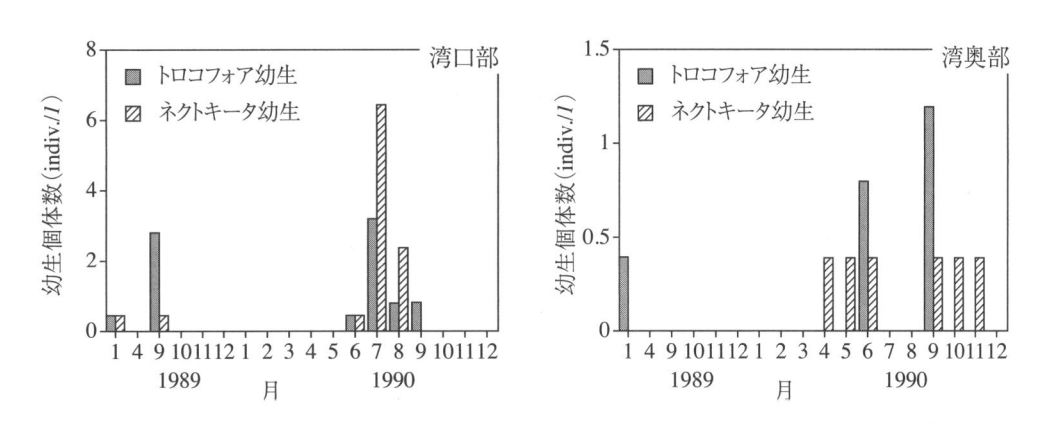

図3·43 庄内湖（浜名湖）の表層海水中での管棲ゴカイ幼生の出現状況（岡本・渡辺，1997を改変）

図3·44 管棲ゴカイの循環水ポンプ側面への付着状況

3章　海生生物

③発電所での被害

コケムシはヒドロ虫とならび漁網・養殖網などに時に大量に付着し，漁業被害を及ぼすことはよく知られている．一方，発電所においては，本種単独で運用時に被害が報告された例はほとんどないと考えられるが，海域によっては数十cm程度のレタスサイズの大きな群体を形成することもあり，多量に付着した場合，摩擦抵抗の増大を引き起こすと考えられる．

図3・45　コケムシの仲間

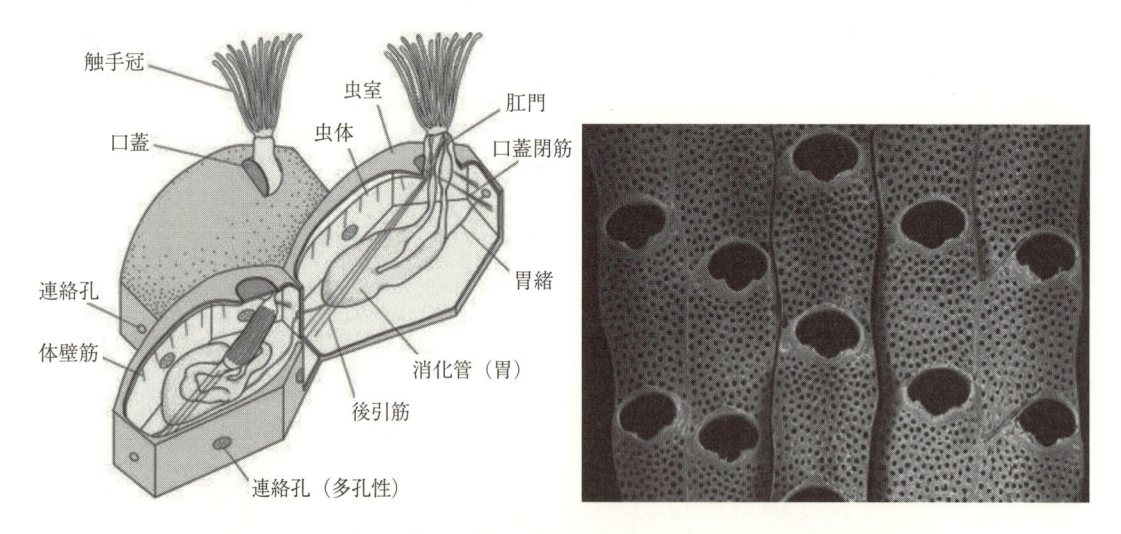

図3・46　コケムシ（唇口目）の一般的な体のつくりとチゴケムシ虫室の電子顕微鏡写真
（提供：東京大学　広瀬雅人博士）

3）ヨコエビ類

①分　類

ヨコエビ類は甲殻亜綱・軟甲綱・端脚目（ヨコエビ目）・ヨコエビ亜目に属する甲殻類の総称であり，端脚目にはクラゲノミ亜目（クラゲに寄生するクラゲノミなど）やワレカラ亜目なども含まれる．ヨコエビ類は表在生物として砂泥底や海藻上などに生息し，魚類などの好適な餌となっているが，一部

の種類は砂泥粒子や海藻の破片から形成される棲管と呼ばれる巣を人工構造物上に構築することで汚損被害をもたらすものが知られている．我が国で棲管を形成する端脚類はドロクダムシ科とカマキリヨコエビ科に属することが報告されている（表3・6）（樋渡，1998）．

表3・6　棲管を形成する代表的な端脚類

科	和名	学名
ドロクダムシ科	アリアケドロクダムシ	*Corophium acherusicum*
	トゲドロクダムシ	*C. crassicorne*
	トンガリドロクダムシ	*C. insidiosum*
	タイガードロクダムシ	*C. kitamorii*
	トミオカドロクダムシ	*C. lamellate*
	ウエノドロクダムシ	*C. uenoi*
	ニホンドロクダムシ	*C. volutator japonica*
イシクヨコエビ科	クダオソコエビ	*Photis longicaudata*
カマキリヨコエビ科	ホソツツムシ	*Cerapus tubularis*
	モバソコトビムシ	*Erichthonius brasiliensis*
	ホソヨコエビ	*E. pugnax*
	ムシャカマキリヨコエビ	*Jassa marmorata*

Corophium 属は（Bousfield & Hoover, 1997）によると *Monocorophium* 属と改変されている．科はJAMSTEC　Biological Information System for Marine Life（BISMaL）を参照した．(樋渡, 1998を改変)

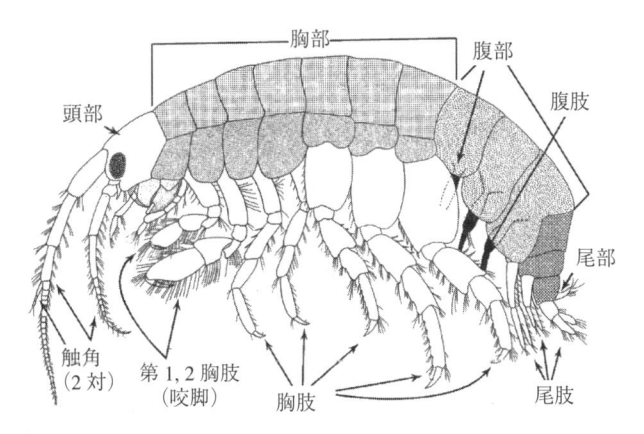

図3・47　ヨコエビの体の作り（Barnard and Karaman, 1991 より改変）

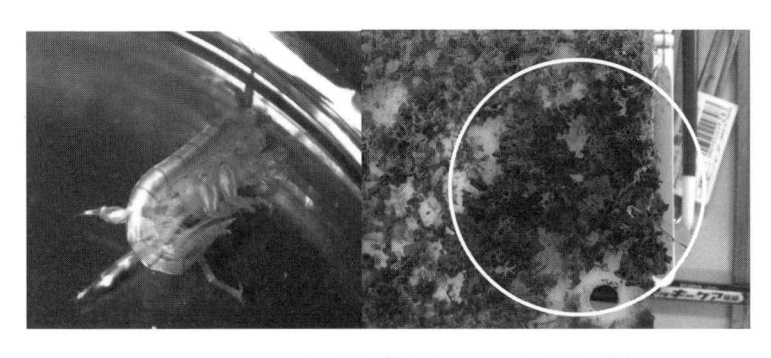

図3・48　ヨコエビの仲間（左）とヨコエビの棲管（右）

②形態・生態的な特徴

他の甲殻類と同様に，体は大節に分かれ，左右に扁平である．体部は頭部，7節の胸部，6節の腹部からなり，胸部7節の腹側には底節板が発達する．2対の触角はよく発達し，1対の顎脚，胸脚のうち前部の2対は他の物体を挟めるように変形し咬脚とも呼ばれる．腹部前部の腹足3対は遊泳用となる（図3・47，図3・48左）．

管棲を形成するヨコエビは付着生物群集を構成する初期移入者として知られており，韓国のTungnyang Bayでの付着板調査によると，浸漬4カ月後の付着板上にワレカラ類とともに管棲端脚類が優先的に生息しており，中でもカマキリヨコエビが全マクロベントス個体数の90％を占めたとされている（Hong, 1988）．図3・48右は，宮城県に1カ月浸漬した付着板の写真であるが，浸漬時期がヨコエビの活発な活動時期と合致するとかなりの勢いで付着板上がヨコエビの棲管だらけとなってしまう．Onbe（1966）の広島県福山港での調査によると，泥質の棲管を形成するアリアケドロクダムシの群衆密度には季節変動があり，活発な産卵は3～7月に観察され，盛夏と厳寒期は低かった．また，6月には乾燥重量1g当たりに1,000個体以上の高密度となること，夏季は小型個体が多く，冬季は大型個体が多くなることなどから小型で寿命の短い夏世代と大型で寿命の長い越冬世代の2世代があることが示されている．Shillaker and Moore（1978）によれば，棲管形成は第1，2歩脚の基節にある腺組織で生産された酸性ムコ多糖を含む粘液物質を各歩脚の指節先端の穴から糸状物質として分泌し，その粘液物質により粒子を接着し棲管を形成する．

③発電所での被害

ムラサキイガイやフジツボと比較し，生物量としてはそれほど多くはないが，局所的に大量に発生する場合がある．

4）ホヤ類（脊索動物）

①分　類

脊索動物門尾索動物亜門ホヤ綱に属する球形，塊状の付着生物の総称であり，マメボヤ目とマボヤ目とが存在する．マメボヤ目にはユウレイボヤ科カタユウレイボヤ *Ciona intestinalis* やユウレイボヤ *Ciona savignyi* などに加え，群体性のマンジュウボヤ科マンジュウボヤ *Aplidium pliciferum* などが汚損種として有名である．マボヤ目には水産上も重要であるマボヤ科マボヤ *Halocynthia roretzi*（図3・48左）をはじめ，シロボヤ科には単体性のシロボヤ *Styela plicata* の他に群体を形成するイタボヤの仲間（イタボヤ：*Botrylloides violaceus* など，図3・49右）も汚損種として知られる．

②形態・生態的な特徴

形態は大きく単体性のホヤと群体性のホヤで異なっているが，固着生活の世代に関しては，体は被嚢と呼ばれるセルロースを主成分とする外皮に覆われ，被嚢の上方に入水孔，側方に出水孔をもつ（図3・49）．大きさは単体ホヤで1～15cm程度である．群体ホヤの場合，各個虫のサイズは0.3～1cmであり群体全体としては数cm～十数cmの塊状となる．

雌雄同体であり，単体性のホヤは有性生殖を行い，体外に放卵・放精を行い，卵は海中で受精する．群体性ホヤは有性生殖と無性生殖の両方を行う．受精後の胚は尾部が後方に伸びてオタマジャクシ型

となり遊泳する．オタマジャクシ型幼生は眼点・平衡器・脊索・神経管などの組織をもち，遊泳しながら好適な場所で変態する（図3・50）．一般的には受精後1日程度でオタマジャクシ幼生となり，数分～数時間で付着し着底するとされている．寿命は数カ月から2年程度と考えられている．マボヤの場合，受精後2日間で孵化してオタマジャクシ幼生となり，ほぼ半日で変態し付着生活をはじめ，約2年で成熟するとされている．

③発電所での被害

マボヤは食用となり水産上重要種でもあるが，多くのホヤ類は養殖設備・ロープ・発電所取水系統に付着して被害を与えることがある．発電所の場合，流速が遅い取水バースなどでの付着が見られる．

(野方靖行)

図3・49 マボヤ（左）とイタボヤ（提供：東海大学 田中克彦博士）

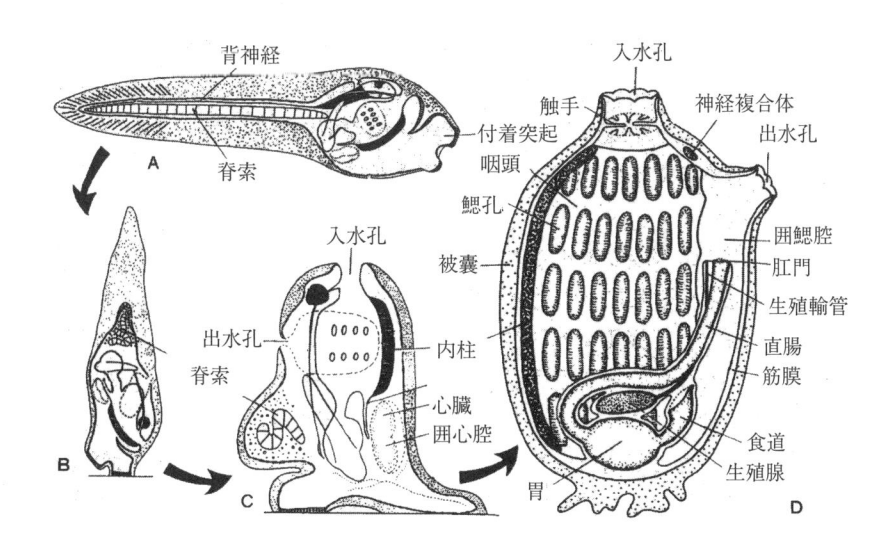

図3・50 ホヤ類の生活史と体の作り（西川，1998より改変）

3・10 クラゲ類

1) 分類学上の位置
　一般にクラゲとは淡水，海水中で浮遊生活を行うゼラチン質動物プランクトンの総称であり，分類学的にはミズクラゲ *Aurelia aurita* やエチゼンクラゲ *Nemopilema nomurai* など刺胞動物門に属する種と，ウリクラゲ *Beroe cucumis* やカブトクラゲ *Bolinopsis mikado* など有櫛動物門に属する種の2つのグループを含む．このうち，発電所に襲来し，発電支障の原因となるのは主に前者に属する種であり，中でもミズクラゲが過半を占める．以下，本節ではこのミズクラゲについて述べる．

2) 分　布
　ミズクラゲはほぼ世界中の沿岸で見られ，赤道をはさんで北緯70度から南緯40度までの広範囲の海に分布する（Möller, 1980）．ただし，国内においては道南を除く北海道沿岸および三陸沿岸は別種のキタミズクラゲ *Aurelia limbata* の分布域となることから（Uchida, 1954；岩手県水産技術センター, 2013），ミズクラゲ単独での分布北限は北緯40度付近と見られる．

3) 生態・生理学的特徴
①形態・食性
　成体は半球状の傘をもち，その下に4本の口腕をもつ．傘の辺縁には刺胞をもった短い触手が並ぶ．ただ，刺されてもほとんど痛みを感じることはない．傘径は通常15～30 cmで，それ以上に及ぶ個体も見られる．生体の95％前後は水分であるが（内田ら, 2005），コラーゲンやムチンなどの保水性のタンパク質が水分を保持し，形状を維持している．口腕の付け根に口があり，4つの胃腔につながる．胃腔は各々，馬蹄形の生殖腺に囲まれて4つの輪に見えるため「四つ目クラゲ」とも呼ばれるが，稀に五つ目，六つ目の個体も見られる．
　主に動物プランクトンを摂餌するが，触手の刺胞毒で麻痺させ，無選別に捕食するため，魚類の稚仔などもよく捕食される．心臓や呼吸器官はなく，傘の開閉運動により放射管を介して摂取した栄養分や酸素を循環させる．また神経系は脳などの中枢神経をもたない散在神経系であるが，傘の縁に眼点と平衡器があり，明暗や重力方向を感知する（安田ら, 2003）．

②生活史・出現時期
　ミズクラゲの生活史は，付着生活を送るポリプ世代（図3・51A～C）と，浮遊生活を行うクラゲ世代（図3・51D～F）の2つの世代に分けられる．前者では分裂や出芽など無性生殖により個体数を増やすのに対し，後者は雌雄異体であり，有性生殖を行う．
　成熟サイズは，東京湾では傘径13～14 cm（豊川, 1995），鹿児島湾では8～10 cm（三宅, 1998），浦底湾では7 cm以上（安田, 1979）と報告されている．東京湾での観察によれば，受精卵やプラヌラを抱えた成体は周年見られるものの，7月～翌年2月の間は成体中の30％以上と高くな

る（佐々木，1990；豊川，1995）．

　受精卵は母体内で孵化し，プラヌラ（長径 0.2～0.3 mm，図 3・51A）と呼ばれる浮遊幼生として放出される．プラヌラは繊毛により遊泳し，適当な基盤に付着してポリプ（図 3・51B）と呼ばれるイソギンチャクに似た幼生に変態し，付着生活に入る．ポリプは水温が低下する 12 月頃から体にくびれができ始め（ストロビレーション），皿が何層にも重なった状態のストロビラ（図 3・51C）という形状に変化する．この皿 1 枚，1 枚が分離して 1 個体のエフィラ（図 3・51D）となる．ちなみに浮遊幼生であるエフィラの出現期は鹿児島湾で 12～4 月（三宅，1998），浦底湾で 1～6 月（安田，1988），東京湾で 12～5 月（豊川，1995）と報告されている．エフィラはその後，形状変化をともないつつ成長し，成体となる（図 3・51E～F）．成体の出現盛期については，陸奥湾で 7～10 月（安田，1988），東京湾（佐々木，1990），瀬戸内海（Shimauchi，1993）および八代海（安田，1988）で 5～8 月，鹿児島湾で 2～4 月（三宅，1998），若狭湾で 3～10 月（安田，1979）である．

　エフィラ以降のクラゲ世代の寿命は東京湾で 7～22 カ月（豊川，1995），浦底湾で 1 年以上 2 年未満（安田，1979）であるが，ポリプ世代はエフィラ遊離後，再びポリプに戻るため，はっきりとした寿命はわかっていない．

　なお，日本海側の浦底湾ではポリプ世代を経ず，プラヌラから直接，エフィラに変態する「直達発生」（図 3・51G）を行うことが知られている．直達発生を行うプラヌラは長径 0.5～0.7 mm と通常のプラヌラより大型とされるが（安田，1988），東京湾（佐々木，1990），伊勢湾（青山ら，2003）や鹿児島湾（三宅，1998）ではこのような大型のプラヌラは見つかっていない．

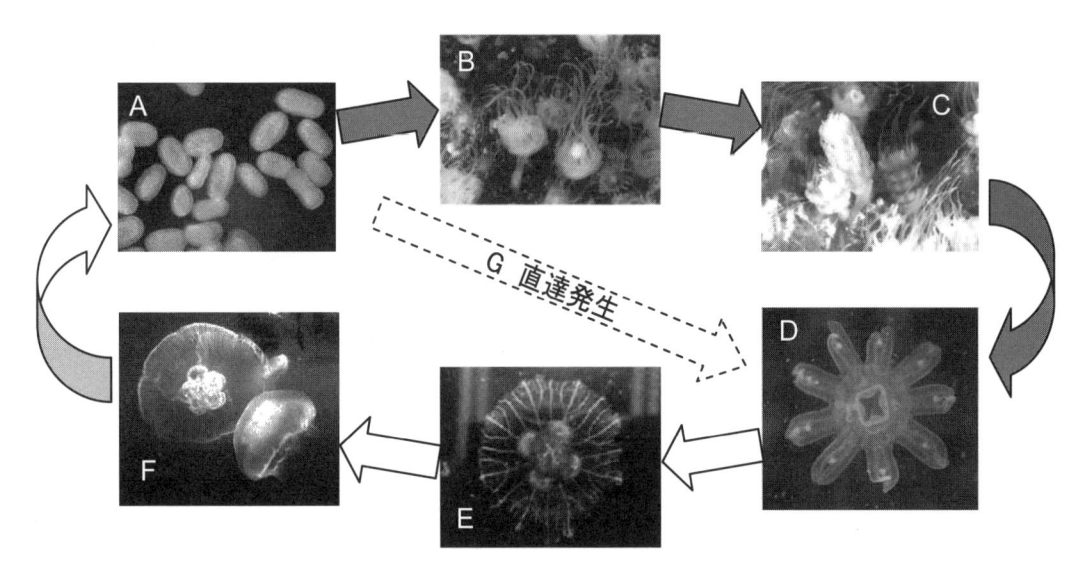

図 3・51　ミズクラゲの生活史
A～C：ポリプ世代（付着生活期），D～F：クラゲ世代（浮遊生活期）
A：プラヌラ，B：ポリプ，C：ストロビラ，D：エフィラ，E：稚クラゲ，F：成体

③ポリプの分布傾向

　生活史で述べたとおり，ポリプはエフィラ放出後も死滅せず，同じ場所で毎年，エフィラを放出し続ける．また無性生殖により際限なく増えるため，大量発生時には大きな役割を果たすと考えられる．したがって，ミズクラゲの大量発生メカニズムを解明する上でその分布傾向の把握は極めて重要といえるが，ポリプは実海域での観察が難しく，過去に広域調査は行われてこなかった．

　ミズクラゲの発生が多い伊勢湾を対象に，スキューバ潜水などによるポリプの分布調査が行われた結果，湾全体におけるポリプ推定現存量 4.44×10^8 個体のうち，約9割にあたる 3.84×10^8 個体が湾口部（図3・52の■で示した沿岸）に集中するという極めて偏った分布傾向を示すことが明らかにされている（濱田，2003；青山，2013）．

　この理由について，伊勢湾は東京湾や大阪湾と比較して河川流入量が大きい上，湾奥に木曽川水系など大河川が集中するため（図3・53），湾奥ほど塩分が低い傾向にあること，また一方でポリプは塩分10以下では増殖を停止，あるいは死亡することが室内実験で確認されており（三宅，1998；濱田ら，2003），伊勢湾におけるポリプの分布傾向は湾内の塩分勾配を反映したものと考えられる．

4）留意すべきクラゲ被害の特徴

　ミズクラゲは電力需要が逼迫する夏期に大発生し，火力発電所のスクリーンを閉塞させることにより発電支障を引き起こす．特に富栄養化が著しい東京湾，伊勢・三河湾および瀬戸内海では夏期の大発生が常態化している．また，陸揚げされたミズクラゲは大量の産業廃棄物となり，処理コストの増大につながる．

　高度経済成長期の1960～70年代においては，急増する電力需要に電源開発が追い付かず，クラゲの大量襲来が直接，大規模停電の引き金となるケースも見られたが，その後はクラゲ対策の向上や発電能力の増強，送電網の整備が進み，クラゲにより大規模停電が起きることはなくなった．しかし，2011年の東日本大震災以降，原子力発電所の停止長期化により全国的に電力需給が逼迫しており，2012年に瀬戸内海東部を中心にミズクラゲが同時多発的に火力発電所へ大量襲来したニュースが大きく報道されるなど，再びクラゲによる発電支障リスクが注目されるようになっている．

5）クラゲ対策における留意点と有効な対策例

　ミズクラゲに対する対策としては，クラゲの流入による取水障害を防止するための対策と，流入したクラゲを処理し，産廃処理コストを低減するものの2つに分けられる．

　前者としては，取水槽へクラゲが入らないようにカーテンウォールの周囲に「クラゲ流入防止網（ネット）」を張る発電所が多く，これに，網に張り付いたクラゲを引き剥がすための「水流発生装置」（中部電力，1994）や，クラゲを浮かせるための「エアレーション装置」を併設している発電所もある．これらは単にクラゲの流入量を減らすだけでなく，クラゲの群れを散逸させ，流入が集中してバケットスクリーンの掻き揚げ能力を超えるのを防ぐ効果もある．

　また後者としては，陸揚げされたクラゲを破砕後，凝集沈殿と遠心脱水により固形分と水分に分離することで減容化する方法（関西電力，2002）や，クラゲ分解酵素を用いて水化処理する方法（尾山，

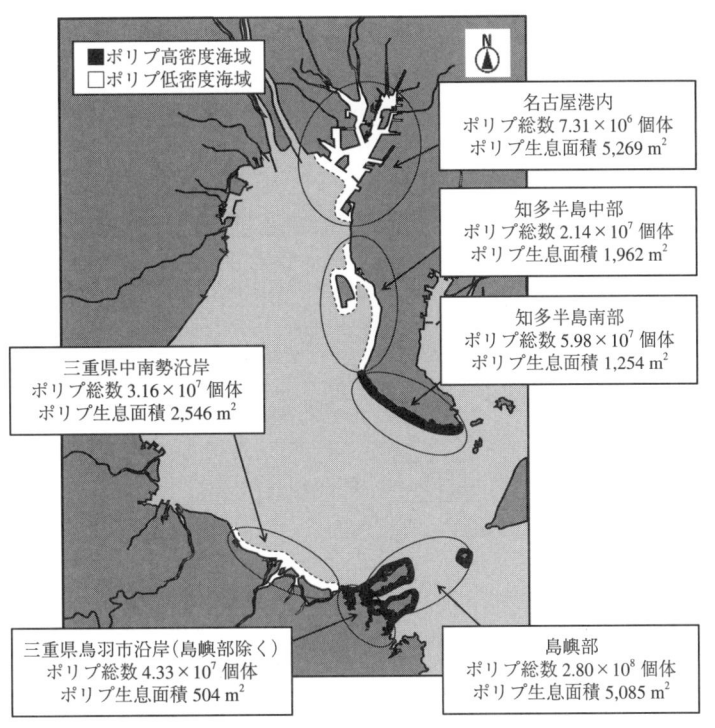

図3・52 伊勢湾におけるミズクラゲポリプの分布

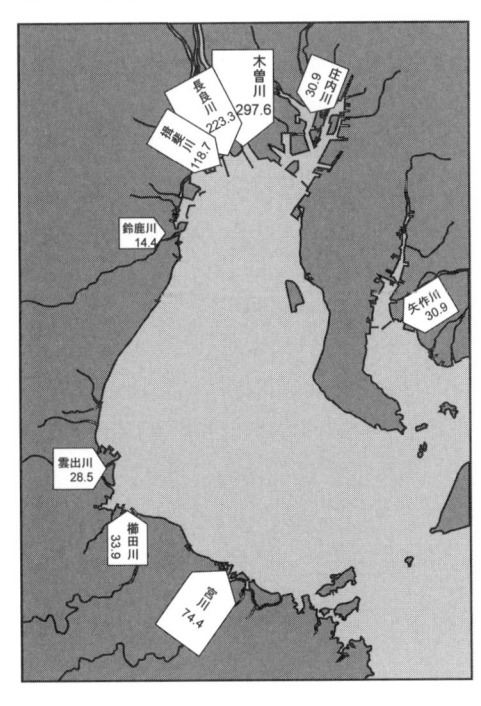

図3・53 伊勢湾の河川流入量
2002～2004年6～8月における河口付近の年平均流量（単位：m³）
（国土交通省の水文データベースより作成）

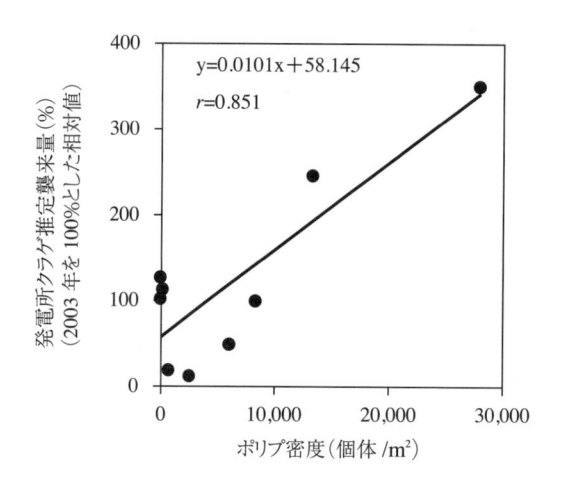

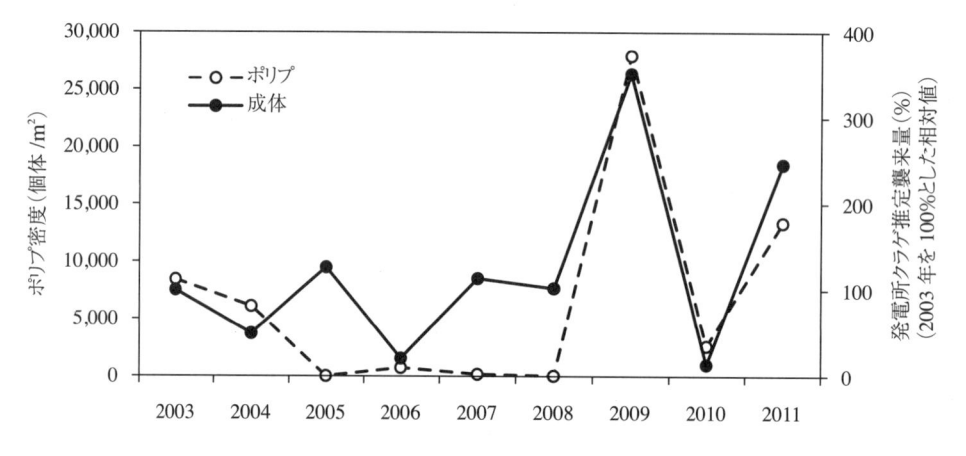

図3・54 伊勢湾の6火力発電所へのクラゲ襲来量とポリプ密度
上：回帰分析図（発電所へのクラゲ襲来量は2003年を100%とした相対値で示した），
下：経時変化（横軸は発電所への襲来年で示し，前年のポリプ密度を1年遅れで重ねた）

2009）がある．両者とも処理にともない出てくる液体成分（水分）は，活性炭や酵素処理などにより排出基準値以下までCODを下げた上で排水される．この他，クラゲを陸揚げしないユニークな方法として，クラゲを取水槽内に設けた洋上貯留槽に誘導し，数日程度で減容化する「クラゲ洋上処理システム」が実用化されている（石川・塩田，2006）．

また，直接的な対策ではないが，筆者らは伊勢湾に立地する6火力発電所の年間クラゲ襲来量と，同湾内のポリプ分布海域における冬期のポリプ密度との間に高い相関（相関係数 $r=0.851$，$p<0.05$；図3・54）があることを明らかにし，これを応用して襲来の約半年前にクラゲの発生量を予測する技術を開発した（濱田，2013）．今のところ伊勢湾限定ではあるが，今後，他の海域でも応用できるようになれば，クラゲ対策の効率化や新たな対策の開発につながると考えられる．

（濱田　稔）

3・11 サルパ類

サルパ類は大量に発生して発電所の取水系をつまらせる迷惑生物である．2007年5月に日本原子力発電株式会社の敦賀発電所に大量のトガリサルパが来襲し，発電所が被害を受けた例がある（海生研，2007）．サルパ類は形態的には一見すると透明な寒天のような生き物なので，クラゲと間違われやすい．しかし，クラゲは腔腸動物であるのに対しサルパ類は分類学的には食用にするマボヤ（海鞘）に比較的近く，脊索動物門，被嚢動物亜門に属し，脊索，心臓と循環系および消化管などを有している．有性生殖でも増殖するが好適な環境条件下では芽生（がせい）により無性的に増殖し，大群をすばやく作ることができる．また，クラゲと大きく異なる点は，サルパの透明な被嚢（外側の"から"）は，セルロースでできているため，クラゲであれば陸上で放置しておけば乾いて消えてしまうが，サルパは比較的長期間，原型をとどめて腐臭を放つ．

1) 分 類

サルパ類とは，脊索動物門，被嚢動物亜門，タリア綱，筋帯亜綱，サルパ目，サルパ科に分類されている生物の総称である（図3・55）．サルパ目は1科，2亜科，13属，45種類が知られており，サルパ亜科は，さらに11属に分類されている（西川，1997）．

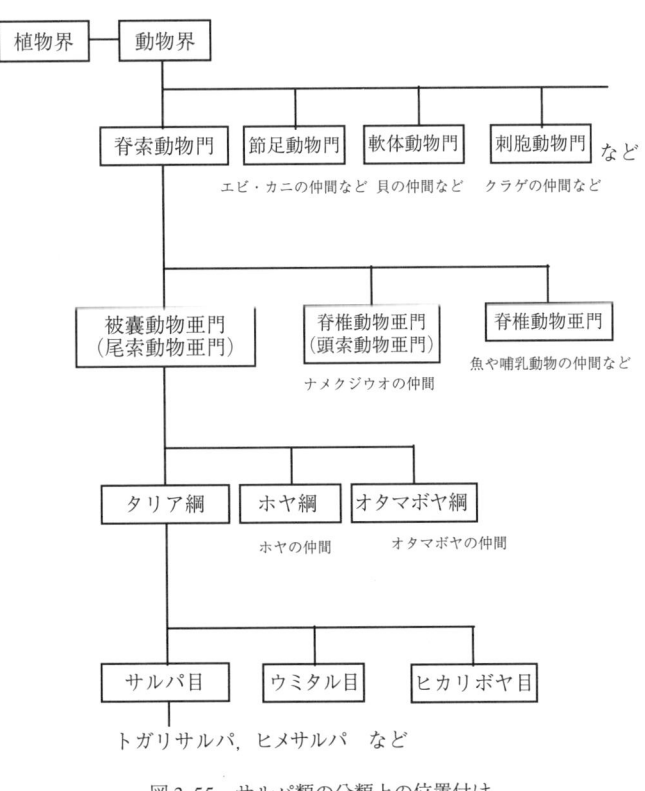

図3・55 サルパ類の分類上の位置付け

2） サルパ類の生物学的特徴

形態的には，一見するとクラゲと間違われやすいが，クラゲ類とは異なる以下のような生物学的特徴をもっている．

① 生涯を通じて浮遊生活を送りながら，環境条件が整うと，短期間で急速に個体数を増加させる能力をもっている．

② 餌密度の少ない外洋で生き抜くため，特異な摂餌網を用いた，極めて高い摂餌能力をもっている．

③ 流れに対して受動的なプランクトン（浮遊生物）でありながら，情報の伝達システムとリズミカルな筋肉の収縮により，個々の個体（単独個体や連鎖個体）はもちろん，群体としても一体化して移動し，さらに網などからの忌避行動も一体化して反応できる．

3） 生活史

サルパ類は，風変わりな生活サイクルをもっている（図3・56）．まず単独個体は成長して，体内に芽茎ができる．その芽茎部分から自身のクローンとも呼べる連鎖個体を数多く発芽させ，連鎖個体の繋がった群体を形成する．連鎖個体は，ある程度発育すると，芽茎ごと単独個体から離れて自由に遊泳するようになる．群体を形成する個々の連鎖個体は，卵と精子の受精によりそれぞれの体内に胚を形成する．ある程度成長した胚は連鎖個体から放出され，やがて芽茎をもつ単独個体に成長する．

トガリサルパの飼育例によれば，芽茎の成長は速く，若い単独個体は6日目には100〜150個体の連鎖個体からなる最初の群体を分離する．さらに，その2日後には次の群体を分離する．分離された群体（連鎖個体）は，12日間程度で成熟する．このようにサルパ類は，短い時間で世代交代を繰り返し，多くの子孫を残す（Braconnot et al., 1988）．

4） サルパ類の移動と摂餌

サルパ類は，体内の筋肉帯をリズミカルに収縮させて，入水孔から海水を取り込み，出水孔から海水を排出させることにより，いわばジェット推進によって移動する．群体の場合，このような筋肉帯の収縮は，連鎖個体間での情報伝達によって群体を形成する全ての個体でほぼ同時に行われる．その結果，発生する水流によって，群体は一体化して動くことができる．

筋肉帯の収縮による水流は，移動と同時に，摂餌にも活用されている．サルパ類は，大きな入水孔から海水を吸い込み，体内に作られた粘液質の摂餌網で餌を濾過し，網に付着した粒状の餌を網ごと消化管に取り込む（図3・57）．網の目は細かく，他のプランクトン（例えばカイアシ類やクラゲ類）の多くが利用できないような小さな餌も食べることができる．また海水の濾過速度も極めて高く，大変効率のよい摂餌能力を有する．ただし，餌の密度に合わせて摂餌速度を調節することができないため，極めて高い餌の密度の中では，網が目詰まり，もしくは破損し，餌を捕ることができなくなる．

5） 日本海でのトガリサルパの出現時期

日本海では，毎年トガリサルパが季節的に出現する．表3・7は，1995〜2000年の間で日本海に出現したトガリサルパの出現状況である．トガリサルパは，ほぼ毎年のように出現しており，特に

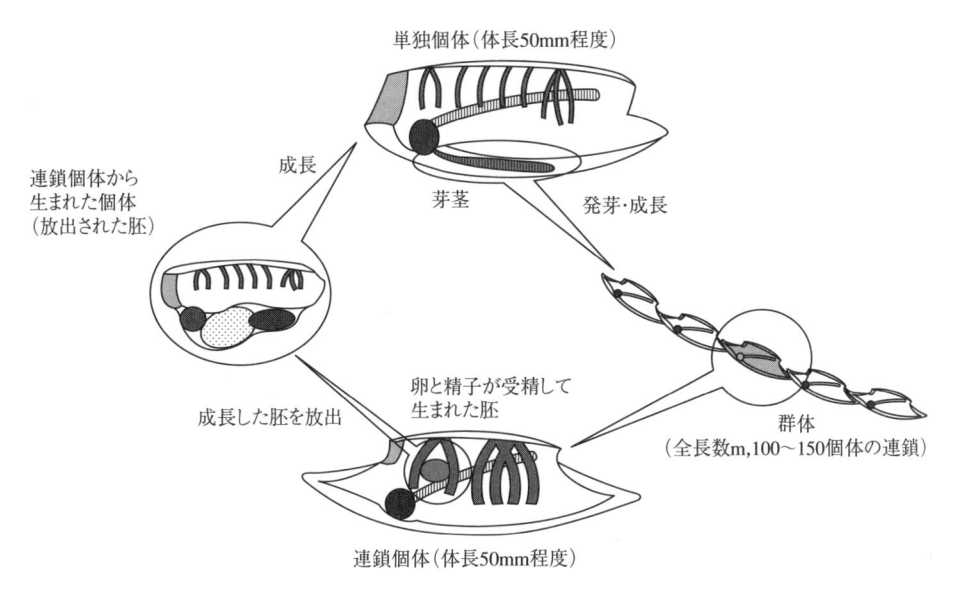

図 3・56　サルパ類の生活サイクル（西川, 1997 を改変）

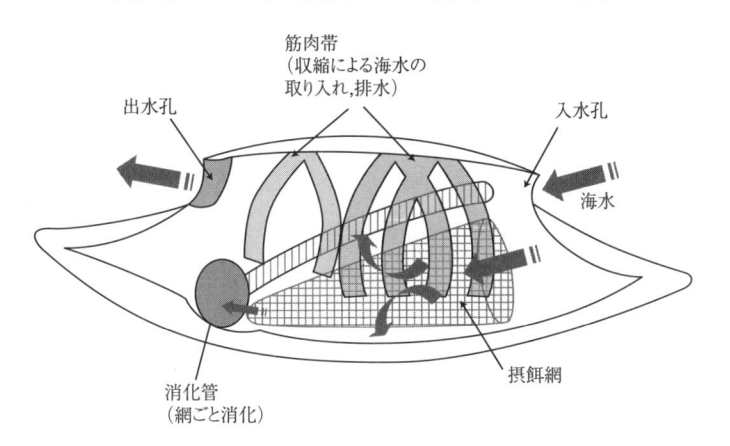

図 3・57　摂餌の模式図（川村, 1986 を改変）

表 3・7　1995〜2000 年のトガリサルパの出現

年	月	分布域	備考
1995	4月	島根	
1997	5月	鳥取〜石川	
1999	5月上旬	対馬海峡〜山口	
	5月中旬	京都（栗田湾）	
	5月下旬	福井	
	6月	能登半島沿岸	
2000	4〜5月	福岡〜石川	漁業被害発生
	5月	富山〜山形	

（黒田ら, 2000 を改変）

2000年には，漁業にも被害を及ぼすような大量発生となった．トガリサルパは5月を中心に，4〜6月に出現している．この時期は，植物プランクトンの春季大増殖の終盤もしくは終了後にあたる．前述のとおりサルパ類は，餌となるプランクトンの密度が高すぎると餌を捕ることができなくなるので，春季大増殖の終盤もしくは終了後，餌の密度が下がり，落ち着いてからトガリサルパが出現する．

2000年のトガリサルパの大量発生については，詳細な報告がある．図3・58は，2000年の観測時期を示したものである．4月上旬に対馬周辺に見られたトガリサルパは，時間の経過とともに北東に移動し，5月中旬には石川，富山，新潟にまで及んでいた．このことから，東シナ海で発生したトガリサルパが，増殖を繰り返しながら対馬暖流によって運ばれたとされている．

海外ではサルパ類の大増殖が暖水内部で形成されたことなどが報告されているが（Paffenhofer et al., 1995），我が国においては，大増殖時の具体的な状況については報告されておらず，今後の研究がまたれる．

6) サルパの被害と対策

前述の2007年5月に，日本原子力発電株式会社の敦賀発電所がトガリサルパの被害を受けた他，2000年のトガリサルパの大量発生時には，定置網漁業などにも被害が及んだ．サルパはゼラチン質プランクトンには分類されるものの，クラゲと異なり，セルロース質の皮嚢に覆われているため，陸上に放置しても簡単に溶けたりはせず，発電所冷却系に入り込んだ場合にも，復水器のマッセル・フィルターを詰まらせてしまうほどの硬度がある．現状で効果的なサルパ対策は，考案されていない．ただ，過去のトガリサルパの大量発生は比較的広域的・長期的に起きていることから，周辺海域でトガリサルパが観測された場合には，発電所に来襲する可能性も考慮して，除貝装置を取り外しておくなどの予防策を検討する必要があるかも知れない．

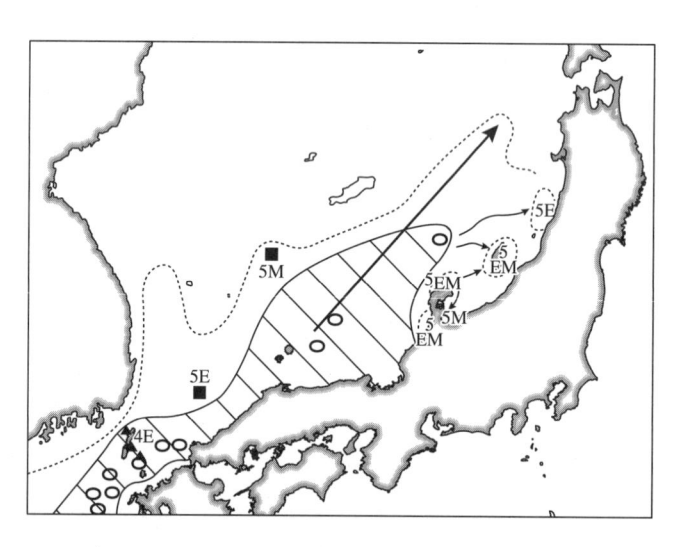

(飯淵敏夫)

図3・58 2000年のトガリサルパの大量発生の観測時期の変化（黒田ら，2000を改変）
斜線域：4月中〜下旬の分布域，〇：4月中下旬の大量発生観測点，
点線：5月中旬の想定分布域，▲，■：大量発生観測点

3・12　動植物プランクトン

プランクトンといえば，前述のクラゲやサルパ類も含まれる．また，付着生物のムラサキイガイ類やフジツボ類も幼生時には，浮遊生活をおくるので，その時期にはプランクトンである．しかし，ここでは，微細な植物プランクトンと，カイアシ類に代表される終生浮遊生活を送る多細胞生物の小型動物プランクトンに限定して解説する．

第1に，いうまでもなくプランクトンは魚の餌として重要であるが，臨海発電所にとっては，プランクトンは迷惑生物（ムラサキイガイ類やクラゲなど）の成長を支える餌である．1つの発電所に，1年間に数千トンの汚損生物がつくこともあるが，その量の生物が育つためには1万トン程度の餌が必要である．つまり，その餌とは，海水中に浮遊する微細な生物，すなわち，動植物プランクトンである．発電所に付着生物がついていれば，取水系が閉塞する事故，また冷却水量の低下に伴う発電出力低下，さらには復水器の熱伝導率低下による発電効率低下などの被害を受ける．逆に考えれば，発電所は周辺環境から1万トン程度の量の生物資源を収穫するというインパクトを与えることになる．このように，プランクトンの密度で迷惑生物の量が変わってくる．

第2には，動植物プランクトン，特に植物プランクトンは，汚損対策のため取水系に注入される塩素の影響の指標生物として利用される．既往の知見（原ら，2004）によれば，植物プランクトンは発電所が通常防汚のために注入する塩素濃度において，24～36％低下する．他方，動物プランクトンの，カイアシ類の生残率は1％程度の低下に留まり，発電所の塩素にはほとんど影響を受けない．

1）植物プランクトン
①分　類

植物プランクトンには多くの分類群があるが，そのうち特に臨海発電所にとって重要なものは珪藻類と渦鞭毛藻類である．珪藻類は珪酸の殻でおおわれており，しばしばトゲがでていたり，連凧のようにつながっていたりする（図3・59）．珪藻類には，中心類と羽状類があり，中心類は概して円筒状や円盤状の細胞であるが，羽状類は概して棒状やくちびる状の細胞であり，物の表面を滑走して移動することができる．

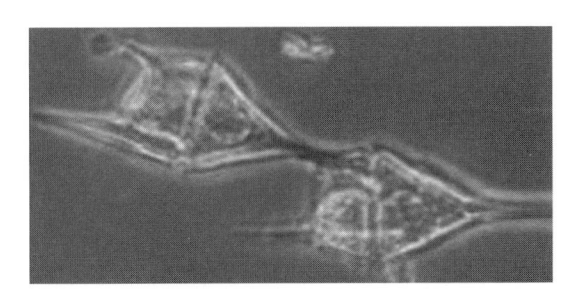

図3・59　渦鞭毛藻類の例（*Ceratium kofoidii*）

渦鞭毛藻類は鞭毛を有しており，水中を移動でき，しばしば細胞がセルロースでできた鎧板でおおわれている（図3・60）．渦鞭毛藻類の中には，貝毒の原因となる種や，有毒赤潮の原因となり養殖魚類に損害を与える種も含まれるため，県の水産試験場などが監視をしている場合がある．

②生　態

臨海発電所にとって，最も重要な植物プランクトンの生態は，植物プランクトンの春季大増殖（ブルーミング）である．植物プランクトンが増殖するためには，(i)光，(ii)水温，(iii)栄養の3つが重要である．我が国周辺海域では，冬の間には，表層と底層の水温差が小さいことから，鉛直混合によって底層から表層に栄養塩が供給されるが，水温が低く，植物プランクトンは増殖できない．しかし春になり水温が高くなると，表層付近では，冬の間に供給された栄養と豊富な太陽光を利用して，植物プランクトンが急激に増殖する．これは「春季大増殖（スプリングブルーム）」と呼ばれている．さらに水温が高くなると，表層と底層の水温差が大きくなり成層化し，このため鉛直混合が起こらず，表層の栄養が枯渇し，植物プランクトンは増殖できなくなる．

植物プランクトンは相当な量の有機物を細胞から分泌しており，植物プランクトンの細胞自体も海水中の有機物であるが，その死体や分泌された粘液なども海水の有機汚濁の原因である．このような有機物は，発電所放水口での泡立ちの原因となる．また，発電所が注入する塩素（海水電解液）と，このような有機物が反応（還元）する現象がおこり，すなわち，海水の塩素消費量を有機物が増大させるため，春季～夏季には，発電所は付着生物抑制のため，より多くの塩素を注入する必要がある．

③赤　潮

植物プランクトンが異常増殖して，海面の色が変わったり水産業に被害がでたりすることを赤潮現象という．特に，魚に対して毒性をもつラフィド藻 *Chattonella antiqua* などの赤潮は養殖業に多大な被害をもたらす．渦鞭毛藻類（図5・59）に属する夜光虫（*Noctiluca scintillans*）の赤潮は一般に知られており，夜に波打ち際や船縁を光らせる．赤潮の一因は富栄養であるため，過去には水質汚濁との関係で議論された時代もあったが，赤潮現象そのものは，富栄養化の有無にかかわらず，本来的に沿岸で起こり得るものとされている．近年は，瀬戸内海などでは栄養塩類（窒素，リンなど）の排出規制などにより，赤潮の発生頻度はかなり低下してきている．また，近頃は「珪藻赤潮」が，特に取りざたされているが，これは特に冬季に *Eucampia zoodiacus*（図3・60右上）などの珪藻が増殖して，海水中の栄養塩類を枯渇させ，結果的に養殖ノリに色落ち被害をもたらす現象である．赤潮は，基本的に発電所とは何の関わりもないが，発電所が位置する沿岸でごく普通に発生し，しかも場合により漁業に大きな打撃を与えるという迷惑な自然現象である．

④発電所における塩素注入の影響調査

発電所では生物の付着を抑制する目的で，しばしば塩素（海水電解液）の注入が行われる．その他に，復水器における水温上昇や，ポンプによる機械的ストレスも，発電所内部を通過するプランクトンなどには影響を与える可能性がある．これらの生物影響の程度を調べるため，植物プランクトンの活性調査が実施される場合がある．活性調査にはFDA染色法という技術が用いられ，植物プランクトンにFDA（フルオレセイン　ジアセテート）という試薬を作用させ，植物プランクトンがこれをエステラーゼにより加水分解すると，蛍光性のあるフルオレセインが生成し，青色光照射下で蛍光を

発する（図3・61 上 カラー口絵）．

活性のない細胞は，青色光を照射しても白緑色の蛍光を発せず，そのかわりにクロロフィルによる赤色の蛍光を発するか，あるいは蛍光を全く発しない（図3・61 下カラー口絵）．

既往の知見（原ら，2004）による調査結果の例を表3・8 に示した．植物プランクトンについては，発電所内の塩素により活性を失った細胞が3割程度あった．植物プランクトンは細胞分裂により増殖し，細胞数を回復すると考えられるので，この程度の減少は周辺海域にはほとんど影響を及ぼさないと考えられる．

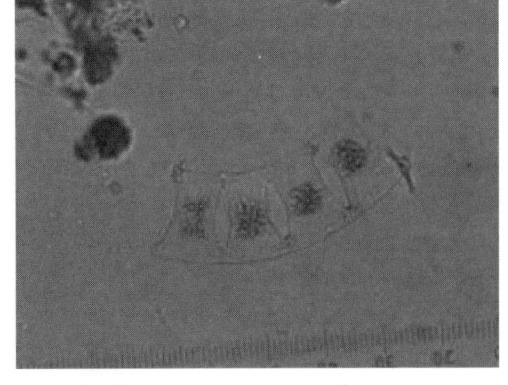

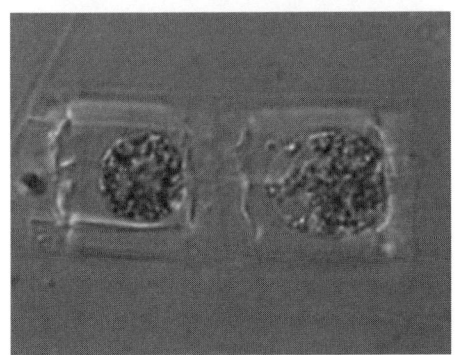

図3・60 珪藻の中心類の例
左上：*Skeletonema* sp.,
右上：*Eucampia zoodiacus*,
左下：*Lithodesmium* sp.

表3・8 発電所に取り込まれた動植物プランクトンの原因別死亡率
取り込み総個体に対する，全生残を0，全死亡を1とした場合の発電所内で死亡した個体数の比率．（原ら，2004）

原因	動物	植物
総死亡率	0.05	0.39
ポンプなどの影響	0.03	0.05
塩素による死亡	0.01	0.31
温度による死亡	0.01	0.07
ポンプ＊塩素	< 0.01	0.02
ポンプ＊温度	< 0.01	< 0.01
塩素＊温度	< 0.01	0.02
ポンプ＊塩素＊温度	< 0.01	< 0.01

2）動物プランクトン

①分　類

動物プランクトンにも多くの分類群があるが，特にここで紹介しておきたいのは，カイアシ類（図3・62）と枝角類（ミジンコ類；図3・63）である．特にカイアシ類は多くの魚類の餌として重要であることが知られており，海の生態系において，植物プランクトンと魚を結ぶ存在として重要である．枝角類もカイアシ類と同様の生態的地位にあり，発電所周辺ではどちらも普通に分布している．なお，発電所周辺のカイアシ類については，小型の *Oithona* 類や *Paracalanus* 類などが一般的で，モニタリングなどで普通に観察されている．枝角類については，*Podon* 類か *Evadne* 類あるいは *Penilia* 類が認められている．

②生　態

陸上の生物の場合，寿命が重要であるが，動物プランクトンの場合にはあまり議論されない．その理由としては，動物プランクトンは他の生物の餌となり，個体の大部分は他の生物に食われて一生を終えるために，寿命を測定することが難しい．また，植物プランクトンが豊富な季節（北海道以北では主に夏，本州では春と晩秋）には，寿命も短く，再生産も活発で個体数を増やすが，その時期を過ぎると餌が足りないために活動も再生産も減り，次の植物プランクトンの増殖時期まで生き残った少

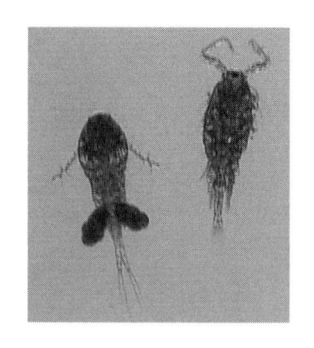

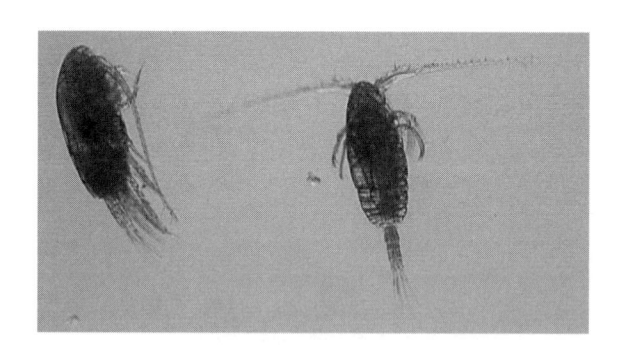

図3・62　カイアシ類の例
（左図は *Oithona davisae* の雌（左）と雄（右），右図は *Paracalanus parvus* の雌（左）と雄（右））

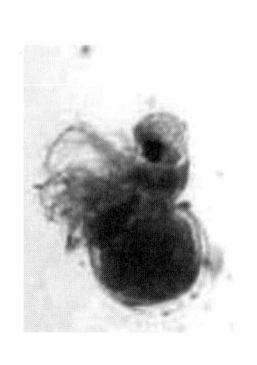

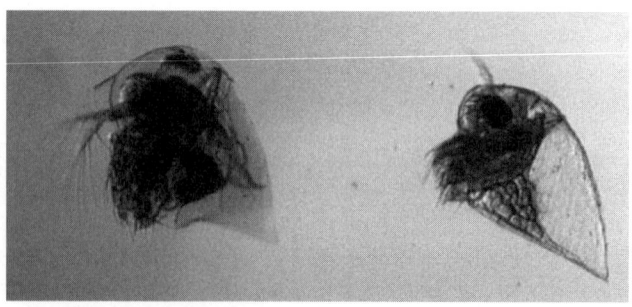

図3・63　枝角類（ミジンコ類）の例
（左図は *Podon polyphemoides*，右図は *Evadne nordmanni*）

数の個体が再生産に関与するためと考えられる．例えば，北方性のカイアシ類の *Calanus finmarchicus* の場合には，3〜4月，5月，7〜9月の三世代が確認され，主な産卵期は2〜3月と5月および7月にあった．4世代目の産卵期もあったが，その群れは餌不足で発育不良に終わったと報告されている（Sverdrup et al., 1947）．カイアシ類は，雌雄の交接，すなわち両性生殖による世代交代を行う．枝角類（ミジンコ類）は，植物プランクトンが豊富な条件のよい時期には，雌だけが現れ夏卵を産み単為生殖により増殖するが，環境条件が悪化すると雄が現れて両性生殖が行われ，耐久卵（冬卵）が生まれて休止期に入るという世代交代を行う（椎野，1969）．

③発電所における塩素注入の影響調査

植物プランクトンの場合と同様に，発電所の塩素注入の影響が動物プランクトンに対して行われる場合がある．その方法は，実体顕微鏡を用いて，種類ごとに生きているものと死んでいるものを計数する方法（運動法）である．生死の判定基準は，解剖針などで触れた時に動くか否かである．

既往の知見によれば，植物プランクトンとは異なり，動物プランクトンは多細胞生物であるため，発電所内の塩素により死ぬことはほとんどなかった．それよりは，発電所通過の際にポンプの水流などの機械的な作用で死ぬ（流体のキャビテーションという現象が関連するとされている）場合がわずかながら（3％）認められた（原ら，2004）（表3・8）．

（飯淵敏夫）

文　献

Abdel-Razek, F. A., Chiba, K., Kurokura, H., Okamoto, K. and Hirano, R.（1993）：Life history of Limnoperna fortunei kikuchii in Shonal inlet, Lake Hamana, *Suisanzoushoku*, 41, 97-104.

包　衛洋・サイト　シリル　グレン・北村　等（2008）：ムラサキイガイ幼生の着生機構，*Sessile Organisms*, 25, 11-15.

青山善一・原　猛也・山田　裕・濱田　稔・若杉榮一・金本昭彦（2003）：伊勢湾におけるエフィラの分布状況，平成15年度日本付着生物学会研究集会講要，4.

青山善一（2013）：2013年度電気化学会海生生物汚損対策懇談会シンポジウム「最新のクラゲ研究と対策」要旨集，2. 実海域におけるクラゲの実態，1）伊勢湾，クラゲの生息状況．9-28.

Bayne, B. L.（1964）：Primary and secondary settlement in *Mytilus edulis* L.（Mollusca）．*J. Anim. Ecol.*, 33, 513-523.

Bayne, B. L.（1971）：Some morphological changes that occur at the metamorphosis of the larvae of *Mytilus edulis*. Forth European Marine Biology Symposium, 259-280.

Braconnot, J. C., Choe, S. M. and Nival, P.（1988）：La croissance et le developpement de *Salpa fusiformis* Cuvier（Tunicata Thaliacea），*Annales lInstitut Oceanograhique Paris*, 64, 101-114.

中部電力株式会社（1994）：クラゲ防除用水流発生装置の開発，技術開発ニュース，60，23-24.

中部電力株式会社（2011）：バイオ技術特集，技術開発ニュース，141，5-10.

Callow, J. A., and Callow, M. E.（2011）：Trends in the development of environmentally friendly fouling-resistant marine coating, *Nature communications*, 2, 244.

CoML report（2010）：First census of marine life, Highlight of a decade of discovery.

Coon, L. S. and Bonar, D.（1985）：Induction of settlement and metamorphosis of the pacific oyster, Crassostrea gigas（Thunberg），by L-DOPA and catecholamines, *J. Exp. Mar. Biol. Ecol.*, 94, 211-221.

羽生和弘・関口秀夫（2000）：伊勢湾と三河湾に出現したミドリイガイ，Sessile Organisms, 17, 1-11.

藤木宜保・渡邊精一・岡本　研（2009）：東京湾潮間帯におけるフジツボ類の分布，*Sessile Organisms*, 26（1），11-32.

濱田　稔（2003）：クラゲの発生海域を探る．伊勢湾におけるミズクラゲ幼生の分布．技術開発ニュース，102，11-12.

濱田　稔・若杉榮一・青山善一・原　猛也・山田　裕・金本昭彦（2003）：伊勢湾におけるミズクラゲの発生海域．平成15年度日本付着生物学会研究集会講要，5.

濱田　稔（2013）：2013年度電気化学会海生生物汚損対策懇談会シンポジウム「最新のクラゲ研究と対策」要旨集，2.

実海域におけるクラゲの実態, 1) 伊勢湾, 来遊予測について. 38-50.
原　猛也　ら（2004）：経済産業省原子力安全・保安院委託　平成15年度　大規模発電所取放水影響調査（取水生物影響調査）報告書.
原田和弘（1999）：播磨灘北部沿岸に大量発生したミドリイガイ, 水産増殖, 47, 595-596.
林　勇夫（2006）：水産無脊椎動物学入門, 恒星社厚生閣, 198-199.
広島市水産振興センター（2008）：平成20年度業務報告書, 33-35.
堀越彩香・岡本　研（2011）：付着生物,「東京湾 - 人と自然のかかわりの再生」（東京湾海洋環境研究委員会編）, 恒星社恒星閣, 150-156.
堀越彩香・岡本　研（2007）：東京湾海岸部における潮間帯付着生物群集の現状, *Sessile Organisms*, 24 (1), 9-20.
井上広滋（2001）：足糸タンパク質の構造から見たムラサキイガイ類の種分化,「黒装束の侵入者」（梶原武/奥谷喬司監修, 日本付着生物学会編）, 87-105.
石川真也・塩田浩太（2006）：クラゲ洋上処理システムの実用化. 火力原子力発電, 57 (12), 1038-1042.
今井丈夫監修（1971）：カキ養殖の進歩.「改訂版　浅海完全養殖」, 恒星社厚生閣, 5-152.
岩城俊昭（2006）：フジツボの繁殖生態,「フジツボ類の最新学」（日本付着生物学会編）, 恒星社厚生閣, 129-141.
岩田清二（1950）：ムラサキイガイの人工授精と産卵, 採集と飼育, 12, 120-123.
岩手県水産技術センター（2013）：平成25年度第2回キタミズクラゲ出現情報. http://www.pref.iwate.jp/~hp5507/gyokyou/gougai-13/kitamizukurage(H25.05.13).pdf
JIS H 7901 2005　海洋生物忌避材料用語.
紙野　圭（2006）：フジツボ成体の接着,「フジツボ類の最新学」（日本付着生物学会編）, 恒星社厚生閣, 190-207.
加戸隆介（2006a）：フジツボの生活史と初期生態,「フジツボ類の最新学」（日本付着生物学会編）, 恒星社厚生閣, 93-111.
加戸隆介（2006b）：キタアメリカフジツボ, フジツボ類の最新学（日本付着生物学会編）, 恒星社厚生閣, 80-92.
海洋生物環境研究所（2007）：発電所の取水口を詰まらせる新手の迷惑生物, 海生研ニュース, 96, 11.
関西電力（2002）：プレスリリース, クラゲ処理技術の開発により廃棄物が従来の1％以下に低減, http://www1.kepco.co.jp/pressre/2002/0215-1j.html
火力原子力発電技術協会環境対策技術調査委員会（1993）：火力発電所における海生生物対策実態調査報告書, 火力原子力発電技術協会.
火力原子力発電技術協会環境対策技術調査委員会（2005）：火力発電所における海生生物対策実態調査報告書, 火力原子力発電技術協会.
Katuyama, I., Kado, R., Kominami, and H. Kitamura, H.（1992）：A screening method for test substance on attachment using larval barnacle, Balanus amphitrie ,in the laboratory, 付着生物研究, 9 (1/2), 13-14.
川辺允志（2001）：熱交換器の生物皮膜障害とその対策, 防菌防黴, 29, 769-777.
川辺允志・永田公二・勝山一朗（1985）：チタン製復水器管の生物皮膜汚損,「腐食と対策事例集」（（社）腐食防食協会編）海文堂, 124-131.
川辺允志・荒木道郎（1993）：復水器管汚れ測定方法, 火力原子力発電, 44, 873-880.
川辺允志・荒木道郎・藤井　哲・清水　潮（1994）：復水器工学ハンドブック, 愛智出版.
川辺允志・熊田　誠（1999）：復水器管に形成される生物皮膜の構造と性状, 火力原子力発電, 50, 1457-1464.
川辺允志・鈴木市郎・山本直哉・濱田　稔（2009）：銅合金復水器管「異常潰食」発生メカニズムの解明, 火力原子力発電, 60, 59-66・160-168・263-267.
川口　要・柏田　潤・恩田勝弘・佐藤史郎・野世渓　精（1980）：チタニウム製復水器の生物汚損と伝熱性能, 火力原子力発電, 31, 747-759.
川村和夫（1986）：タリア類,「動物系統分類学　第8巻下　半索総物・原索動物」（内田　亨, 山田真弓　監修）, 中山書店, 285-317.
菊池靖志（2005）：金属腐食とバイオフィルム, バイオフィルム入門（日本微生物生態学会バイオフィルム研究部会編）, 日科技連出版社, 69-92.
木村妙子（2001）：コウロエンカワヒバリガイはどこから来たのか？,「黒装束の侵入者」（梶原武/奥谷喬司監修, 日本付着生物学会編）, 47-69.
木村妙子・角田　出・黒倉　寿（1986）：淡水および汽水域に生息するイガイ科カワヒバリ属の塩分耐性と浸透圧調節,

日本海水学会誌, 49, 48-152.

国土交通省水管理・国土保全局（2012）：河川砂防技術基準調査編, 平成 24 年 6 月版.

小金沢昭光（1978）：マガキの種苗生産に関する生態学的研究. 日水研報告, 29, 1-88.

久保田 信（2011）：和歌山県田辺湾とその近隣海域におけるムラサキイガイの激減とミドリイガイの激増. 日本生物地理学会会報, 66, 75-78.

黒田一紀・森本晴之・井口直樹（2000）：2000 年の日本海におけるサルパ類とクラゲ類の大量出現, 水産海洋研究, 64（4）, 311-315.

Matsumura, K., Nagano, M., and Fusetani, N.（1998）：Purification of a larval settlement-inducing protein complex（SIPC）of the barnacle, Balanus amphitrite, *The Journal of experimental zoology*, 281（1）, 12-20.

Matsumura, K., and Qian, P. Y.（2014）：Larval vision contributes to gregarious settlement in barnacles: adult red fluorescence as a possible visual signal, *The Journal of experimental biology*, 217（5）, 743-750.

三宅裕志（1998）：ミズクラゲの生物学的研究, 博士論文, 東京大学.

Möller, H.（1980）：Population Dynamics of *Aurelia aurita* Medusae in Kiel Bight. *Mar. Biol.*, 60, 123-128.

森崎久雄（2005）：バイオフィルム研究の現状と課題,「バイオフィルム入門」（日本微生物生態学会バイオフィルム研究部会編）, 日科技連出版社, 1-15.

西川 淳（1997）：タリア綱,「日本産海洋プランクトン検索図説」（千原光雄・村野正昭 編）, 東海大学出版会, 1351-1392.

野方靖行・松村清隆・坂口 勇（2006）：海域試験によるアカフジツボ抽出物のフジツボ着生誘起効果の評価, 電力中央研究所報告, V05033.

野方靖行・加戸隆介・岡野桂樹・吉村えり奈・佐藤加奈・吉田冬人・小笹秀明（2013）：東北地方に新たに出現した外来フジツボ *Balanus perforatus*, 2013 年度日本付着生物学会研究集会.

岡田 要・内田 亨・内田清之助監修（1965）：新日本動物図鑑（中）. 北隆館, 803.

岡本 亮（1986）：カキ,「浅海養殖」（社団法人資源協会編著）, 大成出版社, 384-417.

岡野桂樹（2006）：キプリス幼生の付着機構 2,「フジツボ類の最新学」（日本付着生物学会編）, 恒星社厚生閣, 168-189.

尾山圭二（2009）：分解酵素を用いたクラゲ処理システムの開発, エネルギア総研レビュー, 18, 2-3.

Paffenhofer, G. A., Atkinson, L. P., Lee, T. N., Verity, P. G. and Bulluck, III L. R.（1995）：Distribution and abundance of thaliaceans and copepods off the southeastern U.S.A. during winter, *Continental Shelf Research*, 15, 255-280.

劉 海金・渡辺幸彦（2002）：ミドリイガイの生物学的知見, 海生研報, 4, 67-75.

坂口 勇（1986）：ムラサキイガイの生態と付着機構に関する文献調査, 電力中央研究所報告. 電力中央研究所, 485024.

坂口 勇・梶原 武（1988）：ムラサキイガイの付着生態, 付着生物研究, 7, 23-29.

坂口 勇・青木敬雄・福原華一・安井勝実（2005）：海水管内の流速と汚損生物付着との関係, 化学工学, 47, 316-318（1983）.

佐々木 剛（1990）：東京湾産ミズクラゲ *Aurelia aurita*（L.）の生態, 修士論文, 東京水産大学.

Satuito C. G., Natoyama, K., Yamazaki, M. and Fusetani, N.（1995）：Induction of attachment and metamorphosis of laboratory cultured mussel *Mytilus edulis galloprovincialis* larvae by microbial film, *Fisheries Sci.*, 61, 223-227.

椎野季雄（1969）：水産無脊椎動物学. 培風館.

Shimauchi, H.（1993）：Studies on feeding respiration and excretion of the Common jellyfish, *Aurelia aurita*. *Hiroshima Univ. press*, 1-28.

桒原康裕（2001）：北海道におけるキタノムラサキイガイとムラサキイガイ,「黒装束の侵入者」（梶原武／奥谷喬司監修, 日本付着生物学会編）, 7-26.

Siddall S. E.（1980）：A clarification of the genus Perna（Mytilidae）, *Bulletin of Marine Sciences*, 30, 858-870.

菅原義雄（1991）：カキ,「海洋生物の付着機構」（（財）水産無脊椎動物研究所編）, 恒星社厚生閣, 62-75.

Sverdrup, H. U., Johnson, M. W., Fleming, R. H.（1947）：The oceans — Their physics, chemistry, and general biology. Prentice — Hall, Inc. Englewood Cliffs, N. J.

田中彌太郎（1954）：有明海産重要二枚貝の産卵期-Ⅱ, スミノエガキ及びマガキについて, 日水誌, 19(12), 1161-1164.

豊川雅哉（1995）：東京湾におけるクラゲ類の生態学的研究. 博士論文, 東京大学.

鶴見浩一郎（1996）：微生物フィルムの形成と幼生付着に及ぼす影響,「伏谷着生機構プロジェクトシンポジウム講演要旨集」（新技術事業団 伏谷着生機構プロジェク）, 48-57.

Uchida, T.（1954）：Distribution of scyphomedusae in Japanese and its adjacent waters. *Jour. Fac. Sci. Hokkaido Imp. Univ., Ser. VI. Zool.* 12, 209-219.

内田直行・半田慎也・広海十郎（2005）：平成17年度日本水産学会大会シンポジウム，クラゲ類の大量発生とそれらを巡る生態学・生化学・利用学，Ⅲ．クラゲ類の生化学・利用学，Ⅲ-1．体成分とその利用学，*Nippon Suisan Gakkaishi*，71（6），987-988．

植田育男・西　栄二郎・眞田将平・下迫健一郎（2010）：横浜港内の人工干潟におけるミドリイガイの越冬時温度条件，神奈川自然誌資料，31，13-18．

植田育男・坂口　勇・萩田淑彦・山田ちはる・伊谷　行（2013）：高知県浦ノ内湾におけるミドリイガイの越冬と水温条件―2010年冬季―，*sessile Organisms*，30（2），29-36．

Wallace, R. K., Waters, P., & Rikard, F. S.（2008）：Oyster hatchery techniques, Southern Regional Aquaculture Center.

渡辺洋子（2000）：2．海綿動物部門，「無脊椎動物の多様性と系統（節足動物を除く）」（岩槻邦男・馬渡峻輔監修，白山義久編集），裳華房，324．

山田ちはる・伊谷　行・植田拓史（2010）：高知県浦ノ内湾におけるミドリイガイの生息場所利用と水平分布，Sessile Organisms, 27, 1-10．

山口寿之・久垣義之（2006）：フジツボ類の分類および鑑定の手引き，「フジツボ類の最新学」（日本付着生物学会編），恒星社厚生閣，365-391．

山口寿之・大城　祐・稲川　奨・藤本　顕・木内将史・大谷道夫・植田育男・浦　吉徳・野方靖行・川井浩史（2011）：外来種ココポーマアカフジツボの越境と遺伝的特性，遺伝，65，90-97．

山下桂司・神谷享子（2006）：発電所とフジツボ，「フジツボ類の最新学」（日本付着生物学会編），恒星社厚生閣，209-224．

柳川敏治・川端豊喜・岡　洋祐（2003）：柳井・三隅火力発電所前面海域における付着生物調査．技研時報，101，75-84．

安井勝美・山本達雄（1980）：温水による付着生物の除去法．関西電力㈱総研報告，26，179-181．

安田　徹（1967）：福井県丹生浦湾における汚損生物Ⅱ，水産増殖，15，31-38．

安田　徹（1979）：ミズクラゲの生態と生活史，産業技術出版．

安田　徹（1988）：ミズクラゲの研究，日本水産資源保護協会．

安田　徹・上野俊士郎・足立　文（2003）：海のUFOクラゲ―発生・生態・対策．恒星社厚生閣．

Yonge, C. M.（1976）：The 'mussel' form and habit. In "Marine mussels, their ecology and physiology", ed. by Bayne, B. L. Cambridge, Cambridge University Press, 1-12.

吉安洋史・植田育男・朝比奈　潔（2004）：相模湾，江ノ島におけるミドリイガイの生殖周期，*Sessile Organisms*, 21, 19-26．

参考文献

ブッカーズ（2008）：バイオフィルムの基礎と制御，エヌティーエス．

化学工学協会関西支部（1985）：セミナー伝熱に伴う汚れの発生と洗浄．

川辺充志（1990）：発電所における汚れと対策（2），火力原子力発電，41，703-713．

川辺充志（2004）：バイオフィルムの本態に迫るには，配管技術，46（8），14-21．

Kawaii, S., Yamashita, K., Nakai, M. and Fusetani, N.（1997）：Intracellular calcium transients during nematocyst discharge in actinulae of the hydroid, Tubularia mesembryanthemum, *J. Exp. Zool.* 278, 299-307.

Kawaii, S., Yamashita, K., Nakai, M., Takahashi, M. and Fusetani, N.（1999）：Calcium dependence of settlement and nematocyst discharge in actinulae of the hydroid Tubularia mesembryanthemum, *Biol. Bull.*, 196, 45-51.

Yamashita, K. and Fusetani, N.（2002）：Exogenous and endogenous factors affecting the settlement of cnidarian larvae. *Sessile Organisms*, 19（2），111-120.

Yamashita, K., Kawaii, S., Nakai, M. and Fusetani, N.（1997）：Behaviour and settlement of actinula larvae of Tubularia mesembryanthemum. In: J C den Hartog（eds）Proceedings of sixth international conference of coeleterates biology, National Museum of Natural History, Leiden, The Netherlands pp. 512-516.

Yamashita, K., Kawaii, S., Nakai, M. and Fusetani, N.（2003）:Larval behavioral, morphological changes and nematocyte dynamics during settlement of actinulae of Tubularia mesembryanthemum, Allman 1871（HYDROZOA: Tubulariidae），*Biol. Bull.*, 204, 256-269.

山下桂司（2011）：ヒドラ―怪物？植物？動物！岩波科学ライブラリー181，岩波書店．

4章　発電所海水設備の運用と管理

　海生生物の付着や流入などにより発生する海水設備の機能障害は，場合によっては発電そのものの阻害に繋がるなど，大変大きな影響を与える．そのため，発電所では多様な対策が考案され試行されてきた．

　4章では，海水設備の保守管理技術の歴史から，海水設備で発生する障害，そして海水設備の機能を維持するための保守管理について解説する．

　　　4・1　海水設備の保守管理技術の歴史
　　　4・2　海水冷却水系統における生物汚損対策設備の概要
　　　4・3　海生生物による海水冷却水設備の障害と対策
　　　4・4　海水設備の保守・管理の概要

メンテナンスのために吊り上げられたスクリーン

4・1　海水設備の保守管理技術の歴史

ここでは，実際の現場で行われてきた防汚対策を振り返ることによって，1970年頃より現在までその時々の社会背景，特に環境への配慮と保守技術の変遷（表4・1）について解説する．

1）塩素注入に加え有機スズ塗料が使えた1970年代以前

1970年代以前は，多くの発電所では塩素ガスや次亜塩素酸ソーダ液の注入が行われていた．塩素注入は塩素の酸化力に期待して防汚対策を行う方法であることから，稀にではあるがバルブの酸化腐食により大量の塩素が注入される事故も発生した．1965年（昭和40年）頃に，海水電解装置が実用化された．海水電解処理は，塩素を海水の電気分解で発生させて冷却海水に注入する方法で，必要な量の塩素発生を電流値のコントロールで行うことができるので，ほとんどの発電所でこれに代えていくことになった．付着生物の種類が多く，成長速度が速い比較的暖かい海域においての塩素注入はやむなしとの国内電力会社間での申し合わせがあったのもこの頃である．

この時代まで環境影響評価制度はなく，汚損対策として多くの発電所では塩素注入が行われ，放水口での管理値は現在よりも高かった．復水器細管材質の多くはアルミニウム黄銅管で塩素注入による腐食防止のため鉄イオンの注入を行っており，取水路には有機スズ系の防汚塗料の塗布も行われていた．これらの方法は有効で生物付着はほとんどなかった．その後，発電所建設にあたり省議アセスがなされるようになり，また環境庁の発足など環境への意識の高まりに呼応して，塩素注入に対しては次第に低濃度注入や注入中止など影響軽減対策が求められるようになる．

1970年（昭和45年）に運転が開始されたある発電所の例では，防汚対策として放水口で残留塩素0.05 ppm以下の管理での塩素注入が行なわれていた．その結果，定期検査ごとに確認したところ復水器までの冷却水系への貝の付着はほとんどなかった．

2）チタン細管の普及と有機スズ系塗料の自粛が進行した1980〜90年代

発電所を建設する際の環境影響評価は，1977年（昭和52年）から実施公表することになり，1979年（昭和54年）には「発電所の立地に関する環境影響調査要綱」（省議アセスという）が制定され，塩素などの薬品注入に関する対策も項目になった．また，復水器にチタン細管を用いたものが主流となったのはこの頃からで，1980年代に立地または増設された発電所では暖かい海域に立地される発電所を除き塩素注入は行われず，チタン細管と高流速を採用するところが多くなり，それまで行っていた塩素注入を取りやめたところも出てきた．ただし，そのような場合でも特に原子力発電所では補機系のみ塩素注入を残してきた．

この年代には全国漁業協同組合連合会が有機スズ系防汚塗料の漁網への使用自粛の方針を決めた．それに呼応して，発電所の取水路に塗布する防汚塗料は亜酸化銅系になり，金属系や有機窒素や有機リンの農薬系塗料を嫌ったところでは，無公害防汚塗料といわれるシリコン系に切り替えたところも多い．有機スズはその後，2008年のAFS条約発効で国際的に使用が禁止された．

表4·1 海水設備保守管理技術の歴史

年	事 項
1970年代以前	塩素ガスや次亜塩素酸ソーダ液の注入，バルブ酸化で稀に大量の塩素注入，有機スズ系防汚塗料の塗布で効果あり．復水器細管材質はアルミ黄銅管，鉄イオン注入．
1965年頃	海水電解装置が実用化．暖かい海域のみ塩素注入の申し合わせ．
1979年	「発電所の立地に関する環境影響調査要綱」通産省．
1980～90年代	チタン細管が普及，送水管内の高流速化により，塩素無注入発電所の出現，全漁連が有機スズ系塗料使用の自粛，発電所の取水路に塗布する防汚塗料は亜酸化銅系，シリコン系へ．
1997年	廃棄物法が改正，構内処分困難に．コンポスト化、焼却処理技術開発へ．
2000年以降	塩素無注入と防汚塗料変更の結果，定検時に出る汚損生物が大量に．処理物の埋設処理，塩素注入に取って代わるよい技術を模索する時代へ．
2008年	AFS条約発効で有機スズは国際的に使用禁止．

1987年（昭和62年）に増設号機が運転開始されたある発電所の例では，省議アセス以降計画された冷却水系の汚損生物対策は，塩素注入は補機のみで防汚塗料は有機スズ系を使用というものであった．しかし，初回の定期検査以降，有機スズ系防汚塗料からシリコン系塗料に変更され，その後の定期検査では毎回，平均500 m^{3}程度の付着貝が発生していた．この状況は2000年代まで続いた．

3) 2000年以降

塩素無注入と防汚塗料変更の結果，2000年代には，定期検査時に出る汚損生物は数百トンにもなる発電所も多かった．この頃，広い敷地をもっている発電所では敷地内での埋設処理を行っていたが1997年12月に廃棄物法が改正となり構内処分が困難になった．ある原子力発電所の海生生物系廃棄物は，受け入れ県内の住民から持ち込みを拒否されるケースもあり，各社とも汚損生物の処理コストの増加と相まって廃棄物の減容化が課題となった．水分や塩分が多く腐敗しやすく，かつ一時的に大量に発生するという難課題を抱えた海生生物系廃棄物に対して，様々な減容化試験が行われ一部が実用化されたがこれぞ定番といった方法は未だ聞かない．

コンポスト化に成功した電力会社もあったが，廃棄物処理規制や作業環境の観点から次第にそれも困難となり，ある会社では焼却処分工場を作っても産業廃棄物が自治体の規則で越境できないケースなども発生した．発電所の設計段階からの対策としては，取水路をできるだけ短くする，取水路の流速を上げるなどの対策も行われた．塩素注入に取って代わるよい技術を模索する時代となったが，よりいっそうの環境配慮が求められ，付着対策はより困難となった時代といえる．

前述の発電所の例では，その後増設が計画されたユニットも含め新たな統一的な対策が求められ，様々な新技術を含め検討した結果，最も合理的な選択として全ユニットに海水電解による極低濃度の塩素を注入し，復水器はチタン管とし，スポンジボール洗浄，シリコン系塗料も併用することとした．そこで，2004年にそれまで塩素無注入であった冷却水系について，放水口において常時監視下で残留塩素が検出されない条件での注入が開始された．極低濃度の塩素注入による防汚対策は有効で，定検時の汚損生物排出量は大幅に削減され，現在に至っている．

〔神庭 恵・原 猛也〕

4・2　海水冷却水系統における生物汚損対策設備の概要

図4・1に示すように，臨海域に立地する火力・原子力発電所の取水口から循環水ポンプまでの経路は，複数の取水口除塵設備で構成されており，循環水ポンプや復水器に異物が流入しないようにバースクリーン，ロータリースクリーン（トラベリングスクリーンともいう）などが取水槽（取水路）に設置されている．

取水口で除塵された海水は，循環水ポンプにより復水器および海水冷却器（補機冷却水冷却機）に供給され，放水口から海域に排水される．復水器内には多数の復水器細管が設置され細管内を海水が通過し，管外を蒸気が通過して熱交換を行う．復水器管の材質には，アルミニウム黄銅が多く用いられてきたが，近年は耐食性に優れたチタン管が主流となっている．アルミニウム黄銅を用いる場合は，アルミニウム黄銅の腐食を防ぐため，鉄の保護皮膜を復水器管の表面につけるように運用される（坂口，2003）．

1）取水口設備
①クラゲ防止網
海域に面した取水口前面に設置されており，網が設置された海底から配管を通じて空気を噴出し，その気泡により網に付着したクラゲを浮き上がらせる．クラゲ防止網のほか，海域側に汚濁防止網（海底のヘドロ，ごみなどの流入防止）や稚魚防止網が設置されている発電所もある．

②回転（ロータリー）レーキ付きバースクリーン
水流に鋭角に設けられた格子状のスクリーンで流木など比較的大きなゴミを除去するものである．回転しながらごみを除去するバケット（回転レーキ）をもっており，バケットに溜まったごみはスクリーン洗浄ポンプの圧力水がノズルから噴射，除去される．

③ロータリースクリーン（トラベリングスクリーン）
水流に直角に回転網を付けたスクリーンで，バースクリーンで取り除かれなかった貝類などのごみを，適当な間隔でスクリーン背面に設置されたバケット（回転網）により除去する．回転網に付着したごみは，スクリーン洗浄ポンプの圧力水がノズルから噴射，除去される．

④ネットスクリーン
ロータリースクリーンでも取り除けなかった小さな塵芥を除去する．

2）復水器などの熱交換器とその周辺設備
⑤循環水ポンプ
タービンで仕事をした蒸気を復水に凝縮するのに必要な冷却水（海水）を供給する．

⑥除貝装置（マッセルフィルター）（図4・2）
取水口除じん装置を通過した塵芥などを，復水器入口部で取り除くフィルターである．フィルターで捕集した塵芥などは，入口の電動バタフライ弁の角度を変化させることにより，フィルター表面に

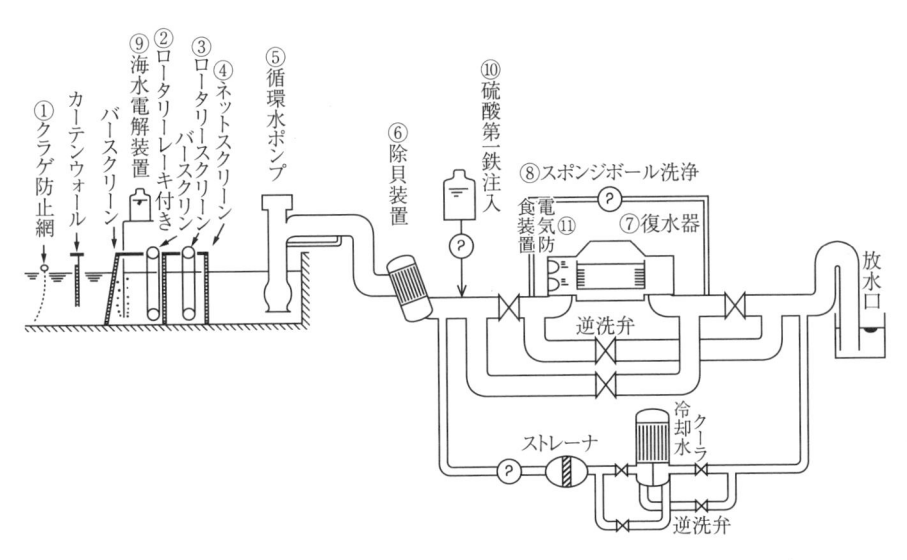

図 4・1　海水冷却水系統における生物汚損対策設備の概要（関西電力，1999）

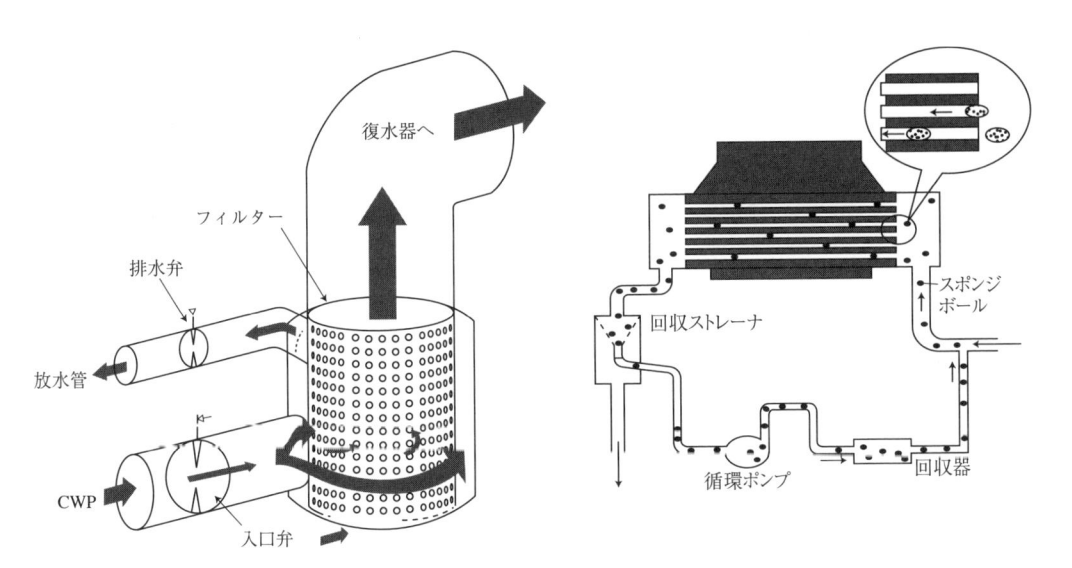

図 4・2　除貝装置（マッセルフィルター）
　　　　（関西電力，1999）

図 4・3　復水器細管洗浄装置
　　　　（関西電力，1999）

海水の旋回渦流を生じさせ，排水弁から排出する．

⑦復水器
復水器内部は，冷却管（海水を通水させるための多数の配管），管板（冷却管の両端を固定し水室と蒸気側を区分する），水室（海水を冷却管に流入させるための室）から構成される．

⑧復水器細管洗浄装置（図4·3）
復水器運転中に冷却水中へスポンジボールなどを注入して，ボール循環により細管内面に付着した懸汚濁・生物皮膜・腐食生成物・海生生物などを除去する．

⑨海水電解装置
海水中の貝類・藻類・バクテリアなどが設備に付着・繁殖することを防止するため海水を電気分解し，殺菌力のある次亜塩素酸ナトリウムを発生させ海水中に注入することにより海水中の生物の繁殖を防ぐ装置である．

⑩硫酸第一鉄注入装置
復水器の細管に硫酸第一鉄を注入する装置であり，細管内面に防食被膜を形成する．

⑪電気防食装置
復水器の管板および管端部などの海水による腐食を電気的に防止する装置である．

〔杉本正昭・藤田義彦〕

4・3 海生生物による海水冷却水設備の障害と対策

ここでは，先に概説した海水冷却設備の海生生物による障害と代表的な対策事例について主に坂口（2003）の知見に基づき述べる．

1）海水設備に発生する障害

日本の沿岸域ではミズクラゲが大量発生し，取水口に設置したクラゲ防止網で阻止できなかったミズクラゲが発電所へ大量に流入し取水口の除塵機を詰まらせることがある．また，海域によってはミズクラゲよりもさらに小型のサルパと呼ばれる浮遊性の海生生物（ホヤ類）が大量発生することがあり，復水器入り口のストレーナが閉塞して破損し，発電所の出力を低下させた事例がある．

冷却水路系に貝類やフジツボ類などの付着性の生物が付着すると，冷却水の流動抵抗が増加して海水流量が低下したり，同じ流量を得ようとするとポンプ動力費の増加を引き起こす．

復水器管に生物皮膜が発達すると復水器伝熱性能が低下して発電効率が低下する．また，復水器管内に生物が付着したり，流れてきた異物が詰まったりすると復水器管の腐食の原因となる．

上述した海水冷却水設備における海生生物による代表的な障害事例を模式化して図4・4（カラー口絵）に，各種の海生生物による汚損状況の事例を図4・5にそれぞれ示す．

2）障害対策の概要

発電所で実施されている主な海生生物の流入・付着防止・除去対策について，関西電力（1999）および坂口（2003）を参考に整理すると，表4・2のように分類できる．以下，対策種類別に解説する．実際の現場では，発電所の置かれた条件によって各種の対策を組み合わせて対処している．

①クラゲ防止網

取水口のカーテンウォールの前面に設置してクラゲ類（主にミズクラゲ）の流入を防ぐ．近年は，クラゲ網を通過し流入したクラゲを取水口ポンド内で滞留させ，自然溶解・消滅させる方法も開発されてきている．

②帰還水路

クラゲなどの大型海生生物が取水口から海水設備系統へ流入しないように，帰還水路を設けて放水口へ排出させる構造となっている発電所もある．

③除貝装置（マッセルフィルター）

復水器の直前に設置して，復水器に付着生物などの異物が入るのを防ぐ．異物が除貝装置に溜まった時は，弁を用いて旋回流を発生させ系外に排出する．

④薬液注入

薬液注入の薬液としては，塩素，過酸化水素水などが用いられている．塩素注入は，海水電解装置を用いて海水の電気分解により生成した塩素を含む海水電解液を，取水口または循環水ポンプ出口に注入する方法が多く用いられ，取水路の付着生物の付着防止と成長抑制に役立っている．詳細は5

章 5·3, 5·4 を参照のこと．一方，過酸化水素水を防汚剤として使用している例は，発電所ではごく一部の取水ポンプ軸受け冷却水系で用いられているのみであるが，石油工場や製鉄所などの冷却用海水の取水施設では多くの実施例がある．

⑤防汚塗装

発電所で用いられている防汚塗料のタイプには，多様な種類が開発されたが，現在はシリコーン樹脂系がよく使われる．シリコーン樹脂系の防汚塗料は撥水性があり，循環水管のように流速が速い壁面では優れた付着防止効果を示す．しかし，流速が遅い取水路などでは完全に付着を防止することができない場合がある．また，シリコーン樹脂塗装面に付着した生物は，無塗装面と比較して格段に弱い力ではがすことができる．このことは，付着生物の除去が容易であるという利点がある一方，塗装面に付着したアカフジツボなどが成長するのに従い水流がフジツボに当たる力は増大するため，ある限界以上に成長すると流速に抗しきれなくなって脱落し，下流の復水器管の閉塞，防食皮膜の損傷の原因となるという欠点になる場合もある．

⑥高流速

付着生物はいずれも海水中で浮遊幼生期を経た後に取水路などの基盤に付着するが，付着時期の大きさは0.2〜1 mm 程度と微小であり，付着力が弱いため流速が速いと基盤に付着することができない．このため，循環水管内の流速を 3 m/s より速く保つことにより，循環水管直管部の付着防止を図っている例がある．ただし，循環水管の曲管部や管が分岐している箇所では，流れが乱れて流速の遅い部分が生じ生物が付着するため，防汚塗装することにより付着を防止している．

⑦温水処理

温水を用いた対策は，日本での実施例は非常に少ないが，欧米の発電所では古くから用いられている．サーマルショックとも言い，海水に接する部分の温度を上げることにより生物の活性を低下または死亡させることで，付着生物を取り除く処理法である．

⑧スポンジボール洗浄

復水器細管洗浄装置によるスポンジボール洗浄は，復水器管の内径よりわずかに大きい直径のスポンジボールを水流に乗せて復水器管の中を通過させることにより，復水器管内に付着した付着細菌などを除去する方法であり，発電所の運転中に実施できる．

⑨ブラシ洗浄，ジェット洗浄

発電所の停止時に復水器の海水を抜いて実施する．

逆洗：復水器前後の弁を操作することにより，復水器管を通過する水流の向きを逆にして，復水器管の入口に詰まった貝殻などを取り除く対策である．

⑩水中清掃ロボット

海底取水路（管）のように構造上海水を抜くことができない取水路や，近年増加している複数の発電ユニットが 1 本の取水路を共用するタイプの取水路など，海水を抜いて防汚塗装工事ができない取水路では有効な対策技術である．

（杉本正昭・藤田義彦）

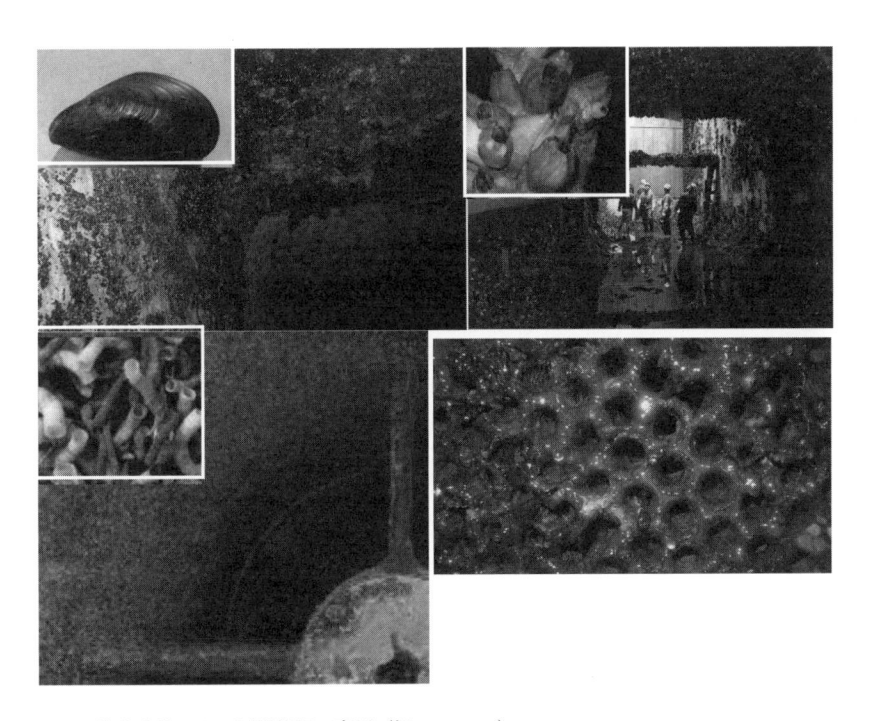

図4・5 海生生物による汚損状況の事例（坂口，2008）
　　　左上：ムラサキイガイ，右上：アカフジツボ，左下：管棲多毛類，右下：付着細菌

表4・2 海水冷却水設備における海生生物による障害と対策の概要

対象設備	主な対象生物	障害事象	対策
取水口	・クラゲ類 ・サルパ（ホヤ類） ・魚類，海藻類	・取水量低下（海水循環水ポンプの水位低下） ・スクリーン類の過負荷	・クラゲ防止網 ・帰還水路 ・海中溶解処理
水路 （スクリーン～復水器）	付着生物全般 （貝類，フジツボ類，管棲多毛類など）	・取水抵抗増加（海水循環水ポンプ負荷増加） ・清掃作業増加 ・産業廃棄物処理増加	・貝代（設計時の取水路断面積確保） ・防汚塗料 ・薬剤注入（塩素など） ・除貝装置
復水器細管	・貝類（イガイ類など） ・フジツボ類	・復水器細管閉塞 ・復水器細管腐食	・スポンジボール洗浄 ・薬剤・鉄注入 ・電気防食 ・高熱，高流速
放水口	—	（長期停止を除き対象外）	・運転中は熱交換による海水温度上昇のため付着なし
補機冷却水系統	付着生物全般	・熱交換器の詰まり ・細管腐食	・薬剤注入（塩素など） ・CO_2マイクロバブル注入

4・4　海水設備の保守・管理の概要

海水設備の機能は冷却または加熱で，復水器等熱交換器の伝熱性能を維持することが設備管理の基本となる．したがって海水設備の機能阻害要因としては，海水流量の低下，伝熱特性の低下，設備の損壊（伝熱管リークなど）である．ここでは，各設備の保守・管理について概説する．

1）スクリーン設備の保守・管理
スクリーンは流れ込む塵芥を除去する設備であるため，発電設備の定期点検に合わせて陸上に引き上げ，付着した貝などを除去するとともに腐食などの有無を点検するなどの管理を行う必要がある．腐食防止としては，犠牲陽極を付けて電気的に防食を行っているケースが多く，特段のトラブルが発生しない限りは，日常のパトロールと定期点検時に犠牲陽極の取り替えや付着物の除去といったメンテナンスを行うのが一般的である．

2）取水路放水路の保守・管理
取水路や放水路の機能障害は，水路の壁面に付着した貝などが後段のスクリーンや循環水ポンプなどに流れ込んで，所定の海水流量が確保できなくなることである．そのため，水路壁面に付着した貝などを定期的に清掃することが必要となる．特に，夏の電力需要がひっ迫する前に水路を清掃し，付着海生生物による障害リスクを取り除いておくことは重要である．

3）復水器の保守・管理
復水器の伝熱機能低下は発電効率に直結することから，日々の管理が重要である．復水器の機能が発電効率に影響するのはタービン背圧で，これを復水器内の真空度として管理している．真空度管理では，冷却海水の温度から想定される復水温とその飽和蒸気圧を基準に，復水器内の実圧(真空度)を実測した実測値を基準値と比較した真空度偏差を基にした管理を行う．さらに，復水器のもつ蒸気冷却機能の維持のための管理を行うことも重要である．

真空度偏差管理については，偏差が大きくなるのは復水器細管内面の汚れに起因することがほとんどで，この汚れを除去するために細管内面のボール洗浄，復水器の水室を開放しての細管のブラシ打ち，堆積した貝などの除去を行い，真空度を回復させる．復水器管に生じる汚れの主な原因としては，海生生物の付着による汚れと復水器管内面の防食のために形成する水酸化鉄被膜の過剰形成があげられる．

また，復水器の損傷としては細管損傷が主なもので，細管損傷が発生するとプラントの水サイクル内に海水が混入し，ボイラータービンの腐食損傷を引き起こすことから十分な管理が必要である．海水漏洩の管理としては，復水の電気伝導率を監視しながら，海水漏洩の疑いのある場合に冷却細管の漏洩チェックを行い，漏洩が発見された場合は閉止栓を打つなどの処置を行う．

以下，復水器への生物付着防止対策と復水器細管等損傷防止について述べる．

①復水器生物付着の防止対策

　海生生物の付着による汚れには，微生物に起因する生物皮膜汚れと，それに続いて大型生物（フジツボ類，ムラサキイガイなど）の付着により発生する汚れ（マクロ生物汚れ）がある．大型生物の付着による汚れは，海藻の胞子やフジツボ類，ムラサキイガイなどの幼生が生物皮膜に付着し成長することにより生じる．なお，各生物の幼生は，生物皮膜が有機物を含んでいるためそれを食べるために付着したり，また生物皮膜に凹凸ができ，そこに発生する微渦流によって停滞することにより着生する．生物汚損のメカニズムを模式化して図4·6に示す．

　生物汚れは，復水器管の清浄度を低下させるとともに，大型生物が付着すればアルミニウム黄銅管など銅合金管のデポジットアタックの原因ともなる．なお，復水器管の生物汚れは復水器管の材質によって異なり，アルミニウム黄銅管に比べチタン管のほうが生じやすい．これは，銅合金管の内面において，微量の銅イオンが海生生物の繁殖を抑制するためと考えられている．

　一方，沈着汚れは，復水器管の防食のために行っている鉄イオン注入によって管内面に水酸化鉄被膜を付着させるため，防食面からみれば保護被膜であるが，伝熱面からみれば付着物が増加するため，復水器管の清浄度を低下させることになる．

　これらの対策としては，付着防止と付着除去の2つがある．付着防止の代表例が塩素処理と防汚塗装である．また，付着除去の代表例がスポンジボール洗浄，ブラシ洗浄である．これらについては，5章5·7を参照されたい．

I	・海水中の有機物（多糖類，タンパク質など）が固体基盤である復水器管に付着	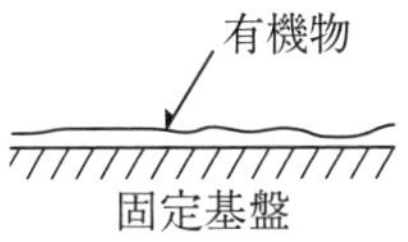 有機物／固定基盤
II	・有機物皮膜に細菌が付着	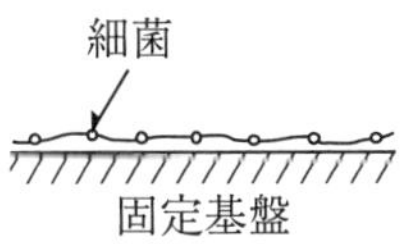 細菌／固定基盤
III	・細菌が分泌する細胞外高分子によるスライム状の生物皮膜を形成（ミクロ生物の汚れ）	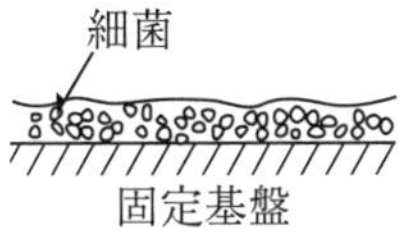 細菌／固定基盤
IV	・生物皮膜に誘引された海生生物の幼生や海藻の胞子が付着	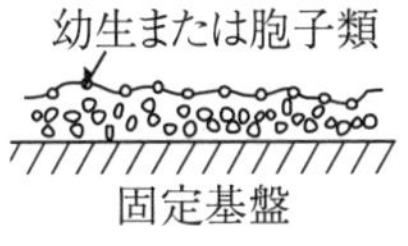 幼生または胞子類／固定基盤
V	・幼生や胞子が成長し，フジツボ，ムラサキイガイや海藻に成長（マクロ生物汚れ）	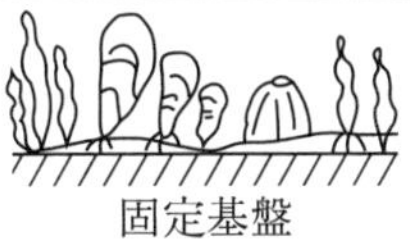 固定基盤

図4·6　生物汚損のメカニズム（関西電力・日本能率協会マネジメントセンター，1999）

②復水器細管損傷の防止対策

処理の目的

復水器細管の損傷は，発電プラントの復水系統への海水漏洩を招き，ボイラ水壁管の腐食など発電システムに大きな支障を生じさせるため，復水器細管の損傷防止は重要である．損傷の主たる要因は腐食であることから，その対策としては復水器細管を利用する海水性状に合わせて管材質を適切に選定することと，細管を電気的に防食することの2通りがある．細管材質の選定では，本来の機能である伝熱特性を考慮した上で耐食性とコストにより決まる．最近の管材質としては，アルミニウム黄銅管，APブロンズ管，30％キュプロニッケル管，人工被膜処理管（APF管），チタン管などがある．

一方，電気防食については，5章5・9を参照されたい．

なお，参考までに細管の漏洩検査方法の代表的な例を図4・7に示し，その概要を以下に述べる．

（参考：復水器細管漏洩検査方法）

- **極薄プラスチック（ラップシート）法**

片系統運転にて検査可能．管板の片側をゴム栓で閉止し反対側の管板にラップシートを貼り付けるか，両方の管板面にラップシートを貼り付けて，シートの凹で漏洩を検出する．

- **水マノメータ法**

片系統運転にて検査可能．管板の片側をゴム栓で閉止して反対側の管板に圧接した水マノメータ内の水の動きで漏洩を検出する．

- **泡沫法**

片系統運転にて検査可能．開放した管束の両管板面に消火器タイプのスプレーガンで泡沫を吹き付け，泡沫が管内部に陥没するかどうかで漏洩を検出する．比較的小さな穴でも検出可能であるが，拡管部の検出はやや難しい．

- **水張法**

プラント停止時に行う．復水器下部に設置した水張りサポートが健全であることを確認してから行う．本体内部に純水を満たし，48時間以上放置して漏洩を検出する．水室内に湿気がある場合は結露し検出が困難になることがある．管および管取り付け部の検査が可能．

- **蛍光剤法**

プラント停止時に行う．水張法の水張り水の中にジアミノスチルベン系の蛍光増白剤を入れることで水の表面張力が下がり浸透性が増し，普通の水張りより漏洩箇所の発見が容易となる．水室が暗室状態でブラックライトを当てると漏洩箇所が発光する．検査後の溶液排水処理が必要．

- **真空ポンプ法**

プラント停止時に行う．管板の片側をボム栓で閉止し反対側の管板に石鹸を塗りアクリルなどで作った透明なキャップをかぶせて真空ポンプで吸引し，石鹸水の泡の状態で漏洩箇所を見つける．管および管取付部の検査が可能．

〔杉本正昭・藤田義彦・船橋信之〕

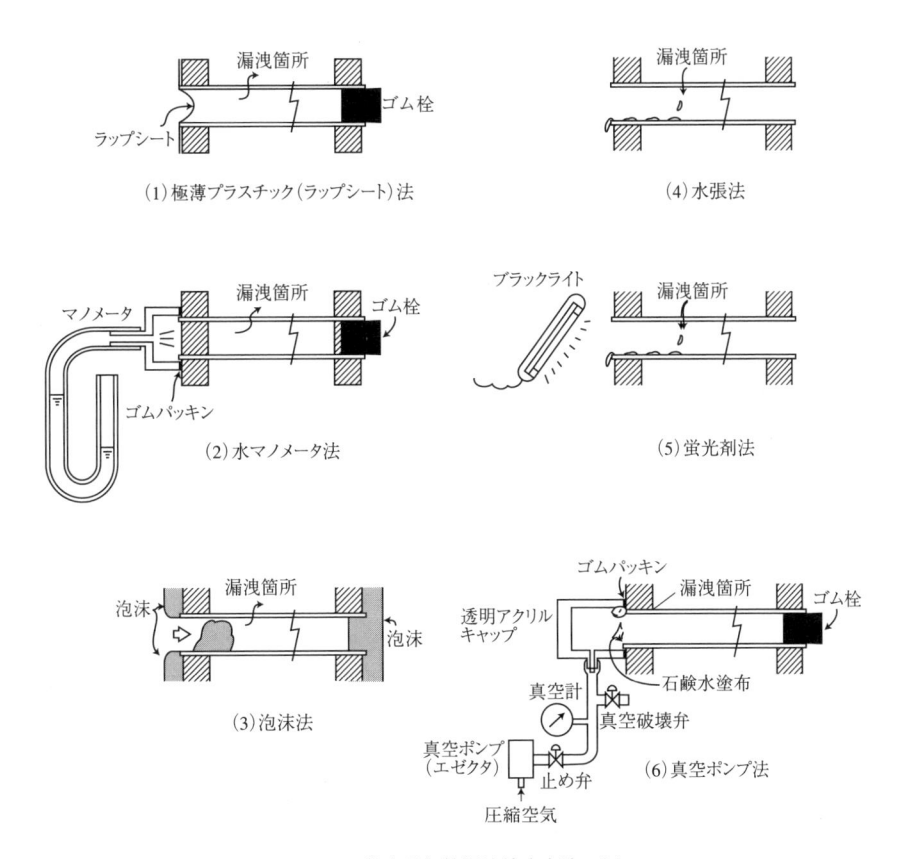

図 4・7　復水器細管漏洩検査方法の例

文　献

関西電力株式会社・株式会社日本能率協会マネジメントセンター（1999）：火力発電技術データベース．
野方靖行（2012）：付着生物やクラゲによる発電所トラブルの軽減を目指して—最新技術を用いて海洋生物の流入を検知する—，電中研ニュース 472．
坂口　勇（2003）：発電所の汚損生物対策技術の展望，Sessile Organisms, 20（1），15-19．
坂口　勇（2008）：発電所を困らせる水の生き物たち，電力中央研究所環境化学研究所環境ソリューションセンター．

5章　海生生物対策技術（防汚対策）

　汚損生物は発電所の海水設備の厄介者である．汚損生物を付着させない，あるいは付着した汚損生物を除去する，さらに除去した汚損生物を処理する対策技術は多様である．本章では，我が国で広く実施されている海生生物対策技術（防汚対策）について，その基礎知識を整理し，防汚塗料，塩素処理，ボール打ち，除貝装置，処理方法などについて解説する．また，最近注目されている汚損生物幼生の検出方法や，今後の実用化が期待される研究・開発状況についても解説する．

　なお，9章では各発電所に新しく導入された最新の対策について説明している．併せて，読んでいただければ理解が深まるものと期待する．

　　　5·1　防汚対策の基礎知識
　　　5·2　防汚塗料
　　　5·3　塩素注入
　　　5·4　塩素注入の運用管理
　　　5·5　塩素以外の酸化剤
　　　5·6　その他の薬剤
　　　5·7　スポンジボール・ブラシ打ち
　　　5·8　除貝装置
　　　5·9　電気防汚
　　　5·10　流速や高水温による付着防止
　　　5·11　汚損生物幼生の検出方法
　　　5·12　研究段階の技術
　　　5·13　海生生物廃棄物の処理・再利用技術

5·1 防汚対策の基礎知識

1) 防汚対策とは

基盤に付着して生活する生物を「付着生物」と呼んでいる（JIS H 7901：2005 海洋生物忌避材料用語）．付着生物には，スライムを形成する細菌などの微生物から，海藻類，海綿類，フジツボ類，イガイ類，ホヤ類など多種多様な生物が含まれる．これら付着生物を人との関わりで考えると，食料となるノリやカキは有用生物，船底，取水設備，海洋構造物および養殖施設などに付着し，その機能を阻害するフジツボ類やイガイ類は有害な「汚損生物」と呼ばれる．汚損生物は，その付着生物体や付着作用が汚れとなったり，金属基盤に腐食を起こしたりするので，これらの汚損生物を付着させないあるいは除去することを，汚損を防止することから「防汚対策」と呼んでいる．

この防汚対策に関しては，表5·1に示すように，種々の汚損の内容による経済的損失に対して，対策費用（初期投資と運用費用）はできる限り少額でなくてはならない．費用対効果が不明瞭なようでは，技術としては成立しても対策としては成立し難いことを忘れてはならない．

2) 広く用いられている防汚対策

我が国で広く実施されている防汚対策を図5·1に示す．これは，平成10年代前半に代表的な108の火力発電所305ユニットに対して実施したアンケート結果を集計したものである．これによれば，付着防止には薬液注入と防汚塗料が，生物の除去には除貝装置とスポンジボールなどの連続細管洗浄装置が使用されていることがわかる．そのアンケート結果をみると，海水電解液注入は約1/3のユニットで，防汚塗料はほとんどの発電所で，連続除貝装置は約1/3のユニットで，復水器逆洗装置とスポンジボール洗浄は約2/3のユニットで実施されている．

また，発電所の取水系設備と放水系設備のどの箇所で，防汚対策が実施されているかを図5·2に示す．薬液注入は塩素処理を示したが，取水箇所で処理し下流で作用させるものである．防汚塗料は主

表5·1 防汚対策の成立

汚損の内容	防汚対策の効果
定期検査期間の増加や通水トラブルによる運転停止日数発生による，稼働時間の減少	定期検査期間の短縮，停止日数0による稼働時間の増加
取水口の浚渫や水路清掃費用の発生	取水口の浚渫や水路清掃費用の軽減
復水器などでの冷却効率の低下	復水器などでの冷却水効率の維持
ポンプ負荷の増加	ポンプ稼動率の安定
清掃除去後の廃棄物処理費の増加	清掃除去後の廃棄物処理費の低減
プラント信頼性の低下	プラント信頼性の向上
二酸化炭素発生量の増加	二酸化炭素発生量の低減
防汚対策の成立 ＝ 汚損による損失 ＞ 対策費用→電力の安定供給，環境負荷の低減	

として循環水管あるいは関連するスクリーンなどの装置他に広く塗装されている．また，復水器は最も防汚対策が重要な装置であるが，水室では防汚塗料が塗装され，運転中に使用可能な連続細管洗浄であるボール洗浄，逆洗浄および除貝装置が稼動している．

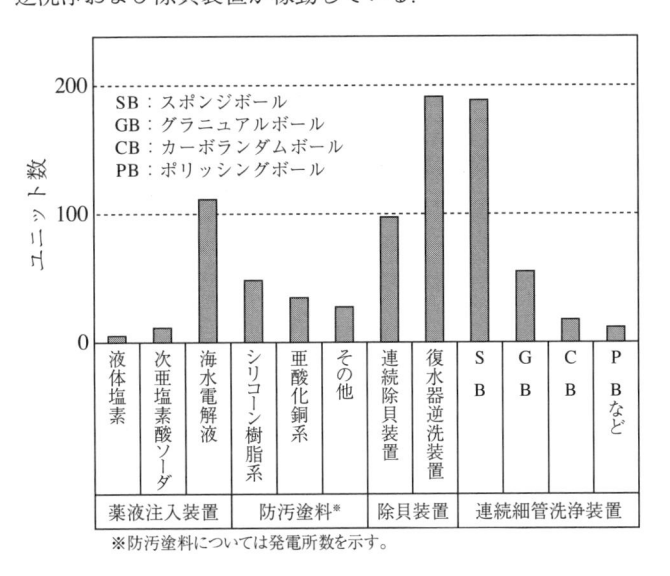

図5・1 広く実施されている防汚対策
(火力原子力発電技術協会環境対策技術調査委員会，2003)

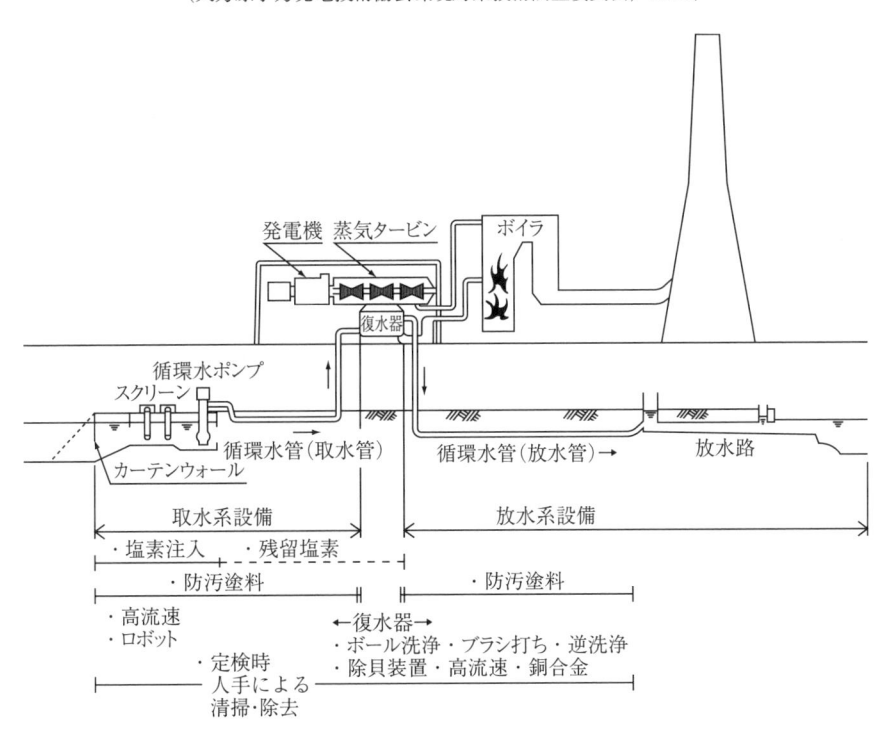

図5・2 実施箇所別の防汚対策
電力土木技術協会（1995）を基に作成．ここでは，薬液注入を塩素注入で代表した．

3）防汚対策の類型化

防汚対策の概要を表5·2にまとめた．防汚対策は，付着防止と除去に分けられる．また，物理的な方法，化学的な方法，生物学的な方法に分けられる．そこで表5·2では，広く実施されている防汚対策を原理と方法により類型化した．防汚対象は微生物主体の生物皮膜（スライム）から汚損生物の幼生，汚損生物，それらの残渣に及ぶ．原理は，①汚損生物幼生の発生予知，②流入防止，③付着抑制・防止，④除去，⑤予防，⑥処理に分けられる．方法については種々あるが，詳細は後述されるのでここでは省略する．なお，銅合金は復水器細管に用いられるアルミ黄銅管などを指し，銅イオンの生物忌避効果を利用するものである．貝などの付着代（しろ）とは，汚損生物の付着による汚損を見越して，設計時に余裕をもって管や水路の断面積に余裕をもたせるもので，暗渠の場合は0〜20 cm，管路の場合は0〜10 cmの値が示されている（電力土木技術協会, 1995）．

4）今後に向けて

生物制御に関する基本的な考え方・進め方は，以下のように表現できよう．

目的の明確化→対象とする環境・生物現象の正確な把握→技術の選択と開発→その経済性検討→反作用的な影響の把握→生物制御方法の設計・実施→事後モニタリング

この際，生物学的知見，汚損生物の生息状況，生態・生理などの基礎的事項も重要である．特に汚損生物の生態研究は防汚対策に活用すべきであり，梶原　武先生の提唱された「生態防汚」の考え方であり，今後ますます重要な考え方・手法と考える（小林・勝山, 2012）．

私たちは付着生物からいろいろな生態系サービスを享受している*など，付着生物の存在は決して無駄ではない．環境倫理の面からもその排除は最小限にしなければならないが，私たちの生活を支える産業，ここでは電力の安定的供給のためには，ある程度自然環境と折り合いをつけることが必要である．防汚対策技術は完成度が高いと考えられ，汚損・防汚関連データをネットワーク化し共有することでさらに運用の合理化を図る工夫があるのではないか．適材適所と合理的な運用が求められる理由がここにある．また，グローバル化が叫ばれる昨今，国際基準を取り入れた運用も望まれるが，他方過剰な運用は適正さを失うと考えられる．例えば，海水電解処理に関して，合目的な運用のため，塩素注入量の見直しも必要と考えるが，必要最小限の注入量で運用することが肝要で，海外で見られる予防のための過剰とも思える注入は慎むべきであろう．

（勝山一朗）

---

* 付着生物の生態系サービス．供給サービスは主に海からの食糧供給．調整サービス，基盤サービスは，海域の浄化・調整の担い手．文化サービスにおいても，フジツボ類などの付着生物が皆無の海岸の景観は想像し難い．これら生態系サービスについては海洋生態系調査マニュアルが参考になる．

表 5·2　防汚対策一覧

対象	原理	物理的方法	化学的方法	生物学的方法
・汚損生物の幼生	発生予知			・幼生検出
・ごみ ・クラゲ ・貝殻	流入防止	・スクリーン ・ストレーナー ・除貝装置 ・電気防汚		
・生物皮膜(スライム) ・汚損生物の幼生	付着抑制・防止	・高流速 ・紫外線処理 ・銅合金	・防汚塗料（亜酸化銅系，シリコン系） ・海水電解（塩素）処理 ・薬剤注入（塩素以外の酸化剤，その他の薬剤）	
	成長抑制	・銅合金	・塩素処理 ・薬剤注入	
・生物皮膜(スライム) ・汚損生物	除去	・高流速 ・高水温 ・逆洗浄 ・ボール洗浄 ・高圧ジェット ・ロボット ・ブラシ打ち ・人手，掻き落し	・防汚塗料（シリコン系）	
	予防	・貝などの付着代		
・汚損生物残渣	処理	・埋め立て ・廃棄物処理	・コンポスト処理	

5・2 防汚塗料

防汚塗料は、海水を取り扱う各種機器や取水・放水路などに塗布することで海生生物の付着を防止する技術で，海水への塩素注入とともに付着させない防汚対策の双璧である．ここでは，防汚塗料開発の歴史から現状について解説する．

1）防汚塗料の歴史

防汚塗料の始まりは，古代の木造船の船底の腐朽と虫食い防止がきっかけとされている．近代では，船底防汚塗装の最初の記録は1625年のW. Bealeの特許で，鉄粉，セメント，銅化合物を混用しており，これが銅の防汚剤としての最初の使用である．

日本では1885年日本特許第1号として，堀田瑞松が船底塗料の専売特許を得ている．これは漆，鉄粉，鉛丹，油媒，柿渋，酒精，しょうが，酢などを混ぜ合わせたもので，防食防汚に効果があるとしている．19世紀に入ると木造船から鉄・鋼船に代わり，油性塗料の全盛期となる．20世紀初頭に米海軍により大掛かりな防汚塗料の検討がなされ，この頃コールドプラスチックペイントが開発された．第2次大戦後，高度の塗膜性能を用いた多種多様な合成樹脂が開発され，1950年以降塩化ゴム，塩化ビニル塗料が登場している．

防汚塗料に有機スズポリマーが登場したのは1970年代であり，スズ系防汚塗料が規制される1990年まで約20年にわたりこの塗料が全盛期となる．しかし毒劇物取締法で有害物質に指定されているトリブチルスズオキシド（TBTO）が，養殖ハマチから最高1 ppm以上の高濃度で検出され，人体への影響が懸念されることからスズ系防汚塗料が規制された．

この間，1990年には運輸省通達として内航船，港湾運送事業に従事する船舶への有機スズ系船底防汚塗料が全面禁止され，2008年に「2001年の船舶の有害な防汚方法の規制に関する国際条約」（通称AFS条約）が発効し，有機スズ化合物の使用は完全に禁止された．

現在はスズ系防汚塗料に代わり，亜酸化銅を中心とした非スズ系防汚塗料の開発が進んでいる．また1985年には防汚剤を使用しないシリコーン系防汚塗料が実用化（広田，1984）され，無公害防汚塗料として主に電力関係において使用されている．

2）防汚塗料の分類と使用状況

防汚塗料を分類すると，防汚剤を含有しないシリコーン系塗料と防汚剤を含有する防汚剤含有塗料に分類される．

シリコーン系防汚塗料は，日本塗料工業会の資料によれば登録塗料数の4％でしかないものの発電所では比較的広く使用されている．

一方の防汚剤含有塗料には亜酸化銅，亜鉛ピリチオン，銅ピリチオン，有機硫黄酸化物といった種類があり，現在は亜酸化銅を用いた塗料が主流となっている．かつては有機スズを含有する塗料も使用されていたが，上述のとおり使用が禁止されている．

表 5・3　発電所で使用されている防汚塗料

タイプ	防汚剤の有無
シリコーン系	使用せず
導電性塗膜	使用せず
水和分解性	亜酸化銅　または　有機防汚剤
イオン交換型	亜酸化銅
加水分解型	亜酸化銅
溶解型	亜酸化銅
不溶解型（合成ゴム系, 塩化ゴム系）	亜酸化銅

表 5・4　防汚塗料適用設備

取水路（コンクリート），取水管，循環水管，循環水ポンプ室，
バースクリーン，ロータリースクリーン，
復水器（水室），海水クーラー（冷却水冷却器），各種フィルター

固定層形成材料

　疎水性
　柔軟性
　弾　性

非固定層形成材料

　疎水性
　親水性
　流動性

疑似魚体表皮構造

1　低表面自由エネルギー
2　ミクロ相分離構造
3　平滑性
4　低摩擦性
5　弾性

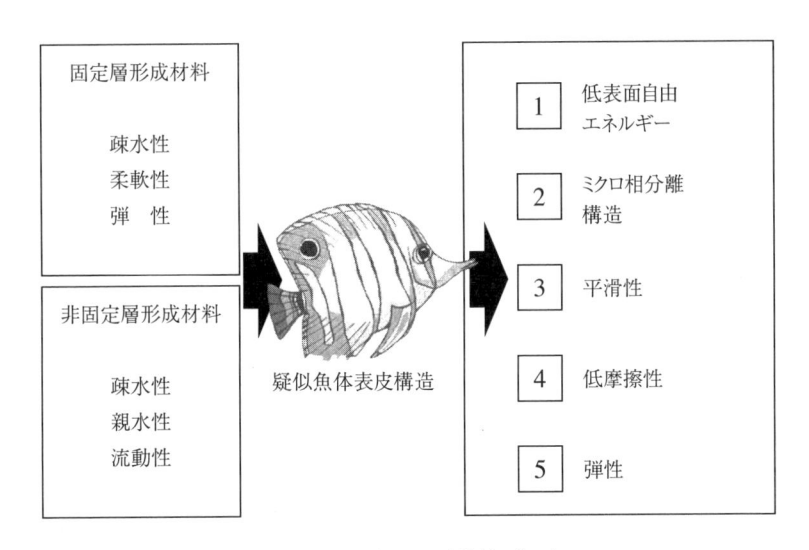

図 5・3　シリコーン系塗料の概要

現在，発電所では幾つかの防汚塗料が使用されている．使用されている防汚塗料のタイプを表5·3に，防汚塗料を使用している設備を表5·4に示す．

3）シリコーン系防汚塗料の防汚機構

シリコーン系防汚塗料は塗膜表面に適正範囲の低表面張力をもたせ，魚体表面を模擬した機構と平滑性を付与することで，低表面自由エネルギー，ミクロ相分離構造，平滑性，低摩擦性，弾力性の5つの機能により海生生物が付着しにくく付着してもわずかな潮流や波で容易に離脱することで長期間の防汚効果を維持している（図5·3）．以下，詳細を説明する．

①防汚機構

低表面自由エネルギー：図5·4に示すように，理想的領域の低表面自由エネルギーを有するようにシリコーン系の塗膜を調整することで，海中バクテリアや海中生物が分泌する接着性セメント成分の付着を抑制または低減している．

ミクロ相分離構造：シリコーン系防汚塗膜（シリコーンゴム）は，疎水性，親水性の両極性基をもつ材料からなっているためタンパク質が凝固しにくく，生体の抗血栓材料の性質に類似している（表5·5）．したがって，海生生物の分泌するタンパク質などの接着性セメント物質の異質拒絶反応が誘発され，セメント成分の吸着・凝固が抑制されることで海生生物の付着が防止される．

平滑性：シリコーン系防汚塗膜のもつ表面の平滑性により，付着海生生物が足掛りを得にくくなり，付着しても水流などの外力により容易に剥脱されことで海生生物の付着が阻止される．

低摩擦性：シリコーン系防汚塗膜の表面は平滑で摩擦係数が低く，そのため塗膜上での海生生物の定着が困難であることから海生生物の付着が防止される．

弾　性：シリコーン系防汚塗膜は，弾性がある柔軟性の平滑な表面を形成する．弾性がある柔軟性の表面は生物の付着行動にとって安定性を欠くので忌避される．

②なぜ汚れが付着しないのか？

平滑な固定表面が液体でぬれている時の状態は，図5·5の通りである．この場合，液滴の表面が固定面と交わる点で液滴面に引いた接線との固定面のなす角を接触角（θで表す）といい，固体面上で平衡に達した液滴に関しては，次式の関係が成り立つ．

$$r_s = r_{sL} + r_L \cos\theta \quad \text{（Youngの方式）}$$

r_s：固体の表面張力，r_L：液体の表面張力，r_{sL}：固／液間の界面張力

※θが大きいほど固体表面は液体でぬれにくくなることを意味する．

また，液体の固体表面に対する付着の仕事 W_a は，次式の関係が成り立つ．

$$W_a = r_s + r_L - r_{sL} = r_L(1 + \cos\theta) \quad \text{（Young-Dupreの方式）}$$

固体の表面において，$\theta = 180°$ すなわち $\cos\theta = -1$ に近づくとき，固体表面は液体でぬれにくく付着しないで弾くようになる．貝や海藻などが付着するときには，体内から粘着性物質（タンパ

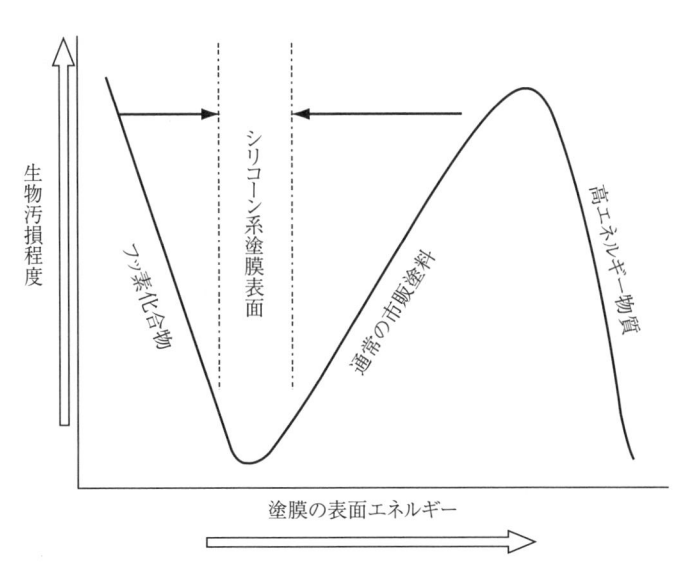

図 5·4　シリコーン系塗料の塗膜表面エネルギーと汚損度

表 5·5　各種高分子材料表面の血液凝固時間

ポリマー	血液凝固時間(分)
シリコーンゴム	**22**
フロロシリコーンゴム	8
天然ゴム	8
エポキシ樹脂	13
エチレン–プロピレンゴム	13
ポリスチレンテレフタレート	10
ガラス	3.5

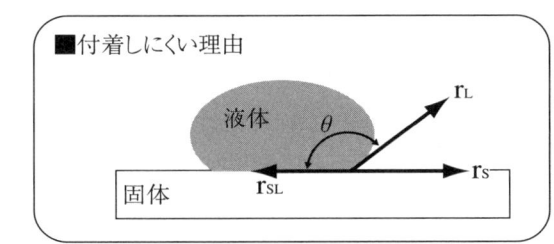

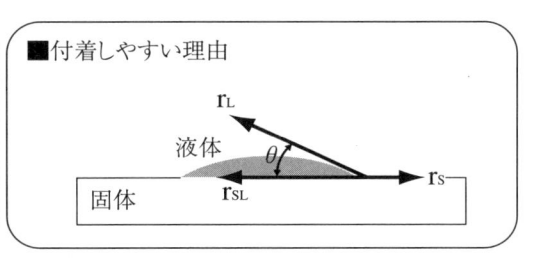

図 5·5　固体表面における液滴の"ぬれ"

ク質，多糖類など）を分泌し，海水の介在下で生化学合成が行われ，接着性セメントを生成して海水に接している物体の表面に固着する．シリコーン系防汚塗料の塗膜表面は低臨界表面張力の状態を呈しているため，海生生物の接着性セメントの付着力が弱められ，その結果より汚損が防止できる．

4）防汚剤含有型防汚塗料の防汚機構

防汚剤含有型防汚塗料は現在自己研掃型が主流となっている．自己研掃とは長期間の防汚性能を維持するため，絶えず塗膜を更新する性質のことを言う．ここでは加水分解型の塗膜形状変化と防汚剤（亜酸化銅など）の溶出メカニズムについて述べる．

加水分解型防汚塗料には，特殊な有機シリル（ケイ素）基を含む重合性モノマーとアクリル樹脂と共重合させた加水分解性ポリマーが樹脂として使用され，以下に説明する3つの作用（3R効果：Renewal, Retention, Release）により高い防汚効果が発揮される（図5・6）．

①高い表面更新作用（Renewal）

高活性の加水分解性ポリマーは，自己研掃により表面更新作用を発揮し，常に高い防汚力をもった"超活性"表面を作り出す．また，安定した表面更新作用の持続により，優れた塗膜のスムージング（平滑化）効果を発現する．

②防汚剤と防汚剤イオンの保持作用（Retention）

塗膜内部の防汚剤は，塗膜が研磨され表層に出てイオン化するまでポリマーによって包み込まれ，その活性を保持する（Retention 1）．

最表面のポリマーは，海水との接触面で図5・6に示す反応により順次加水分解される．これによって生じた分解生成物は防汚剤との親和性が高く，一旦表層面にあるの防汚剤粒子を取り巻き，無駄な防汚剤のイオン化を防ぐ．この保持作用により，長時間の防汚効果を維持できる（Retention 2）．加水分解により放出されて防汚作用を発揮する防汚剤イオンを継続的に均一な高濃度の防汚剤イオン層として保持するために，塗膜表層に形成される加水分解層がイオン化した防汚剤を補足する（Retention 3）．

これら3つの保持作用（Retention）により"超活性"表面を長期間維持する．

③防汚剤イオンのスムーズな放出作用（Release）

超活性が維持された表面では，海水と塗膜の界面で加水分解したポリマー鎖がゆるやかにほぐれて，海水中に溶出する．この際，防汚剤イオンがポリマー鎖の溶出に伴って効果的に徐放（Release）され，防汚機能を発揮する．

なお，どの程度の防汚剤（亜酸化銅など）が溶出すると防汚効果が維持されるのかについては，尾野（1996）は，フジツボ類などの動物は $10\mu g/cm^2/$ 日程度で忌避が可能で，$10\mu g/cm^2/$ 日程度が臨界溶出速度であり，それ以下になるとすべての生物付着が始まると述べている．

銅などの防汚剤が汚損生物を忌避するということは，環境生物への影響も考えなければならない．その詳細は藤井（2010b）に譲るが，環境への配慮は今後のトレンドである．

また，天然の海藻や海綿類他からの付着阻害物質を，防汚塗料の防汚剤に利用する研究もある。川

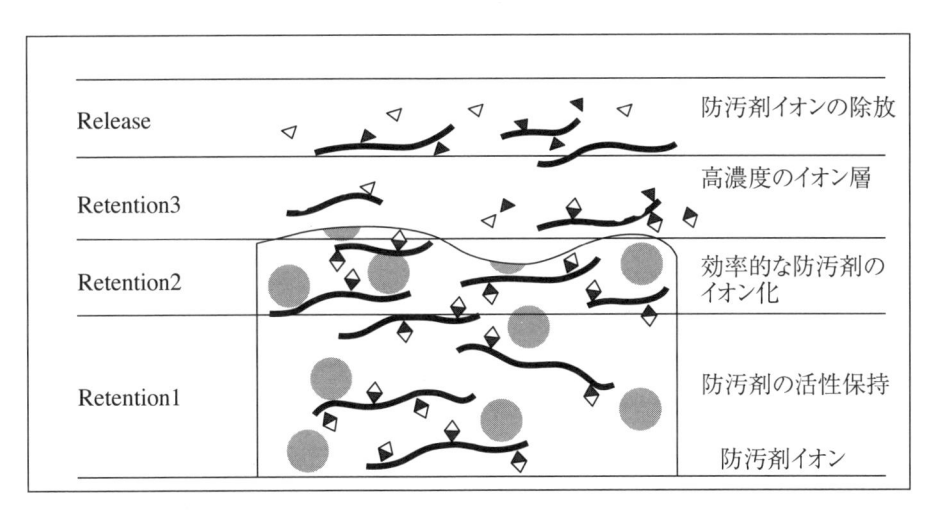

図5·6　加水分解型防汚塗料の防汚剤の溶出と塗面変化

又（2005）のホンダワラコケムシからの防汚剤利用の研究は先駆けであった．天然物利用研究の最新の動向については，5章5·12の研究段階の技術②付着阻害物質を参照されたい．その他，導電塗膜の開発もなされたが大きな普及には至らなかった（西ら，1991）．

5）使用上の注意と今後の課題

防汚塗料は，塗料中に含まれる防汚剤を少しずつ一定の速度で海水中に放出することで海生生物の付着を防止または抑制している．したがって少しずつ塗膜が溶解し減少するため塗膜の厚さに限りがある以上，防汚塗料には寿命がある．塗装方法や水の流水状態にもよるが寿命は3年程度が目安で，定期的な塗膜表面の観察により防汚塗料を管理することが必要である．防汚塗料の経済性を向上させるには塗膜の長寿命化が課題であり，船舶用を中心に5年の長期耐久性を謳ったシリコーン系塗料も出てきている．

〈藤井忠彦・吉田太佳司〉

5・3 塩素注入

塩素は，強い漂白・殺菌効果があることから上下水道水やプールの殺菌，パルプや洗濯物の漂白などに広く用いられており，また，防汚剤としても，塗料とともに広く用いられている．古くは塩素ガスの直接注入や次亜塩素酸ソーダ溶液の注入が行われていたが現在では，海水電解装置によって必要量の生成・制御が容易になり，安全な運用が可能となった．ここでは，塩素注入の歴史から海水電解装置導入の留意点，海水電解による塩素発生技術について実例により解説する．

1）塩素注入の歴史

塩素の防汚効果が確認され発電所などで使用されたのは1930年代のイギリスと言われている（川辺，1986）が，詳らかではない．イギリスでは古くから，石炭を焚く火力発電所において煙道ガスを取水口から海水中に注入し防汚対策として効果が得られていた．しかし，ある発電所の放水口の先に教会が運営するムール貝の養殖場があり，生産に影響があるので止めるよう申し入れがあったため，代替対策として塩素注入がおこなわれるようになったというのが端緒らしい．

我が国の塩素注入の歴史を表5・6に示した．1950年代に塩素注入が開始された．最初，多くは塩素ガスをボンベから直接注入したため，ボンベの管理，特に交換は大変危険な作業であった．その後，次亜塩素酸ソーダ溶液の注入も行われたが，ガスも溶液も配管のバルブを酸化させ，劣化を引き起こすため，思わぬ大量注入のリスクを伴うものであった．

海水電解装置は1960年代後半に実用化され，塩素ガス注入に比べ機器の腐食もなく，安全性や操作性が遙かに向上した．しかし，1965年の「水産用水基準」策定などもあり，それにより各地で公害防止協定に「放水口で検出されないこと」の文言が盛り込まれるようになった．この頃から事実上，スライム対策としての簡潔注入（殺菌レベルの注入）は行われなくなり，低濃度連続注入（付着・成長抑制レベルの注入）での運用を余儀なくされ（川辺，1986など），現在に至っている．

2）海水電解装置の導入とその留意点

次亜塩素酸ナトリウム溶液を注入する方法は薬品が高価につくことから，輸送コストが安い場所でかつ小規模施設に限られる．液化塩素より塩素ガスを生成し注入する方法は，上述のように安全面から敬遠される．したがって，海水電解装置を導入する方法が現在の主流になっている．

ここでは海水電解装置導入前に知っておくべきいくつかの基礎知識について解説する．装置導入にあたって発電所サイドが準備した方がよいと思われるデータリストを表5・7に示す．

①塩素要求量と注入量

海水に塩素を添加すると，アンモニウム塩，亜硝酸塩，第一鉄などの還元性無機物質や還元性有機物質，プランクトン類などによって消費され，急激に減衰する．それぞれの物質1 mgを酸化するのに必要な塩素量は，アンモニア態窒素で7.6〜10.1 mg，硫化水素8.85 mg，亜硝酸態窒素2.53 mg，マンガンイオン1.29 mg，第一鉄イオン0.643 mgである（上水試験方法，2001）．

表 5·6　我が国における塩素注入の歴史

年	事　項
1954 年	木津川発電所（大阪市内）で塩素処理開始.
1956 年	多奈川火力運開, 塩素の間欠注入. 1962 年頃より連続注入.
1964 年	全国事業用発電所の 78％で塩素注入.
1965 年	液化塩素注入に中和装置設置義務づけられ, 塩素ガスによる機器腐食によるコストに加えさらにコスト高になる. また同年,「水産用水基準」（日本水産資源保護協会）が発行され, 遊離塩素は＜ 0.02 mg/L （後に＜ 0.01 mg/L）が望ましいとされる.
1960 年代前半	この頃より, 尾鷲火力発電所（1964 年運開）, 渥美火力発電所（1971 年運開）, 袖ヶ浦火力発電所（1974 年運開）など塩素無注入の発電所が出現するようになる.
1960 年代後半	海水電解装置の実用化なる.
1969 年	高砂発電所の公害防止協定；復水器出口でゼロ.
1970 年代	高濃度の連続・間欠注入から低濃度の連続注入が主流へ.
1977 年	通商産業省「発電所の立地に関する環境影響調査及び環境審査の強化について」（省議決定）. 以後, 薬物注入について「復水器冷却水に関する事項」及び「冷却水の監視計画」に記載を求められる.

(川辺, 1986 などより作成)

表 5·7　装置導入にあたって必要と思われるデータのリスト

番号	項　目	備　考
1	冷却水の水量	可変の水量を含む
2	汚損の程度とその内容	分かる場合は生物種と量, 汚損の部位と腐食やその他困っている問題
3	プラント運転データ	復水器入り口と出口の温度差, 復水器の実真空度, 真空度の期待値, 廃蒸気と復水の温度, 発電端出力, ユニットの稼働率, DSS や WSS 停止の頻度・時間長, ボール洗浄や逆洗のための停止時間長
4	規制内容	行政当局による化学物質の排水規制内容, 公害協定などの内容
5	冷却海水の水質	3 態窒素濃度, SS, プランクトン量, クラゲ来襲の有無, それらの季節ごとのデータ
6	循環水路系統図	補機系を含む
7	取水系統設備・土木の図面	
8	循環水系の詳細データ	形状, 直径, 長さ, 素材など
9	取水温度	月平均, 最大, 最少
10	復水器の諸元	管の材質, 直径, 厚さ, 挿入本数など
11	主要機器類のデータ	除塵槽, フィルタ, 循環水ポンプ, バルブ, 残渣（マッセル）フィルタ, 連続洗浄システム）, それらの材料
12	構内設備配置図	注入装置の配置スペースをどこにするか？
13	定検のスケジュール	運転停止期間を含む

（MEXEL 社のプレゼン資料を参考に, 塩素注入装置用に作成）

5章　海生生物対策技術（防汚対策）

　図 5·8 に塩素注入量と残留塩素量の関係を示した．海水中に例えばアンモニウム塩などのような還元物質があると，注入量と残留塩素量が一致しない．塩素は還元物質に消費され図 5·8 のような不連続点をもつ曲線になる．この不連続点にてアンモニウム塩は消失し，以降は余剰の次亜塩素酸が残存する．上水試験方法（2001）では，この不連続点＝塩素要求量としている．水道水ではこの不連続点以上の塩素の注入によって遊離塩素が生じるが，海水に注入する場合はこの不連続点よりも低い領域での注入となる（中村・村山，1996）．すなわち，遊離塩素が還元物質により還元される過程における運用であることに留意されたい．また，塩素要求量は海域や季節によって異なるが，1 日の間にも上げ潮や下げ潮によって海水の性状が変化する場合は，塩素要求量も変化する（平形，1994）．遊離塩素が還元物質と結合し，結合塩素を生じる．遊離塩素に比べ毒性は低いとされるが，水産用水基準では「残留塩素」を問題にしているので，放水口では結合塩素を含めて管理することになる．

　装置の最大塩素生成量は，実際に使用する海水を使ったビーカー試験を行って経過時間と残留塩素濃度の関係（塩素減衰曲線）を求め決定するとよい．一般的に，水温が高く植物プランクトンなどがよく繁殖する夏季は塩素の消費量が大きいのでこの時期に行う．発電所の冷却系水路長は発電所ごとに異なるので水路内流速から通過時間を求め，例えば，復水器入り口で 0.1 mg/l（遊離塩素）を維持しつつ，放水口で 0.05 mg/l（全塩素≒残留塩素＝遊離塩素＋結合塩素）以下となるような最大塩素生成量を求める．生物の付着がある実機に比べるとビーカー試験の結果は減衰の程度が低い場合があるので，実機の取水口に次亜塩素酸ソーダ溶液を投入し最大塩素生成量を求めてもよい．

②電解装置の設置場所，注入点など

　海水電解液は，水路の数カ所に分散注入されるなど特殊な事情がない限りは取水口先端部から注入される．取水管方式ではベロシティキャップの内側に鉢巻き状に設けた注入管から，開放形の取水方式ではカーテンウォールの後，バースクリーンの直前に注入されることが多い．注入された電解液は循環水ポンプで攪拌されるまでは均一に混じり合わないとも言われている（川辺，1986）．

　装置の設置場所は，薬液の輸送配管を合理的に引き回せる範囲内で，塩素注入後の海水を取水できる場所であればどこでもよい．取水口が発電所からかなり離れているような場所では，敷地外に設置されている例もある．操作や計装関係は中央操作室の他，装置の設置現場にも設けられる．

　ただし，装置に導入する海水が河川や水路近くの海域から表層取水する場合には河川水などにより塩素イオン濃度が減少するケースがあり，電流効率の低下や陽極の短寿命化を招く（平形，1994）．また，装置への海水取水場所は塩素注入点よりも下流に配置し，取水ストレーナの汚損によって電解装置への配水が止まることのないようにしたい．

③目標注入塩素濃度と海水電解装置の選定および消費電力の計算

　ここでは，40 m³/s の取水海水に 0.5 mg/l の塩素を注入する目標に対して，どの程度の規模の電解装置を選ぶか考える．10 m³/s の海水に，最高 0.5 mg/l の塩素注入を想定すると，有効塩素必要量（生成量）は，18 kg·Cl₂/h となる．そこで，40 m³/s の取水海水の場合は，有効塩素必要量（生成量）は，その 4 倍の 72 kg·Cl₂/h となる．このような容量の電解装置が必要となる．イニシャルコストは，メーカにより異なることはいうまでもないが，50 kg·Cl₂/h の規模の装置設計・製作・取り付け・試運転・調整までで，約 1 億円程度が目安になる．また，ランニングコストも機種によってまちまちで幅があ

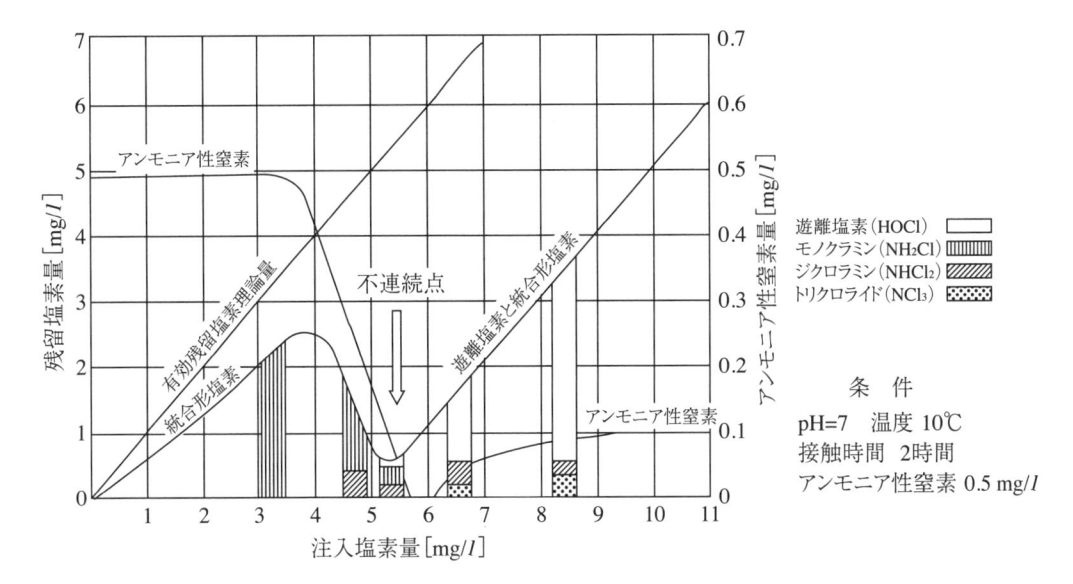

図5・8 塩素注入量と残留塩素量の関係(中村・村山, 1996を一部改変)

るが，有効塩素発生速度（kg/h）が62のもので所要電力（DC kWh/kg）は4.4との例が記載されている（平形, 1994）．

④残留塩素の測定

現場で簡易に測定できる方法としては，オルトトリジン法（JIS K0102 33.1），DPD法（同 33.2, 上水試験方法, 2011）があげられる．ただし，オルトトリジン試薬は発がん性が指摘されており，現在はDPD法が主流となっている．DPDは溶液の長期保存ができないため，粉末やタブレット状で販売されている．そのため溶液で扱うオルトトリジンに比べると扱いがやや難しい．また，DPDは吸湿して変質しやすいため，保管にも十分に注意する必要がある．

これら手分析法の他に，自動測定装置も開発されている．公害防止協定などで手分析を要求される場合もあるが，日常の濃度管理にはこの自動分析装置による計測が便利である．ただし，定期的に手分析値で校正を行うことが望ましい．この詳細は次章に譲る．

⑤副生成物

海水電解液注入後，塩素は速やかに臭素と置換する．したがって，残留塩素はオキシダントとして，海水中に含まれるフミン酸と呼ばれる腐植物質の他様々な有機物と化合してトリハロメタンなどの塩素副生成物をつくるが，生成物の主なものはブロモホルムとなる．このブロモホルムを含むトリハロメタン類については，濃度や毒性などが研究されてきている．

ブロモホルムは海藻からも放出され毒性は低く，海域や生物に蓄積しにくいため，影響はクロロホルムなどに比較すると遙かに低い．また，ブロモホルム以外に発生するその他の副生成物質については，海域の違いにより種類も変わると思われるが，あまり研究されていない．

表 5·8 水産用水基準（残留塩素）の根拠となった毒性試験結果の例

植 物

生 物 種 名	判定基準	暴露時間	濃度
植物プランクトン	EC_{50}（光合成）		0.01
スサビノリ	EC_{50}（生育）	10 日	0.025～0.035
スサビノリ	LC_{50}	48 時間	0.007
ホンダワラ類	LC_{50}（発芽）		3.0

動 物

生 物 種 名	判定基準	暴露時間	濃度
カイアシ類 Acartia tonsa	LC_{50}	30 分	0.32
アサリ（D 型幼生）	有害濃度		0.1～0.4
クルマエビ属（ポストラーバ）	LC_{50}	24 時間	0.18
ウミタナゴ類（仔魚）	LC_{50}	96 時間	0.007
ヒラメ類	LC_{50}	30 分	2.6
シロギス（稚魚）	LC_{50}	24 時間	0.23

水産用水基準（2005 年版）より作成．EC_{50}：半数影響濃度，LC_{50}：半数致死濃度．

⑥海生生物に対する塩素の影響

　塩素を注入する目的は，発電所内の配管や復水器への貝類付着防止のためであるが，毒性があるため残留塩素による生物への影響が懸念されている．我が国では，「水産用水基準」（資保協，2005）により残留塩素が「検出されないこと」とされている．この基準の決め方は，海水，淡水に生息する魚類，動植物プランクトンなどへの影響について文献調査をし（表 5·8），慢性毒性試験，あるいは初期生活段階の毒性試験により得られた値のうち最小値，および急性毒性値（96 時間までの値）に 0.1 の適用係数を乗じた最小値を比較し，低いほうの値を採用した結果，低い濃度でも影響がある，また遊離塩素のみならず結合塩素にも毒性があるという知見から，「用水中に検出されないこと」とされたものである．

　幾つかの実発電所において動・植物プランクトンへの影響について調査した結果，注入点で 0.2～0.3 mg/l 程度の塩素注入量により動物プランクトンでは生残率が 1% 低下し，植物プランクトンでは活性度が 24～36% 低下した（海生研，2004）．この植物プランクトンの活性度低下については，温排水が希釈されると同時に活性度の高い群れと速やかに混合するため，温排水の拡散域外に殆ど影響を与えないと考えられる．

（原　猛也・勝山一朗）

3）海水電解による塩素発生技術の例

ここでは，海水電解において長期間安定運転が可能な電解による塩素発生技術について，その概要を紹介する．

①概　要

海水電解装置は，海水を直接電気分解することにより次亜塩素酸ソーダ（NaClO）を生成し，海水の取水口に注入することで，海洋生物の付着を防止するものである．海水電解の原理を図5・9に示す．海水中には，15,000～20,000 ppmの塩素イオン（Cl^-）が存在している．海水を電気分解することによって，次の反応が得られる．

$$陽極では……2Cl^- \rightarrow Cl_2 + 2e^-$$
$$陰極では……2H_2O + 2e^- \rightarrow 2OH^- + H^2 \uparrow$$
$$2Na^+ + 2OH^- \rightarrow 2NaOH$$

陽極で発生した塩素は，陰極で発生した水酸化ナトリウム（NaOH）と反応して，海洋生物の付着に対し優れた抑制効果のある次亜塩素ソーダを生成する．

$$Cl_2 + 2NaOH \rightarrow NaClO + NaCl + H_2O$$

電解槽型式のメニューには，塩素発生量の規模と設置環境に応じて3種類があり，各電解槽の概要を図5・10に示す．電解槽型式には，モノポーラ（単極：1枚の電極板に1つの極）型と省エネ技術として開発したバイポーラ（複極：1枚の電極板に陽極と陰極の2つの極）型があり，更にバイポーラ型には縦型と横型の2種類の型式がある．

②特　長

海水電解は，原理は簡単であるが，海水中に含まれるカルシウム，マグネシウムなどの電極への付着を防止して安定的な運転を行うための経験とノウハウが必要になる（海水中のカルシウム，マグネシウムは電気分解によりそれぞれ水酸化マグネシウム，炭酸カルシウムなどのスケール成分として析出し，電極板に付着堆積する）．リサイクル方式はスケール付着を抑制できることが大きな特長である（従来のワンスルー方式と比較して，酸洗浄頻度が1/12に低減される）．処理方式の比較を図5・11，図5・12に示す．

「リサイクル方式」は次亜塩素酸ソーダをリサイクル（循環）することで，スケールの核も循環し，種晶効果で新たなスケール成分をその核に付着させ，電極表面へのスケール付着を防止するものである．付着抑制したスケールは次亜塩素酸ソーダに注入することで電解槽，ガス抜きタンク，配管などへ堆積しない構造とし，無害な形で排出される．この独自のスケール付着防止技術により，手間がかかり且つ電極寿命の低下に繋がる酸洗浄の頻度を低減できるという大きなメリットを有している．本装置は，国内外に170プラントを超える納入実績を有するきわめて性能が安定した信頼性の高い技術である．

〔松村達也〕

5章 海生生物対策技術（防汚対策）

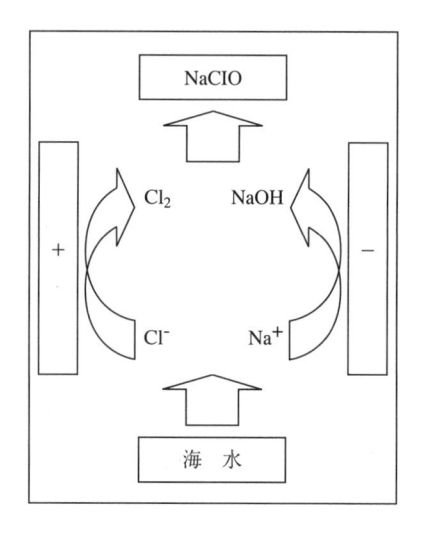

図5・9　海水電解の原理

電解槽型式	モノポーラ型	縦形多段バイポーラ型	横形多段バイポーラ型
電解槽構造	モノポーラ型断面	縦形バイポーラ型断面	横形バイポーラ型断面（上より）
塩素発生量	0.8～10 kg-Cl$_2$/H	2～100 kg-Cl$_2$/H	2～100 kg-Cl$_2$/H
設置スペース	△	○	△
特徴	・電極交換が容易（カセットタイプ） ・小中規模向き（大規模は不向き：槽数増加） ・重機なしで分解組立可能（小規模用） ・電極再利用可能（再コーティング可能）	・モノポーラ型と比較し，槽当たりの電極面積増加で，設置スペースがコンパクト ・大規模対応可能 ・槽数少なく，槽間ブスバーなど不要で，消費電力低減可能	・縦形を横倒した構造（原理的に同一） ・装置高さが低く，天井低の屋内にも設置可能 ・電極固定用絶縁ボルト不使用のため，任意の電極が抜き出し可能 ・吊上げ装置などの治具なしで点検可能などメンテナンス性に優れている ・その他，立形と相違点特になし

図5・10　電解槽比較

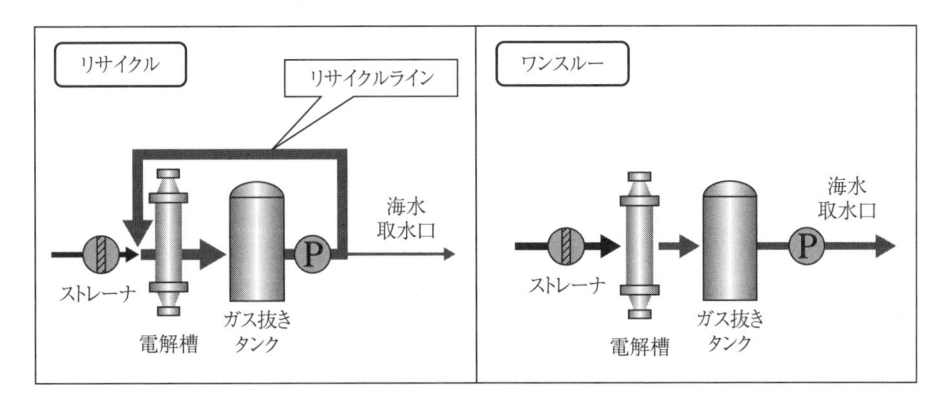

図5・11 処理フロー

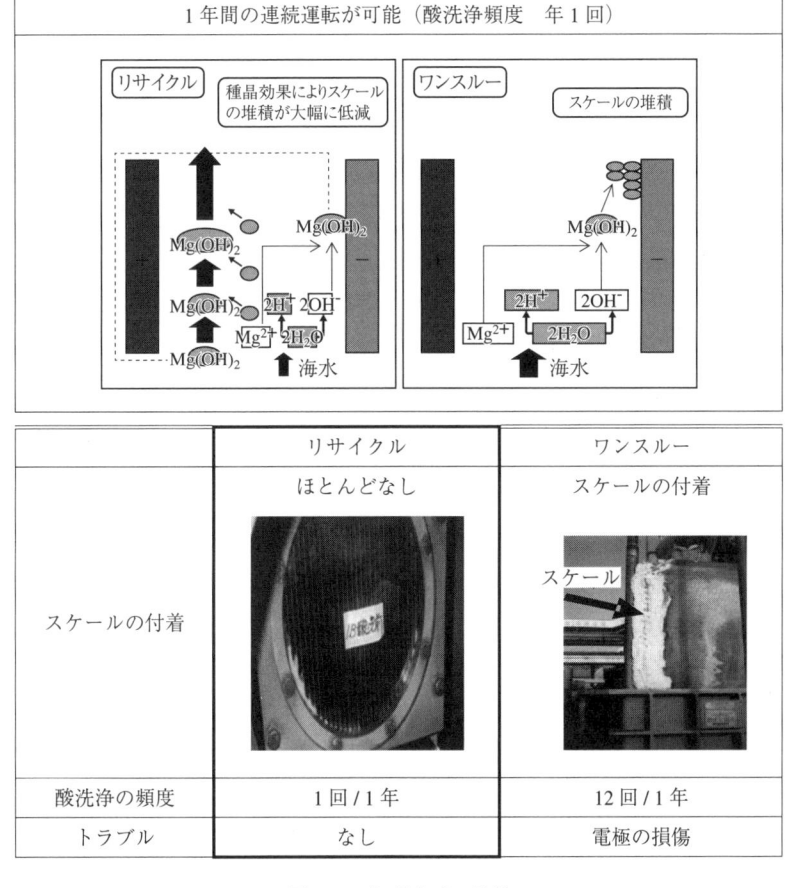

図5・12 処理方式の比較

5・4 塩素注入の運用管理

　取水口から復水器など冷却設備の海洋生物付着防止は重要であり，貝類付着防止に有効な対策には機械的に除去する方法と塩素を注入する方法がある．注入する塩素は海水を電気分解して塩素を発生させた電解塩素が多く用いられ，塩素注入で期待する効果を得るためには塩素注入の運用管理が重要となり，本章ではこの運用管理について述べる．

　また，機械的に海洋生物を除去する方法は，潜水作業や酸素欠乏，硫化水素中毒などの危険が伴い，作業中の悪臭対策や除去された海洋生物の処置（保管・焼却時の悪臭，処分埋立用地確保）も必要となる．電解塩素を注入する方法はこれらの問題を軽減し，冷却設備などに付着する海生生物を大幅に削減できるが，電解塩素の注入量を適正に制御する必要がある．注入量が多すぎると放水口における海水中の残留塩素濃度（以下残塩濃度という）が管理基準値を超えてしまい周辺海域の環境に影響を及ぼすことが懸念される．逆に注入量が少なすぎると海生生物の付着防止効果が得られなくなる．運用における残留塩素濃度の模式的な推移を図5・13に示す．

1）塩素注入量

　貝などの海生生物が冷却設備などに付着することを防止するには冷却設備などの電解塩素を一定濃度以上に保つ必要があり，電解塩素の注入濃度を可能な限り高濃度にする必要があると同時に放水口の残塩濃度は検出限界値以下に制御する必要がある．この電解塩素の高濃度注入と放水口における残塩濃度の低濃度排出は相反するものである．それを実現するためには次の3要素を考慮し，放水口の残塩濃度を検出限界値以下になるように塩素注入量を決める必要がある．（ⅰ）冷却設備の構造（取水，排水路長，配管構造など）に適した注入量，（ⅱ）季節変動に対応した注入量，（ⅲ）運用年度ごとに

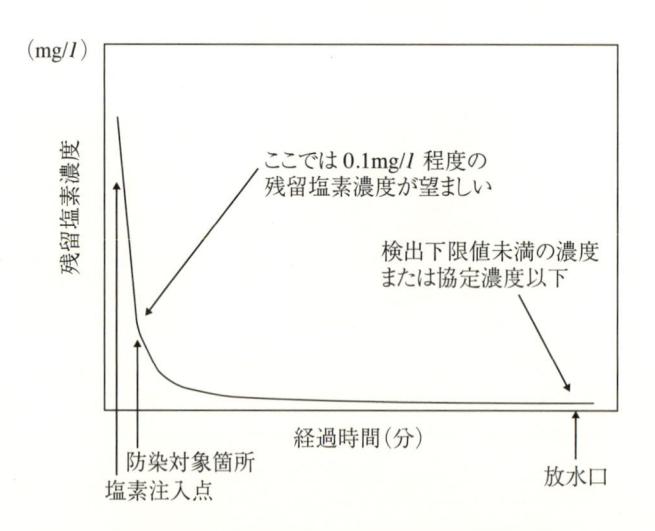

図5・13　塩素注入における残留塩素濃度の推移
※1　検出下限値はオルトトリジン法で0.01 mg/l，DPD法で0.05 mg/l

適した注入量．これらの要素の内容は次のとおりである．

①冷却設備の構造に適した注入量

水路長，配管構造などは冷却設備ごとに違うため，残留塩素の減衰率も異なり冷却設備ごとに必要な注入量が異なってくる．例えば，水路が長い場合は水路末端の残塩濃度は低くなるため，注入量を増やす必要がある．

②海域特性や季節変動に対応した注入量

海域や季節により海水温度，プランクトン量，水質が変動して残留塩素の減衰率も変化するためそれらの状況に応じた注入量の調整が必要となる．例えば，ほとんどの海域で夏季は海水温度が高く有機物が増加して残留塩素をより多量に消費するため，注入量を増やす必要がある（表5・9）．

表5・9 注入量の季節変動例

期　間	相対注入量[※2]	備　考
4～6月	0.8～1.2	
7～9月	1.2～1.6[※3]	[※3] 最高水温期間
10～12月	1.0～1.4	
1～3月	0.6[※4]～1.0	[※4] 最低水温期間

[※2] 年間平均注入量を1.00とした相対注入量

③運用年度ごとに適した注入量

運用初年度は冷却設備内に付着している海生生物が多いため，初年度の塩素注入量は多めになり，次年度以降は注入量を減ずる傾向があり，水路清掃から塩素注入までの期間が長い場合と短い場合で同様な傾向が見られる．

2）塩素注入位置

塩素注入位置により冷却設備内の残塩濃度分布の偏りが生ずるため冷却設備の構造を考慮して残塩濃度ができるだけ均一になるように注入位置，注入箇所を検討する必要がある．塩素注入位置としては，ロータリー・スクリーン（除塵装置）の前後や，取水口や取水管の先端部が一般的である．水路内で塩素濃度が均一になるように，電解塩素は数多くの注入口から注入されるが，電解塩素はすぐには環境水と混和せず，取水ポンプで撹拌されることにより冷却水中の残留塩素濃度が均一となる．また，ロータリー・スクリーンなどの金属設備は腐食しやすいので，塩素注入位置に配慮がなされる場合もある．なお，水路長が長い場合などには水路途中にも注入口を設けることもある．

3）塩素注入の運用管理の流れ

塩素注入の運用管理の流れは次のようになる．

①**計画・情報収集**：塩素注入量の予測と残塩濃度常時監視装置の選定

　過去の注入濃度事例を可能な限り収集し，注入を実施する当該冷却設備の予想注入量，放水口の検出遅れ時間を推定する．また，適正な残塩濃度常時監視方法・装置の選定をする．

②**試運転時**：暫定注入量の決定と放水口検知遅れ時間の確認

　放水口の残塩濃度変動を残塩濃度常時監視装置などで確認をしながら予想注入量を目安に塩素注入量を徐々に増加させ，放水口の残塩濃度変動は連続的に記録する．この記録を解析し，注入開始時刻と放水口で検出された時刻から放水口における検出遅れ時間を把握する．次に，注入量と放水口で検出される残塩濃度の関係を解析する．このときこの検出遅れ時間を考慮することが重要である．

　このような手順で試運転時の残塩濃度データを解析して塩素注入量と放水口残塩濃度の関係を求め，放水口で基準値を超えない適正な塩素注入量を決定する．

③**1 年目の運用と解析**
- 試運転時で決定した注入量を参考にして注入を実施する．
- 放水口の残塩濃度データを確認して適正残塩濃度が維持できるように注入量を調整しながら運用する．
- 1 年間のデータを再検証して季節変動など現地特有の要因を見極める．

④**2 年目以降の運用**
- 1 年目の運用データを元に季節変動を考慮して注入量を調整して運用する．
- 2 年目以降は 1 年目の塩素注入により冷却設備の海生生物付着量が減少して 1 年目と同じ注入量であっても放水口の残塩濃度が高くなる場合があるので，放水口の残塩濃度データを解析して注入量の調整を実施する．

4) 放水口の残塩濃度常時監視装置と採水システムの選定基準

　残塩濃度を監視する必要な計測ポイントは 2 つある．まず，1 つ目は復水器など冷却設備の入り口であり，2 つ目は放水口などである．復水器入り口の計測目的は海洋生物付着防止が可能な残塩濃度があることを確認するためであり，放水口などの計測目的は地域協定を遵守するために残塩濃度を確認することである．この 2 カ所の残塩濃度を管理することで効率的な海洋生物対策が可能となる．残塩濃度管理は手分析（オルトトリジン法，DPD 法など）で行うことも可能だが頻繁な計測をするためには自動計測器（残塩濃度常時監視装置）が便利である．

　これらに適用する残塩濃度常時監視装置の選定基準はそれぞれの目的によって異なる．冷却設備入り口で計測する場合は残塩濃度が 0.1〜0.5 ppm のため従来の残塩濃度常時監視装置（測定範囲 0〜1 ppm）が適用できるが，採水システムは以下に述べるシステムに準じて測定値に影響しないようなフィルターなどの濾過装置を採用する必要がある．

　放水口などで残塩濃度を計測する場合は協定濃度［0.01 ppm（10 ppb）］を確認できる性能が必要となり，超低濃度測定をするため残塩濃度が減衰しにくい採水システムが重要となる．これらの要求事項について次に述べる．

①**測定範囲（放水口などの測定）**

　監視装置の測定範囲は 0〜0.1 ppm（100 ppb）であることが望まれる．

- **要求される感度**：0.01 ppm（10 ppb）未満であることを確認できるもの

  塩素注入を有効にするためには放水口の残塩濃度を 0.01 ppm（10 ppb）未満に維持しながら可能な限り多くの塩素を注入する必要がある．注入量が同じであっても環境変化（プランクトンなどの有機物量，海水温度など）で放水口の残塩濃度が異なる．そのため放水口の残塩濃度を連続的にモニターして残塩濃度が 0.01 ppm（10 ppb）未満であることを確認する残留塩素連続監視装置があれば便利である．

- **指示値の信頼性**：測定範囲の 1/10 が限界

  監視装置は測定誤差と指示のばらつきが必ずあり，一般的に測定範囲の 1/10 以下は信頼性が低下すると言われている．例えば，測定範囲 0～1 ppm（1,000 ppb）の装置は測定誤差が FS ±1%（かなり性能がよい）の場合でも ±0.01 ppm（10 ppb）の誤差があり測定値 0.01 ppm（10 ppb）を管理する装置として適さない（FS：フルスケールのこと）．

② **サンプル水の採水システム**（残塩濃度減衰対策：図 5·14 参照）

フィルターを基本的に用いず，大量のサンプル水を採水する．残塩濃度は採水配管内の汚れ，フィルターを使用している場合はフィルターの汚れにより 0.01 ppm（10 ppb）程度の残留塩素は簡単に減衰するため，不適切な採水方法でサンプル水を採水した場合は残留塩素が 0.01 ppm（10 ppb）存在していても配管などの汚れで減衰して測定値は 0 ppm となることがある．特に，センサーの汚れ防止などのための目の細かいフィルターは残塩濃度の減衰が著しいので使用しないことが望まれる．

次の点に注意をして適切な採水方法を採用する（図 5·14）．

- **採水ポンプ**：大容量のポンプで多量のサンプル水を採水し，配管の汚れによる残塩濃度減衰を最小限にする．
- **フィルター**：基本的に使用しない．使用する場合は貝殻などの大きな固形物除去を目的とした目の粗いフィルターだけとし，その設置場所もサンプル水が多量に流れている採水ポンプから常時監視装置内部までの間とする．目の細かいフィルターは残塩濃度の減衰に影響するので使用しない．
- **装置へサンプル水の取り込み**：装置直近まで大量のサンプル水を流す．上記の方法で多量に採水したサンプル水を常時監視装置の直近でセンサー要求量より多いサンプル水を分け取り，監視装置内で更に分水してセンサーに必要量を送り込むようにして装置内部の配管による残塩濃度減衰を防止する．

③ **センサーの洗浄機構**

基本的にフィルターを使用することができないため海水中の汚れがセンサーに付着する．この汚れはセンサーの感度を低下させるため，汚れを除去する有効な洗浄機構が必要となる．

図 5·15（カラー口絵）は洗浄前のセンサーに汚れが付着している例と機械的，化学的，電気的洗浄方法を組み合わせて洗浄した例である．

5章 海生生物対策技術（防汚対策）

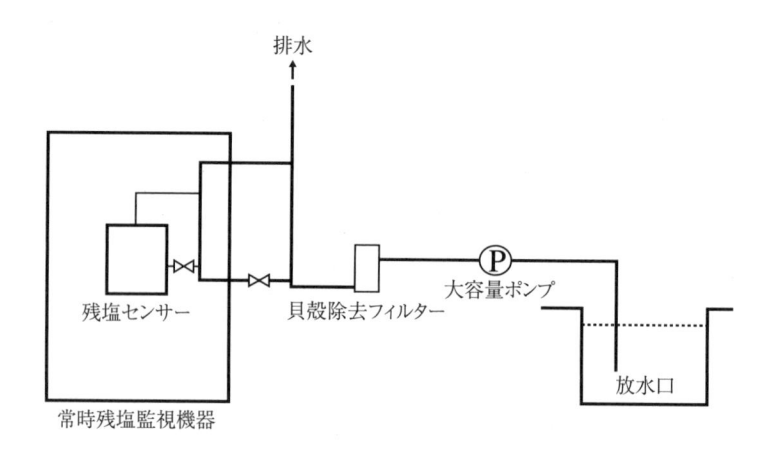

図5·14 採水経路

5) 残塩濃度常時監視装置の例（図5·16）
残塩濃度常時監視装置の参考仕様は次のとおりである．

  測定範囲：0〜100 ppb（0〜0.1 ppm）[*5]
  警報点：5 ppb 以上
  分解能：1 ppb
  測定原理：セラミック隔膜ガルバニ電極
  洗浄方法：機械的，化学的，電気的洗浄の組合せ任意設定
  外形寸法：800(W)×500(D)×1900(H)[*6]
    [*5] 検知対象は遊離残留塩素（校正により全残留塩素表示にすることが可能）
    [*6] 参考寸法（設置場所に適した形状に設計される）

6) 電気化学式による残留塩素検知の原理
 残留塩素を検知する方法は大きく分けて比色式と電気化学式の2つがある．比色式は試薬を用いて試料を着色し，その着色の程度を比色表と対比して濃度を決定する方法（比色法）と着色の程度を吸光度分析器で吸光度として計測して予め作成した検量線により濃度を決定する方法（吸光度法）であり，JISなどに掲載されている．しかし，連続測定をすることができない．一方，電気化学式は電極で発生する酸化還元反応で生じる微弱電流を検知して濃度を決定する方法である．この方法は連続測定が可能であり，残留塩素濃度の連続監視ができる．
 いずれの方法も長所短所がありこれらの方法をよく理解して効率よく運用することが肝要である．ここでは主に電気化学式の残留塩素検知の原理について述べる．
 海水中などに注入された塩素は水中で次のように解離して遊離塩素となり，その存在比率はpHで決まる．

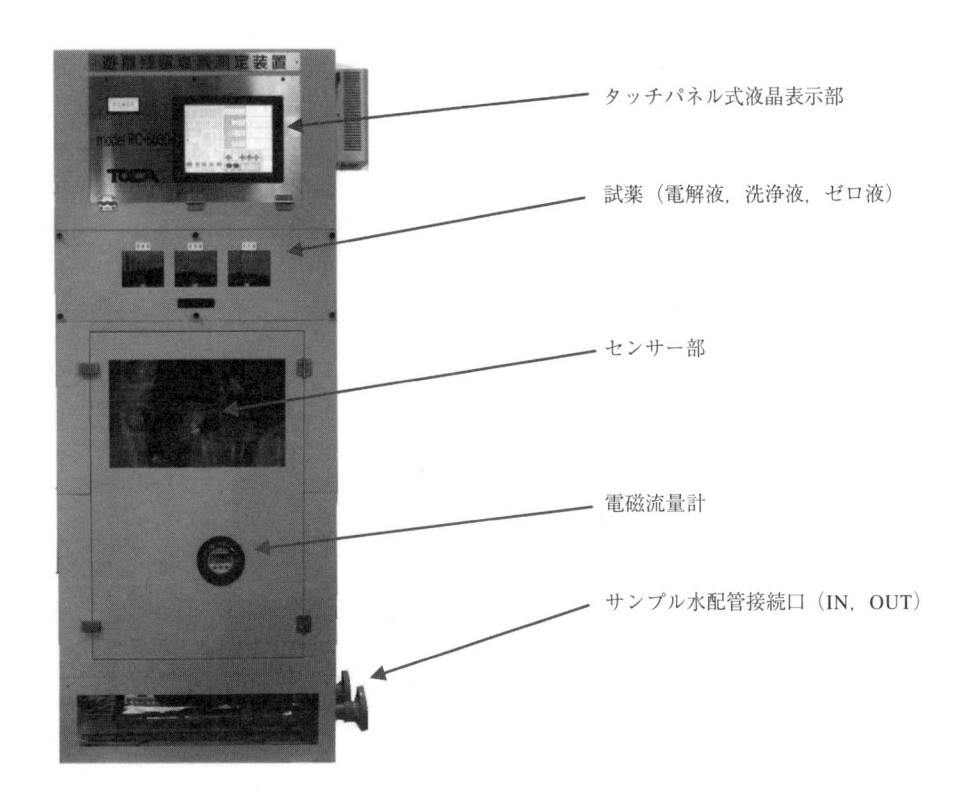

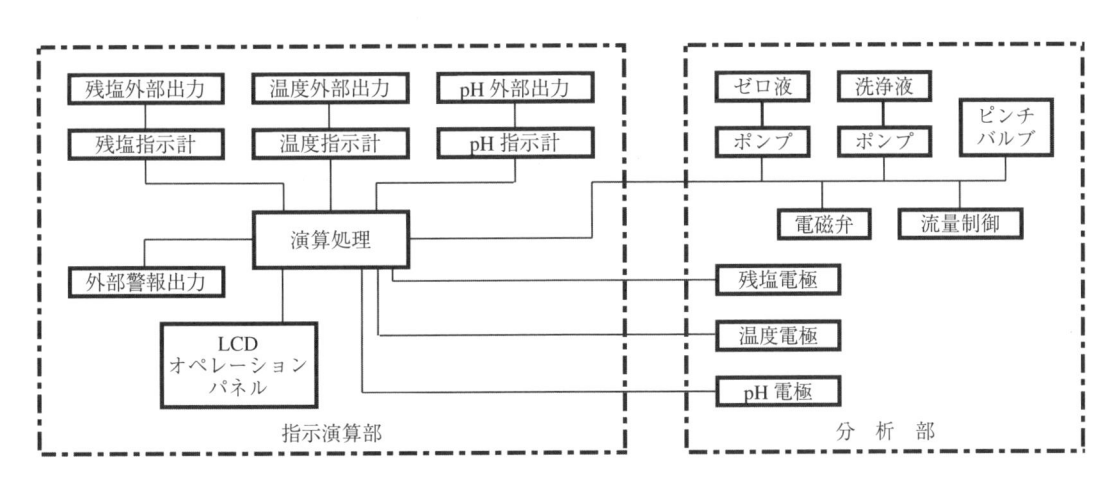

図 5·16　常時監視装置とシステム系統図

$$Cl_2 + H_2O \rightleftarrows HOCl + HCl$$
$$HOCl \rightleftarrows H^+ + OCl^-$$

pH4以下では塩素ガス（Cl_2）だけが存在し，pH9以上では次亜塩素酸イオン（OCl^-）だけが存在する．pH6〜8.5では次亜塩素酸（HOCl）と次亜塩素酸イオン（OCl^-）が共存する．電気化学式の電極は白金（Pt）で形成される感知極と銀（Ag）で形成される比較極で構成され，感知極（Pt）は還元反応となり電子（e^-）を消費し，その電子は比較極（Ag）で生じる酸化反応から供給されて微弱電流が流れる．

酸化反応（比較極）　　　　　　　　　　　還元反応（感知極）

$$Cl_2 + 2e^- \rightarrow 2Cl^-$$
$$Ag + Cl^- \rightarrow AgCl + (e^-電子) \longleftarrow 微弱電流 \quad HOCl + 2e^- \rightarrow Cl^- + OH^-$$
$$OCl^- + H_2O + 2e^- \rightarrow Cl^- + 2OH^-$$

※電流の流れる方向は電子の流れと反対向きと定義されている．

電極の感度は遊離塩素の種類により（感度大）塩素＞次亜塩素酸＞次亜塩素酸イオン（感度小）の順で感度が異なり，それらの存在比率もpHで変化するためpH補正が必要となる．また，海水温度も電極の感度に影響するため補正が必要となる．通常pHおよび海水温度の補正は自動で行われる．

一般的に，汚れ防止にはフィルターを使用するがフィルターで除去される付着物により遊離塩素が消費されて正確な測定が困難となり計測が難しくなる．更に，採水管内部の汚れでも遊離塩素が消費されるため，ppb（1 ppm = 1,000 ppb）オーダーを計測するにはフィルターの種類や配管内部での残留塩素濃度低下防止に留意した採水方法が必要となる．電極は通常付着物などで汚れると出力変動が起こるため電極の洗浄方法・管理に工夫が必要となる．

電極の感度は結合塩素より遊離塩素に対して大きいため結合塩素を含む全残留塩素濃度を測定するには感度調整で合わせる方法や結合塩素を試薬で分解して電極が感知できるようにする方法がある．試薬の使用には長所，短所があり，試薬排出の対策などを検討する必要がある．

一方，感度校正に使用する比色式で低濃度領域（50または10 ppb以下）を測定する場合は妨害物質などの問題があるため測定結果の評価を慎重に行う必要がある．

7）塩素注入の効果

効果的な汚損海生生物付着防止対策が実施された場合，塩素注入による貝などの海生生物付着量は注入1年後で注入前付着量の4/5〜5/6, 2〜3年後で1/5〜1/4となる可能性も期待できるが，発電所の構造，地域環境などでその効果は異なってくる．

（島田　繁）

5・5 塩素以外の酸化剤

海生生物付着防止対策としては電解塩素などに由来する次亜塩素酸（以下塩素）注入による残留塩素処理が古くから実施されてきた．この方法は水産資源保護の観点から（社）日本水産資源保護協会（2012）は「残留塩素（残留オキシダント）は水域から検出されないこと」としているため，放流時には検出限界（0.05 mg Cl as Cl_2/l by DPD 比色法）以下で運用されるようになっている．しかし松本・市川（2013）はこの濃度レベルでは，ムラサキイガイなどの付着防止は図り難いことを報告している．

このため，海生生物付着防止を図りながら水産資源保護に寄与する他の代替対策が求められており，塩素と同様に一般に酸化剤とされる薬品が注視され，種々提案されている．

そのなかで過酸化水素水については，復水器も含めた海水系全体の海生生物対策に適応されており，10年以上の実績もある．

本節では，日本国内で使われている塩素以外の酸化剤処理方法として，長期間実際の発電プラントで復水器を含む全海水系の海生生物対策に使用されている 35wt%過酸化水素水（以下過酸化水素水）添加法を主体に解説する．

1）海生生物付着防止に用いる塩素以外の酸化剤

塩素以外の酸化剤による海生生物付着防止剤とされている薬剤について，主要なものを表5・10に示す．

表に示すように過酸化水素水以外については，国内において発電所の復水器までを対象として実用に供せられているものは確認できない．

2）過酸化水素水による海生生物対策の効果

過酸化水素の効果を江草（1987）が報告している．報告では過酸化水素水添加濃度とムラサキイガイの殻高範囲ごとの付着数の変化が示されている（表5・11）．無添加では 10,444 個/m^2 の付着があり，8 mm 以上の殻高の個体は 8.7％を占めていた．2 mg/l の添加では 4 mm 以上のムラサキイガイは見られず，4 mg/l 添加ではすべて 2 mm 以下で成長した個体は見られていない．このことから過酸化水素水 2 mg/l で，ムラサキイガイ付着による障害は回避できる．このデータをもとに過酸化水素水添加を実施している某火力発電所（14.7 万 kw/h）復水器の状況を図5・17，5・18に示す．

この発電所では操業当初より過酸化水素水 3 mg/l 添加を実施し，図5・18に示すような良好な結果を得ていた．2004年5月の定修2カ月前より過酸化水素水添加の効果を再確認するため，その添加を中止したところ，図5・17のような状況となった．同発電所では2014年8月現在，過酸化水素水添加を継続し良好な結果を得ている．

3）海生生物付着防止剤として使用されている酸化剤の安全性

海生生物対策として使用される薬剤は，水産資源保護の観点からの安全性が吟味されるべきである．

5章　海生生物対策技術（防汚対策）

魚類，甲殻類，海藻やアサリに与える影響について，残留塩素と過酸化水素水の影響を表5·12に示す．これ以外の酸化剤については，海生生物に与える影響データは得られなかった．

なお残留塩素に関しては，副生生物（トリハロメタンなど）問題が指摘されている．

4）過酸化水素水の使用方法について

過酸化水素水は液体製品で貯蔵タンクと注入ポンプ（防液堤内設置），必要な配管を設けるだけで使用できる．使用例を図5·17に示す．全体へ速やかに拡散させるために取水路先端まで導水した希釈水ラインに添加することが望ましい．なお問題を生じる海生生物の付着期幼生は通年流入しているのであれば，通水時は常に添加しておく必要がある．

過酸化水素水は医薬用外劇物で労働安全衛生法上の危険物（消防法上の危険物ではない）のため，適切な使用が望まれる．使用に際しての注意事項を表5·13に示す．

(松本智彦・勝本　暁)

表5·10　塩素以外の酸化剤の使用方法やその効果など

薬剤名	化学式	使用方法	効果その他
過酸化水素水	H_2O_2	市販品を注入ポンプで添加	江草（1987）がその効果と安全性を評価．環境アセスメント審査をへて実用化されている．
オゾン	O_3	発生装置からの生成物を添加 $3O_2 \rightarrow 2O_3$	発生効率が低く高コストで，特有の臭気や副生成物問題もあるためか，実用化の確認はできなかった．
二酸化塩素	ClO_2	製法は数種あるが，亜塩素酸ソーダ・亜硫酸ガス・硫酸を現場で反応させて注入する．新マチソン法を以下に示す． $2NaClO_3 + SO_2 + H_2SO_4 \rightarrow 2ClO_2 + 2NaHSO_4$	モデル水路試験などの検討はあったが，実用化の確認はできなかった．
過酢酸	CH_3COO_2H	市販品（酢酸と過酸化水素の当量混合平衡）を注入ポンプで添加 $CH_3COOH + H_2O_2 \Leftrightarrow CH_3COO_2H + H_2O$	低濃度域では酢酸と過酸化水素に乖離するため，過酢酸として添加する必然性はない．実用化の確認はできなかった．

表5·11　過酸化水素水濃度とムラサキイガイの殻高範囲ごとの付着数
（1986年4月19日～同年7月18日）

過酸化水素水濃度 (mg/l)	ムラサキイガイの殻高範囲とその付着数 (/m²)					計
	<2 mm	2～4 mm	4～6 mm	6～8 mm	>8 mm	
0	400	3,911	3,311	1,911	911	10,444
1	3,822	1,178	44	0	22	5,066
2	156	22	0	0	0	178
4	133	0	0	0	0	133

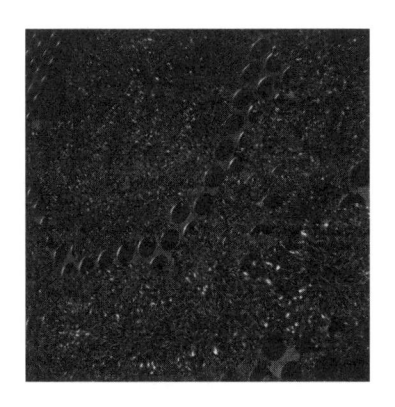

図 5·17 無添加時
（2004 年 3 月～同年 5 月）

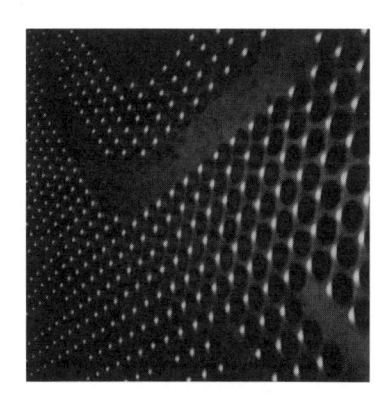

図 5·18 過酸化水素水 3 mg/l 添加時
（1999 年 10 月～2000 年 5 月）

表 5·12 残留塩素と過酸化水素水が海生生物に与える影響について

供試生物 種名	残留塩素[1] 評価軸	mg Cl as Cl_2/l	過酸化水素水[2,3] 評価軸	mg/l
大西洋ニシン仔魚	96h-LC50	0.065	—	—
クロダイ仔魚	—	—	24h-LC50	＞100
スサビノリ	48h-LC50	0.007	—	—
アサクサノリ幼芽	—	—	96h-EC0（無影響濃度）	3
ロブスター 1 日令幼生	1h-LC50	0.69	—	—
クルマエビミシス期幼生	—	—	24h-LC50	＞100
アメリカガキ成貝	96h-LC50	0.026	—	—
アサリ殻長 35mm 前後	—	—	10d-EC0（無影響濃度）	3

1) 社団法人日本水産資源保護協会，水産用水基準，第 7 版（2012 年版）
2) 江草周三，付着防止剤（シェルノン V-10）に関する調査報告書，シェルノン V-10 評価研究会（1987）
3) 社団法人千葉県のり種苗センター，付着生物防止剤シェルノン V-10 の生物試験（1999）

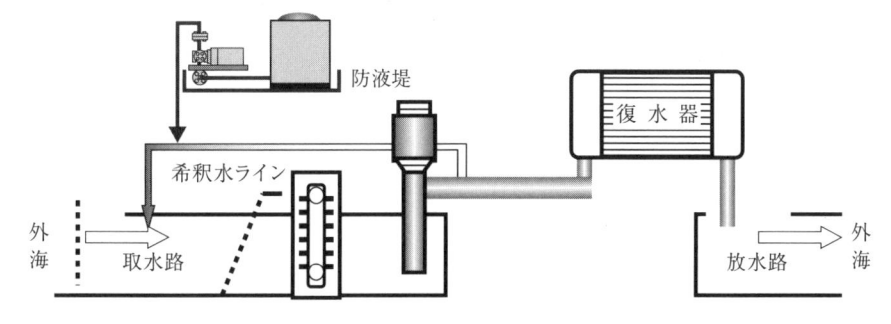

図 5·19 過酸化水素水の添加方法例

5章 海生生物対策技術（防汚対策）

表5・13 過酸化水素水取扱時の注意事項

項　目		注　意　事　項
適応法令	毒物および劇物取締法	(1)貯蔵タンクに右記の表示　　製品名（例：シェルノン V-10） (2)譲渡書5年保管　　　　　　　医薬用外劇物（赤字） (3)防液堤と盗難防止措置　　　　過酸化水素35%
	労働安全衛生法	(1)危険物酸化性の物に該当（消防法上の危険物ではない） (2)貯蔵設備設置の30日前までに労働基準監督署長に「届」 (3)貯蔵タンクなどは2年ごとに要自主検査
原液接液部適応材質	貯蔵タンク・配管など（海水添加後は現状で可）	ポリエチレン，硬質塩ビ，フッ素樹脂，シリコン樹脂，ステンレス，アルミニウム，セラミックス
注入ポンプ		ガスロック対策（エア抜き）機能品を推奨
手洗い・洗身洗眼器		設置を推奨
その他注意事項		(1)取扱時：保護眼鏡，保護手袋使用 (2)手に付いた時：大量の水で洗う (3)目に入った時：大量の水で洗い専門医の診断を仰ぐ

5・6 その他の薬剤

我が国の海水取水設備では，付着生物防除を目的として 5・3，5・4 で述べた電解塩素の注入が広く実施されている（火原協，2003）．しかしながら，地域との環境保全上の取り決めなどにより，塩素の注入量が制限され十分な付着防除効果が得られない場合や，塩素注入自体を実施できない地域も少なくない．このため，塩素代替薬剤の検討がなされ一部の薬剤は実用化されている．

それらのうち前節 5・5 における塩素以外の酸化剤に引き続き，本節では非酸化系の薬剤に関して，既存の知見（Claudi and Mackie, 1994；Jenner *et al.*, 1998；古田ら，2011；Rajagopal *et al.*, 2012 など）を参考に概略を解説する．なお，淡水では付着性二枚貝類であるカワホトトギスガイ *Dreissena polymorpha* などを防除するために多種類の非酸化系薬剤が利用されているため（Sprecher and Getsinger, 2000），それらについてもあわせて示した．

1) 薬剤の種類と特徴

非酸化系薬剤は以下のグループに区分される（Claudi and Mackie, 1994）．①第 4 級アンモニウム化合物・ポリ 4 級アンモニウム化合物，②芳香族炭化水素，③アルキルジアミン類などの有機化合物，④金属塩，⑤その他．①〜④の薬剤は酸化系薬剤に比べて種特異的に作用するとされている（Sprecher and Getsinger, 2000）．

添加濃度は電解塩素よりもワンオーダー低い濃度から数 100 mg/l 程度まで，添加時間は 1 日当たり 20 分から連続添加まで，と幅広い運用がなされている．なお，各薬剤の有効成分の構造や規制の歴史，健康・環境影響などに関する情報は，米国 EPA により取りまとめられ，ウェブサイトに公開されている（HYPERLINK "http://www.epa.gov/oppsrrd1/reregistration/status_page_t.htm#tcmtb" http://www.epa.gov/oppsrrd1/reregistration/status_page_t.htm#tcmtb）．それぞれの薬剤の有効成分の構造および特徴を，図 5・20，5・21，表 5・14，5・15 に示した．

①第 4 級アンモニウム化合物・ポリ 4 級アンモニウム化合物

陽イオン界面活性剤であり，基質表面に結合する活性により防汚効果をもたらすとされている（Sprecher and Getsinger, 2000）．細菌および軟体動物に特異的に有効とされ，細菌の細胞膜を破壊し軟体動物の鰓の活動を阻害することで効果を発現するとされている．欧米の淡水域の発電所での適用事例がある．対象生物が出現する時期を中心に 1〜6 回/年，6〜24 時間/回などの注入が行われている．水温で効果が変動するとともに，懸濁物やコロイドに吸着することで効果が低下するとされている．非酸化系薬剤の中では好気条件下での生分解性は早いとされている．生物濃縮性については，低いとされる報告がある一方で，魚類の可食部に環境水中濃度の 40〜50 倍に蓄積されるとする知見もある．

カワホトトギスガイ防除に Clam-Trol CT-1 ［有効成分；*n*-alkyl（C12-40％，C14-50％，C16-10％）dimethyl benzyl ammonium chloride (1)，dodecylguanidine hydrochloride (2)］，Macrotrol 9210 ［有効成分；alkyl（C14-60％，C16-30％，C12-5％，C18-5％）dimethyl benzyl ammonium chloride (3)， alkyl（C12-68％，C14-32％）dimethyl ethylbenzyl ammonium chloride（4）］，Calgon H-130M［有効成分；didecyl dimethyl ammonium chloride（5）］，Bulab 6002［有効成分；poly［oxyethylene（dimethyliminio）ethylene（dimethyliminio）ethylene dichloride］（6）］などが市販されている．Clam-Trol CT-1 は海産のイガイ類やフジツボ類に対しても防除効果があるとされている．

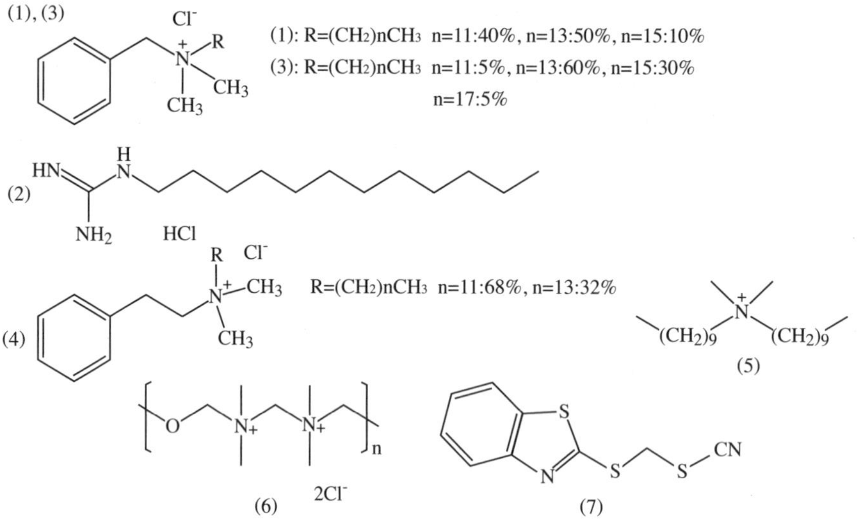

図5·20　非酸化系付着生物防除薬剤の有効成分（その1）

表5·14　主な非酸化系付着生物防除薬剤（その1）

種類	名称・商品名	有効成分	使用方法	防除対象種
第4級・ポリ4級アンモニウム化合物	Clan-Trol CT1	8％ n-alkyl dimethyl benzyl ammonium chloride（1）5％ dodecylguanidine hydrochloride（2）	濃度：1〜100mg/l 頻度：連続または間欠	カワホトトギスガイ，海産イガイ・フジツボ類にも効果あり
	macrotrol 9210	5％ alkyl dimethyl benzyl ammonium chloride（3）5％ alkyl dimethyl ethylbenzyl ammonium chloride（4）	濃度：2〜100mg/l 頻度：連続または間欠	カワホトトギスガイ
	Clagon H-130M	50％ didecyl dimethyl ammonium chloride（5）	濃度：1〜10mg/l 頻度：120時間以内連続注入	カワホトトギスガイ
	Bulab 6002	60％ poly［oxyethylene（dimethyliminio）ethylene（dimethyliminio）ethylene dichloride］（6）	濃度：2〜20mg/l	カワホトトギスガイ
芳香族炭化水素	Bulab 6009	30％ 2-(thiocyanomethylthio) benzothiazole（7）	濃度：1〜6mg/l	カワホトトギスガイ，タイワンシジミ

②芳香族炭化水素

多環式化合物を主成分とする薬剤であり，基質表面にフィルムを形成するとともに，付着生物の細胞膜障害や二枚貝に対する忌避効果により防汚効果をもたらすとされている（Sprecher and Getsinger, 2000）．カワホトトギスガイ防除に Bulab 6009［有効成分；2-(thiocyanomethylthio) benzothiazole（7）］が市販されている．

③アルキルジアミン類などの有機化合物

MEXEL 432［有効成分, (alkyl amino)-3-aminopropane (alkyl as in fatty acids of coconut oil)（8）］が諸外国の海水取水設備で利用されている（Sprecher and Getsinger, 2000）．陽イオン系界面活性剤のアルキルジアミン類を含む水溶エマルジョン混合物である．ベンゼン環をもたないため生物蓄積性が低く生分解性が速いとされている．4～5 mg/l を 1 日 20～30 分間注入するのを基本的な使用方法としている．

生物が付着しようとする基質表面上の生物膜を破壊し，さらに基質表面をフィルム状に覆うことで防汚効果が得られるとされている．一方で，基質表面と結合しやすい特性のため，懸濁物質の存在により防汚効果が低下しやすいとされている．また，塩素よりも半減期が 48 倍長いとする報告がある（Lopez-Galindo *et al.*, 2010）．

その他の薬剤として，カワホトトギスガイ防除用に EVAC［有効成分；mono (*N, N*- dimethylalkylamine) salt of endothall (7-oxabicyclo (2.2.1)-heptane-2,3-dicarboxylic acid (9))］が市販されている．成分の詳細は不明であるが，陽イオン界面活性剤を有効成分とする薬剤として，日本油化工業がユニシェル 7α を市販しており，船舶での防汚効果が報告されている（金子ら，2010）．

④金属塩

カワホトトギス防除用薬剤として銅イオンを主成分とする MacroTech が市販されている（Sprecher and Getsinger, 2000）．環境水中の銅イオン濃度より 5～10 μg/l 高い濃度を維持することで付着を防止できるとされている．アメリカ合衆国の淡水域の原子力発電所では，カワホトトギスガイ防除にカリウム化合物が用いられた例がある（Sprecher and Getsinger, 2000）．50 mg/l 程度の濃度で貝類の付着を防止できるとされている．貝類に対して特異的に毒性を及ぼし，他の水生生物への影響は小さいとされているものの，塩素の 3～4 倍高コストとの試算がなされている（Waller *et al.*, 1993）．カリウムイオンのバックグラウンド濃度が 370 mg/l 程度である海水への適用は検討されていない．

⑤その他

硝酸アンモニウムおよびメタ重亜硫酸塩が，北米におけるカワホトトギスガイ防除への適用を検討されている．また，ヨーロッパイガイ *Mytilus edulis* が付着のために分泌する足糸の形成を，酸化防止剤や触媒酵素が阻害することが明らかにされ，それらを利用してイガイ類と同様の足糸形成機構を有するカワホトトギスガイをそれらの薬剤で防除することが検討されている．

Cope ら（1997）は，足糸形成阻害作用を示す 47 種の薬剤のうち，比較的低濃度で効果が得られた 11 種［*L*-3,4-dihydroxyphenylalanine, *tert*-butylhydroquinone, dibutylhydroxytoluene, nordihydroguaiaretic acid, ethoxyquin, butylated hydroxyanisole, capsaicin, guaiac oil, *(+)-δ*-tocopherol（ビタミン E の一種），没食子酸プロピル，タンニン酸］を有望としている．防汚塗料ま

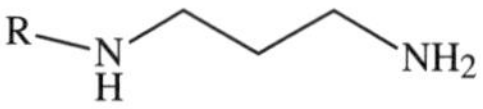

R=derived from fatty acids of coconut oil

(8)

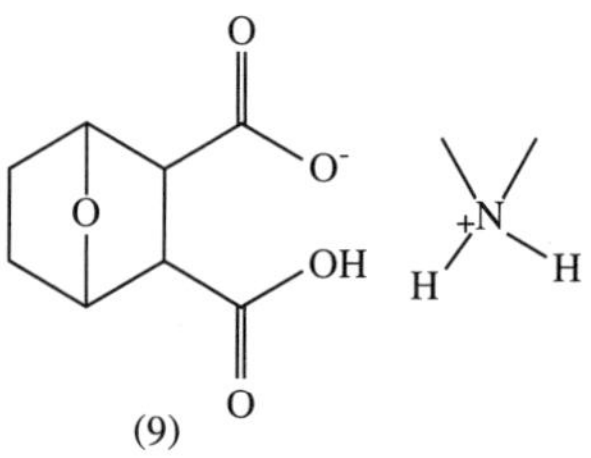

(9)

図5･21　非酸化系付着生物防除薬剤の有効成分（その2）

表5･15　主な非酸化系付着生物防除薬剤（その2）

種類	名称・商品名	有効成分	使用方法	防除対象種
アルキルジアミン類などの有機化合物	MEXEL 432	1.7％（alkyl amino）-3-aminopropane（alkyl as in fatty acids of coconut oil）（8）	濃度：4mg/*l* 頻度：20分/日　など	海生生物・淡水生物
	EVAC	53％ mono（*N*, *N*-dimethylalkylamine）salt of endothall（7 oxabicyclo［2.2.1］-heptane-2,3-dicarboxylic acid）（9）	濃度：0.3～3mg/*l* 頻度：6～14時間	カワホトトギスガイ
	ユニシェル7α	陽イオン界面活性剤	濃度：1～6mg/*l*	船底付着海生生物
金属塩	MacroTech	Copper ions（Cu^{2+}）and Aluminum	濃度：環境水バックグラウンド値+5～10μg/*l*	カワホトトギスガイ
	カリウム化合物	KH_2PO_4	濃度：50mg/*l*	カワホトトギスガイ

たは水中への注入薬剤への利用可能性が考えられるものの，付着に足糸を用いないフジツボ類などへの効果は未解明であり実用化された例は見当たらない．

2) 非酸化系薬剤の使用に係る国内外の法規制

8章8・3で解説する総量規制基準が定められている地域（瀬戸内海，東京湾，伊勢湾に流入する汚濁発生源を有する20都府県，および上乗せ規制が定められている地域）において有機物質を含む薬剤を使用する場合に，同基準への考慮が必要となる．すなわち処理すべき水量と注入濃度から，排出されるCODや窒素含有量の見積りや削減方策の立案が必要となる可能性がある．

また，一律排水基準などの対象となる物質・項目が含まれていないことを確認するために，地方公共団体などから成分情報の開示を求められる可能性がある．さらに，電解塩素と同様に「出口ゼロ規制」を地域などから求められた場合には，酸化系薬剤と比較して概ね注入濃度が高く分解速度が遅いことが問題となる可能性がある．

米国では，水質汚染防止法（The Clean Water Act）への薬剤の登録が必要とされており，排出する際には，水質に基づく排水規制（WQBELs）などにより規制を受ける．薬剤の排出方法に関して，国立汚染物質排出制限システム（NPDES）に基づく地域，州，連邦ごとの水質基準への適合を認められる必要がある．排水ガイドラインは技術ベースを考慮して設定され，通常は個々の施設ごとにケースバイケースで決められている．

市販されている殺貝剤のラベルには，NPDESによる排出制限物質の含有が示される場合がある．また，製品ラベルの多くには，ユーザーがNPDESの許可を適切な州機関または米国環境保護庁地域事務所から得るとともに，州の水質要求を遵守しなければならないことが明記されている．米国環境保護庁によって農薬として登録された製品は，ラベルの指示の範囲内で取り扱われなければならない．ほとんどの殺貝剤は良生分解性とされているものの，解毒化や無効化について州や連邦の排出要件を満たすことが求められる場合がある．

3) 今後の課題

多くの非酸化系薬剤は，酸化系薬剤に比べて適用範囲が広く，鉄腐食の問題も生じにくいとされている（Claudi and Mackie, 1994）．等量当たりのコストは酸化系薬剤よりも一般的に高いものの，低濃度間欠注入によりコスト低減の余地はあるとされている．一方で，防汚効果やコストの比較については，電解塩素など酸化系薬剤も含めた横並びの知見は極めて少ない．比較のための評価系を確立し，いずれの薬剤の使用が最も効率的かを判断するために必要な知見を集積する必要がある．

非酸化系薬剤の環境影響については，塩素注入時のトリハロメタン生成などの問題は生じないものの，酸化系薬剤よりも分解・減衰速度が遅いことにより環境リスクを生じる可能性がある．また，有機スズ代替船底防汚塗料である亜鉛ピリチオンやイルガロールでは，水生生物に対する分解物の毒性が元物質に匹敵するか，より高いことが報告されているが（藤井，2010a），非酸化系薬剤については分解過程における物質の毒性に関する知見はほとんど得られていない．防汚効果やコストと同様に，分解物の毒性についても酸化系薬剤と横並びで比較できるだけの知見を集積する必要がある．　　（古田岳志）

5・7 スポンジボール・ブラシ打ち

ここでは，運転中の復水器細管洗浄に有効なスポンジボール洗浄・ブラシ打ちについて解説する．

1) 復水器細管洗浄（スポンジボール・ブラシ打ち）の必要性

海水が通過する配管には生物皮膜（スライム／バイオフィルム）が形成され，熱交換の阻害や流動抵抗となる．さらには大型付着生物付着の足掛かりとなり，復水器細管の腐食につながり，海水漏洩防止の観点からも復水器細管洗浄の必要性が高い．

生物皮膜は一般的に配管など基盤の表面に細菌を主体とする微生物が繁殖し，それらが分泌する粘性物質に微粒子状の土砂などの無機物が凝集してできる軟泥質の付着を表す．この過程をMitchell（1978）らが発表を行っている．

生物皮膜付着による障害は直接的および間接的な要因に大別される．直接的な要因としては，生物皮膜は復水器細管に付着することにより，海水との熱交換を妨げ，さらには流動抵抗の増加が原因で海水流量の低下につながり，特に夏季の復水器真空低下につながる．間接的な要因としては大型付着生物のフジツボ類が付着する足掛かりとなることにより，復水器細管を腐食し，海水漏洩に至る可能性がある．

これらの要因となる生物皮膜を発電機の運転中に復水器細管洗浄できることがスポンジボール洗浄の最大の特徴であり，ブラシ打ちは最低でも復水器を片系統にして水室内に作業者が入り，細管にブラシを詰めて洗浄する必要がある．簡便性には劣るブラシ打ちではあるが，付着したフジツボなどを確実に除去することができ，スポンジボールのように未洗浄配管が残ることがない．

2) 種類と運用

①スポンジボールの種類

スポンジボールには，標準ボール（天然ゴム）と研磨ボール（天然ゴム＋研磨粒子）があり，研磨ボールは復水器細管そのものへの影響が大きいため，通常目的では使用しない（表5・16, 5・17）．標準ボールを使用しても過洗浄が生じて管材が損傷するため，アルミ黄銅系細管では1本当たり10個／週以内を運用の目安としている．

表5・16　スポンジボールの種類と用途

種類	特徴	用途
標準ボール	生物皮膜，泥など軟質スケールが除去できる．	一般に運用中のスポンジボール洗浄に使用する．
研磨ボール	標準ボールで除去できない硬質スケールの除去効果が高い．	標準ボールで，復水器真空度が回復しない場合に使用する．チタン管の洗浄に使用する．

表5·17 研磨ボールの種類

種類	研磨材の硬度	特徴・用途	備考
カーボランダムボール	3,400	研磨効果が最も高く，硬質の沈着物や腐食生成物が除去できる．アルミニウム黄銅管自体も研磨されるので，運用面で留意する必要がある．	伝熱性向上のために使用されたことがあるが，細管への影響のため現在は使用されていない．
ポリッシングボール	500〜650	研磨作用は中庸である．チタン管に使用する．	全チタン管で採用されている．
グラニュレートボール	95	復水器細管自体の硬度より小さいため，細管への影響が少ない．復水器真空低下時に使用する．	真空低下時に使用する発電所もある．

② ブラシ洗浄など

スポンジボールは復水器細管の通過分布にばらつきがあり，全細管を均一に洗浄することが難しく，生物皮膜や大型付着生物を完全に防除できない．ブラシ洗浄は復水器細管に直接挿入するため，洗浄にばらつきがなく，選択を間違うことがなければ，細管付着物を完全に除去できる．用具の種類と方法などを表5·18と表5·19に示す．

表5·18 ブラシなどの種類と用途

方法	特徴	用途
ブラシ洗浄	・洗浄コストが他の方法に比べ安価 ・工期が短い（7日程度） ・硬質の水酸化鉄被膜などの除去効果が他の方法より劣る	・定検など停止時に行う復水器細管の洗浄に使用する
ジェット洗浄	・洗浄コストが他の方法に比べ高価 ・工期が長い（11日程度） ・付着物の除去効果が高い	・定検時，復水器細管の伝熱性向上対策が必要な場合に使用する
バレット洗浄	・洗浄コストおよび工期がブラシ洗浄とほぼ同様 ・硬質付着物の除去効果が高い	同上

表5·19 ブラシの概要と洗浄方法

方法	概要	概略図
ブラシ洗浄	・復水器細管内にナイロンブラシを挿入し，水圧水（1〜3 kg/cm²程度）により復水器管内を通過させ，ブラシとの接触やブラシと管の隙間から，水がジェット流となって付着物を除去する	復水器管／水圧水
ジェット洗浄	・復水器細管内に高圧水噴射ノズルを挿入し，水圧水（200〜250 kg/cm²）により付着物を除去する	復水器管／高圧水／ノズル　フレキシブルホース
バレット洗浄	・復水器細管内に金属製の治具を挿入し，水圧水により復水器管内を通過させ，治具との接触により付着物を掻き取ることによって除去する	復水器管／水圧水

表5·20 フジツボのサイズと剥離状況

殻長	洗浄方法	剥離状況
殻長1 mm以下（付着後2〜3日以内）	スポンジボール1回個	80〜90％除去（底盤含む）
殻長1〜2 mm	スポンジボール1〜3個	80〜90％除去（底盤残留）
殻長2〜3 mm	スポンジボール1個 スポンジボール3個 カーボンランダムボール3個 ブラシ洗浄	30〜50％除去 40〜60％除去 100％除去（底盤残留） 100％除去（底盤残留）
殻長5 mm以上（平均6.5 mm）	スポンジボール3個 カーボンランダムボール3個 ブラシ洗浄	10〜20％除去 80％ 100％除去

（加戸ら，1991より作成）

3） 使用上の注意他

一般的な生物皮膜についてはスポンジボールの定期洗浄により除去できる．夏季水温上昇時に復水器真空を回復する目的によりスポンジボール洗浄を実施した結果，復水器真空の回復が 1 mmHg 以下の場合は通常の生物皮膜が要因である可能性が低いため，細管材質がアルミ黄銅管の場合は洗浄時間を延長しないほうが好ましい．これは，スポンジボールのせん断応力による管材の損傷が生じるためである．

次にフジツボ類の除去について試験結果に基づくスポンジボールの洗浄効果を紹介する．半割にしたアルミ黄銅管を取水口に浸漬しフジツボを付着させた．浸漬時間をずらすことによりフジツボサイズの異なる付着管を準備し，半割管をもとの細管に組み合わせて，供試管の入口にスポンジボールやカーボランダムボール，ブラシをそれぞれ挿入してフジツボのサイズと剥離状況を確認した．結果を表 5·20 に示す．殻長 1 mm 以下のフジツボでは，スポンジボール 1 個でほぼ除去が可能であるが，5 mm 以上になるとブラシを用いなければ完全に除去できないことがわかる．これらをまとめ，復水器細管洗浄の目的（除去率）やフジツボ類の発生時期を考慮した一般的な洗浄頻度を表 5·21 に示しまとめとした．

すなわち，スポンジボールやブラシ洗浄は，フジツボの出現時期により運用頻度を見直す必要があり，発電所立地の大型付着生物の出現状況を観察しながら検討すべきである．

(杉本正昭)

表 5·21 一般的な洗浄頻度

除去率	殻長 洗浄物 個/本 頻度		スポンジボール		カーボランダムボール		ブラシ
			1	3	1	3	1
100%	殻 長		1 mm 以下	約 1 mm	約 1 mm	2〜3 mm	5 mm 以上
	頻 度		1〜2 日	1〜2 日	1〜2 日	5 日	約 10 日
50%	殻 長		1 mm 以下	2〜3 mm	5 mm 以上	5 mm 以上	
	頻 度		1〜2 日	5 日	約 10 日	約 10 日	

(加戸ら，1991)

5·8 除貝装置

ここでは，主に蒸気タービン復水器入口側循環水配管部に設置し，細管などへの貝の流入による詰まり防止と，その貝による細管リークの低減および防止を目的とする除貝装置について解説する．除貝装置には大きく分けて過流型と自己逆洗型の2種類がある．

1) 過流型除貝装置（図5·22）

装置は除貝装置入口に設置されたバタフライ弁を0°の完全開状態より，左右に±30°スウイングすることにより，円筒状のフィルターエレメント（貝の濾し網のこと，以後こう呼ぶ）の表面に過流を発生させ，その表面の貝を浮上剥離し排出する方式である．

歴史は古く日本では1973年に堺港発電所1号機に設置されたのが初号機となる．メンテナンス性に優れ，入口バタフライ弁の保守とフィルターエレメントの清掃と比較的簡易であり，異物（貝）を排出するために必要な流量は循環水流量の約10%程度である．

2) 自己逆洗型除貝装置（図5·23）

逆洗回転ローターまたはフラップ弁により上流からの流れを下流からの逆洗流に変え，フィルターエレメントの上流に留まる貝を排出する方式である．歴史は1)の過流型よりも新しく，近年は，この方式が主流となりつつある．メンテナンス性においては定期検査時ごとの保守が推奨される．

異物（貝）排出に必要な流量は過流型に比べ少なく循環水流量の約5%程度となる．自己逆洗型除貝装置にはその方式において若干の差異があるものの，台風などの際に一時的に多量の異物が流入し，フィルターエレメントに閉塞を発生し，循環水の流れを止めることを防止する緊急バイパス弁装置が設置されていることもこの装置の特徴といえる．

3) 他除貝装置（小口径配管：φ150以上φ800）

除貝装置には復水器ばかりではなく，熱交換などへの貝の流入防止のための小型の除貝装置があり，多くの企業や多くの人たちにより過去に開発されてきた．

その中には1983年当時，高浜発電所2号機二次系冷却水クーラーにテストループを設置し試験が実施された除貝装置なども特筆すべきものであった．現状では，小口径（冷却水クーラー用など）においては，1)の過流型の小型または2)自己逆洗型の小型（BW100型）のものが主力となっている．

4) 除貝装置設置検討時の注意事項

除貝装置の設置を検討する場合，その設置スペースなどを検討することは当然のことながら，その発電所において，影響を及ぼしている貝類の種類を把握することが重要となる．これはフィルターエレメントの種類の選定に大きく影響する．より効果的に除貝するためには，その貝に対して最も除貝効果が発揮できるフィルターエレメント選定をする必要がある．

（尾谷克芳）

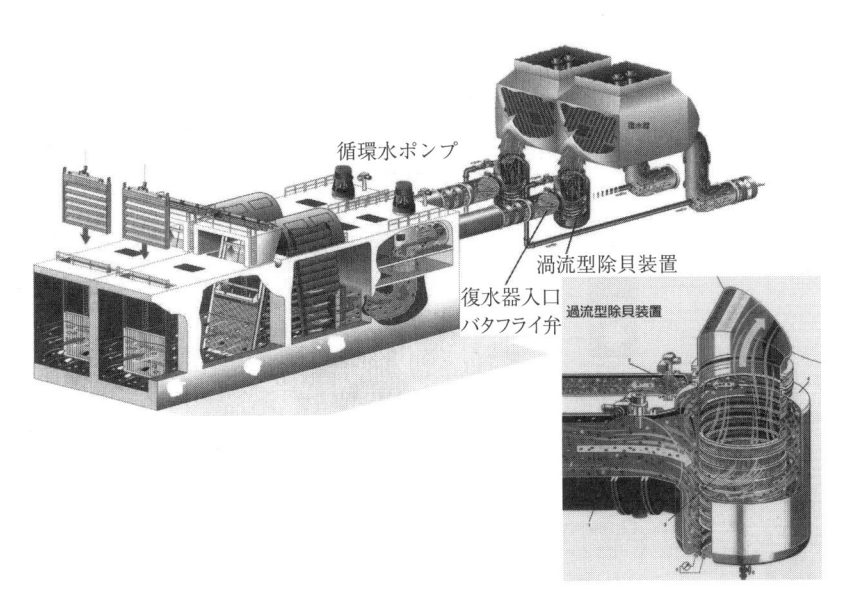

図5·22　取水設備図と過流型除貝装置

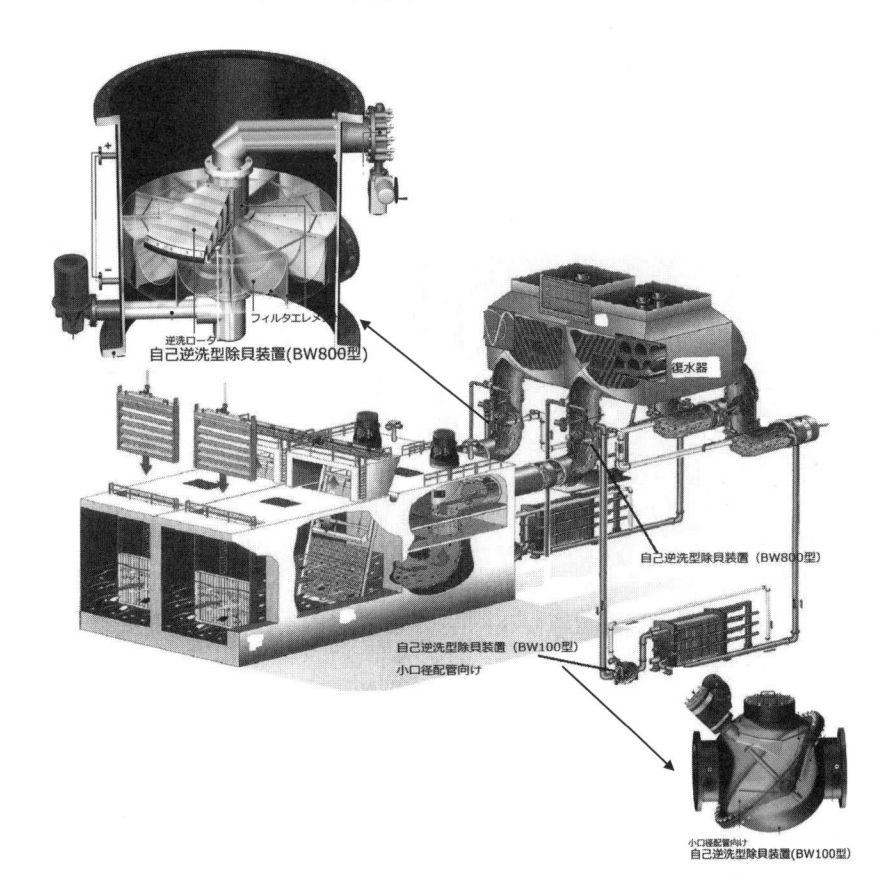

図5·23　取水設備と自己逆洗型除貝装置
（BW800型＆BW100型）

5・9 電気防汚

電気防汚は環境に優しく,長期にわたり確実に防汚効果を発揮する技術を目指して開発された.これまで付着防止対策としては,主に塩素注入や防汚塗料の塗布が行われてきたが,環境問題や長期防汚効果が得られないなどの課題を抱えている.このような課題に対し,環境への配慮や導入コストのみならず運用コストを加味したトータルコストの低減に主眼を置いた本装置は,触媒をコーティングしたチタンシートから微弱な電流を流すことで,海生生物の付着の要因となる付着基盤を分解する.ここでは原理,開発の歴史,適応事例,効果および今後の課題などについて解説する.

1) 原 理

海生生物の付着メカニズムを図5・24に示す.海水に接する構造物の表面に,はじめは有機物が付着し,この有機物を足掛りとして,バクテリアが着生・繁殖し,生物皮膜層を形成する.有機物が付着してから,ここまでほぼ数時間で完結する(川辺,1991).続いて生物皮膜層の上に藻類が着生し,藻類を足掛りとしてフジツボやイガイ類など海生生物の稚貝(幼生)が付着・繁殖・成長する.一方,活性な酸素は,バクテリアの着生および繁殖に優れた抑制効果をもつことが知られている(片山ら,2008).本システムはこの酸素の抑制効果に着目し,上述のメカニズムの初期段階で進行を断ち切ることにより,海生生物の付着・繁殖を防止するものである.酸素はチタンシートを陽極として陰極に電流を流し,海水の電気分解反応により,チタンシート表面において継続的に発生させることで付着を防止する.この時のチタンシートの制御電位を約1.2Vより低く維持することにより,塩素の発生を抑制する.

また,後述するように電気防汚は2週間程度の不通電であれば一旦付着したフジツボなどは通電を再開することで脱落させることができる.これは陽極表面のpHが酸性となりCaを主成分としたフジツボ付着基盤を溶解させるためと考えられる.

環境のpHと電位の関係の制御範囲概念を図5・25に示す.斜線を引いた範囲が電位制御範囲となる.

5・9 電気防汚

海生生物付着メカニズム

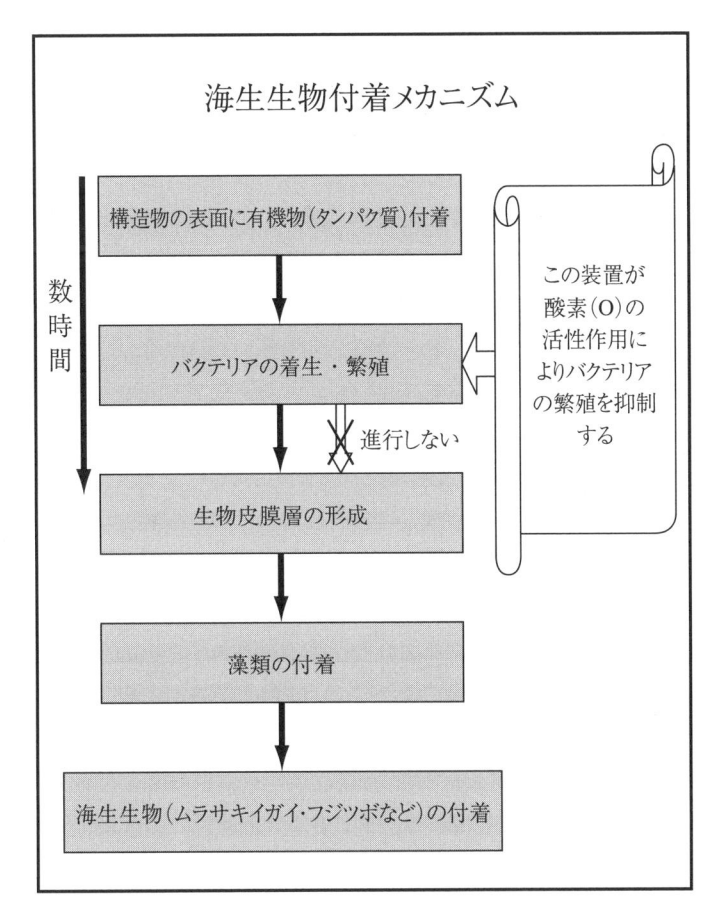

数時間

構造物の表面に有機物(タンパク質)付着
↓
バクテリアの着生・繁殖 ← この装置が酸素(O)の活性作用によりバクテリアの繁殖を抑制する
↓ 進行しない
生物皮膜層の形成
↓
藻類の付着
↓
海生生物(ムラサキイガイ・フジツボなど)の付着

図 5・24 海生生物の付着メカニズム

電位 [vsSCE]

約1.2v ─── a

酸素発生域

電位制御範囲

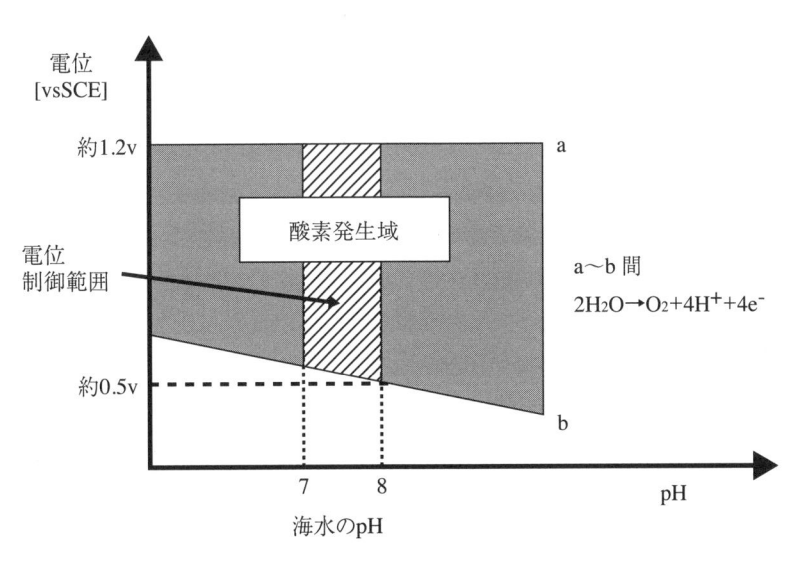

a〜b 間
$2H_2O \rightarrow O_2 + 4H^+ + 4e^-$

約0.5v

b

7 8   pH
海水のpH

図 5・25 制御範囲概念図

2) 開発の歴史

　開発当初は，鉄板を電極として溶解させることで表面に水酸化皮膜を生成させて，海生生物の付着基盤を不安定なものにして防汚効果を発揮させた．また，抗菌作用がある亜鉛を用いた防汚方法として亜鉛溶射，亜鉛シートを開発してきた．しかし，数年の防汚効果はあるものの，長期にわたって満足できる効果が得られなかった．試行錯誤を繰り返している中，電気防食として発電所で使われている電極が通電電流の大小にかかわらず正常に機能している場合，電極の表面には海生生物の付着がなく，電極故障の判断材料の 1 つとしていたことから，海生生物の付着が防止可能であると考えた．

　電極電流密度と電位条件を見出すため，テストピースを用いた試験を東京湾にて実施した．本試験から，塩素ガス発生電位より低い酸素発生域において付着防止効果が認められた．次のステップとして，テストピースレベルから縦横 1200 × 1200 mm 厚さ 0.5 mm のチタンシートへ触媒を塗布し，裏面に FRP 板を接着したパネルを発電所取水路にアンカーボルトで固定した．対象面積は 100 m^2 で実証試験を 2 年間行った．試験は，左右壁面に陽極となるパネルを底面の左右に陰極を設置し，左右のパネルから交互に対面の陰極に通電した．しかし，通電されない側のパネルに通電側の電流が流入して，陰極付近で流出するという干渉が生じてしまい電極の触媒の寿命を縮めてしまった．

　この反省から陰極となる干渉に強い触媒を用いて，プラントメーカーと共同で海水熱交換器に適用することを目的として，まず発電所の構内を借りてモデル熱交換器による実証試験を行った．試験はチタンシートを絶縁して熱交換器の水室と管板面に接着剤にて貼り合せ，本装置を適用したものと，対照となる同形状の熱交換器との比較を行った．試験は 13 カ月間一度も水室を開放せず定期的な逆洗のみ行った．結果を図 5·26 に示す．付着防止装置有では触媒付のチタンシートには生物の付着がなく効果は良好であった．

　実用化に向けさらに触媒コストの低減と長寿命化を図るため，触媒メーカーと種々の触媒の中から絞り込みを行った．その結果，数年間かけ実用化できたものが現在の触媒である．2005 年から本触媒を用いて海域を変えて 2 年以上の実海水を用いた実証試験を 4 回行った．試験後触媒の消耗を表面分析で確認したところ，触媒の消耗はほとんど認められず，Mn 層の下に初期のままの状態である結果が得られ，実証試験でも長寿命であることが検証された．2 年経過後の触媒分析結果を図 5·27 に示す．内，1 件の試験は現在も継続中であり 7 年を経過しても十分な防汚効果を発揮している．

　その後，ポンプ室コンクリート壁面，LNG を海水で気化させる ORV に用いられるトラフ，さらに流速のある取水路の開渠部などの実構造物へ適用している．なお，パネルの名称を海生生物が忌避することから KIHI パネルと名付けた．

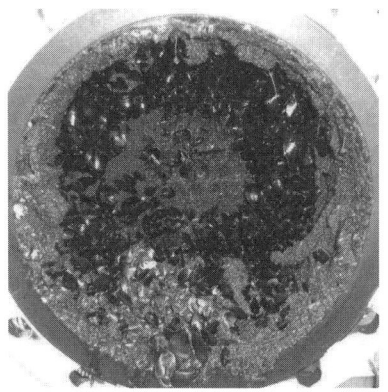

図5・26 試験開始後13カ月（2003年2月）入口水室開放時写真
左：付着防止装置有，右：付着防止装置なし

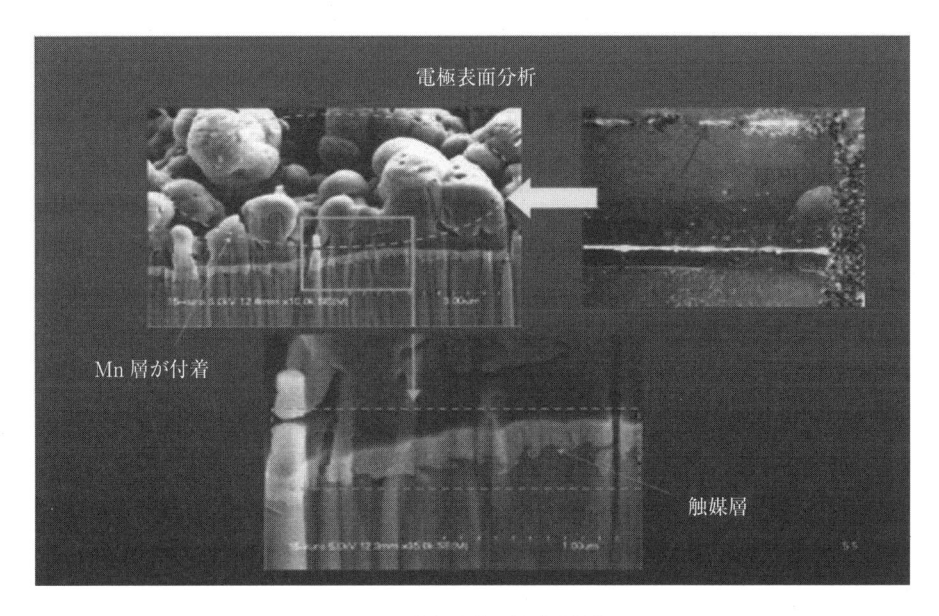

電極表面分析

Mn層が付着

触媒層

図5・27 2年経過後の触媒分析結果

3) 適応事例
①火力発電所取水路の例

発電所取水路コンクリート壁面に約 20 m^2 のパネルを設置した．試験開始後 4 年半経過後の効果確認結果を図 5・28 に示す．試験中約 2 週間停電後，一旦付着したフジツボが脱落した様子を図 5・29 に紹介する．連続 4 年以上の確実な防汚効果に加え，一旦付着したフジツボ類の除去効果も確認できた．

②火力発電所海水熱交換器の例

2008 年 3 月からの発電所定期事業者検査工事において，実機海水熱交換器 1 台を対象として，プラントメーカーと共同開発した熱交換器用海生生物付着防止システムを設置した．本システムは，直流電源装置，チタンシート，陰極，照合電極，陽極引出し金具および配線配管などにより構成されており，電気防食の効果と防汚効果の両方の機能を有している．施工対象位置は図 5・30 のとおり，出入口，折返し水室および各水室管板面，マンホール内面，蓋板とした（片山ら，2008）．

③火力発電所気化器用海水ポンプ室の例（図 5・31，5・32）

本ポンプ室では海水電解装置による塩素供給により清掃頻度は縮小されたがコンクリート壁面に付着している海生生物が大量に脱落しポンプ下流側に設置している除貝装置を詰まらせる恐れがあった．また，ポンプ室をドライ開放できるのが数年に 1 回となるため，開放時に電気防汚を実施することとなった．

4) 今後の課題

発電所における防汚技術は，適材適所で行うものであり，1 つの技術，製品がオールマイティではない．電気防汚は，汚損生物を除去するものではなく，長期にわたり環境に優しく付着させなくする技術であり，常時没水部への一部ロボット清掃に代わるものとして，また，長期間メンテナンスができない箇所への適用で期待通りの効果を発揮している．今後，対象施設に合わせた安全安心な防汚工法として，さらに改善改良し実績を増やしていく必要がある．費用については，特に新設時からの適用によって大きなメリットが生じるものの，既設プラントへの適用コスト削減も課題と考える．

（大庭忠彦）

5・9 電気防汚

水中撮影による効果確認

	KIHI パネル	防汚塗料
運転開始 13 カ月		
運転開始 53 カ月		

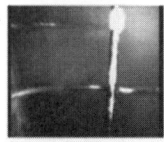

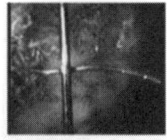

効果確認
KIHI パネル：チタンシート表面には海生生物の付着が見られない．
防汚塗料：ミドリイガイなどが付着と脱落を繰り返している．

図 5・28　53 カ月後の防汚効果

停電時および通電再開後のパネル状況

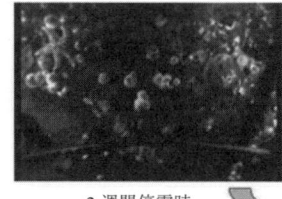

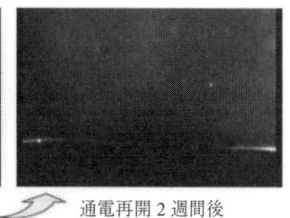

2 週間停電時　　　　　　通電再開 2 週間後

2 週間停電時，チタンシート表面には海生生物が付着した

通電再開 2 週間後，停電時表面に付着したフジツボなどが脱落した

停電など通電オフ時に付着した海生生物は，再通電することで脱落する

⇨ 間欠通電による運転が可能

図 5・29　再通電によるフジツボ類除去状況

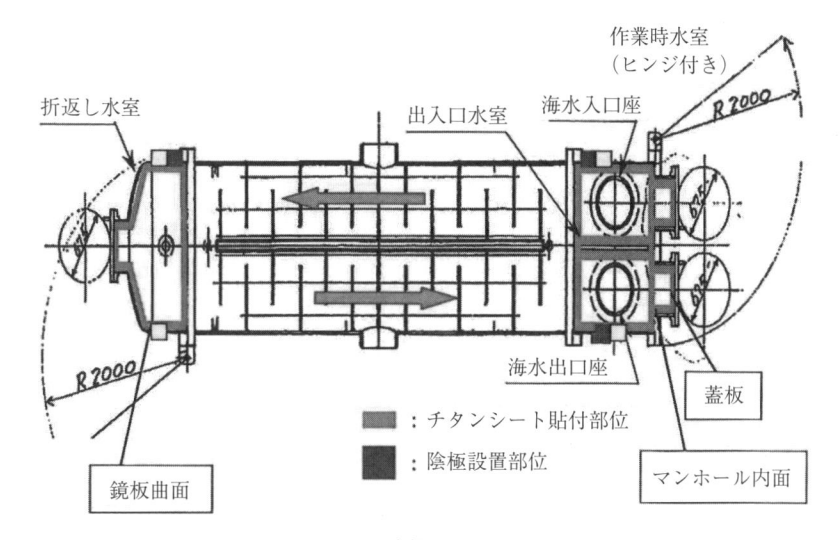

図 5・30　熱交換器施工対象位置

（折返し水室／出入口水室／海水入口座／作業時水室（ヒンジ付き）／海水出口座／蓋板／マンホール内面／鏡板曲面／R 2000）

■：チタンシート貼付部位
■：陰極設置部位

図 5・31　パネル設置状況

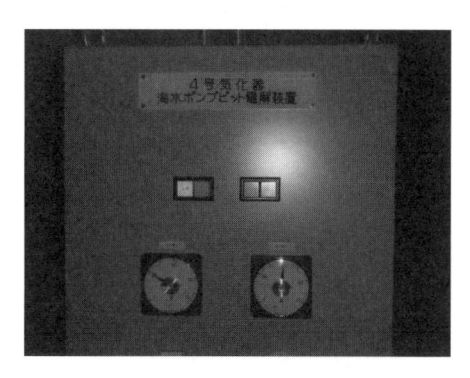

図 5・32　電源装置

5·10 流速や高水温による付着防止

付着生物の幼生が固着生活をおくるためには，基盤に到達し，接着物質を分泌して固化するまでの時間が必要である．そのため，高流速により幼生の行動を制限し防汚する方法がある．また，海洋生物には生息に適した水温があり，それより高い水温下では一定時間は耐えるが，やがて死に至ることが知られている．そのことを利用し，耐性以上の高水温で一時的に処理することによって，付着した生物を処理する方法も考案されている．

1) 流 速

浮遊幼生が基盤に接触して付着行動を行う付着生物にとって，流速は重要な要因である．フジツボ類のキプリス幼生の付着に及ぼす流速の影響について Crisp (1955) が層流条件で室内実験により調べている．直径 1 cm のガラス管内に海水を流してガラス管壁面への幼生の 48 時間の付着を調べた結果，流速がゼロの時にキプリス幼生の付着数は少なく，ガラス管壁面から 1 mm 離れた位置の流速が 5～8 cm/s 程度が最も付着数が多くなり，36 cm/s 以上の流速では付着が観察されなかった．

①模擬水路による実験

坂口ら (1985a, b) は付着生物幼生を含む自然海水を用いて乱流条件で流速と海生生物の付着との関係を調べている．大阪湾の発電所に設置したアクリル製実験模型管に発電所の循環水管より海水を流し，流速と生物の付着との関係について検討した（図 5·33）．管内の流速分布をピトー管で測定した所，流速は管の中心部が最も速く管壁面に近づくにつれて遅くなり壁面と接する面ではゼロとなった．

フジツボの付着期の幼生の殻長は大部分が 1 mm 以下（加戸，1991）であるため，壁面から 1 mm の地点の流速を代表点として以降の実験を実施している．実験模型管路は，内径が 119～75 mm の 6 種類の平滑なアクリル管を直列に配列することで，流量一定で異った流速が得られるように設計されている（図 5·34）．通水開始時の管壁面から 1 mm の位置の流速（以後初期壁面流速と呼ぶ）と実験終了時の生物付着量との関係は，流速が速いほど付着量が減少し，付着生物量（湿重）は初期壁面流速が 0.5 m/s で 540 g/m^2，0.7 m/s で 190 g/m^2，0.8 m/s で 26 g/m^2，1.0 m/s で 1 g/m^2 未満であった．付着個体数は 0.5 m/s で 3 万個体/m^2，0.7 m/s で 1 万個体/m^2，1.0 m/s で 300 個体/m^2，1.3 m/s で 60 個体/m^2，1.4 m/s では付着しなかった（図 5·35，5·36）．

付着生物は初期壁面流速が 1.3 m/s 以下で付着したことから，長期間付着を完全に防ぐためには，これ以上に流速を維持する必要がある．しかし，初期壁面流速 1.0 m/s の実験管の付着生物重量で 1 g/m^2 未満と少量になるので，実用上はこの程度の流速でほとんど問題は生じないと考えられる．種類別に初期壁面流速と付着との関係を調べると，フジツボ類，ヨコエビ類，ワレカラ類は 1.3 m/s 以下，ムラサキイガイは 0.8 m/s 以下で付着が観察されている（坂口ら，1985b）．フジツボ類は，はじめ初期壁面流速の遅い管にのみ付着したが，長く通水するにつれて初期壁面流速が速い実験管にも付着した．フジツボ類の付着を防止できた期間は，初期壁面流速が 0.8 m/s で 2 カ月，1.0 m/s で 7～9 カ月，1.3 m/s で 13～15 カ月，1.4 m/s で 18 カ月以上であった（図 5·37）．

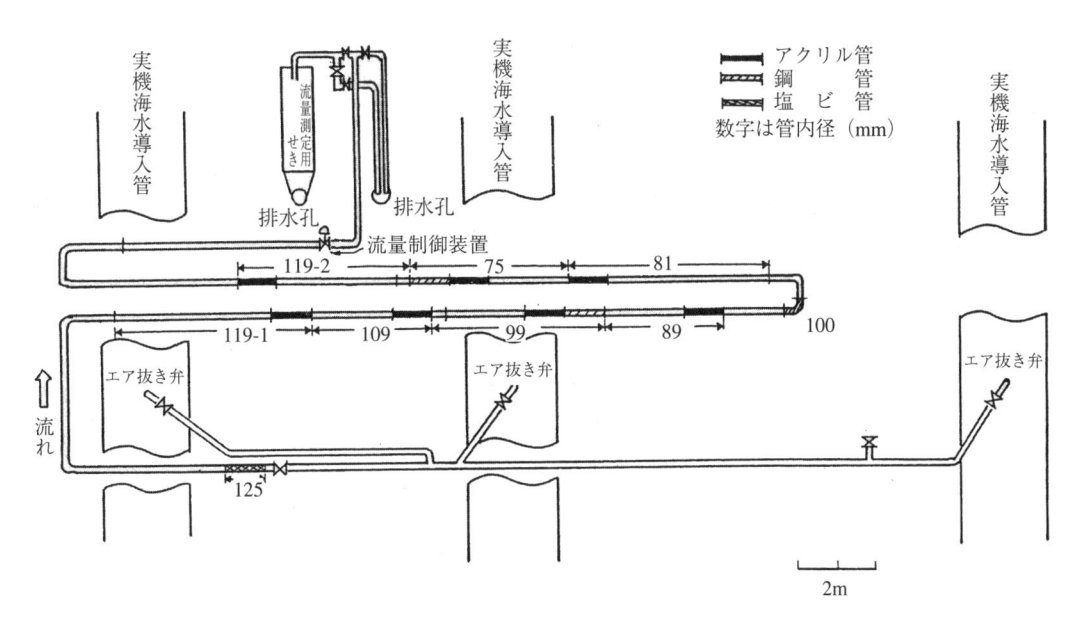

5・10 流速や高水温による付着防止

図 5・33 長期連続通水実験模型管路平面図 (坂口, 1985 を改変)

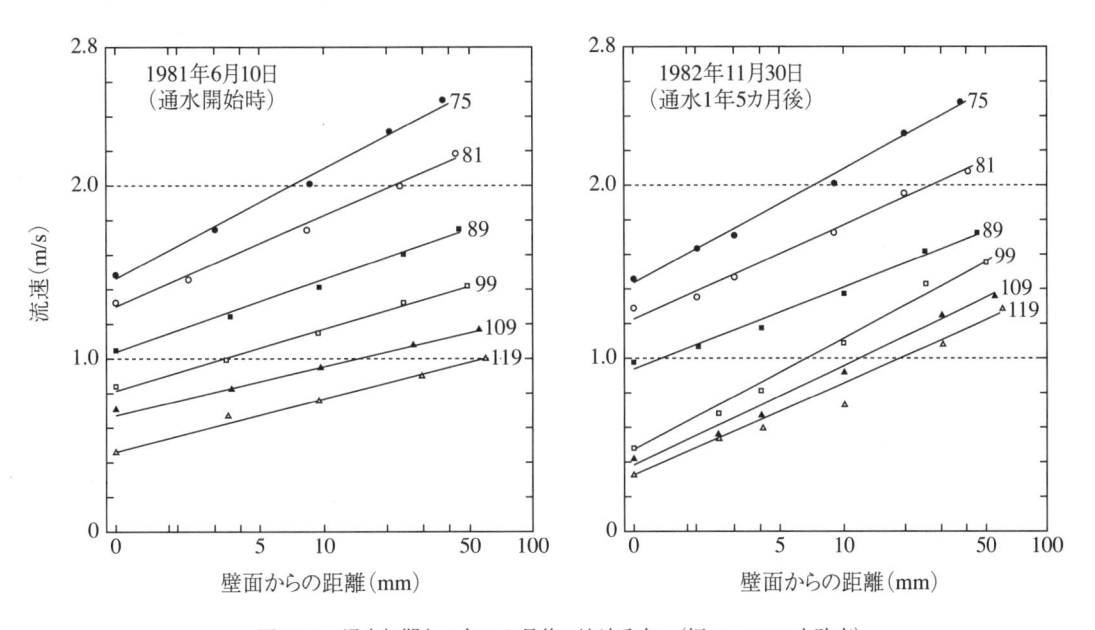

図 5・34 通水初期と 1 年 5 カ月後の流速分布 (坂口, 1985 を改変)

5章　海生生物対策技術（防汚対策）

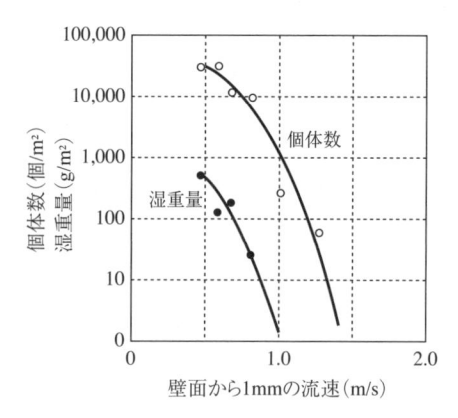

図5·35　流速と生物（フジツボ，ムラサキイガイ，ヨコエビ類など）の付着（坂口，1985を改変）

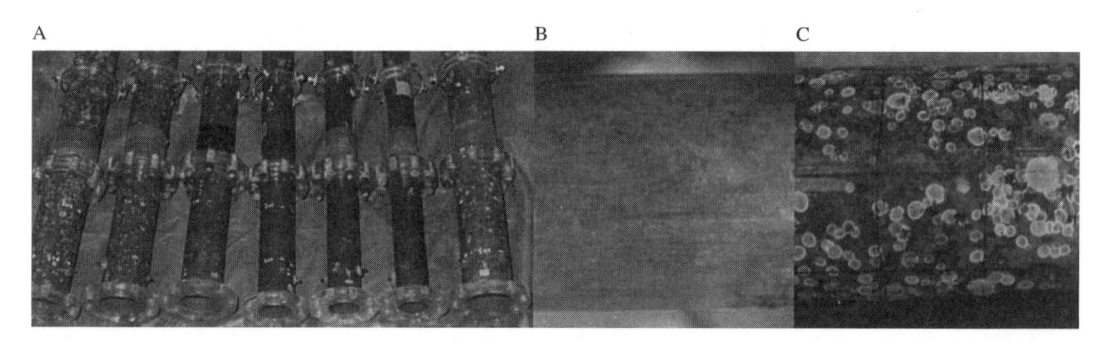

図5·36　A：通水1年半後の実験管（左から内径119，109，99，89，81，75，119 mm），
　　　　B：内径75 mm（流速1.4 m/s），C：内径119 mm（流速0.5 m/s）（坂口，1985を改変）

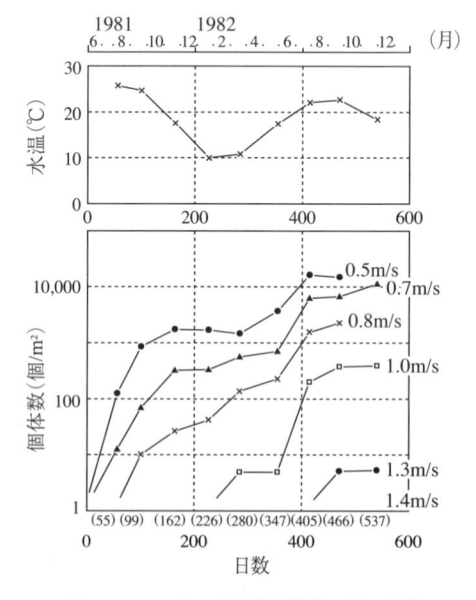

図5·37　フジツボ付着個体数の経日変化

156

②壁面の粗度と付着の関係

壁面の粗さについて検討した実験によると壁面が粗いほど，付着種類数，付着量は増大し，摩擦損失が大きくなった．したがって取水管での生物付着を少なくするためには，壁面をできるだけ平滑に施工し，平滑な状態を保つことが重要である．実際の発電所での循環水管の例では，設計時の留意事項として「近年建設された発電所では，管内高流速化（3 m/s）により貝付着防止を図る設計を採用している発電所も多い」と記述されている（火原協，2003）．

2) 温 水

温水を利用した付着生物の処理が検討され発電所や水産の分野で実施されている．3章でも述べられているように，ムラサキイガイ *Mytilus galloprovincialis* はわが国に広く分布しているが水温の高い沖縄などには分布していない．福井県の温排水海域で実施した1カ月間隔の調査によるとムラサキイガイは29℃以上の水温になると死亡率が80％以上に上昇した（安田・日比野，1986）．

①ムラサキイガイの高温耐性

室内実験結果によれば殻長6 mmのムラサキイガイの死亡率は水温32℃の海水に12時間暴露で35％，17時間暴露すると100％の死亡率であった．35℃では3時間暴露で25％，4時間15分暴露で100％の死亡率となった（坂口ら，2006）．

ムラサキイガイ成体の小個体（殻高10～20 mm）は35℃で160分，40℃で40分，45℃で4分の温水処理で100％死亡した（図5・38）．貝の大きさにより死亡率は異なり，ムラサキイガイの小型貝（10～20 mm）は45℃4分で100％死亡するが，大型貝（60～80 mm）は死亡率が15％であり全数死亡するには15分を要した（図5・39）（山崎，1965）．模擬水路を用いて海水を循環しながら温度を上げる昇温試験結果によると，41℃になっても貝はあまり死んでいないが，その温度で15分間持続すると100％死亡した（図5・40）．

満岡ら（1967）の実験によると殻長15 mmのムラサキイガイは60℃の温水に6秒以上浸漬すると100％死亡した．一方，殻長約50 mmのカキは60℃の温水に10秒浸漬しても死亡率は0％であった．この温水耐性の違いを利用してカキ養殖のムラサキイガイ駆除に温水を使用する方法が開発されてい

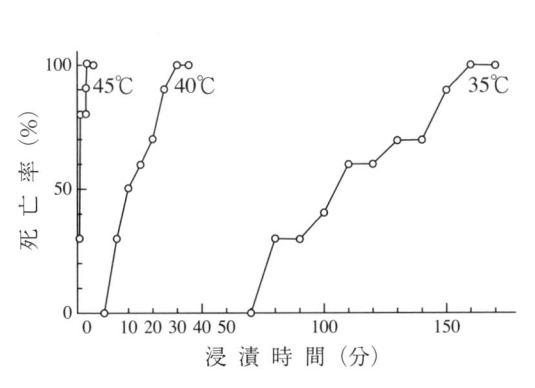

図5・38 ムラサキイガイ成体の死亡率（山崎，1965を改変）

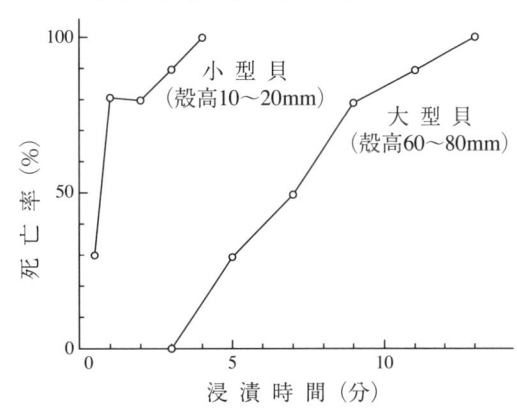

図5・39 45℃における大型および小型のムラサキイガイの死亡率（山崎，1965を改変）

る．作業船の上のドラム缶に温水を用意し，カキ連を 50～60℃の場合は 5～10 秒，60～70℃の場合は 3～5 秒浸漬することにより，処理した翌日にはムラサキイガイの殻は開き，1 週間後には完全に除去された．処理によってカキの殻の成長が短期間止まるが 10 日後には回復し最終的には身入りもよく悪影響はない（表 5・22）．

養殖ヒジキのロープに付着するムラサキイガイの付着個体数と湿重量を減らすのに 45℃で 10 秒間の温海水処理が有効であった（難波ら，2008）．

②その他の付着生物の高温耐性

フジツボの水温に対する耐性は，一般に低温に対しては抵抗力が大きく，高温に対して小さい．タテジマフジツボは 34～35℃の海水中では 86 時間以上経過した場合には常温に戻しても回復しなかったと報告されている（加戸，1987）．

フサコケムシに関する室内実験結果では 35℃の海水中では，120 分で，40℃の海水中では，4～5 分で完全に駆除が可能とみられる（図 5・41）（久保・増沢，1961）．

Stock and Strechan（1977）はカリフォルニアの発電所の主要な付着生物であるヨーロッパイガイ *Mytilus edulis*，フジツボ類 *Balanus tinitinnalubum*，ヒドロ虫類の 3 種について温水に暴露した時の水温と 95％致死時間の関係を調べた．ムラサキイガイの近縁種であるヨーロッパイガイの 95％致死時間は，32℃で 22.3 時間，36℃で 2.7 時間，41℃で 0.2 時間であった．アカフジツボの近縁種である *Balanus tinitinnalubum* は 32℃で 5.6 時間，36℃で 0.4 時間であった．ヒドロ虫は 32℃で 0.2 時間であった．

③発電所での実施例

東京湾には海水クーラーの温水加温（1994 年 6 月実用化）を実施している発電所がある．海水を補助蒸気により 42℃まで加温し，海水クーラー系統内を循環させる．夏季における海水クーラーの機能維持に効果があり，貝の付着・成長がなくなり，海水クーラーの細管清掃回数，水室清掃回数および導入管のジェット洗浄回数の削減が図れた．温水加温によりムラサキイガイ，ミドリイガイの発生・繁殖は防止でき，フジツボにも効果があるという（火原協，2003）．

隠岐の西郷発電所（ディーゼル発電）の冷却水系で 50℃の温水を用いた駆除を毎年実施している．冷却器に付着している主な生物はムラサキイガイで，処理をしないと冷却器内が詰まり，冷却効果が低下してエンジンの故障につながる．エンジンの排気ガスを利用して冷却器と冷却水配管の温水（40～50℃）処理を 1 回に 4 時間，年間 4～6 回実施することにより稚貝を死滅させて故障の発生を防いでいる（島林，私信）．

発電所の冷却水路系の温水処理は，アメリカ，オランダ，イタリアなどで実施されている（電気化学協会海生生物汚損対策懇談会，1991）．カリフォルニアの発電所では，復水器を通過した海水の一部を再循環させることで温水を作り，取水管，取水槽，循環水管，放水管の付着生物の対策を行っている．取水管と放水管の間に 2 本の連絡管があり，4 カ所のバルブを操作することにより，取水管と放水管の温水処理が可能となっている．環境水温は 12～22℃であり，復水器を通過すると 10～11℃温度が上昇する．排水の 2/3 を再循環させることにより排水温度を 52℃まで上昇させ，取水槽の温度を 41℃として，2 時間維持することで処理する（Stock and Strechan, 1977）． （坂口　勇・野方靖行）

図 5·40 ムラサキイガイの死亡率
（山崎，1965 を改変）

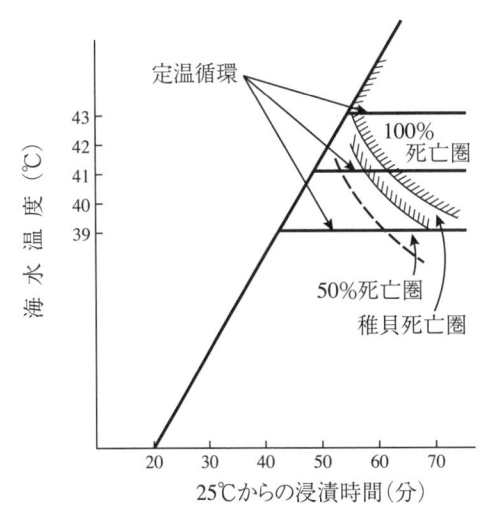

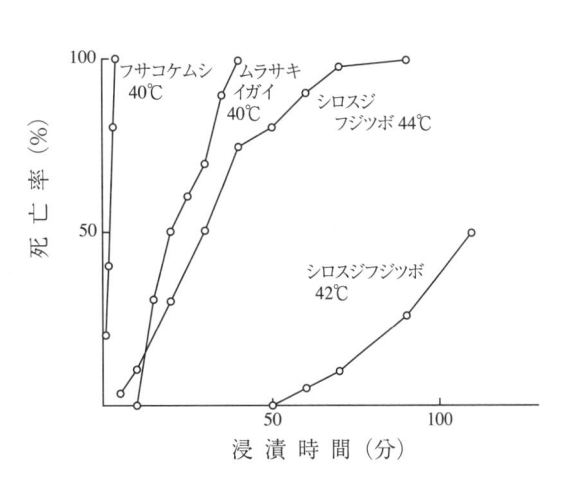

図 5·41 生物別の 40℃ 付近の死亡率
（山崎，1965 を改変）

表 5·22 カキとムラサキイガイの温水耐性の比較（満岡，1967 を改変）

50℃加温海水

浸漬時間	カキ 生	カキ 死	ムラサキイガイ 生	ムラサキイガイ 死
5 秒	50	0	24	26
10 〃	50	0	20	30
15 〃	50	0	19	31
30 〃	50	0	16	34

60℃加温海水

浸漬時間	カキ 生	カキ 死	ムラサキイガイ 生	ムラサキイガイ 死
2 秒	50	0	2	48
4 〃	50	0	1	49
6 〃	50	0	0	50
10 〃	50	0	0	50

70℃加温海水

浸漬時間	カキ 生	カキ 死	ムラサキイガイ 生	ムラサキイガイ 死
2 秒	50	0	1	49
4 〃	50	0	0	50
6 〃	38	12	0	50
10 〃	21	29	0	50

5・11 汚損生物幼生の検出方法

3章で紹介されているように,ほぼすべての汚損生物は固着して生活する世代と海中を浮遊して生活する世代の2つをもつ.例えば,フジツボ類やイガイ類などの代表的な汚損生物の浮遊生活時期(幼生世代)を把握することにより,付着生物対策の効率的な運用に寄与することができると考えられる.従来は,出現する付着生物の種類や量を把握するために,付着板調査(梶原,1979)や顕微鏡観察(El-Komi and Kajihara, 1990)が行われていたが,生物種を把握するために,かなりの訓練が必要であった.現在,検討・開発されている方法は顕微鏡などを用いることなく幼生の出現を把握できるような工夫がなされている.本節では新しい汚損生物幼生の検出方法を解説する.

1) 検出方法
①**画像解析法**(関西電力,2007;野方・中島,2008)
画像解析技術によりフジツボの幼生や付着した幼体の出現をとらえる方法であり,図5・42Aのように観測海域の海水をポンプアップし,導入した海水から直接観察するセル部分とビデオカメラ(スキャン)および解析用のPCから構成され,実際装置には取水流量や洗浄を制御する部分も備えている(図5・42D).検出部は,幼生検出部(図5・42B)および付着生物検出部(図5・42F)の2つをもち,それぞれ特徴的なセルとなっている.

幼生検出部での検出は,フジツボのキプリス幼生の走光性を利用し,セル側面に設置したLEDライトにより,図5・42Cのように幼生がカメラ計測部を通過する行動を録画する.録画した画像はPC内で処理され,図5・42Eに示したような遊泳軌跡・閾値・円形度などのパラメータによる処理後にフジツボ幼生数としてカウントされる.

一方,付着後の付着生物検出部はA4サイズのイメージスキャナにA6サイズのセルを2式並列に設置し,検出用と洗浄・待機用を切り替えて運用することで,連続的に使用できる(図5・42F).図5・42Fのように,セルの下面に設置したイメージスキャナにより画像としてPCに連続的に取り込み,二値化処理および円形度などのパラメータによる自動計測を行い付着したフジツボ幼生数をカウントする仕組みとなっている(図5・42G).

スキャナ取り込みによる付着生物の状況確認容器については,中国電力も開発に取り組んでおり,9章9・6に紹介されている.また,フジツボのキプリス幼生が発する自家蛍光により種判定する方法についても検討されており,こちらも9章9・6を参照していただきたい.

②**抗体法**(中国電力,2007;中部電力,2012)
抗体による検出は,脊椎動物の防御システムである,自分と異なる「異物」を攻撃し排除しようとする免疫反応を利用したものである.検出したい付着生物の幼生を「異物」と認識させることで,フジツボなどが有する特異的なタンパク質への対抗物質(抗体)を作製し,対象付着生物幼生と反応させることで,特異的な検出を行う.基本的な原理を図5・43,図5・44(カラー口絵)に示すが,抗原抗体反応を利用する方法は,病原菌・ウイルスの特定,アレルギー物質の検査,妊娠の検査などへ広

5・11 汚損生物幼生の検出方法

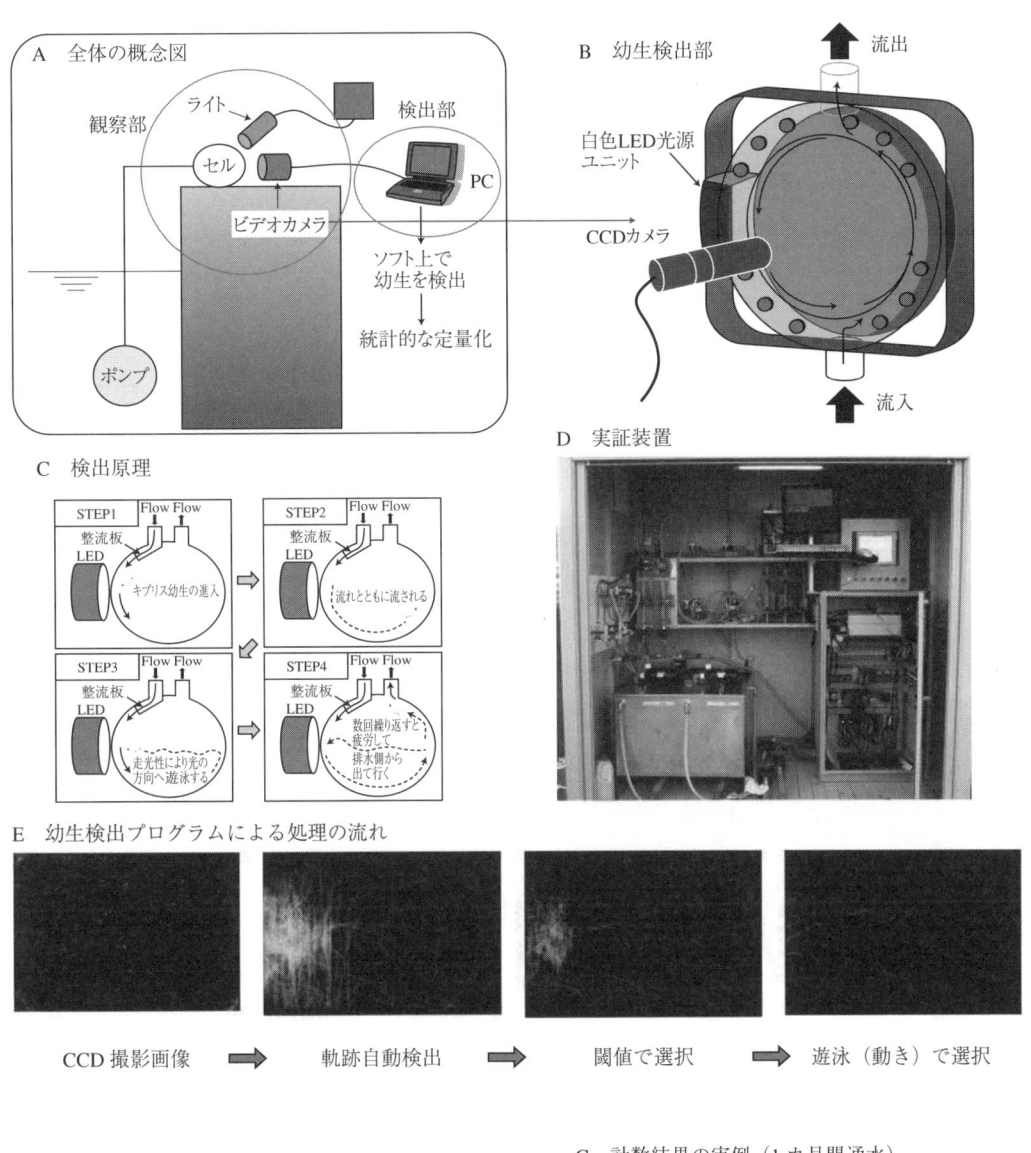

A 全体の概念図
B 幼生検出部
C 検出原理
D 実証装置
E 幼生検出プログラムによる処理の流れ

CCD撮影画像 → 軌跡自動検出 → 閾値で選択 → 遊泳（動き）で選択

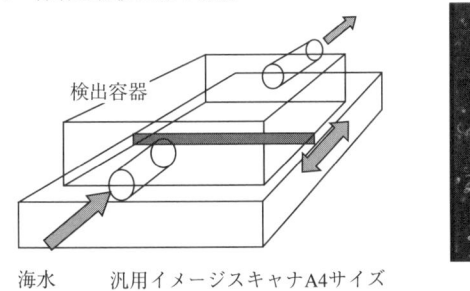

F 付着生物検出部の構成
G 計数結果の実例（1カ月間通水）

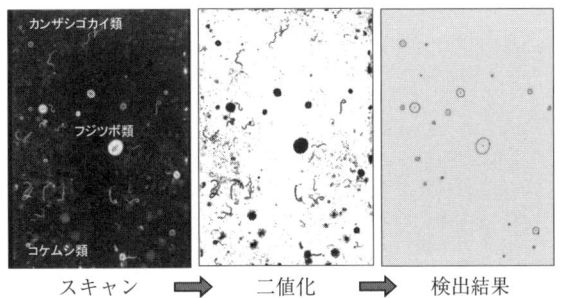

スキャン → 二値化 → 検出結果

図5・42 画像解析などによる付着生物検出方法

く用いられており，簡単な操作で比較的高い検出感度をもつことが特徴である．本技術の詳細は，9章9·6を参照していただきたい．現在，和光純薬(株)より関連キットが販売されている．

③遺伝子検出法

本手法は付着生物の遺伝情報に着目して，種類ごとに異なるDNAの塩基配列を利用して，それぞれの種で異なる塩基配列だけを増幅させるプライマー（検出したいDNAと相補的な塩基配列を増幅させるDNA鎖）により，種類の検出と定量を行うものである．これまでに15種類のフジツボ類（松村ら，2006；遠藤ら，2009）に加え，ムラサキイガイ，キタノムラサキイガイ，ミドリイガイ（野方・遠藤，2012），淡水外来種であるカワヒバリガイ（遠藤ら，2009）と発電所で見られるフジツボ類やイガイ類についての特異的なプライマーが開発されている．特異的なプライマーとPCR装置を用いることにより，様々な種類のプランクトンが入り混じっているサンプルから抽出したDNAの中から目的とする種類のDNAの増幅量を測定することで，種の特定だけでなく，幼生の出現量に関する情報も得ることができる（図5·44　カラー口絵）（野方・遠藤，2012）．表5·23に遺伝情報を用いて検出可能な付着生物を示した．

2）従来の検出方法との比較

従来法および上述の方法のメリット・デメリットを表5·24に示す．新しく開発された方法はいずれも，従来法と比べ，熟練した観察技術を必要とせず，迅速に付着生物の幼生の検出が可能となっている．しかし，それぞれの方法で長所・短所があるため，検出したい目的や種類によって使い分ける必要があると考えられる（福澄ら，2013）．

表5·23　遺伝情報を用いて検出可能な付着生物

生物種	学名	分布地域
フジツボ類		
アカフジツボ	*Megabaranus rosa*	津軽海峡～八重山諸島
ココポーマアカフジツボ	*Megabaranus coccopoma*	宮城県～愛媛県太平洋側？
オオアカフジツボ	*Megabalanus volcano*	房総半島以南，秋田以南～八重山諸島
アメリカフジツボ	*Balanus eburneus*	本州以南
ヨーロッパフジツボ	*Balanus improvisus*	本州以南
タテジマフジツボ	*Balanus amphitrite*	本州以南
サラサフジツボ	*Balanus reticulates*	本州以南
シロスジフジツボ	*Balanus albicostatus*	本州以南
サンカクフジツボ	*Balanus trigonus*	本州以南
ミネフジツボ	*Balanus rostratus*	瀬戸内海，浜名湖，三河湾，相模湾以北
ハナフジツボ	*Balanus crenatus*	本州北部以北
イワフジツボ	*Chthamalus challengeri*	北海道，本州，四国，九州
クロフジツボ	*Tetraclita japonica*	津軽海峡～台湾北部
ドロフジツボ	*Fistulobalanus kondakovi*	東京湾以南
チシマフジツボ	*Semibalanus cariosus*	銚子以北，津軽海峡以北
イガイ類		
カワヒバリガイ	*Limnoperna fortunei*	本州淡水域
ムラサキイガイ	*Mytilus galloprovincialis*	日本全域
キタノムラサキイガイ	*Mytilus trossulus*	北海道太平洋側
ミドリイガイ	*Perna viridis*	千葉～鹿児島太平洋側と日本海側の一部

3） 期待される活用方法

発電所の立地場所により，問題が生じる種類や時期は異なることから，これらの手法を用いて，例えば，中部電力（2012）や9章9・6で中国電力が実施したような立地点ごとの付着生物出現カレンダーを作成することで，適切な付着生物対策の運用が期待できる．　　　　　　　　　　　　（野方靖行）

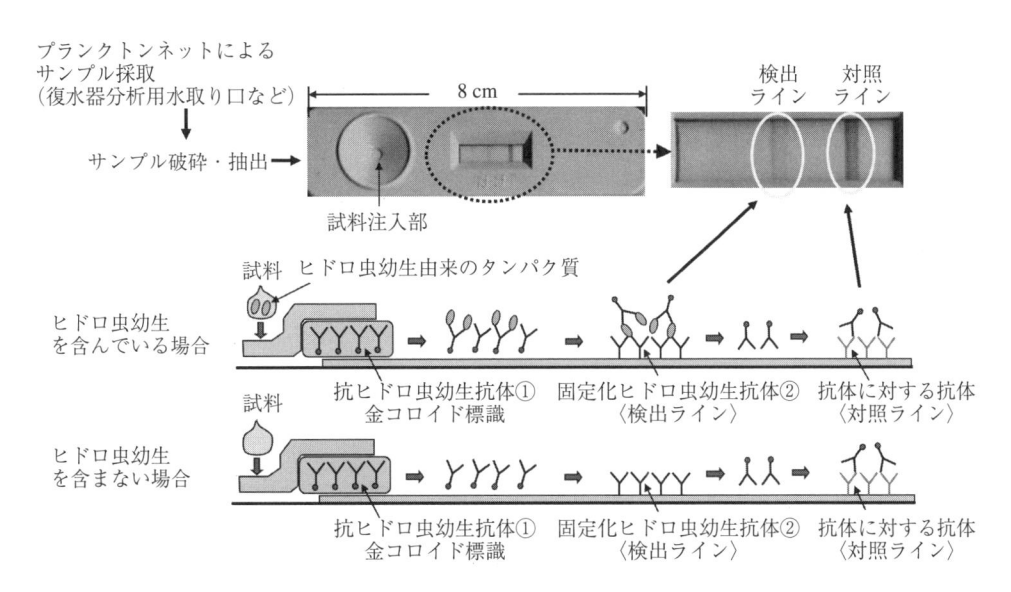

図5・43　抗体による検出の原理
（提供：中国電力(株)）

表5・24　検出方法によるメリット・デメリット

解析法	メリット	デメリット	備考（参考）
付着板	基本的に設置場所を選択すれば板を垂下するだけで簡単に開始できる．	付着生物の同定技術者が必須．結果を得るのに時間を要する（1カ月以上）．	
顕微鏡観察	採集したサンプルから細やかに種組成・定量とともに成長段階の把握が可能．	付着生物幼生形態は非常に似ており同定が難しい．技術者の熟練が必要．	フジツボに関しては自家蛍光での種判定可能（9章9・6）．
画像解析法（幼生観察セル）	連続的なデータが得られる．設置後は自動的に検出可能．	現在はイガイ類に対応していない．配管の定期的なメンテナンスが必要．	セルの洗浄装置は組み込まれている．スキャナーによる計測は9章9・6を参照．
抗体法	キットにより判定可能であるため処理が簡便．	現在2種（アカフジツボ・ムラサキイガイ）の販売のみ．タンパク質抽出が必須．	タンパク質抽出キットも販売されている．詳細は9章9・6を参照．
遺伝子検出法	検出感度は最もよい．発電所に流入するほとんどの種類に対応している．	PCR装置および遺伝子解析用の試薬類が必須．ホルマリン固定サンプルは解析できない．	

5・12 研究段階の技術

付着生物対策に関しての研究開発の歴史は古く，紀元前5世紀ごろには既にピッチや銅を船底防汚に用いていたといわれており，現在も様々なアイデアで付着防止が検討されている．本節では，今後展開が期待される新しい技術をいくつか紹介する．

1) 現在検討されている技術
①マイクロバブル
直径 50μm 以下の微細な泡のことをマイクロバブルと呼び，通常の気泡とは異なる動きを示すことが知られている（上山・宮本, 2011）．例えば，図5・45に示すように，通常の気泡の場合には，水面まで浮上し，そこで破裂し中の気体は大気に放出されるのに対し，マイクロバブルの場合は，上昇速度が遅く，水中に長く滞留した後に，気体は液体中に溶けて消滅する．これにはマイクロバブルの自己加圧効果や表面電位特性が関係していると考えられているが，詳細については成書（上山・宮本, 2011）などを参照されたい．

このマイクロバブルを用いた水質浄化（柘植・李, 2006）や殺菌（高橋, 2006；幕田・宿谷, 2011）は既に実用化されているが，近年，付着防止対策への展開が検討されている．先行研究の成果では，使用気体として，CO_2 を用いることで図5・46のように良好な付着防止効果が得られている（杉本ら, 2009；中国電力, 2013）．なお，具体的な事例に関しては，9章9・11にて，関西電力における検討事例が紹介されているので，こちらも参照いただきたい．

②付着阻害物質
海藻や海綿などの生物が他の付着生物の付着から自身を守るために生産する天然の付着阻害物質を利用しようとする研究も盛んであり，これまでに 300 種類以上の生物由来の付着阻害活性物質が報告されている（Fusetani, 2004, 2011；北野・野方, 2006）．これらの化合物は，主に化合物の毒性により付着を防止している既存防汚剤と比較して，高濃度でも生物に対して毒性を示さず，低濃度で付着を防ぐことから注目されている．また，天然物およびその基本骨格を基にした化合物群であるため，生分解性に優れ環境面へ与える影響も少ないと考えられている．その中でも図5・47に示すような化合物はフジツボ幼生を殺すことなく低濃度で付着を阻害することから，構造活性相関の検討や誘導体を用いた高機能化の検討が行われている（北野・野方, 2006；川又, 2006 など）．また，付着阻害活性をもつ天然物あるいは天然物から派生した化合物を使用した塗料の浸漬試験も行われており，中には現行の市販塗料と同等の効果を示すものも報告されている（野方, 2005 など）．最近では，ラクトン環を有する天然物は付着阻害活性を有するものが多く報告されているが，微生物の生産するマクロサイクリックラクトンである ivermectin をロジンベースの塗料に混ぜて海域試験を行った結果，フジツボの付着を2シーズン防いだ（試験期間 388 日）と報告されている（Pinori et al., 2011）．また，同様にラクトン環を有する，secochiliolide acid を塗料に混ぜて試験した結果，45日間は顕著に付着が少なかったと報告されている（Perez et al., 2014）．今後，大量生産方法の確立と

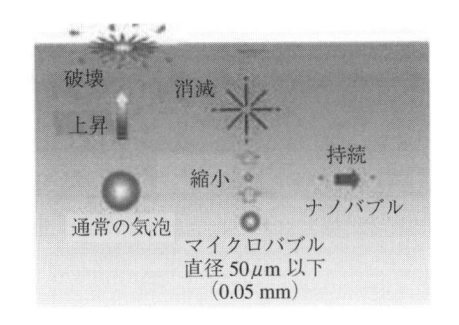

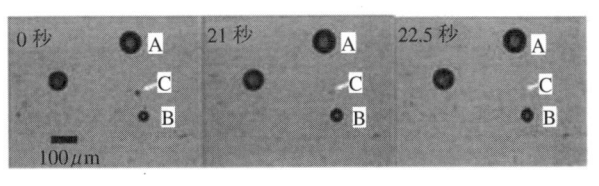

図 5·45 マイクロバブルの縮小とナノバブルの残存
※ C のマイクロバブルが縮小，消滅

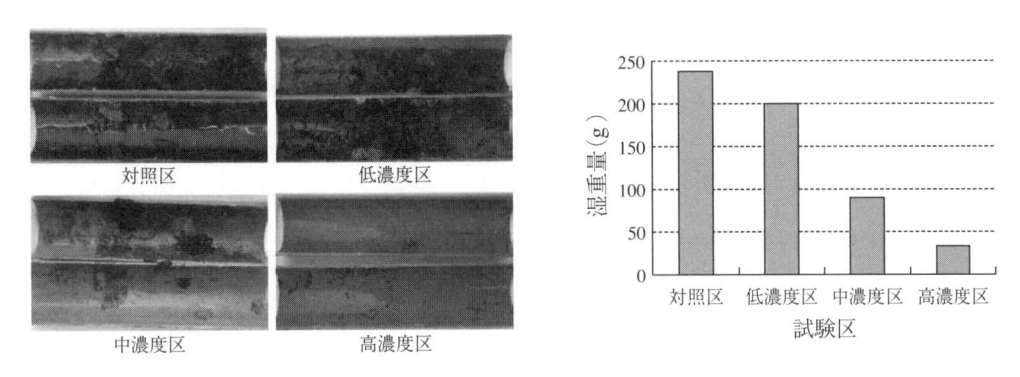

図 5·46 CO₂ マイクロバブルによる付着防止効果
（提供：中国電力（株））

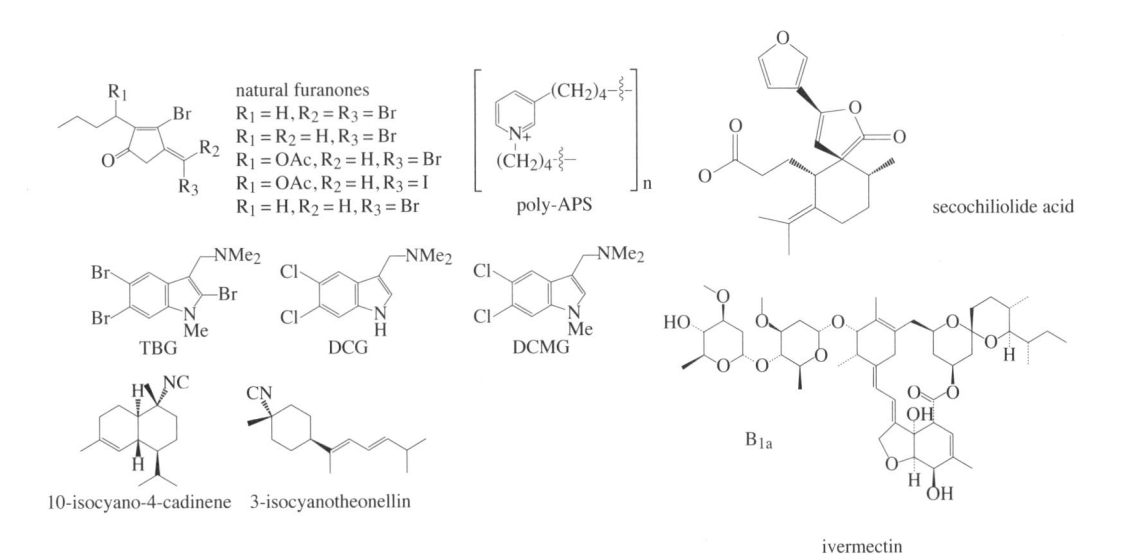

図 5·47 顕著な付着阻害活性を示した天然物など

ともに，作用メカニズムや他種生物への影響などを考慮することにより，環境負荷の少ない防汚剤としての利用が期待される．

　③表面加工技術

　基板表面の物理的な性質として，フジツボ幼生が溝や窪みなどの凹面に好んで付着する現象は古くはCrispら（1954）が指摘している．例えば，イギリスに生息するフジツボ *Semibalanus balanoides* のキプリス幼生は図5・48に示すような窪みや溝へは好んで付着するが，凸面には付着しにくいことを実験的に示している．しかし，付着の指向性に関しての具体的な凹凸のサイズなどは明確ではなかった．近年，表面上をナノメートルオーダーの精度で加工する技術が確立されたことより，表面の微細な凹凸の生物の着底への影響を研究することが可能となり，微細な表面形態が注目されつつある．

　Bersら（2004）はカニ（高さ2～2.5μmの小棘状の突起），ムラサキイガイ（1～1.5μm幅の波板），クモヒトデ（直径10μm程度の低い突起），サメの卵（15～115μmの不規則波板）などの表面から作成したエポキシ製のレプリカを用いて，フィールドで浸漬試験を行い効果を調べている．その結果，カニとムラサキイガイの殻表面を模したレプリカではヨーロッパフジツボの付着が2～3週間顕著に少なかったことが報告されている．同様に，アクリル樹脂で作成した50～100μmのメッシュ構造（Anderssonら et al., 1999），64μmの幅の波状構造や1～100μmの平均高さの凹凸をもつメッシュ構造（Berntsson et al., 2000）などについて調べた結果，いずれの微細構造においても室内実験では滑らかな表面と比較して有意に付着を減少させている．特に高さ30～45μm，幅が150～200μmのメッシュ構造の場合には，付着率の減少が顕著であった．微細な構造物にフジツボが付着しにくい現象は，キプリス幼生のサイズや第1触角の長さ，第1触角先端の付着器官の大きさなどと関連していると考えられている．接着が可能な基盤とは，付着器官が接することができる接点の数・面積が大きな問題と考えられており，図5・49のような高さ30～45μmの凹凸の繰り返し構造などは，付着器官と基板の接点が少なくなり，幼生の付着が最も抑えられる（Scardino et al., 2006）．同様に，ムラサキイガイ幼生などにおいても，凹凸による付着への影響が見られている（Carl et al., 2012；Vucko et al., 2013）．なお，これらの微細構造の検討には後述するシリコンエラストマーも多く用いられている．一方，フィールド実験においては，長期間浸漬により，生物皮膜の形成や海中有機物の表面への付着が見られるようになり，それらが効率よく剥離できない場合には，徐々に大型生物も付着しやすくなると考えられるため，今後のさらなる研究の進展が望まれる．

　また，表面の物理化学的性質（表面エネルギーなど）が付着生物の着底に大きく関係していることが知られており，表面の接触角によりフジツボ幼生の付着率に変化を与えることができると報告されている（図5・50）．

　Ohkawaら（2000）はガラスシャーレの表面にシランカップリング剤を用いて様々な官能基を付加することで表面の濡れ性を改変し，タテジマフジツボキプリス幼生の付着実験を行っている．4日後の観察結果では，無処理ガラスシャーレの付着率が62％であったのに対し，塩素，アミノ基，メルカプトをカップリングさせたシャーレの付着率は6～20％と低く推移し，測定した表面自由エネルギーと付着率の関係に高い相関が見られている．同様に，Dahlströmら（2004）はポリスチレンとガラス製のシャーレにそれぞれ親水性と疎水性を付加し，ヨーロッパフジツボの付着を観察している．

その結果，ポリスチレンでも親水性を付加した場合に，若干平均付着率の減少が観察されている（疎水性シャーレの付着率：約80％，親水性シャーレの付着率：約50％）が，親水性を付加したガラスでは8日間の試験期間中にフジツボの付着は観察されなかった．

また，疎水性の表面に親水性のブロックコポリマーを用いて疎水性表面の性質を改変することで，タンパク質などの吸着を抑える現象が明らかにされている（Oyane et al., 2005）（図5・51）．親水性のブロックコポリマーを混ぜたポリスチレンで表面をコーティングしたシャーレを用いた実験では，図5・52に示すように5日後でもタテジマフジツボの付着が顕著に少ないことが確認された（横山ら，

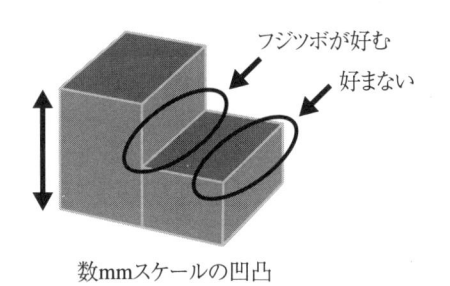

図5・48　フジツボ類の付着と数mmオーダーの凹凸の関係

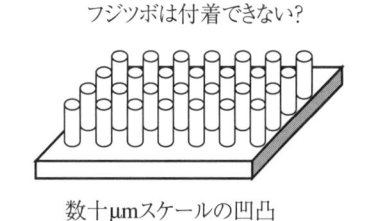

図5・49　近年行われているμmオーダーの表面性状の一例

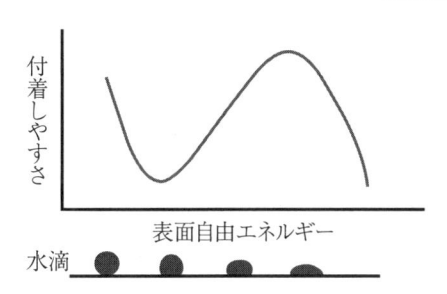

図5・50　表面と付着生物の付着しやすさの概念図

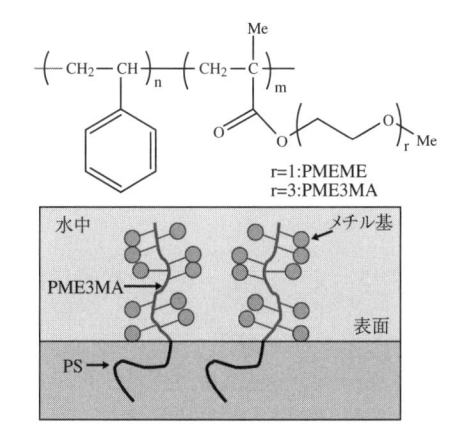

図5・51　親水性ブロックコポリマーによる表面性状改変概念図

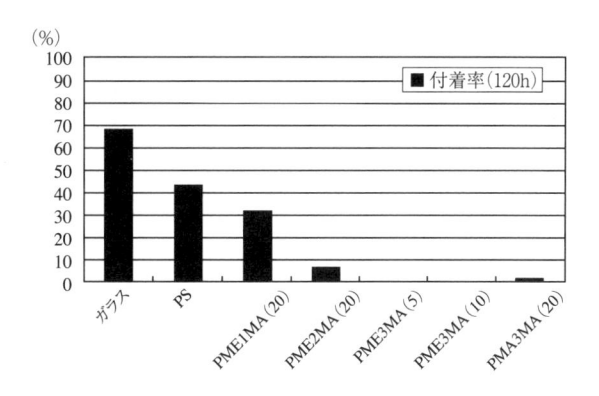

図5・52　親水ブロックコポリマーを用いた場合のフジツボ幼生の付着状況

2008). このような現象は，フジツボ幼生に特異的なものではなく，Carlら（2013）はムラサキイガイ幼生を用いて，様々な表面接触角の材料を用いて付着を調べている．その結果，ほぼ図5・50に示したものと同様の結果を得ている．また，後述のようにゲルにおいても表面の極性でフジツボの付着率が大きく異なることが明らかになりつつある．

④新素材など

シリコーンエラストマーの表面に微細な構造を付加した膜に対する付着防止効果（Carman et al., 2006）が報告されている．シリコーンエラストマーとはいわゆるシリコンゴムで，報告ではplatinum-catalysed poly（dimethyl siloxane）elastomer（PDMSe）を使用している．PDMSeの表面に円柱状，尾根状，穴状，水路状，ヒダ状の構造をもたせて，その接触角と防汚性を試験している．その中でもサメの表皮の構造を模倣したとされるSharkletFA[TM]は高さ$4\mu m$，幅$2\mu m$のヒダが$2\mu m$の間隔で並んだ図5・53のようなパターン構造をもつ．SharkletFA[TM]の水への接触角は135°であり，タテジマフジツボの付着もある程度防ぐことができるとされている（紹介ホームページ：http://sharklet.com/technology/）．

一方，シリコーンエラストマーのような高い弾性率をもつとともに親水性の高いゲル膜に関する研究もなされている．アガロース，感光型スチルバゾリウム架橋性ポリビニルアルコール（PVA-SbQ），アルギン酸，キトサンの4種類のハイドロゲルに対するキプリス幼生の付着の有無が調べられている（Rasmussen et al., 2002）．その結果，すべてのゲルにおいて，ポリスチレンと比較した場合に，タテジマフジツボの付着が少ないことが明らかとなった．特に1%のアルギン酸ゲルや4%のPVA-SbQは，試験期間の7日間はほとんど付着が認められずその付着率は低かった．同様に室崎ら（2013）の結果でも，天然ゲル素材はフジツボの付着を防ぐことが認められている（図5・54）．さらには，Murosakiら（2009）によると作成するゲルの極性や弾性率により，その付着状況は異なることが示されており（図5・55, 5・56），今後，ハイドロゲルを用いた付着防止膜の開発も期待される．また，ゲルを使用することにより，低摩擦効果も期待でき，山盛（2005）によると，キトサンを用いたゲル膜は，粗度があるにもかかわらず高速度領域においては極力平滑にした塩ビ表面と同等の摩擦抵抗値であり，防汚性能のみでなくハイドロゲル膜による摩擦抵抗低減の可能性を示唆している．

2）まとめ

付着生物対策として，これまでにも様々な技術が検討され，本章で紹介されているように実用化に至った技術も多いが，例えば，マイクロスクリーン，超音波処理，電撃処理などのように，他分野では実用的に用いられている技術においても，発電所付着生物対策では実機導入にはいたっていない技術もある．紙面の関係上，検討されている技術を網羅できているわけではないが，このような検討中の対策とこれまで紹介されてきた既存技術の長所・短所を明確にした上で，立地点の付着生物の特性に応じて対策の取捨選択可能な幅を広げて行くことにより，付着生物によるトラブルの防止と環境負荷の低減という両方の課題を克服できると期待される．

（野方靖行）

5・12 研究段階の技術

図 5・53 SharkletFA の微細構造（HP を基に改変）

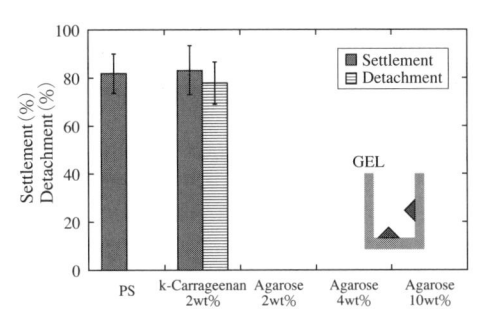

図 54 天然ゲルへのフジツボの付着（室崎ら，2013 より改変）

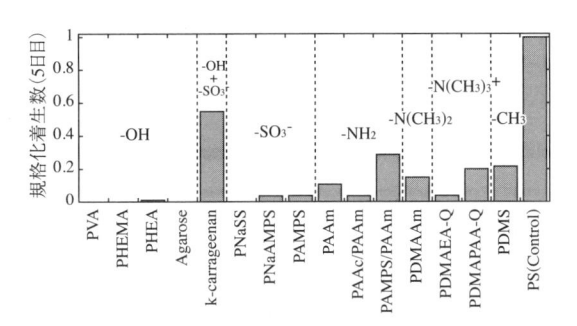

図 5・55 ポリスチレンへのキプリス幼生の着生数を 1 とした場合の官能基の異なるゲルへ相対付着数
（Murosaki et al., 2011 より改変）

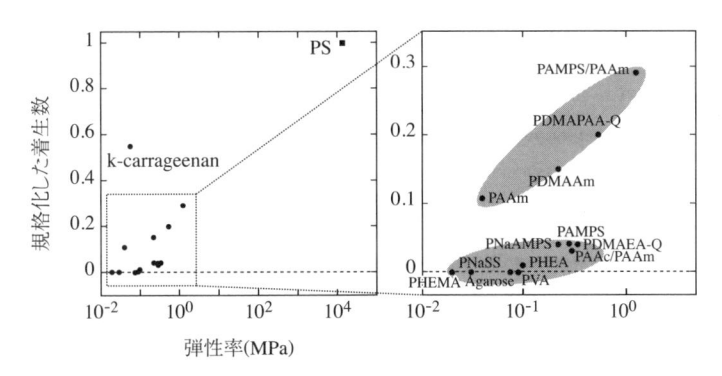

図 5・56 ポリスチレンへのキプリス幼生の着生数を 1 とした場合の弾性率と相対付着数の関係
（Murosaki, 2009 より改変）

169

5・13 海生生物廃棄物の処理・再利用技術

　2002年に全国の火力発電所（108火力発電所）を対象に実施したアンケート調査（火原協, 2003）によれば, 全国の火力発電所の付着生物処理量は年間約2万トンであり, 1992年のアンケート調査の3万8,000トンと比較すると約1/2に減少している. 発電所ごとの年間処理量は0から最大1,500トンまで分布しており, 年間10～100トン処理している発電所は30カ所, 100～500トン処理している発電所は28カ所であった. ここでは, その処理の実態と有効利用について解説する.

1) 海生生物廃棄物
① 生物廃棄物の種類
　発電所が排出する海生生物廃棄物は, 発電所に流入してくる生物と, 冷却水路系に付着する生物とに分けられる. 流入生物としてはミズクラゲが最も多く流入し, その他にエチゼンクラゲのような大型のクラゲ, トガリサルパのような浮遊生物, 藻類, 魚類などがある. 我が国の発電所の多くでは, 付着生物量としてはムラサキイガイが最も多く, アカフジツボなどのフジツボ類, カキ類, ミドリイガイ, ヒドロ虫類などが多い（表5・25）.

　付着生物は定期検査時に行う冷却水路系の除貝作業時に多く回収される. 図5・57は発電所の取水槽で壁面に付着したムラサキイガイとアカフジツボを除去している様子である. また, 復水器など重要な機器は夏季に伝熱性能を低下させることがないように夏季前に除貝清掃を行うことがある. この他に, 取水路に付着した貝が剥落して除塵機で日常的に回収されるが, 回収量は貝の死亡時期や付着厚が増した時に多くなる. ムラサキイガイは春に多く付着し, 夏季の高水温時に死亡・脱落個体が増加し除塵機で回収される量が多くなる. 一方, ミドリイガイは冬季の低水温時に死亡する個体が多く冬季に多く脱落し回収される. 図5・58, 5・59は発電所の取水槽に設置された除塵機により陸揚げされたミドリイガイである.

② 生物廃棄物の処理
　図5・60に付着生物とクラゲの処理方法を示す（火原協, 2003）. 付着生物の処理法は埋め立てが最も多く, 焼却, 有効利用などがこれに次いでいる. 1992年と2002年を比較すると, 埋め立て処理はやや減少し, 有効利用が8件から30件に大幅に増加した. この背景としては自治体が「産業廃棄物処理税」を導入して, 産業廃棄物の発生を抑える政策を行っていることが要因の1つと考えられる.

　クラゲの処理方法としては埋め立てが主で, この他に, 天日干し, 放水口戻し, 処理槽（図5・61）などが用いられている. クラゲは水分が90％以上を占めるため天日干しにより容積を小さくすることができる. 放水口戻しとはスクリーンバケットから水揚げしないまま, スクリーン洗浄水などとともに, 別水路を通して放水口側に生きたクラゲを放流する方法である. この他に最近では洋上処理という取水口でクラゲを隔離して処理する方法が開発され一部の発電所で実施されている（石川, 2006）.

表 5・25 発電所に出現した主な海生生物の種類
上段は 2003 年度, 下段は 1993 年度

海域名／順位	1	2	3
①太平洋北部	ムラサキイガイ 〃	フジツボ類 〃	カキ類 〃
②太平洋中・南部	アカフジツボ ムラサキイガイ	ムラサキイガイ フジツボ類	カキ類 フジツボ類 カキ類
③東京湾	ミドリイガイ ムラサキイガイ	ムラサキイガイ ヒドロ虫類	フジツボ類 フジツボ類
④伊勢湾	ムラサキイガイ 〃	ミドリイガイ ヒドロ虫類	ヒドロ虫類 フジツボ類
⑤大阪湾	ムラサキイガイ 〃	ヒドロ虫類 フジツボ類	フジツボ類 ヒドロ虫類
⑥瀬戸内海	ムラサキイガイ 〃	フジツボ類 〃	カキ類 〃
⑦東シナ海南部	フジツボ類 〃	カキ類 〃	その他(カサネカンザシなど) ―
⑧東シナ海北部	フジツボ類 アカフジツボ その他(カサネカンザシなど) フジツボ類	ムラサキイガイ ムラサキイガイ	ミドリイガイ ヒドロ類 カキ類 カキ類
⑨日本海	ムラサキイガイ 〃	ヒドロ類 カキ類	フジツボ類 ―

図 5・57 取水槽での海生生物除去の様子

図 5・58 除塵機で回収されたミドリイガイ

図 5・59 除塵機で回収されたミドリイガイ（拡大）

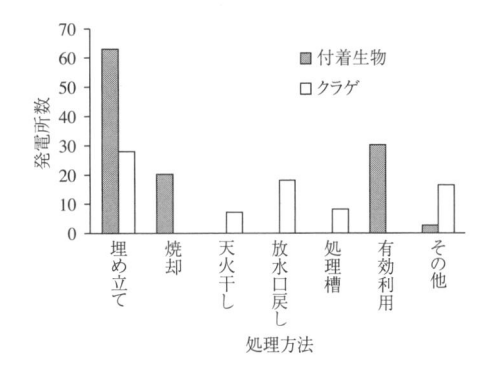

図 5・60 火力発電所における海生生物廃棄物の処理方法

陸揚げしたクラゲの処理として，クラゲを破砕した後に排水処理プロセスで処理する設備が開発され一部の発電所で用いられている（図5・62）（野上，2003）．除塵機で陸揚げされたクラゲは水きりコンベアーで海水と分離されクラゲ溜りに落下する．カッター付き水中ポンプと破砕ポンプでクラゲを破砕して中継槽へ送る．クラゲ破砕水を中継槽から凝集加圧浮上処理槽に送り，塩化第二鉄を添加するとともに水酸化ナトリウムでpHを調整し凝集助剤を加えて浮上分離する．この処理水を濾過塔，活性炭塔に送り，CODの高度処理後に放流する．一方，凝集加圧処理装置で生成した汚泥は脱水しケーキとして系外に搬出する．この一連の処理によりクラゲの減容率は99％に達するという．また，設備稼働中の悪臭を防止するためにラインミキサーで腐敗臭防止剤をラインに注入している．

海洋微生物から探索したクラゲ分解菌，分解酵素を用いたクラゲの分解に関する研究も実施されている（柳川ら，2004；土井ら2011）．40～50℃の温度条件で分解酵素を用いると約15分でミズクラゲを分解でき，クラゲ分解酵素は冷凍保存が可能なため，突発的なクラゲの襲来にも対応できるという（土井ら，2011）．

2）海生生物廃棄物の有効利用

以前は発電所構内での焼却や埋め立てなどの処理が行われてきたがダイオキシン問題や土壌・地下水汚染の観点から単に処理するだけではなく有効利用することが求められている（島田，2006）．そのため，発電所から排出される海生生物廃棄物の有効利用に関して様々な研究開発や取り組みがなされている．

海生生物廃棄物の有効利用に関しては，肥料や土壌改良材，セメントなどの原料，魚の餌，食用などが考えられる．海生生物廃棄物の有効利用は，30発電所で実施されており，利用方法別の内訳は，肥料への利用が最も多く（18件），その他に土質改良材・構内土壌改良材に利用（4件），汚泥などの固化剤原料として提供（1件），セメント原料として提供（1件），埋立材として利用（2件），脱硫剤の補助として利用（4件）などがある（表5・26）（火原協，2003）．

①コンポスト（堆肥）・土壌改良材などへの利用

肥料・土壌改良材としての有効利用には，貝殻を砕いて肥料（水谷ら，1999）とするもの，副材料を加えて時間をかけて発酵させてコンポストを作るもの（川北ら，1996；浜田ら，1998），種菌を加えて高速発酵するもの（坂井ら，2001；出口，1999）などがある．

発電所に付着した貝類の肥料化を図る場合に以下のような問題点が指摘されている（前林，1992）

ⅰ）発電所の定期点検時に排出される場合が多く，原料となる付着生物を確保する時期が限定される．

ⅱ）貝類の多くが取り上げるときに死亡して貝肉がないことがあり窒素分が少なく，このため付着生物のみでコンポスト化することは難しく，C/N比を適正にするために動・植物材料を加える必要がある．

ⅲ）コンポストの価格は安く，販路を確保することが難しい．

このような問題点を解決するために，貝殻を肥料とするやり方（水谷ら，1999），発電所で専用設備は設けずに発電所の外部の処理業者に委託して外部の有機性廃棄物の処理に合わせて実施する方法

図 5·61　クラゲ処理槽

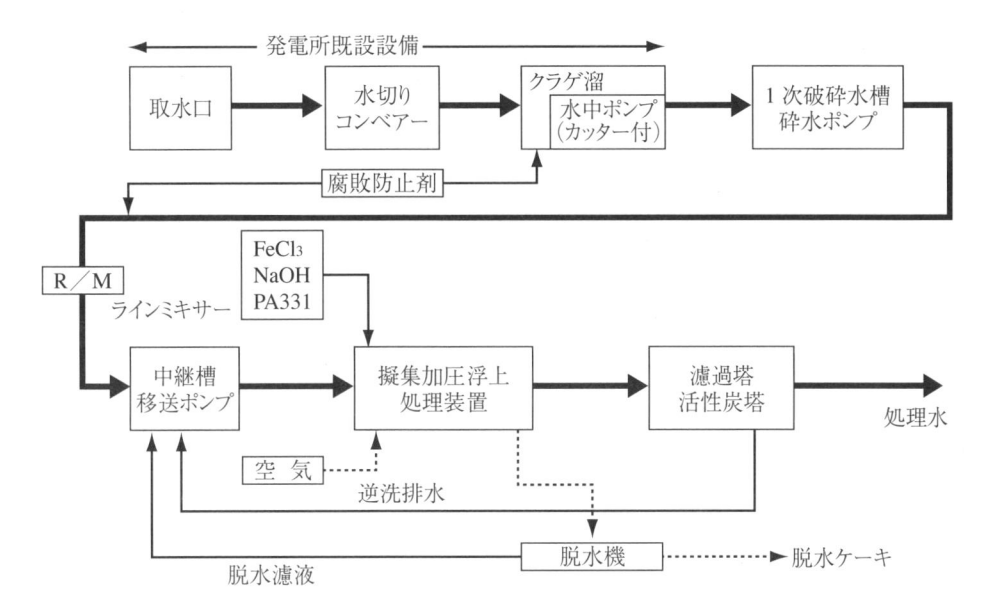

図 5·62　クラゲ処理システムのフロー図

表 5·26　発電所の海生生物廃棄物の有効利用状況
（火原協，2003）

利用状況	発電所数	
	前回調査時	今回調査時
肥料として利用	3	18
土地改良剤，構内土壌改良に利用	2	4
汚泥などの固化材原料として提供	1	1
セメント原料として提供	1	1
埋立材として利用	1	2
脱硫剤の補助として利用	－	4

（土田，私信）などが工夫されている．

　肥料への有効利用に関して，研究開発され，一部は事業化されている．代表的な事例に関して以下に述べる．

　浜岡発電所の取水槽では，取水トンネルの壁面から剥離した貝類やフジツボ類が堆積し，砂と一緒に貝殻を陸揚げしているが年間 3,000〜4,000 m^3 に達する．分級機で砂と貝殻を分離し，砂は砂浜に返し，貝殻は仮置き場に半年から 1 年間仮置きして雨にさらすことにより脱塩する．脱塩された貝殻原料はごみを取り除き乾燥後に粉砕して 20 kg 単位で袋詰し，直販と静岡県経済連・農協を通じた販売網によって周辺地域へ流通している（図 5・63，5・64）（水谷ら，1999）．

　食品加工廃棄物などを定常的に肥料化している外部業者に委託して発電所の定期点検時に排出される貝類を処理している発電所がある．自前の設備や運転要員が不要なことがメリットである．処理の手順は，選別機で貝殻と貝肉などに分別し，貝殻は粉砕し，貝肉などは遠心分離機により脱水後，肥料原料とする．粉砕貝殻・脱水貝肉は他の食品加工などから出る有機廃棄物や鶏糞などの有機肥料原料と混合乾燥し，発酵させ，貝類含有有機肥料を製造する．貝類含有有機肥料は，JA を主体とした現状の販売ルートに乗せることができる（土田，私信）．

　北海道で発電所取水路沈砂池から排出された付着生物を原料として，市販のコンポスト類を副材料として 20% 加えて発酵させた．冬期間の発酵処理における防寒対策は，ビニールハウス程度の施設で十分と考えられる．仕上がった付着生物コンポストの肥料要素成分は，市販のコンポスト品に比べて少なかったが，土壌改良剤として有効な貝殻成分が豊富に含まれていた（川北ら，1996）．北陸電力は取水路除去貝，芝の刈りかす，ホンダワラを原料として発酵槽内で発酵させてコンポストを作成した．特殊肥料「富山県第 204 号」として名称「シェルコンポスト」が受理されている（浜田ら，1998）．

　一般的なコンポスト処理は発酵，分解過程に長期間かかるため処理設備が大規模となる．これは好気性発酵微生物の数と能力が不足していることと微生物が活動する環境が整っていないことによる．

　種菌を加えて高速発酵する方法は以下のように実施されている．貝・汚泥を真水で洗浄し，貝と汚泥に選別する．洗浄した貝は，粗破砕後，脱水し，発酵槽へ種菌とともに投入し 24 時間の高速発酵を行い，その後含水率 5% まで乾燥させる．貝発酵物は破砕し出荷装置へ送る．洗浄後，貝と分離した汚泥は，廃水処理系へ送られ，廃水処理の過程で脱水したものを発酵槽へ投入する．種菌を加え高速発酵処理後，真空乾燥させ 5% まで含水率を低下させる．汚泥発酵処理物も貝と同様，乾燥後出荷装置へ送る（図 5・65，5・66，表 5・27）（坂井ら，2001）．

　高速発酵の別の例では，貝類は洗浄分級設備により，洗浄貝，砂，スカムに分けられる．洗浄貝は，構内埋め立て処分，セメント原料化，脱硫剤，緑化基盤材などに利用されている．スカムは固化処理設備で固化され緑化基盤材に利用される．洗浄貝と有機系乾燥物は日本エコサイクル土壌協会が全国ネットで展開する緑化基盤材の原料として有効利用できる．このシステムは，複数の発電所に設置されている（出口，1999）．

　従来，残土改良材として工業用生石灰が多く用いられており，添加量は添加率で 3〜5% 程度である．工業用生石灰の代替として，貝焼却生石灰などの火力発電所廃棄物の利用が考えられ，試験施工

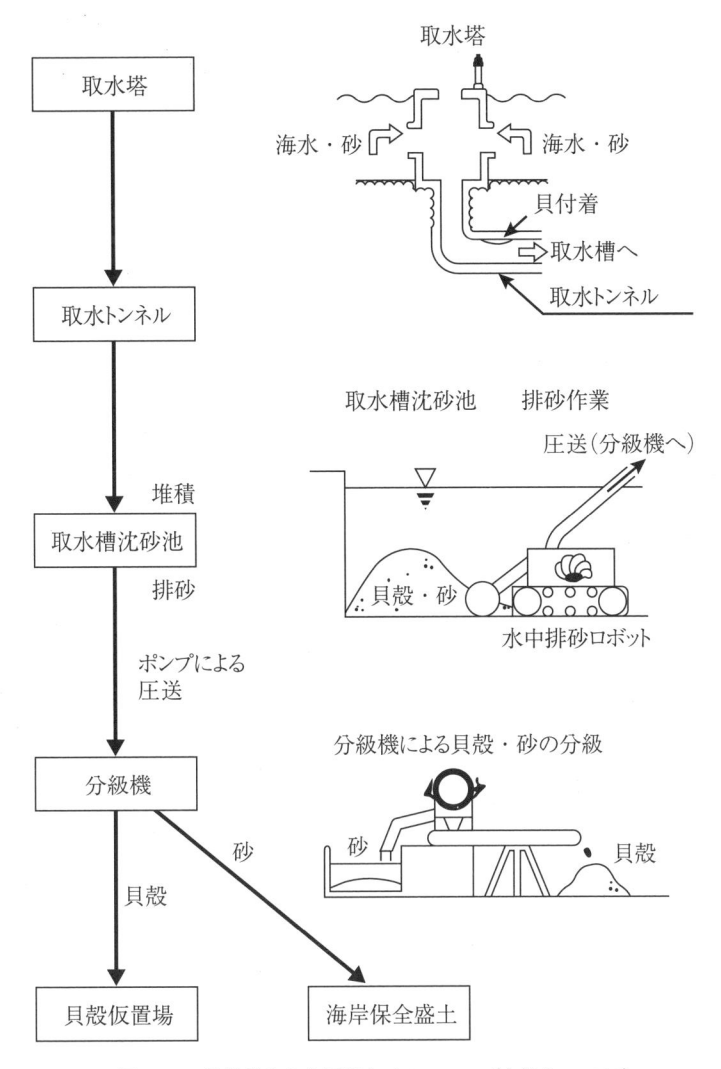

図 5·63　貝殻発生から回収までのフロー（水谷ら，1999）

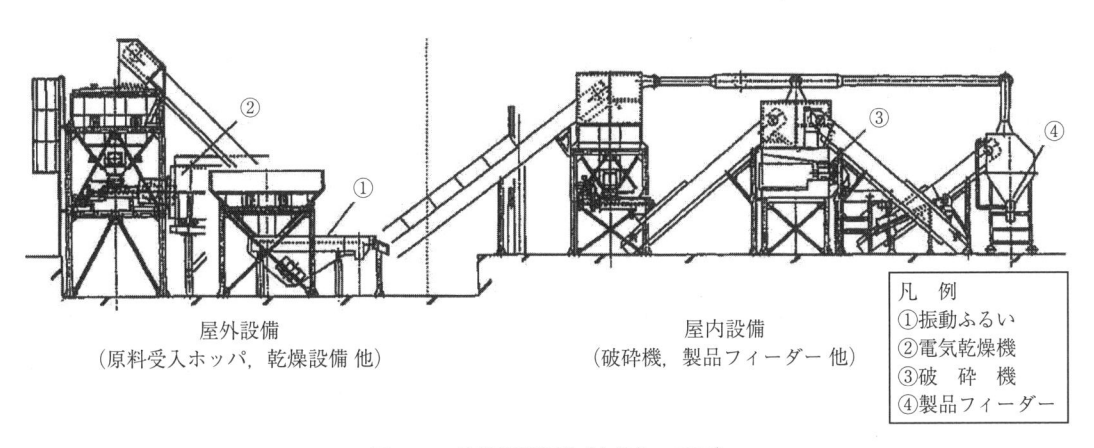

図 5·64　貝殻処理設備（水谷ら，1999）

5章　海生生物対策技術（防汚対策）

を行ったところ工業用生石灰と比較して残土改良材として同程度の性能を有していることが確認された（貝沼ら，1993）．そのほか地盤改良材への利用，貝殻微粉のアスファルトコンクリート材料へのリサイクルに関する室内試験が行われ，利用できることが示されている（貝沼ら，1992）．

②魚の餌としての有効利用

ムラサキイガイの貝肉はタンパク質含量が高く，必須アミノ酸組成もよいことから魚の餌の原料として有望である．ムラサキイガイ肉を含む飼料区では，ムラサキイガイを含まない対照区と同等以上の成長を示した（図5・68）（菊池ら，1997；菊池・古田，2009）．

貝肉を利用するためには，貝殻と貝肉を効率的に分離する方法が必要である．酵素分解について検討し，パパインとトリプシンを50～70℃で用いると，貝肉は容易に貝殻から分離・回収できることがわかった．また，ムラサキイガイから熱水抽出したエキスを5～20％含む飼料を作成し，ヒラメを飼育したところ，エキスの添加により，ヒラメの摂餌が増大し，成長が促進された（図5・67）（菊池・古田，2002）．

ムラサキイガイを液体窒素で凍結しミルで破砕後，貝殻と貝肉を比重の違いを利用して分離回収する装置でも貝殻と貝肉の分離が可能となっている．この方法で得られたムラサキイガイの貝肉でクルマエビの養殖試験を行ったところ，配合飼料よりも成長がよく，市販の餌料である冷凍アカエビに次いでよい結果を得ている（野上ら，2005）．

（坂口　勇・野方靖行）

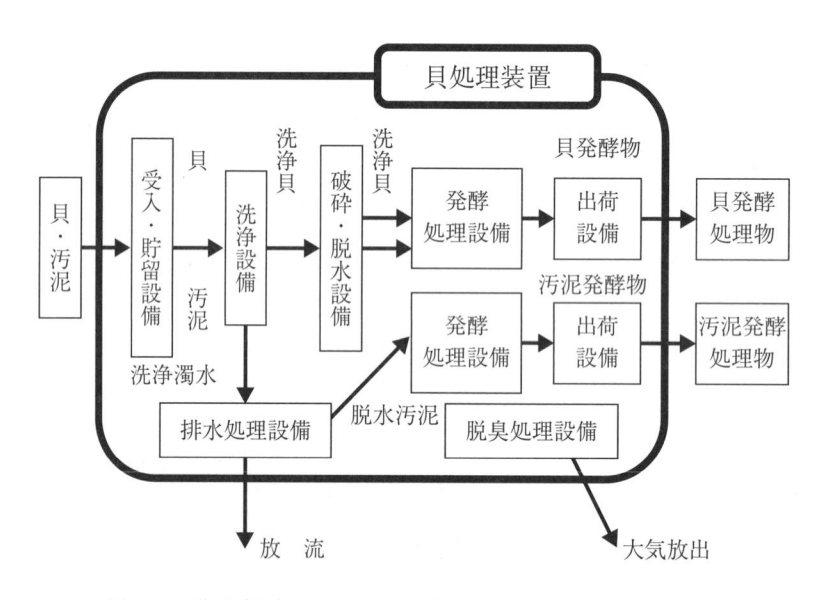

図5・65　発電所除去貝・汚泥の処理施設の設備構成（坂井ら，2001）

5・13 海生生物廃棄物の処理・再利用技術

(1) 貝・汚泥の処理施設

(2) 洗浄設備

(3) 洗浄貝破砕・脱水設備

(4) 洗浄貝発酵槽

(5) 排水処理設備

(6) 出荷設備

(7) 貝発酵・汚泥発酵処理物

図 5・66　除去貝・汚泥処理施設

表5·27 処理施設基本仕様（坂井，2001）

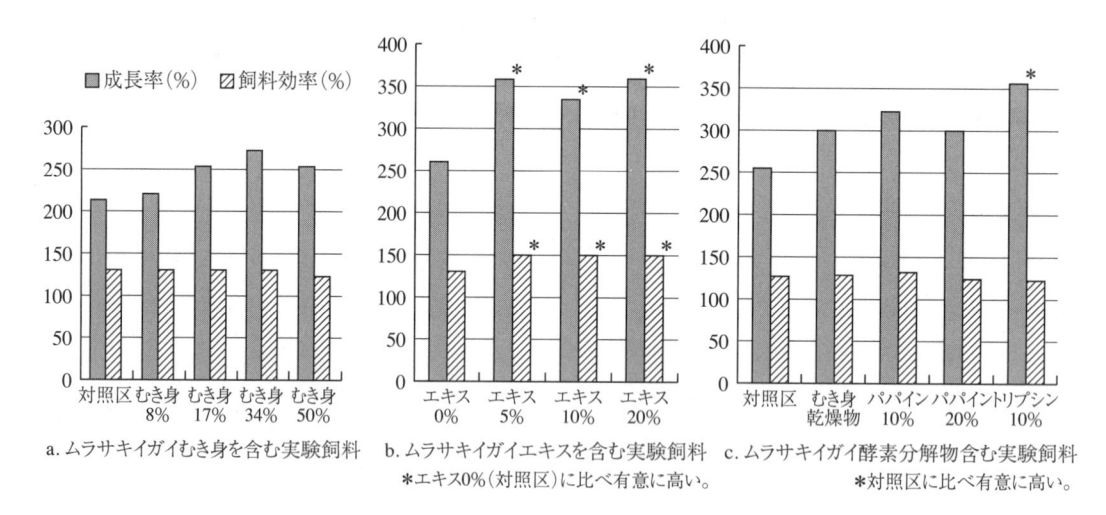

設備名称			基本仕様	処理容量
処理装置（全体）			高速発酵処理	8 m³/回
受入・貯留			鉄筋コンクリート	600 m³
洗浄			圧力水洗浄方式	8 m³/回
破砕・脱水			破砕機・脱水機	3 m³/時
発酵処理	洗浄貝	発酵	高速発酵方式	3 m³/日
		乾燥	ヒーター加熱方式	
	脱水汚泥	発酵	高速発酵方式	3 m³/日
		乾燥	真空乾燥方式	
破砕機			円芯式	3 m³/時×2
出荷			1 t フレコン	1 t/時×2
排水処理			凝集沈殿，砂濾過，活性炭吸着	20 m³/日
脱臭処理			水洗浄，硫酸洗浄，活性炭吸着	6,720 m³/時
建屋			鉄骨一部2階建	約500m²

a. ムラサキイガイむき身を含む実験飼料

b. ムラサキイガイエキスを含む実験飼料
＊エキス0%（対照区）に比べ有意に高い。

c. ムラサキイガイ酵素分解物含む実験飼料
＊対照区に比べ有意に高い。

図5·67 6週間飼育したヒラメ稚魚の成長と飼料効率（菊池ら，1997；菊池・古田，2002）

文　献

Anderson, M., Berntsson, K. M., Jonsson, P. R. amd Gatenholm, P. (1999)：Micro-textured surfaces-toward macrofouling resistant coatings, *Biofouling*, 14, 167-178.

Berntsson, K. M., Jonsson, P. R., Lejhall, M. and Gatenholm, P. (2000)：Analysis of behavioural rejection of micro-textured surfaces and implications for recruitment by the barnacle *Balanus improvisus*, *J. Exp. Mar. Biol. Ecol.*, 251, 59-83.

Bers, A. V. and Wahl, M. (2004)：The influence of natural surface microtopographies on fouling, *Biofouling*, 20 (1), 43-51.

Carl, C., Poole, A. J., Sexton, B. A., Glenn, F. L., Vucko, M. J., Williams, M. R., Whalan, S. and De Nys, R. (2012)：Enhancing the settlement and attachment strength of pediveligers of Mytilus galloprovincialis bychanging surface

wettability and microtopography, *Biofouling*, 28 (2), 175-186.
千葉県のり種苗センター (1999):付着生物防止剤シェルノン V-10 の生物試験.
中国電力(株) (2007):付着生物幼生に対する特異的センサーの実用化研究, エネルギア総研レビュー, 10-11.
中部電力(株) (2012):伊勢湾奥部における付着生物浮遊幼生の出現種および季節変動, 技術開発ニュース, 147, 31-32.
中国塗料 (株):環境対応型船底防汚塗料 CMP バイオクリンのパンフレット
Claudi, R. and G. MacKie (1994):Practical Manual for Zebra Mussel Monitoring and Control. Lewis Publ., Boca Raton.
Cope, W. G., M. R. Bartsch and L. L. Marking (1997):Efficacy of candidate chemicals for preventing attachment of zabra mussels (*Dressena polymorpha*), *Environ. Toxicol. Chem.*, 16, 1930-1934.
Crisp, D. J. (1955):The behaviour of barnacle cyprids in relation to water movement over a surface. *Journal of Experimental Biology*, 32 (3), 569-590.
Crisp, D. J., Barnes, H. (1954):The orientation and distribution of barnacles at settlement with particular reference to surface contour, *J. Anim. Ecol.*, 23, 142-162.
Dahlström, M., Jonsson, H., Jonsson, P. R. and Elwing, H. (2004):Surface wettability as a determinant in the settlement of the barnacle *Balanus improvisus* (Darwin), *J. Exp. Mar. Biol. Ecol.*, 305, 223-232.
出口修二 (1999):海水冷却水施設の合理化技術について, 無公害生物付着防止対策 1999, (電気化学協会海生生物汚損対策懇談会), 82.
電気化学協会 海生生物汚損対策懇談会編 (1991):海生生物汚損対策マニュアル, 技報堂出版.
(社)電力土木技術協会 (1995):火力・原子力発電所土木構造物の設計 (増補改訂版), (社)電力土木技術協会.
土井宏育・笠原優一・高橋裕子・大澤育子・馬渡貴子・山崎 学 (2011):海洋微生物による陸揚げクラゲの処理その 2 微生物酵素によるクラゲ類の分解 (2), 電気化学会秋季大会講演要旨集, 307.
江草周三 (1987):付着防止剤 (シェルノン V-10) に関する調査報告書, シェルノン V-10 評価研究会.
El-Komi, M. M. and Kajihara T. (1990):Observation on the settlement and growth of barnacles in Tokyo Bay, Japan, *Mar. Foul.*, 8 (1/2), 1-8.
遠藤紀之・野方靖行 (2009):10 種の汚損性フジツボ類幼生のリアルタイム PCR による定量的検出, 電力中央研究所研究報告, V08012.
遠藤紀之・野方靖行・中野大助・小林卓也 (2009):遺伝子情報を用いたカワヒバリガイ幼生の定量的検出法の開発, 電力中央研究所研究報告, V08020.
藤井一則 (2010a):船底防汚塗料の水生生物への影響, 日本マリンエンジニアリング学会誌, 45, 53-57.
藤井一則 (2010b):船底防汚塗料の水生生物への影響, 日本マリンエンジニアリング学会誌, 45 (3), 341-345.
福澄賢二・浜口昌巳・小池美紀・吉岡武志 (2013):モノクローナル抗体法およびリアルタイム PCR 法によるアコヤガイ浮遊幼生の同定, 福岡水海技セ研報, 23, 9-28.
古田岳志・野方靖行・小林卓也 (2011):付着生物防除における薬剤の効果に関する文献調査, 電力中央研究所調査報告書, V10004.
Fusetani, N. (2004):Biofouling and antifouling, *Nat. Prod. Rep.*, 21, 94-104.
Fusetani, N. (2011):Antifouling marine natural products. Natural Product Reports, 28(2), 400-410.
浜田明夫・乗京逸夫・高成田興二・南原健二 (1998):取水路除去貝等のコンポスト化, 火力原子力発電, 49 (9), 1154-1160.
平形 薫 (1994):塩素注入装置, 「復水器工学ハンドブック」 (川邉允志他編), 愛智出版, 421-428.
広田信義 (1984):無公害な防汚塗料バイオクリンについて, 電気化学協会海生生物汚損対策懇談会 防汚塗装シンポジウム予稿集, 80-82.
石川真也・塩田浩太 (2006):クラゲ洋上処理システムの実用化, 火力原子力発電, 57 (12), 1038-1042.
Jenner, H. A., Whitehouse, J. W., Taylor C. J. L. and Khalanski, M. (1998):Cooling water management in European power stations biology and control of fouling, *Hydroecol. Appl.*, 10, 1-2.
加戸隆介 (1991):8. フジツボ, 「海洋生物の付着機構」, 恒星社厚生閣, 85-100.
加戸隆介・勝山一朗・小南寛彦・橘高二郎 (1991):アルミニウム黄銅復水器に付着したフジツボによる粒界腐食の形成過程とその対策, 材料と環境, 40, 89-95.

貝沼憲男・高橋守男・藤原俊彦（1993）：火力発電所取水路清掃貝等の土木分野へのリサイクルに関する研究結果について−1−残土改良材・地盤改良材への適用検討，電力土木，243，49-59．
貝沼憲男・藤原俊彦・高橋守男（1992）：火力発電所廃棄物の土木分野へのリサイクルに関する室内試験結果について，電力土木，237，11-24．
海洋政策研究財団（2009）：平成20年度外来生物の船体付着総合管理に関する調査報告書．
梶原　武（1979）：付着動物の調査法，付着生物研究，1，21-27．
金子　仁・津金正典・木村賢史（2010）：船体への生物付着の実態と付着防止策，日本マリンエンジニアリング学会誌，45，80-85．
関西電力(株)（1999）：火力発電技術データベース　化学編．
関西電力(株)（2007）：海生生物検出装置の開発について，*R&D News Kansai*，438，6-7．
火力原子力発電技術協会環境対策技術調査委員会（1999）：火力発電所における海生生物対策実態調査報告書，火力原子力発電技術協会．
火力原子力発電技術協会環境対策技術調査委員会（2003）：火力発電所における海生生物対策実態調査報告書，火力原子力発電技術協会，158．
片山義章・山家信雄・大庭忠彦（2008）：海生生物付着防止装置の実機適用，平成20年度火力原子力発電大会論文集．
川辺允志（1986）：セミナークロリネーションの過去と現在―クロリネーションに未来はあるか―，電気化学協会海生生物汚損対策懇談会．
川辺允志（2006）：フジツボと電気化学，「フジツボ類の最新学」（日本付着生物学会編），恒星社厚生閣，264-303．
川又　睦（2005）：新規防汚塗料の開発，火力原子力発電，56（6），525-531．
川又　睦（2006）：フジツボと新規防汚塗料，「フジツボ類の最新学」（日本付着生物学会編），恒星社厚生閣，247-263．
川北　忠・山口敏尚・前林　衛（1996）：水産廃棄物の肥料化に関する研究―苫東厚真発電所取水路付着生物のコンポスト化試験（中間報告）―，北海道電力総合研究所研究報告，626．
菊池弘太郎・古田岳志・坂口　勇（1997）：養魚飼料原料としてのムラサキイガイの利用，電力中央研究所研究報告 U97021．
菊池弘太郎・古田岳志（2002）：養魚飼料添加物としてのムラサキイガイ分解・抽出物の効果，電力中央研究所研究報告 U01034．
菊池弘太郎・古田岳志（2009）：付着生物有効利用技術の開発―養殖飼料添加物としてのムラサキイガイの効果―，電力中央研究所研究報告 V08008．
北野克和，野方靖行（2006）：フジツボに対する付着阻害物質の探索方法および利用技術，「フジツボ類の最新学」（日本付着生物学会編），恒星社厚生閣，225-246．
小林聖治・勝山一朗（2012）：「生態防汚」の考え方とその事例　その2―生き物の声を聞く，日本マリンエンジニアリング学会誌，47，653-656．
久保伊津男，増沢　寿（1961）：フサコケムシおよびムラサキイガイの抵抗性に関する試験，ならびに各火力発電所および火力建設所における生物付着状況について（水路障害生物除去の研究　その2）東京電力技術研究所報告 1，137-140．
JIS H 7901 2005　海洋生物忌避材料用語．
Lopez-Galindo, C., Carmen, M. C., Casanueva, J. F. and Nebot, E.（2010）：Degradation models and ecotoxicity in marine waters if two antifouling compounds: Sodium hypochlorite and an alkylamine surfactant, *Sci. Total. Environ.*, 408, 1779-1785.
前林　衛（1992）：付着生物の肥料化に係わる問題点，海生生物による障害と対策―10年を振り返り，10年を展望す―，電気化学協会　海生生物汚損対策懇談会．
幕田寿典・宿谷野々子（2011）：超音波オゾンマイクロバブルによる殺菌技術（トピックス），日本機械学會誌，114（1116），835．
増田　宏（2011）：船底塗装による生物越境移動の防止―シリコーン系防汚塗料と水中清掃について―，日本マリンエンジニアリング学会誌，46（4），596-601．
松本智彦・市川精一（2013）：低濃度残留塩素時の海生生物付着事例について，日本付着生物学会誌，30（1），11-14．

松村清隆・野方靖行・坂口　勇（2007）：リアルタイム PCR による汚損性フジツボ幼生の定量的検出，電力中央研究所研究報告，V06020.

Mitcheii, M. C.（1978）：Proceedings of the OTEC, Biofouling and Corrosion Symp..

満岡　弘（1967）：養殖カキに付着したムラサキイガイの駆除法についての実験．昭和 42 年度香川県水産試験場事業報告，78-80.

水谷俊孝・鈴木和重・遠藤大輔（1999）：浜岡原子力発電所取水槽で回収される貝殻の有効利用，電力土木，280, 40-44.

室崎喬之・野口隆矢・野方靖行・龔剣萍（2013）：天然高分子ゲル上におけるフジツボの着生挙動，*KOBUNSHI RONBUNSHU*, 70（7），326-330.

Murosaki, T., Ahmed, N., and Gong J. P.（2011）：Antifouling Properties of Hydrogels, *Science and Technology of Advanced Materials*, 12（6），064706.

Murosaki, T., Noguchi, T., Kakugo, A., Putra, A., Kurokawa, T., Furukawa, H., Osada, Y., Gong J. P., Nogata, Y., Matsumura, K., Yoshimura, E. amd Fusetani, N.（2009）：Antifouling activity of synthetic polymer gels against cyprids of the barnacle（Balanus amphitrite）in vitro. Biofouling, 25（4），313-320.

難波信由・小河久朗・加戸隆介（2008）：ヒジキの多回収穫型養殖における汚損生物マコンブとムラサキイガイに対する温海水処理，*Sessile Organisms*, 25（2），79-84.

日本水産資源保護協会（2006）：水産用水基準，2005 年版，64-65.

日本水産資源保護協会（2012）：水産用水基準，第 7 版（2012 年版），65-67.

西　昭雄・宇佐美正博・植田健二・知重清美（1991）：導電塗膜による海洋生物付着防止技術の開発，三菱重工技報，28（3），1-5.

野上　誠，上村直洋，生島保一，村上孝文（2003）：クラゲ処理装置の実用化研究，火力原子力発電，54（9），1057-1063.

野上　誠・菅　秀樹・小村佳成・藤村健作・向井昭博（2005）：発電所除去貝の水産養殖の餌料化商品開発研究，エネルギー・資源学会研究発表会講演論文集，24，365-368.

野方靖行・坂口　勇・北野克和（2005）：付着忌避物質を利用した防汚塗料の開発—海洋浸漬試験による試作防汚塗料の評価，電力中央研究所報告 研究報告，U01038.

野方靖行・中島慶人（2008）：動画解析によるフジツボ幼生観測システムの開発，電力中央研究所研究報告，V07009.

野方靖行・遠藤紀之（2012）：遺伝情報を用いた付着生物幼生の動態観測，電力中央研究所研究報告，V11031.

Ohkawa, K., Nishida, A., Sogabe, H., Sakai, Y. and Yamamoto, H.（2000）：Characteristics of marine adhesive proteins and preparation of antifouling surfaces for the sessile animals, *Sessile Organisms*, 17（1），13-22.

尾野眞史（1996）：防汚塗料の現状，日本海水学会誌，50（5），322-326.

Oyane, A., Ishizone, T., Uchida, M., Furukawa, K. and Yokoyama, H.（2005）：Spontaneous fromation of blood-compatible surfaces on hydrophilic polymers: Surface enrichment of a block copolymer with a water-soluble block, *Adv. Mater.*, 17, 2329-2332.

Pérez, M., García, M., Sánchez, M., Stupak, M., Mazzuca, M. Palermo, J. A. and Blustein, G.（2014）：Effect of secochiliolide acid isolated from the Patagonian shru *Nardophyllum bryoides* as active component in antifouling paints, *International Biodeterioration & Biodegradation*, 89, 37-44.

Pinori, E., Berglin, M., Brive, L. M., Hulander, M., Dahlström, M. and Elwing, H.（2011）：Multi-seasonal barnacle（*Balanus improvisus*）protection achieved by trace amounts of a macrocyclic lactone（ivermectin）included in rosin-based coatings, *Biofouling*, 27（9），941-953.

Rajagopal, S., Jenner, H. A. and Venugopalan, V. P.（2012）：Operational and Environmental Consequences of Large Industrial Cooling Water System. Springer.

Rasmussen, K., Willemsen, P. R. and Østgaard, K.（2002）：Barnacle settlement on hydrogels. Biofouling, 18（3），177-191.

坂口　勇・福原華一・安井勝美（1985a）：海水導入管内の流速と汚損生物付着との関係に関する実験報告　第 2 報　壁面粗さと生物付着，1-73，48350.

坂口　勇・福原華一・安井勝美（1985b）：海水導入管内の流速と汚損生物付着との関係に関する実験報告　第 3 報

5章　海生生物対策技術（防汚対策）

長期連続通水条件下における付着, 1-28, 484509.
坂口　勇・黒田輝久・川島秀和・西脇　孝（2006）：発電所内冷却水冷却器の付着生物防除方法，特許公報．特許公開 2006-142144．
坂井正孝・渋谷　学・鈴木秀一郎（2001）：火力発電所除去貝・汚泥の全量堆肥化と集中処理施設の導入，電力土木，296, 111-114.
関　庸之（2014）：船底塗料の防汚性能評価手法, （独行）海上技術安全研究所第14回研究発表会講演集．
千田哲也（2008）：船底防汚塗料と海洋環境問題, Sessile Organismus, 25（1）, 47-55.
千田哲也（2011）：船底防汚塗料の環境影響リスク評価手法の国際標準化, 海上技術安全研究所報告, 11（2）, 127-139.
Scardino, A. J., Harvey, E. and De Nys, R. (2006)：Testing attachment point theory: diatom attachment on microtextured polyimide biomimics, *Biofouling*, 22（1）, 55-60.
Sprecher, S. L. and Getsinger, K. D. (2000)：Zebra Mussel Chemical Control Guide, US Army Corps of Engineers.
島田　守（2010）：船底防汚塗料による船舶の GHG 削減技術, 日本マリンエンジニアリング学会誌, 45（6）, 830-834.
島田　毅（2006）：海水取水系廃棄物の再資源化と有効利用, 平成18年度火力原子力発電大会論文集, 145-150.
Stock J. N. and Strechan A. R. (1977)：Heat as a marine fouling process at coastal electric generating stations. In：Biofouling control procedures, 55-62, Marcel Dekker Inc. New York.
杉本正昭・小村佳成・塩田浩太（2009）：マイクロバブルを用いた付着生物の防止技術, 平成20年度火力原子力発電大会論文集, 42-48.
鈴木　茂（1986）：船底防汚コーティング, 「機能性コーティング」（今井丈夫編）, 日刊工業新聞, 55-88.
高橋一暢（2010）：環境に優しい船底防汚塗料の現状と展望, 日本マリンエンジニアリング学会誌, 45（4）, 555-560.
高橋正好（2006）：マイクロバブルおよびナノバブルの食品分野への応用について（特集：殺菌・滅菌・洗浄）, 食品工業, 49（16）, 20-27.
柘植秀樹・李攀（2006）：マイクロバブルを利用した水質浄化技術（特集：マイクロバブル／ナノバブルの環境技術への応用）―（第4編　マイクロバブルの利用）, 月刊エコインダストリー, 11（3）, 53-57.
上山智嗣・宮本　誠（2011）：マイクロバブルの世界, 森北出版．
Vucko, M. J., Poole, A. J., Carl, C., Sexton, B. A., Glenn, F. L., Whalan, S., and de Nys, R. (2013)：Using textured PDMS to prevent settlement and enhance release of marine fouling organisms. Biofouling, (ahead-of-print), 1-16.
Waller, D. L., Rach, J. J., Cope, W. G, Marking, L. L., Fisher, S. W. and Dabrowska, H. (1993)：Toxicity of candidate molluscicides to zebra mussels (*Dreissena polymorpha*) and selected nontarget organisms, *J. Great Lakes Res*. 19, 695-702.
山盛直樹（2005）：将来の防汚塗料, *TECHNO － COSMOS*, 18, 28-31.
柳川敏治, 小串泰幸, 長沼　毅（2004）：クラゲ分解菌の利用, 海洋と生物, 26（2）, 142-147.
安田　徹・日比野憲治（1986）：原子力発電所の温排水が生物に与える影響―内浦湾におけるムラサキイガイの生存と温排水, 付着生物研究, 6（1）, 35-39.
山崎正男（1965）：火力発電所取水路障害生物に対する高温水防除, 農電普及叢書第4集「水温と海の生物　特に高温の影響について」大島泰雄監修, 電力中央研究所農電研究所, 92-99.
横山英明・石曽根隆・野方靖行（2008）：生物付着防止塗料, 特開 2008-101045
米原洋一（2000）：防汚塗料の最新の動向, 日本海水学会誌, 54（1）, 7-12.

参考文献

電気化学協会海生生物汚損対策懇談会（1991）：海生生物汚損対策マニュアル, 技報堂出版．
原　猛也・山田　裕・青山善一・杉島英樹・藤澤俊郎（2005）：発電所の取水影響と付着生物, *Sessile Organisms*, 22, 35-45.
化学工学協会関西支部（1982）：セミナー　海水使用に伴う障害とその対策, 化学工学協会関西支部．
海洋調査協会調査研究委員会（2013）：海洋調査技術マニュアル―海洋生態系調査マニュアル―, 海洋調査協会．

川辺允志（2003）：冷却水系の付着生物をめぐる問題点と対策，配管技術，2003（12），1-7.
川辺允志（2004）：21世紀における付着生物対策技術，日本海水学会誌，58，378-383.
清野通康（2003）：付着生物対策と電気事業―対策を実施する立場から見た課題―，*Sessile Organisms*, 20, 11-13.
坂口　勇（2003）：発電所の汚損生物対策技術の展望，*Sessile Organisms*, 20, 15-19.
Thomas, J., Choi, S., Fjeldheim, R. and Boudjouk, P.（2004）：Silicones coating pendant biocides for antifouling coatings, *Biofouling*, 20 (4/5), 227-236.

6章　対策の評価

　技術一般にいえることであるが，完成度の高い防汚技術でも，何らかの弱点はある．そこで，海水設備の防汚対策は，1種類ですべて賄うというものではなく，適材適所に複数の技術が併用されている．現在でも将来も，既存の技術の弱点を克服するため，次々と新しい方法が研究開発されるであろう．本章では，研究開発から実用化に至る過程で，それらの方法がどのように評価されるかを解説する．

　　6・1　対策の評価における基礎知識
　　6・2　防汚剤・防汚塗料などのスクリーニング方法
　　6・3　モデルコンデンサ・実機を用いた試験方法
　　6・4　実機運転データからわかること

防汚塗料の効果検討方法の例

6・1 防汚対策の評価における基礎知識

新しい防汚対策の紹介においては，効果のアピールが重要である．しかし，効果の検討試験で試験時期が不適切な冬季であったなど，首をかしげる事例を見受けることがある．また，防汚対策を検討することになった初心者から，寒い地方では汚損は少ないのか，冬季でも試験板の垂下試験はできるか，という質問を受けることがある．そこで，本章では防汚対策評価における基礎知識として，生物付着と水温・水深・季節・流速・表面性状について簡潔に解説する．

1）生物付着と水温

寒い地方では付着生物の付着量が少なく，温かい地方では付着生物の付着量が多いと考えられる．緯度別の生物生産の大小から考えると至極当然だが，全国的に調査した報告結果は少ない．西村ら（1989）は，北海道から九州までの10港湾で，1年間にわたって付着生物の付着状況を観察した．図6・1に水温と付着量の関係を示す．年間平均水温10℃前後の低水温型水域では，年平均全付着物量が湿重量で10g/m^2/日以下と少なく，年間平均水温15～20℃の高水温型水域では，年平均全付着物量が湿重量で15～20g/m^2/日程度である．しかし，水温は同様でも，都市沿岸型水域は年平均全付着物量が湿重量で30g/m^2/日以上と多くなっている．都市沿岸型水域での付着量の多い理由は，都市沿岸部は付着基盤となる護岸などが他の水域に比較し圧倒的に多く，すなわち付着生物群集も多く，かつ生物の成長を支える栄養分が多いことも一因と考えられる．

なお，栄養分に関連して各海域の有機物量の目安となる化学的酸素要求量（COD）を表6・1に示す．海水中の有機物量が異なれば，付着生物の付着状況や量にも差が生じると考えられる．

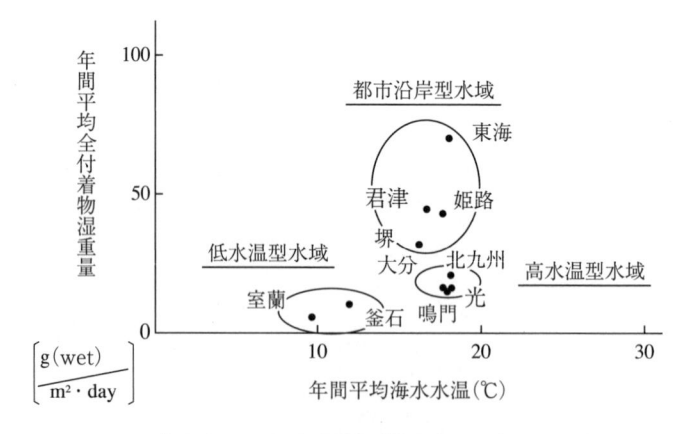

図6・1 各水域における付着物湿重量と年平均水温との関係
（西村ら，1989）

表 6·1　海域の COD (mg/l)

都道府県	海域名	平均値	都道府県	水域名	平均値
北海道	苫小牧地先	2.1～3.3	愛知	渥美湾	3.0～3.6
青森	大間港	1.3	愛知	衣浦湾	2.5
青森	東通地先	1.3	愛知	衣浦港	4.9
宮城	仙台港地先	0.9～2.6	三重	尾鷲湾	1.2
山形	酒田港	1.7～2.4	三重	四日市港	2.6
新潟	直江津	1.6	兵庫	播磨地先	1.7～3.0
新潟	弥彦米山地先	1.0～1.3	岡山	玉島港区	3.7
富山	富山新港	2.1～3.0	岡山	水島地先	1.9
福井	敦賀湾	1.4～1.6	広島	呉地先	1.8～2.6
福島	いわき市地先	1.5	山口	上関地先	1.7～2.3
福島	相馬港	1.8	山口	柳井人島地先	1.6～1.7
茨城	鹿島港	1.9	香川	坂井港	2.4
千葉	千葉港	3.4	愛媛	西条地先	1.7～1.8
千葉	東京湾	2.5～3.7	佐賀	唐津湾	1.7
東京	東京湾	3.4	長崎	西彼地先	1.2
神奈川	東京湾	1.8～2.0	鹿児島	薩摩半島西部	1.5～2.0
静岡	清水港	2.1	沖縄	金武湾	0.9
静岡	遠州灘	1.1			

環境省水・大気環境局　平成 22 年度公共用水域水質測定結果

6章　対策の評価

2）生物付着と水深

　主要港湾の防波堤や護岸の付着生物に関する全国的な調査結果が 2011 年に公表された（上村ら，2011）．この結果をみると，付着生物の付着量は，水深 0 m から 2 m 層にピークがあることがわかる（図 6・2）．また，代表的な汚損生物であるムラサキイガイの鉛直分布をみると，水深 2 m 以浅に集中していることがわかる．伊藤・梶原（1988）は海洋構造物に優占的に出現するフジツボ類のアカフジツボの付着状況と水深との関係に着目して，平塚沖観測塔における付着し変態して間もない幼個体の鉛直分布の調査で，図 6・3 に示すように幼個体数は水深 2,3 m 層をピークに分布し，水深 15 m にかけて減少傾向を示すことを報告している．さらに，桑ら（1990）は，沼津市地先の筏に FRP 製の付着板を 7 月に垂下し，124 日間の付着生物量を調査した．その結果，付着生物量は水深 1 m 層から増加しピークは水深 3 m 層（約 35 kg/m^2）にあり，その後水深 25 m 層にかけて減少することを報告している．

　なお，発電所の取水水深（表層 2 m 層，中層 5 m 層，低層 10 m 層）と季節的な水温分布の連続的な変化を見ると，夏季には水層別の変化が現れるが，冬季は変化が少ないことがわかる（図 6・4）．

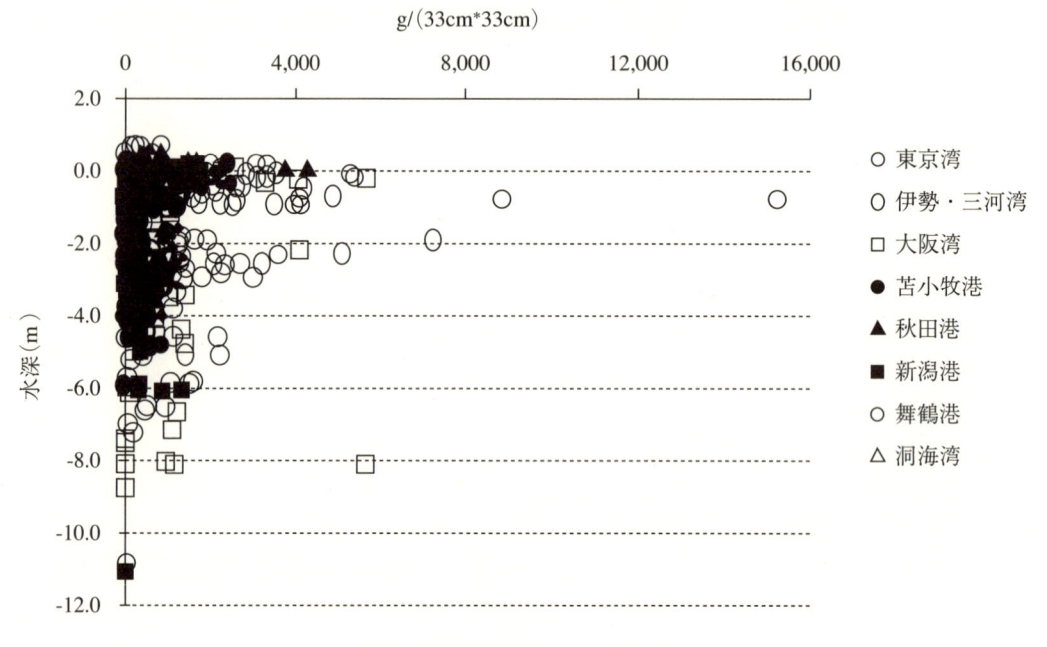

図 6・2　付着生物の分布と水深の関係
（上村ら，2011）

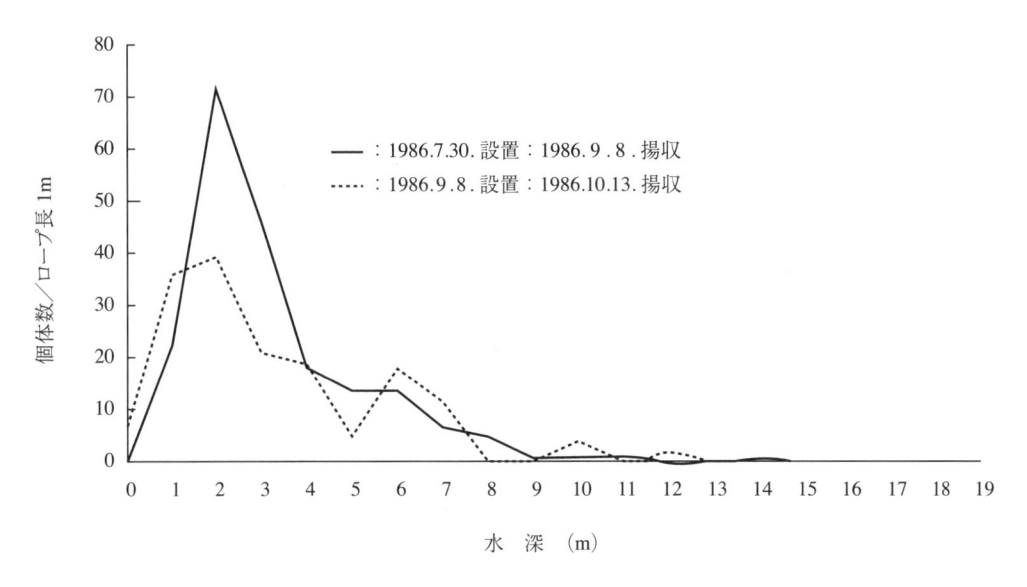

図6・3 平塚沖観測塔におけるアカフジツボ幼個体（1カ月浸漬したロープに付着した幼個体）の鉛直分布
(伊藤・梶原, 1988)

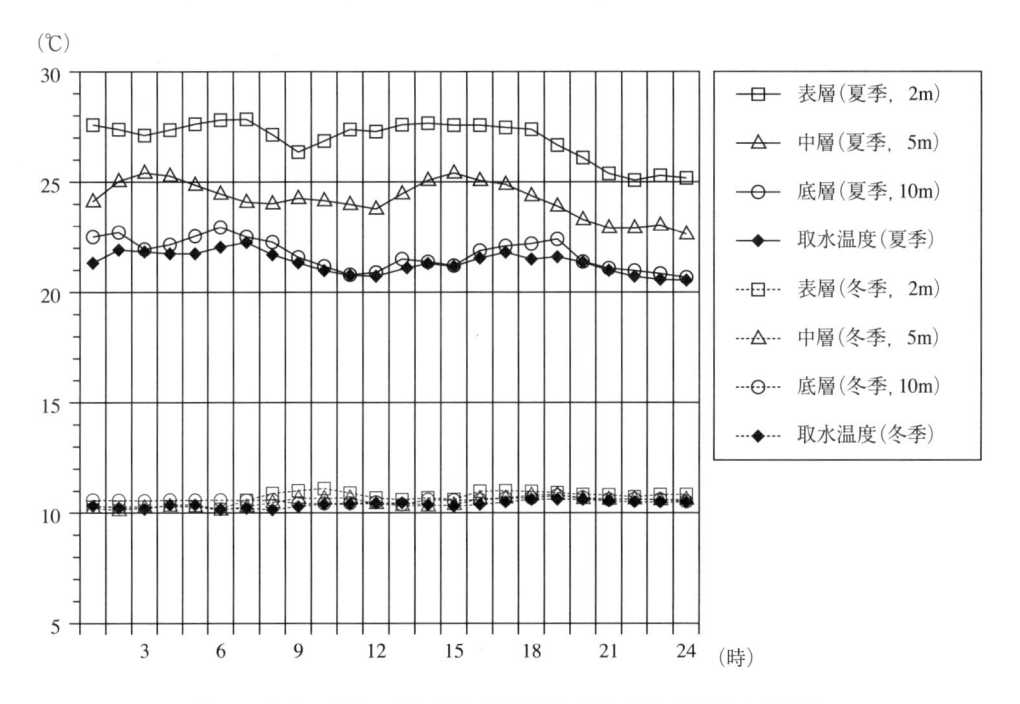

図6・4 取水口前面の水温変化と取水温度の経時変化（川越火力発電所）
(電力土木技術協会, 1995)

3) 生物付着と季節

代表的な付着，汚損生物の出現カレンダーを図6·5に示した．これは付着板などに付着した生物の出現状況（西村ら，1989；加戸，1989；坂口，2008）と付着生物の浮遊幼生の出現状況（濱田，2013）をまとめたものである．これによると，ムラサキイガイは水温10℃以上20℃程度の11月から冬季を経て夏季まで出現する．一方，ミドリイガイは水温20℃以上の7月から9月に主に出現する．フジツボ類は周年出現する地域もあるが，一般的には5月から12月までに出現することがわかる．タテジマフジツボは，水温18℃から23℃程度の5月から11月まで出現する．Kon-ya·Miki（1994）は，タテジマフジツボのキプリス幼生の付着と水温の関係を室内試験し，15℃で20％程度，20℃と25℃で60％弱，30℃で50％程度，37℃で20％程度の付着率を得ているので，20℃から25℃程度が最適付着水温と考えられる．

すなわち，冬季から夏季の水温上昇期などにはムラサキイガイが，一方7，8月の高水温期にはミドリイガイが，春季から秋季にはフジツボ類が出現すると考えてよい．

4) 生物付着と流速

付着生物の幼生は浮遊生活期に基盤に到着し付着する．そこで，水の流れがないと基盤に到着することができないし，流れが速すぎるとせん断力で基盤に留まることができない．幼生にとって基盤周辺の流速は致命的な結果をもたらす．フジツボ類のキプリス幼生のサイズは約0.5 mm（タテジマフジツボの場合，勝山ら，2009）なので，基盤から1 mm程度内の箇所の流速が命運を分けることになる．坂口ら（1983）は，管内流速と付着の関係を総説し，管径2 m管では平均流速が1.5 m/sから1.65 m/sの範囲を常時維持すれば付着防止は可能と述べている．循環水管や復水器細管の流速は一般に2 m/s程度で運転されている根拠でもあろう．これらの関係については，5章5·10で詳細が述べられている．

5) 生物付着と表面性状

フジツボ類のキプリス幼生は，付着器官である第1触角で基盤を探査し基盤に付着する．その際，平滑な基盤表面より微細な凹凸のある表面を選択する傾向がみられる（堀内ら，2009）．では，付着生物群集の場合はどうか．山崎・佐藤（1965）は，東京湾の火力発電所で海水をくみ上げ試験水路に導水し，完全清掃面（コンクリートを塗った当時と同様に徹底的に付着物を落とした後ブラシで丁寧に洗い上げた面）と粗清掃面（コンクリートの壁面付着物を鉄ヘラで掻き落としただけの，ヒドロ虫類の基部，フジツボの底盤，ムラサキイガイの足糸などが残存している面）への付着生物の付着状況を比較した．その結果，半年程度であれば粗清掃面で付着生物量が多いことを報告している．

これらのことから，付着生物を対象として種々の試験を行う場合は，冬季を避けて水深2 m程度の表層水の利用が肝要である．

（勝山一朗・小林聖治）

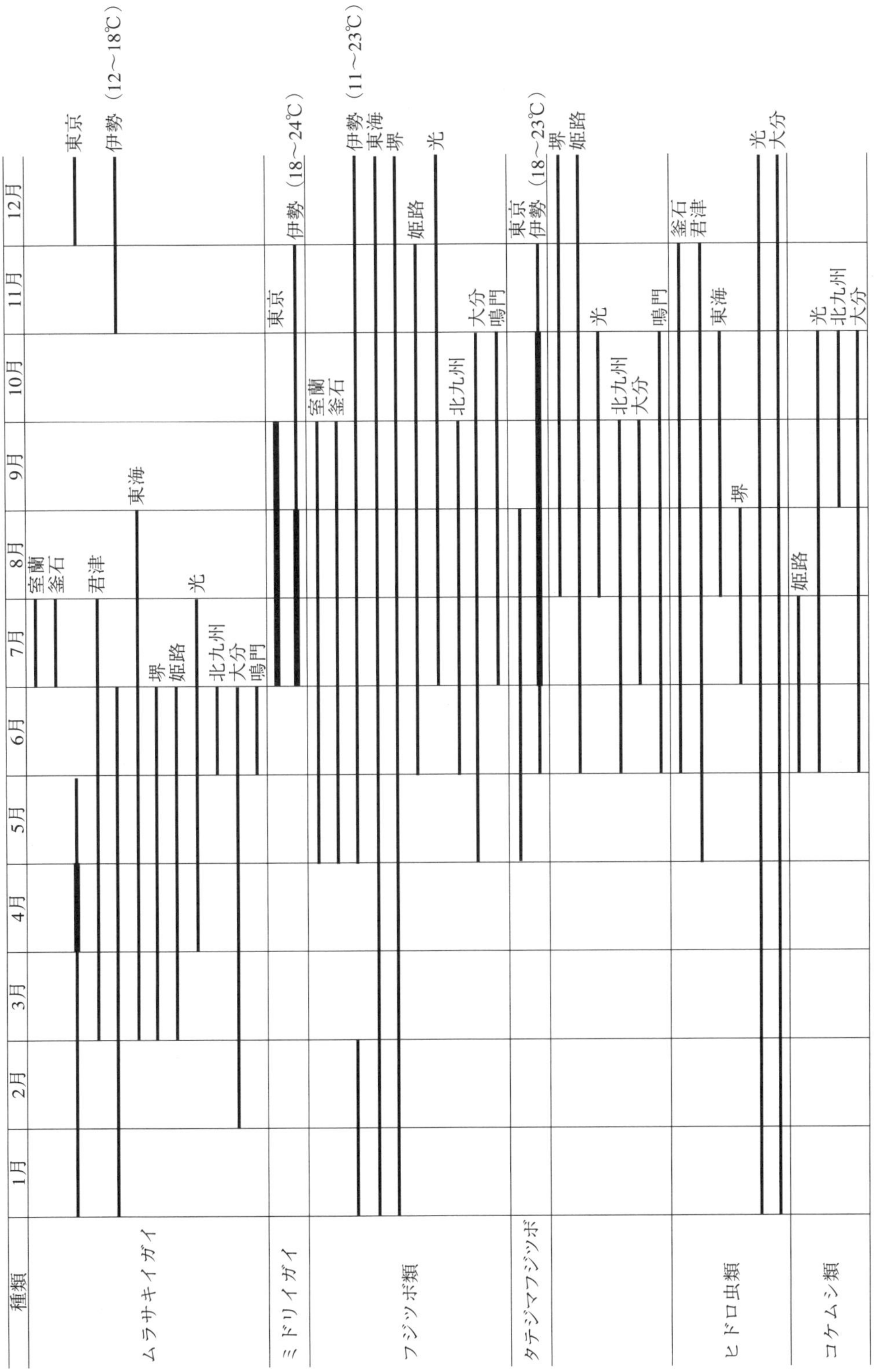

図 6·5 付着生物の出現カレンダー
( ) 内の数字はその時の水温を示す.

6・2 防汚剤・防汚塗料などのスクリーニング方法

　防汚剤や防汚塗料の進歩は著しい．このため新しく開発した試作品を多量にいかに速く，市場で使えるようにするかの篩い分けが開発競争の勝敗を分けることになる．この篩い分けには，「生物の声を聞く」，いわゆる生物試験が近道である．具体的には，付着生物の付着期にある幼生個体を用いて，室内で，決められた条件の下，短時間に試作品の有効性を試験するもので，スクリーニング（篩い分け）試験と呼ばれる．この試験は数をこなす必要があるため，簡便かつ短時間で判定結果が得られる方法でなければならない．
　このスクリーニング試験で選ばれた試作品が更に改良を加えられ，防汚塗料では海域での垂下試験などで長期間の防汚効果の持続性が評価される．表6・2に防汚塗料，防汚素材，防汚剤開発の一連の作業（特にスクリーニング試験と海域垂下試験の関係など）概要を段階的に示す．スクリーニング試験は，発電所や船舶などでユーザーが行う作業というより，メーカーの作業ともいえる．

1） 生物試料の準備

　付着生物幼生を用いる生物試験では，フジツボ類特にタテジマフジツボ，イガイ類のムラサキイガイ，その他海藻としてはアオサ類が，国内外で重要視されている（Briand，2009）．そこで，スクリーニング試験では，付着期にあるタテジマフジツボのキプリス幼生やムラサキイガイの幼貝の大量確保が重要な作業になる．タテジマフジツボのキプリス幼生は，春から秋にかけて海岸からタテジマフジツボの親個体群を採集し，室内で5日間程度ほどかけてノープリウス幼生からキプリス幼生に変態するまで飼育して試験に用いる．また，ムラサキイガイの幼貝は，春から夏に殻長5 mm程度の個体を海岸から採集して試験に用いる．ムラサキイガイの学術的研究ではペディベリジャー幼生を用いることが多いが，飼育に1カ月程度要し非常に手間がかかるので，スクリーニング試験では簡便に幼貝を用いる．付着生物の幼生飼育については，加戸・平野（1979）および吉村ら（2006）に詳しい．

2） 付着生物幼生などによるスクリーニング試験

　付着生物幼生などによるスクリーニング試験に公定法は定められていない．JIS H 7901：2005 海洋生物忌避材料用語には，付着生物幼生などによる生物試験として，フジツボ付着忌避活性試験法と足糸平板試験方法が紹介されているにすぎない．ここでは，この2種類の方法などを紹介する．

表6・2 防汚剤，防汚塗料などの開発に関わる一連の生物試験作業 概要

ステップ	内 容	
1	試作品の作成	
2	スクリーニング試験（篩い分け試験）	
	試験場所	室内
	試験時間	時間レベル
	試料のサイズ	小片（スライドグラスサイズなど）
	試験対象生物	・フジツボ類，ヒドロ虫類，コケムシ類の付着幼生 ・イガイ類の幼貝・親貝 ・藻類の胞子 ・生物皮膜
	試験条件1.	シャーレあるいは机上小型水槽
	試験条件2.	止水・流水条件
	試験条件3.	試験条件を一定にできる．再現試験が可能
	評価指標	付着個体の数，足糸数，基盤選択性
	例	JIS H 7901-2005 海洋生物忌避材料用語のフジツボ付着忌避活性試験法と足糸平板試験方法
3	試作品改良（ステップ2と3の繰り返しの後，最終試作品完成）	
4	海域垂下試験	
	試験場所	海域
	試験時間	月から年レベル
	試料のサイズ	20 × 20 cm 程度の試験板
	試験対象生物	海中の多様な付着動物や海藻
	試験条件1.	野外規模
	試験条件2.	自然の海域
	試験条件3.	海域の条件は試験ごとに変化する．厳密には再現は不可能
	評価指標	・対照との目視による比較 ・付着生物群集の重量，生物分析
	例	JIS K 5630-1983 の鋼船船底塗料防汚性浸海試験方法
5	商品化（ステップ4の結果から選別される）	

①薬剤などの付着阻害活性試験法

シャーレあるいはマルチウエルプレートに，濾過海水で試供品薬剤を数段階に希釈した試水とキプリス幼生を複数個体収容し，一定時間後の生死や着生・変態し付着した個体数を計数し，付着阻害活性を表6・3に示す生物の状態から効果を評価する．この方法がフジツボ付着忌避活性試験法である．ムラサキイガイの幼貝を用いる場合は，1個体ずつ容器に収容し，一定時間後の生死や付着器管である足糸の形成数を計測する．

この際，生物が死亡している場合は，付着阻害活性は致死効果によるものと評価され，試作品の毒性によるものと考える．致死作用が極めて低く，かつ付着阻害活性のみ認められる薬物が理想であり，多くの研究がすすめられている（小南ら，2013）．

②防汚塗料の付着防止効果検討試験

防汚塗料の場合は供試塗装板とキプリス幼生やムラサキイガイの幼貝を接触させ，一定時間後に付着状況を観察する．図6・6に示す方法は，その一例である（Katsuyama *et al.*, 1992）．この方法の詳しい説明は北村（1999）の論文が参考になる．また，ムラサキイガイの幼貝を用いた試験（図6・7）では，幼貝を塗装面に外科用接着剤で固定し，これを水槽に収容し，一定時間後に形成された足糸数を計測する．この試験方法が足糸平板試験方法である．なお，このような止水式の試験では，一般の防汚塗料は毒性を示す有効成分が容器に蓄積され，幼生が死亡するため試験にならない．そこで，海水を絶えずかけ流しにして有効成分が蓄積しない状態で，試作品の付着防止効果を評価する方法が必要になる．

最近，小林ら（2014）はタテジマフジツボ，スジアオノリを用いた防汚塗料の流水条件での試験方法を，Pansch *et al.*（2014）はフジツボ類を用いた流水条件の試験方法を発表している．

最後に，試験結果から供試体の付着防止効果（防汚効果）を評価する．基本的には塗装した試験区と無塗装の対照区との，以下のような比較になる．

対照区での数値　＞　試験区での数値　：　付着防止効果有り
対照区での数値　＝　試験区での数値　：　効果は不明瞭
対照区での数値　＜　試験区での数値　：　効果なし

表6・3　生物の状態と付着阻害効果の評価

生物の状態	付着阻害効果の評価
行動停止，衰弱，死亡	付着阻害効果，致死効果　：　有
生存・付着　：　無	付着阻害効果　：　有
生存・付着　：　有	付着阻害効果・防汚効果　：　無

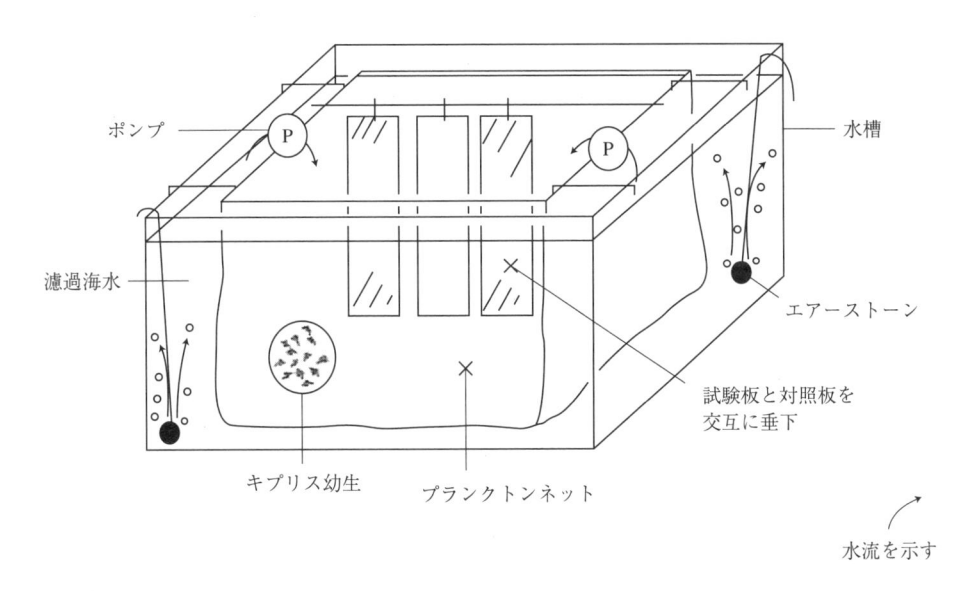

6·2 防汚剤・防汚塗料などのスクリーニング方法

図6·6 キプリス幼生を用いたスクリーニング試験法
供試板と対照板にキプリス幼生を多数接触させ，24時間程度後にどちらに付着したかで，供試板の防汚効果を評価する．有効であれば供試板にはまったく付着せず，対照板にのみキプリス幼生は付着しフジツボになる．キプリス幼生はプランクトンネットには付着しない性質を利用した点がポイント．
（Katsuyama *et al.*, 1992 より作成）

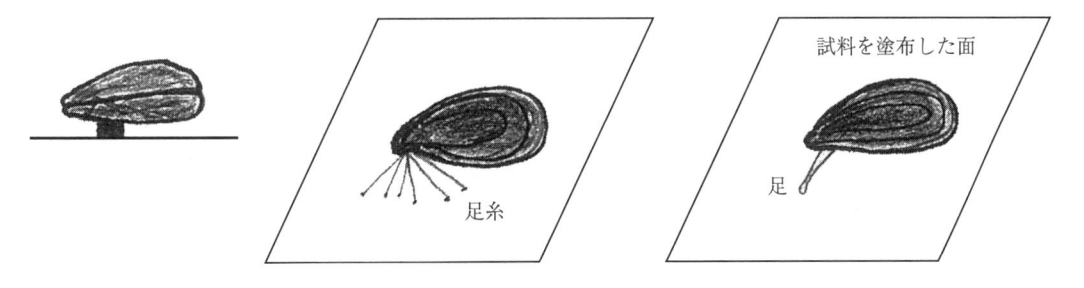

図6·7 ムラサキイガイによる足糸平板試験法
左　：基盤に供試個体を外科用接着剤などで間隔をあけて固定する．
中央：無塗装の対照区の状況．付着器管である多数の足糸が形成される．
右　：試験区，防汚効果があれば，個体は足で塗装面を探査しても忌避して，足糸の形成に至らない．
（Harada *et al.*, 1984 を参考に作成）

3) 防汚塗料などの海域における試験板垂下試験

海域における防汚塗料の試験板垂下試験は，多くの組織で多くの海域で実施されている．JIS K 5630：1983 鋼船船底塗料防汚性浸海試験方法はこの範疇である．また，先の JIS H 7901：2005 海洋生物忌避材料用語では，付着板法について付着生物の付着時期や成長などの生態情報のための方法として説明されている．防汚塗料を塗装した供試板と無塗装の対照板を同時に観察すれば防汚効果の評価が可能である．

試験板垂下試験は，20～30 cm 四方の塩ビ板などに効果を評価したい防汚塗料を塗布し海域に垂下し，半年から 2 年程度の長期間付着生物の付着状況を観察し，対照板と比較し防汚効果を評価するものである（図 6・8）．一般には，試験板と対照板を枠内に設置し，筏や岸壁に垂下し試験されている．生物観察の手順などは，海洋調査協会の海洋調査技術マニュアル，海洋生物調査編の付着生物調査に詳しい説明がある（勝山，2006）．

試験板垂下試験は，無公害防汚塗料の効果検討（齋藤ら，1990），金属板の防汚効果検討（山下，1990），高分子材料の海生生物汚損性の検討（渡辺ら，1993），亜鉛電極の海生生物着生防止効果検討（大庭ら，2001），銅系塗料の亜酸化銅溶出量と防汚作用の閾値検討（関ら，2013）他に，広く用いられている．

なお，付着生物種の分類など，生物分析は専門性が求められる．また，現場での生物量の計測には時間と手間がかかる．そこで，現場においても短時間で実施可能な目視のみによる簡便な観察法について，宮嶋（1990）は海中生物付着程度評価基準を提案している．前田ら（2003）は目視による付着評価値と付着生物湿重量の関係を検討している．これらは，誰でも簡便に実施可能な評価法であり，改善につながると思われる．

最後に，川辺（1984）は，海域での塗装の浸漬試験では同じ試料でも場所が異なると結果が異なる例をあげ安定性に乏しいことを指摘している．一方，最近では防汚塗料の試験板を海域に浸漬し生物の付着状況から防汚性能を検討し，さらに有効成分の溶出速度を計測しそれらの関係を考察する基礎的研究も始まっている（小島ら，2013）．

今後は，試験方法の標準化と評価方法の体系化が望まれる．

（勝山一朗・小林聖治）

6・2 防汚剤・防汚塗料などのスクリーニング方法

図6・8 試験板の垂下方法の例（上）と対照板の状態（下） 1目盛りは10 mm
枠内の上部は試験板（防汚塗料塗布板），下部は対照板．

6・3 モデルコンデンサ・実機を用いた試験方法

前章で有望と評価された防汚対策・方法は，発電所の冷却水系でどの程度有効なのか，それを試験・評価を行ってから実機に採用する過程を経るのが一般的である．本節では，運用することになる対象発電所の現地取水海水と付着生物が付着する状況下で行われる試験について解説する．

本節では，1) モデル水管路試験，2) モデルコンデンサ試験，3) 実機試験について説明する．各試験の特徴などを，表6・4に示す．すなわち，モデル水管路試験は，復水器細管以外の冷却水系の防汚対策の評価と最適運用条件などの検討，モデルコンデンサ試験は，復水器（コンデンサ）細管の防食・防汚のための最適運用条件などの検討，実機試験は実機冷却水系の一部を用いた防汚対策の総合的な有効性確認を行うものである．

1) モデル水管路試験

復水器細管以外の冷却水系の防汚対策の評価と最適運用条件などの検討を行うもので，流速，防汚材質，防汚塗料，薬剤注入など主要な防汚対策に関して，現地の海水と付着生物付着状況下で試験する．古くは山崎・佐藤（1965）の塩素注入による水路付着生物の検討例などがある．

川辺（2001）は，「大型付着生物の防止効果を評価する為の流水試験法」でその詳細を解説している．その内容を表6・5にまとめた．目的は，主要な防汚技術（流速，防汚材質，防汚塗料，薬剤注入など）の検討として，原理別に技術を，①化学薬品注入法（薬剤注入），②壁面から物質を放出させる方法（防汚塗料），③壁面の特性（流速やシリコン系塗料），④物理的方法（紫外線など），⑤機械的方法（擦過法）に分類している．また，条件は，流水条件が防汚効果をもたず，試験装置の出口まで十分な数の幼生が存在し，かつ試験装置の出口まで十分な量の餌料が存在することが求められる．

通水試験装置の分類は，管路と水路をあげている．通水試験装置の構成は，給水部，流量制御部，薬品注入部など，モデル管水路からなる．図6・9に装置の一例を示す．モデル水路で残留塩素の防汚効果を検討した例である．これは，薬剤の防汚効果をコンクリート板（材質の対照）と防汚塗装板の双方で検討する例である．

試験場所は，対象発電所が多いと思われるが，一般的な汎用データ取得が目的の場合は，付着生物が豊富な箇所が選択される．試験時期は，付着生物の出現・付着時期である春季から夏季に実施する．試験期間は，1カ月以上，防汚塗料の寿命を評価するのであればかなり長期となる．試験に際しては，通水方法（通水開始時，流量変動時，流れの停止時，点検時），水温，水質，流量，付着生物の分析など，付着生物の成長速度・脱落の程度に留意が必要で，対照区との比較が評価の基本である．

最新の水路試験結果報告としては，マイクロバブルによる生物付着制御技術の開発がわかりやすい（柳川ら，2013）．

表6・4 各試験の目的とその内容

分 類	目 的	内 容
モデル水管路試験	復水器細管以外の冷却水系の防汚対策の評価と最適運用条件などの検討	流速，防汚材質，防汚塗料，薬剤注入など主要な防汚対策を，現地の海水と付着生物付着状況下で試験する．
モデルコンデンサ試験	復水器（コンデンサ）細管の防食・防汚のための最適運用条件などの検討	流速，材質，鉄皮膜形成，薬剤注入，ボール洗浄など主要な防食・防汚対策を，現地の海水と付着生物付着状況下で試験する．
実機試験	実機冷却水系の一部を用いた防汚対策の有効性確認	実機冷却水系の水管や水路の一部に，防汚塗料などを塗布・施行し，対象サイト・箇所での有効性を確認する．

表6・5 大型付着生物の防止効果を評価するための流水試験の内容

項 目	検討内容など
目的	・化学薬品注入法 ・壁面から物質を放出させる方法 ・壁面の特性 ・物理的方法 ・機械的方法
流水条件の設定	・流水条件が防汚効果をもたない ・試験装置の出口まで十分な数の幼生が存在する ・試験装置の出口まで十分な量の餌料が存在する
通水試験装置の分類	・管路 ・水路
通水試験装置の構成	・給水部 ・流量制御部 ・薬品注入部など ・モデル管水路
試験場所	・特定場所 ・不特定な一般的な場所
試験時期	・例えば，代表的な汚損生物であるムラサキイガイやフジツボ類の付着時期
試験期間	・1カ月以上は必要
試験方法	・通水方法（通水開始時，流量変動時，流れの停止時，点検時，水温，水質，流量，付着生物の分析など，付着生物の成長速度・脱落の程度）
評価方法	・対照区との比較など

川辺（2001）を基に作成

2) モデルコンデンサ試験

モデルコンデンサ試験は，復水器（コンデンサ）細管の防食・防汚のための最適運用条件などの検討のため，流速，材質，鉄皮膜形成，薬剤注入，ボール洗浄など主要な防食・防汚対策を，現地の海水で試験する．その歴史は古く，川辺（2011）の「モデルコンデンサ」によれば，腐食防食関係の試験は，1933年の住友大阪伸銅所の報告によるもので，実機と同じ構造の蒸気加熱，真空方式のものであった．その後は，加熱方式は消滅する．この「モデルコンデンサ」には，2007年までの89件の事例が紹介されおり，まさに本書はモデルコンデンサの百科全書といえる．モデルコンデンサの目的と要因は多岐にわたり，表6・6にまとめた．すなわち，大きな目的は，復水器細管の防食と防汚のための運用条件などの検討・確立である．試験装置は基本的には，先のモデル水管路試験に同様であるが，水管路に代わって各種金属製の細管が設置される．また，ボール洗浄の検討の場合は，スポンジボールを注入口に設置し，スライム生成による防汚状態の検討では水頭損失計測用のマノメーターを設置することがある．試験終了後の細管の防食・防汚状態は，電気化学協会海生生物汚損対策懇談会が確立した「銅合金復水器管分極抵抗測定法」や「復水器引き抜き管汚れ測定方法」が用いられる（川辺・荒木，1993，1995）．

これらモデルコンデンサ試験で得られた大量のデータは，火力原子力発電技術協会（2005）の「復水器及び復水器管管理ハンドブック」に使い易く整理されているので大変有益である．

3) 実機試験

実機試験は実機冷却水系の一部を用いた防汚対策の有効性確認を行うもので，実機冷却水系の水管や水路の一部に防汚塗料などを塗布・施行し，対象発電所・対象箇所での有効性を確認するものである．実機試験結果に関する報告は少ないが，片山ら（2009）は電気化学的な導電性チタンシートを用いた海生生物付着防止装置を，東北電力（株）能代火力発電所の海水熱交換器の一台で実機試験し，その概要を報告している．また，井上（1995）は，導電性防汚塗料を火力発電所取水口壁面に塗装し，その概要を紹介している（図6・10）．相馬共同火力発電（株）は，平成23年度火力原子力発電大会でポスターにより，海水電解装置導入前後の新地発電所の長距離の取・放水路の定期検査時に計量した貝付着状況を示しその効果を報告している（原ら，2012）．中国電力（株）は，平成25年度火力原子力発電大会で，新小野田発電所における除貝装置導入前後の復水器チューブ漏洩発生状況を示しその装置の効果を報告している（沖見，2013）．川辺（2013）は，復水器銅合金細管の水酸化鉄で補強した生物皮膜による防食管理に関する実機での事例を報告している．このような情報は多いと考えられ，今後情報の公表が望まれる．

〔勝山一朗・山下桂司・小林聖治〕

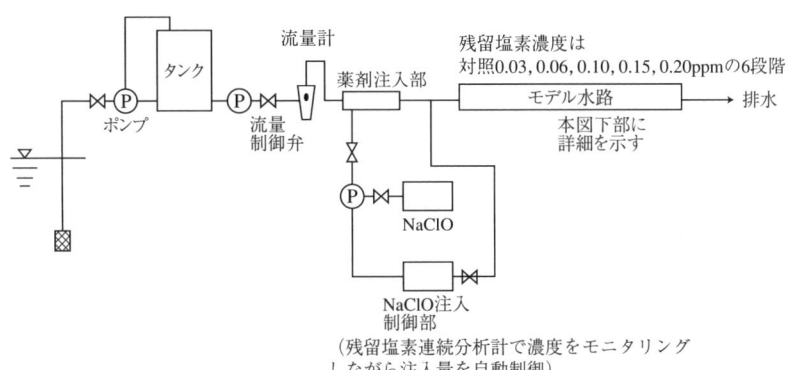

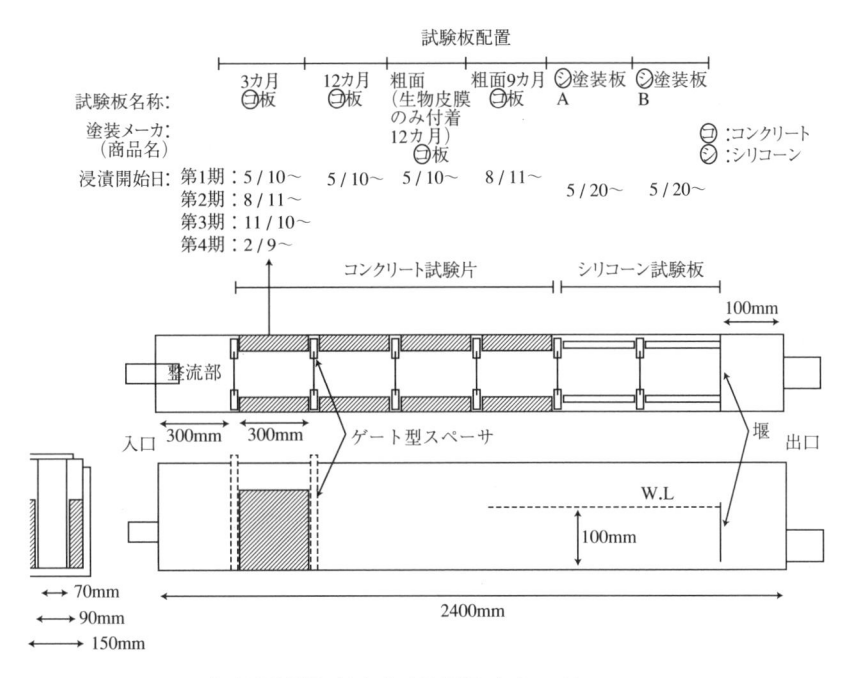

図6・9 モデル水路試験装置（上）と水路詳細（下）の例
　　　　上は，門谷ら（2000）および川辺（2001）を参考に作成　下は門谷ら（2000）より転載

表6・6 モデルコンデンサの目的と関連項目一覧

目 的	検討項目	試験条件，分析項目など	関連用語
腐食現象解明	腐食現象	材質，流速，塩素注入，鉄注入，初期皮膜，ボール洗浄，デポジット，分極抵抗，金属組織生物皮膜付着量など，水頭損失，汚れ係数，付着生物の新規付着状況	腐食，汚染水腐食，アンモニアアタック，デポジットアタック，サンドエロージョン，伝熱性能，流量阻害
防食条件検討	鉄注入鉄皮膜形成電気防食		
防食材料など検討	管材質		
生物皮膜生成過程解明	生物皮膜生成過程		
防汚流速検討	流速効果		
防汚薬注検討	塩素注入効果など		
防汚対策（洗浄など）検討	ボール洗浄効果ブラシ洗浄効果		

6章　対策の評価

導電性防汚塗料部

シリコン防汚塗料部

図6·10　実機試験の例
（井上，1995）

6・4 実機運転データからわかること

1）実機データと運転管理

　防汚対策は刻々と変化する生物の汚損状況を相手にするため，その汚損状況に合わせた日々の対応が求められる．さもないと，汚損状況がわからないまま対策作業を継続することになり，時には無駄が生じ経済的な損失につながる．現在，発電所の海水利用施設の各所において，どの程度の汚損が進行しているかについて，汚損状況を正確かつ連続的にモニタリングする手法は残念ながらないが，間接的な運転データから汚損状況に関してある程度の推測は可能である．表6・7に生物汚損と対応すると考えられる運転データの例を整理した．これらのデータのうちで，最も重要かつ日常的に汚損状況の推定に利用されているのは真空度である．真空度の変化に注意しながら，復水器細管のスポンジボール洗浄・復水器検査の実施時期を判断することは，通常行われている．ただし，真空度は細管汚れ以外，例えば海水温などにも大きく影響を受けるので，注意が必要である．

2）防汚対策のコスト関連データ

　防汚対策とその効果について考える場合，防汚対策の費用更には汚損による経済的損失を絶えず関連させることが肝要である．図6・11に示すように，生物汚損が経済的損失に反映されるまでを①汚損状況，②汚損による設備への影響，③プラントへの影響，④コストへの影響の4段階に分解すると，各段階において生物汚損による影響を示すパラメータが存在する．例えば，取水系や放水系設備における配管への汚損生物付着はまず管内の流れの阻害につながり，設備に関しては循環水ポンプ（CWP）の負荷上昇や熱交換性能の低下（真空度の低下）などの影響を与える．これらの影響はプラント性能においては，所内比率の上昇・出力の低下などにつながる．また，別の視点として付着物の脱落を考えると，まず設備の故障・破損の影響を与え，これにより，プラントでは点検回数の増加や部品交換頻度の増加などにつながる．これらの影響は最終的にコストとして，集計することも可能である．例えば，清掃費・廃棄物処理量・補修費については直接コストとして計上し，所内比率上昇や出力低下については，影響がなければ発電できたであろう発電量との比較により経済的損失として計上することもできる．防汚対策を新たに導入した場合，対策前後での汚損生物の廃棄処理量の比較から新規の対策効果を評価する事例が多かった（原ら，2012）．現状では経済的損失可視化モデルは構想段階に留まり，具体的な手法として確立していないが，今後開発作業を進め，防汚対策の費用対効果を日常的に認識し運転に資することが必要であろう．

6 章　対策の評価

表 6・7　生物汚損と対応

該当箇所	個別箇所	汚損現象	影響
復水器冷却系	スクリーン	汚損生物の付着 汚損生物の詰まり	通水断面積の減少 スクリーンの損傷
	取水口	汚損生物の付着・堆積	通水断面積の減少
	取水管・路 (壁面, 底部)	汚損生物の付着・堆積	管摩擦損失の増大 通水断面積の減少
	循環水ポンプ	汚損生物の付着 汚損生物の詰まり	軸受潤滑水低下 軸受の損傷
	循環水管	汚損生物の付着・堆積 汚損生物の脱落	管摩擦損失の増大 通水断面積の減少
	復水器 ・熱交換器 ・細管	生物皮膜の付着 汚損生物の詰まり	熱交換性能の低下 細管腐食の発生
	放水管・路 (壁面, 底部)	汚損生物付着・堆積	管摩擦損失の増大 通水断面積の減少
	放水口	汚損生物の堆積	通水断面積の減少
補機冷却系	冷却水管	汚損生物の付着 汚損生物の脱落	同上
	ストレーナー	汚損生物の付着	
	冷却水冷却器(熱交換器)	生物皮膜付着	

汚損生物対策(電解処理、防汚塗料、電気防食…)
↓

汚損状況による経済的損失の可視化モデル

① 汚損状況 → ② 設備への影響 → ③ プラントへの影響 → ④ コストへの影響

| 付着厚さ
付着速度
脱落量
… | 流量
圧力損失
出口水温
… | 真空度
CWP 電流値
腐食状況
… | 出力
点検回数
廃棄物量
… | 点検コスト
補修コスト
処理コスト
… |

関連性分析　関連性分析　関連性分析　関連性分析

↓
費用対効果

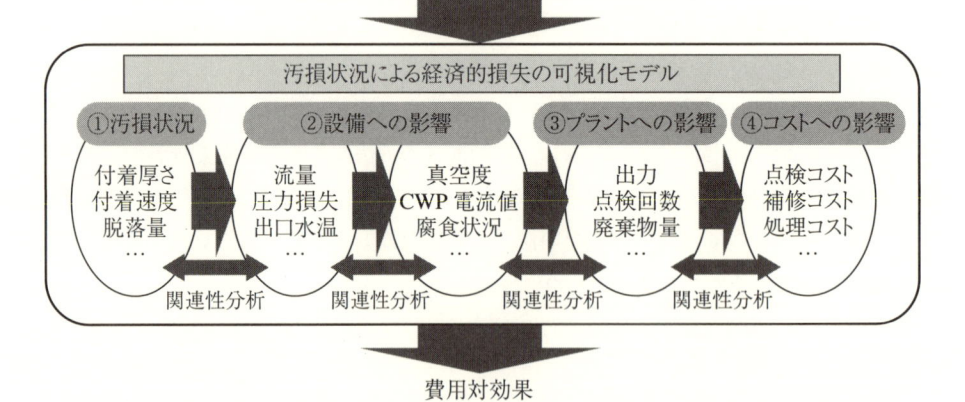

図 6・11　汚損による経済的損失の可視化モデル

するデータ一覧　　　　　　　　　　　　　　　　　　　　　　　注：「囲い文字」はデータを示す

障害事例	日常的対応・対策と結果	定期検査時の対応・対策と結果
● 流量 の低下 ● 真空度 の低下 　（入口出口水温差の減少） ● 出力 の低下 ● 設備の劣化・損傷 ● プラントの停止 ● 補機冷却水温の上昇	● スクリーン動力の増大 　→ 消費電力量（電流値） 　　＝ 所内比率 ● ポンプ動力の増大 　→ 消費電力量（電流値） 　　＝ 所内比率 ● 清掃・点検等の作業量の増加 　→ 労務費 　→ 汚損生物の処理量 　　＝ 廃棄物の処理費 　→ 細管清掃の頻度（SB） 　　＝ 労務費・資材費 ● 海水電解処理 の増強 　→ 消費電力量（電流値） 　　＝ 所内比率	● 清掃・点検量の増加 　→ 労務費 　→ 汚損生物の処理量 　　＝ 廃棄物の処理費 ● 設備補修・交換頻度の増加 　→ 設備の補修・交換作業 　　＝ 設備の交換費・補修費 　→ 防汚塗装施工 　　＝ 塗装費 ● プラント停止回数の増加 　→ 稼働率

3) 防汚対策の環境面

コスト分析で用いるデータは発電所の環境面を評価する際にも活用することができる．例えば，防汚対策により廃棄物処分量が減ることは処分コストが削減されるだけでなく，発電所のゼロエミッション化への第一歩である．同時に廃棄物運搬や処理のための燃料投入量を低減できるので，間接的には燃料の燃焼時に排出される温室効果ガス量を低減していることになる．このような防汚対策による温室効果ガスの削減効果をまとめて考える場合，1 kWh 発電当たりの温室効果ガス排出量を用いるのが便利である．1 kWh 当たりの排出量を算出するには，発電に必要な各種燃料や機材の量に排出係数を掛け，年間発電量で割る方法が用いられる．コスト分析同様に防汚対策を行った場合と行わない場合を比較し，削減できた排出量が対策効果となる．防汚対策に必要になる機材・燃料の投入により一時的に排出量は増加するかもしれないが，前述の廃棄物処分に関係する燃料消費量の低減，稼働率の上昇，所内比率の低下などにより，最終的には 1 kWh 当たりの排出量が削減できる可能性が大いにある．

コスト分析だけでなく，上述の温室効果ガス排出量，あるいはその他の排出物，発電所周辺の生物の影響など種類の異なる複数の環境面への影響についても定量的に把握しながら，防汚対策を行うことは今後ますます重要になると考えられる．

4) 個々のデータの共有化

生物汚損による計画外の出力抑制は避けたいものである．防汚対策の合理的運用の発展には，個々の発電所において分析を行うだけでなく，電力会社内での防汚対策関連の知見を共有することが必要である．クラゲの来襲情報は複数の電力会社で，各発電所ごとの情報が共有されていると聞く．更には，図 6・12 に示すような電力会社間での情報ネットワークを構築し，防汚対策に関連する情報を長期間にわたって蓄積・整理し，日常運転データを常時モニタリングしながら，効果的な防汚対策を提示できる「汚損生物対策センター」の設立なども，近い将来のビジョンとして思い描いておきたいものである．

〔定道有頂・山下桂司・勝山一朗〕

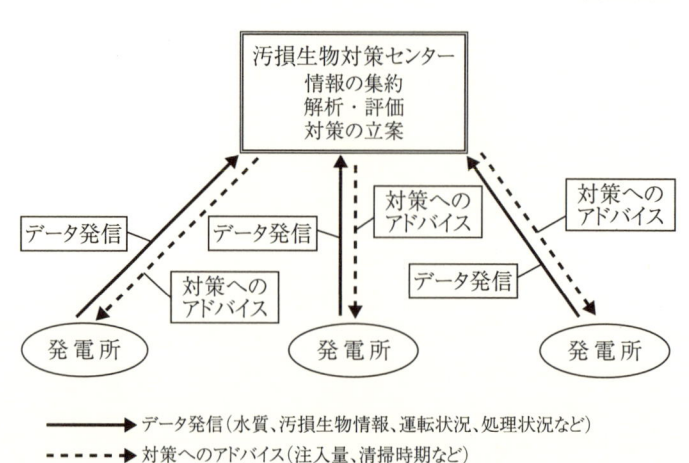

図 6・12　合理的な防汚対策運用に向けた情報共有イメージ

文　献

Briand, J. F. (2009)：Marine antifouling laboratory bioassays: an overview of their diversity, *Biofouling*, 25, 297-311.

電気化学協会海生生物汚損対策懇談会（1991）：海生生物汚損対策マニュアル，技報堂出版．

電力土木技術協会（1995）：火力・原子力発電所土木構造物の設計（増補改訂版），電力土木技術協会．

古田岳志・野方靖行・菊池弘太郎（2012）：薬剤による付着生物除去―フジツボおよびイガイ類幼生に対する塩素の影響―，電力中央研究所報告V11009．

濱田　稔（2013）：伊勢湾奥部における付着生物浮遊幼生の出現種および季節変動，電気現場技術，52（7月号），20-24．

原　猛也・勝山一朗・竹内成典・船橋信之（2012）：発電所取水設備の保守技術，火力原子力発電，63, 279-45.

Harada, A., Sakata and K. Ina (1984)：A new screening method for antifouling substances using the blue mussel, *Mytilus edulis* L., *Agric. Biol. Chem.*, 48, 641-644.

堀内麗子・小林聖治・亀山雄高・水谷正義・小茂鳥潤・勝山一朗（2009）：タテジマフジツボキプリス幼生の基材選択性と付着に及ぼす微細凹凸表面形状の影響，材料と環境，58（8），302-307.

井上　潔（1995）：火力発電所取水口壁面への導電性防汚塗料の適応研究，R & D News Kannsai, 1995.11, 20-23.

伊藤信夫・梶原　武（1988）：アカフジツボの生態―Ⅰ　平塚沖観察塔における付着期，生長，死亡および垂直分布，付着生物研究，7, 31-40.

JIS K 5630：1983　鋼船船底塗料防汚性浸海試験方法．

JIS H 7901：2005　海洋生物忌避材料用語．

火力原子力発電技術協会（1980）：「運転・保守」Ⅶ．補機の運転要領と点検・保守技術　(2)復水器・給水加熱器等，火力原子力発電，31, 1203-1233.

火力原子力発電技術協会（2005）：火原協講座31　タービン・発電機および熱交換器，火力原子力発電技術協会．

火力原子力発電技術協会復水器及び復水器管管理ハンドブック作成委員会（2005）：復水器及び復水器管管理ハンドブック，(社)火力原子力発電技術協会．

加戸隆介（1989）：フジツボの生態，セミナー大型汚損生物の生態とその生態を利用する汚損対策，化学工学会関西支部．

加戸隆介・平野禮次郎（1979）：付着生物浮遊期幼生の飼育方法，付着生物研究，1, 11-19.

梶原　武（1987）：海産付着生物と水産養殖，恒星社厚生閣．

上村了美・吉田　潤・岡田知也・古川恵太（2011）：港湾構造物に生息する付着生物群集の全国比較，国土技術政策総合研究所研究報告，44.

片山義章・山家信雄・大庭忠彦（2009）：海生生物付着防止装置の実機適用，平成20年度火力原子力発電大会論文集，49-54.

勝山一朗（2006）：付着生物調査，「海洋調査技術マニュアル　海洋生物調査編」海洋調査協会，125-145.

Katsuyama, I., R. Kado, H. Kominami and H. Kitamura (1992)：A screening method for test substance on attachment using larval barnacle, *Balanus amphitrie*, in the laboratory. *Marine Fouling*, 9, 13-14.

勝山一朗・小林聖治・小杉亜希・小茂鳥　潤（2009）：タテジマフジツボのキプリス幼生付着期間の寸法と測定方法の検討，*Sessile Organisms*, 26, 89-92.

小南喜郁・吾妻末樹・岩橋郁奈・野方靖行・吉村えり奈・千葉一裕・北野克和（2013）：アミノ酸由来イソニトリル化合物の合成と付着阻害活性に関する構造―活性相関の考察，第3回ワークショップ「船底塗料と海洋環境に関する最新の話題」講演予稿集，日本マリンエンジニアリング学会海洋環境研究委員会．

川辺充志（1984）：防汚性評価における問題点，防汚塗装シンポジウム予稿集　電気化学協会海生生物汚損対策懇談会，32-35.

川辺充志（2001）：大型付着生物の防止効果を評価するための流水試験法，火力原子力発電，52, 456-465.

川辺充志（2011）：モデルコンデンサ，電気化学会海生生物汚損対策懇談会．

川辺充志・荒木道郎（1993）：復水器管汚れ測定方法，火力原子力発電，44, 873-880.

川辺充志・荒木道郎（1995）：復水器用銅合金管の分極抵抗の測定方法，火力原子力発電，46, 16-23.

川辺充志・荒木道郎・藤井　哲・清水　潮（1994）：復水器工学ハンドブック，愛知出版．

川辺充志・山本直哉（2013）：水酸化鉄で補強した生物皮膜による銅合金の防食管理．材料と環境，62, 383-388.

Kitajima, F., C. G. Satuito, H. Hirota, I. Katsuyama and N. Fusetani (1995)：A new screening method for antifouling substance against the young Mussels *Mytilis edulis galloprovincialis. Fisheries Science*, 61, 578-583.

北村 等（1999）：タテジマフジツボ幼生の飼育法およびキプリス幼生を用いた循環流水式の付着試験法，*Sessile Organisms*, 15（2），15-21.

小林聖治・勝山一朗（2011）：防汚塗料等のスクリーニング試験方法の紹介，海洋調査協会報，106，23-28.

小林聖治・松村知明・勝山一朗・松村清隆・安藤裕友・小島隆志・関 庸之・千田哲也（2014）：船底塗料の防汚性機能評価法の検討と課題，第16回マリンバイオテクノロジー学会大会講演要旨集，67.

Kon-ya k.・W. Miki（1994）：Effects of environmental factors on larval settlement of the barnacle *Balanus Amphitrite* reared in the laboratory, *Fisheries Science*, 60, 563-565.

小島隆志・今井祥子・柴田俊明・上田浩一（2013）：生物汚損状態化での殺生物剤の溶出速度と防汚性能の基礎的研究，日本マリンエンジニアリング学会誌，48，826-831.

紺屋一美（1992）：付着阻害物質の探索法，「海洋生理活性物質研究法」，恒星社厚生閣，78-86.

桑 守彦・山本郁雄・戸村寿一・野村和徳（1990）：電気防食した鋼材面の水深別付着生物の着生について，日水誌，56，417-423.

前田邦夫・加戸隆介・北崎寧昭（2003）：海産付着生物の目視による付着評価値と付着生物湿重量との関係，*Sessile Organisms*, 20（1），1-6.

宮嶋時三（1990）：海中生物付着程度評価基準，付着生物研究，8（1/2），51-54.

門谷光人・藤田由美子・宇佐美正博・川辺充志（2000）：海生物付着防止対策の研究 Ⅱ．低濃度塩素注入の効果，火力原子力発電，51，477-481.

向井 宏（2003）：付着生物，「地球環境調査計測事典」，フジ・テクノシステム，605-619.

日本付着生物学会（2001）：黒装束の侵入者 外来付着性二枚貝の最新学，恒星社厚生閣.

日本付着生物学会（2006）：フジツボ類の最新学，恒星社厚生閣.

西村国男・泰永 徹・若尾芳治・有浦 靖・藤田克輔・渡辺敏明（1989）：我が国沿岸における海生付着生物の季節変動，火力原子力発電，40，815-825.

大庭忠彦・臼井英智・梶山貴弘・岩田 聡・桑 守彦（2001）：亜鉛電極による海生生物の着生防止，材料と環境，50，279-284.

沖見賢一（2013）：新小野田発電所 貝による復水器チューブ漏洩の原因究明と漏洩ゼロに向けた対策について，平成25年度火力原子力発電大会研究発表要旨集，16-17.

Pansch, C., P. Jonson, E. Pinort, M. Bergin and H. Elwing（2014）：Lab-based all year round anti-fouling bioassay to screen for pre and post settlement biocide activity against barnacles, 17th International Congress on Marine Corrosion and Fouling Abstract book, 187.

坂口 勇・青木敬雄・福原華一・安井勝美（1983）：海水管内の流速と汚損生物付着との関係．化学工学，47，316-318.

坂口 勇（2008）：発電所を困らせる水の生き物たち，電力中央研究所環境ソリューションセンター．

関 庸之・小島隆志・安藤裕友（2013）：船底塗料の防汚剤の溶出速度に関する検討，第3回ワークショップ「船底塗料と海洋環境に関する最新の話題」講演予稿集，日本マリンエンジニアリング学会海洋環境研究委員会，25.

齋藤憲一・浅生昭弘・橋本誠一・大槻裕睦・丹下和仁・勝山一朗（1990）：無公害防汚塗料の防汚効果，付着生物研究，8（1/2），9-15.

水産無脊椎動物研究所（1991）：海洋生物の付着機構，恒星社厚生閣.

山下桂司（1990）：海中に浸漬した金属板4種における生物付着状況，付着生物研究，8（1/2），35-45.

山崎正雄・佐藤修一（1965）：水路付着生物に対する塩素注入試験，火力発電，16，851-857.

柳川敏治・米田真梨子・加世堂栄彦（2013）：マイクロバブルによる生物付着制御技術の開発，エネルギア総研レビュー，31，10-13.

吉村えり奈・野方靖行・坂口 勇（2006）：フジツボ幼生の簡便な飼育方法について，*Sessile Organisms*, 23（2），39-42.

渡辺庄司・国岡正雄・渡辺 寧（1993）：高分子材料の海生生物汚損性，高分子論文集，50（7），537-541.

7章　環境への配慮の考え方

　発電所冷却水系は大量の海水を取水し温排水として放流する．取水する場にも放流する場にも海洋生物は生息している．このとき，海域の生態系サービスを受けている漁業との協調は重要である．そこでまず取水連行と温排水の影響の考え方を説明する．また，冷却水系では防汚対策が必須であるが，防汚対策に使われる防汚剤のリスク評価と管理は発電所に求められる義務でもある．発電所内での化学物質の使用は最小限にしたいし，使用する場合でも漁業への配慮として水産用水基準を尊守する必要がある．

　化学物質の使用に際して，メーカーとユーザーに課される義務と責任は異なる．化学物質のメーカーには，「化学物質の審査及び製造等の規制に関する法律」（化審法）に則った製品の製造・販売が課され，ユーザーには，「化学物質排出把握管理促進法」（化管法）に基づいて環境中への排出量や廃棄物の移動量の把握と管理活動の実施が求められる．この際，化審法で必要になる有害性評価には，経済協力開発機構（OECD）のテストガイドラインや環境省生態毒性試験などの試験法，予測環境濃度（PEC）および予測無影響濃度（PNEC）に基づくリスク推定についての理解がほしい．一方，化管法の遵守には，対象物質に指定された化学物質の環境中への排出量や移動量を届け出るPRTR制度とその製品の危険・有害性などを記載したSDS制度についての理解がほしい．なお，現在のところ，船舶製造・修理業や海運業はPRTR制度の対象業種から除かれているが，SDS制度はすべての業種が対象となっている．また，亜酸化銅や亜鉛・銅ピリチオン以外の防汚物質には第一種指定化学に指定されているものがある．

　　　7·1　冷却水の取水連行と温排水
　　　7·2　化学物質使用における責務
　　　7·3　化学物質のリスク評価と管理
　　　7·4　化学物質の生物に対する毒性の試験法
　　　7·5　水環境中濃度の推定
　　　7·6　生態影響リスクの推定方法
　　　7·7　化学物質による生物影響の総合的評価
　　　7·8　水質に関わる基準設定

7・1 冷却水の取水連行と温排水

　火力・原子力発電所は，国土が狭く大河川がない我が国では臨海域に立地し，火力発電所で100万kW当たり約40 t/s，原子力で約65 t/sの海水を取り込み（図7・1）（須藤，1993），復水器で熱交換した後，多くは約7℃昇温した温排水として海域に放流する．一方で，我々日本人は，動物性タンパク質の約半分を水産物から得ており，世界の中にあっても飛び抜けた魚食民族である．このことを考えると，漁業，特に沿岸漁業との協調は重要であり特段の配慮が求められる．

　発電所の立地の際には，軽微なものを除き環境影響評価制度による調査・評価が行われる．具体的には電気事業法（1997年6月改正，1999年6月施行）に定められたとおり，方法書の作成から準備書，評価書の作成・補正，事業の実施，環境保全措置・事後調査の実施に至るプロセスにより，環境に配慮した発電事業の実施が求められている．しかし，新アセスに不慣れな現状では，環境影響評価法制定時に省議アセス（1977年7月）にはあった漁業に関する項目が廃止されたため，事後調査など別途漁業影響評価のための調査が行われることもある．また，発電設備の配置上，取水口，放水口をどの位置に設置するかは重要な事項であり，漁業者との協議により選定されることもある．また，影響軽減のため取水流速を下げて魚類の取り込みを減らす，夏季の放水温度を下げるため深層から取水する，環境水温との差（ΔT）を7℃に押さえる，また，場所にもよるが放水管などを設け深層から高流速で放水し温排水の混合を促進させるなどの措置がなされているが，これらは環境に配慮した措置といってよい．

　「温排水問題」は発電時の取放水が漁業や海生生物に与える影響として，主に取水連行と温排水放流による影響と考えられている．表7・1に取放水影響で問題になる対象と影響の種類を整理した．冷却水系の場所によって，また生物の種類など対象によって影響する内容が異なる．取水口では浮遊するプランクトンが取りこまれ（取水連行），復水器で熱交換の際，水温上昇に出会う（温度接触）．魚類など遊泳動物は，取水の流速に負けると除塵スクリーンに衝突し塵芥処理される（スクリーン衝突）．また，放流された温排水との温度接触があり主に逃避行動が問題になるが，温排水に魚類が蝟集し（三浦，2000），漁場が形成されることもある（図7・2）（横田，2002）．固着性生物や移動能力が低い定着性生物は温排水との温度接触が懸念されているが，それらの幼生の多くは浮遊生活をするのでプランクトンとして発電所と関わることにもなる．

　物理環境や水質に与える影響については，取放水の流動が漁業の操業の妨げにならないか，栄養塩類，BOD，COD，DOなどの水質を悪化させないかなどの懸念，また，復水器でどれだけの水温上昇があるか，その後どれだけの時間上昇したままか，放流後はどれだけ拡がるかなど，温排水が与える漁業，生物影響の基礎としてよく調べられている．基本的には，生活排水や所内用水の排水が管理されている以上，発電所の取放水により水質が変質することはない．稀には内湾から取水し外洋に放流する場合やその逆の場合，発電設備の規模と湾の閉鎖度により，内湾の水質を改善する効果が認められることがある（須藤，1993）．

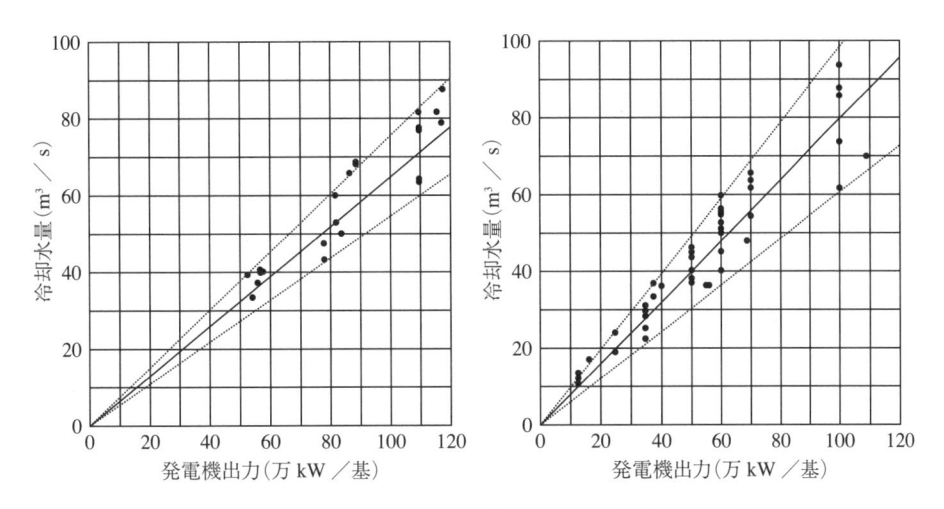

図7・1 発電所電気出力と冷却水量との関係（海生研，1993）

表7・1 発電所の取放水影響の対象と種類

	取水口	復水器	放水口
プランクトン	生物連行 薬物注入 （付着生物）	生物連行 温度接触	生物連行 温度接触
遊泳動物	スクリーン衝突	−	温度接触
定着性生物	（付着生物）	（付着生物）	温度接触
物理環境・水質	流動・流速	（流速） 昇温幅・時間	拡散範囲・機構 流速分布・水質変化

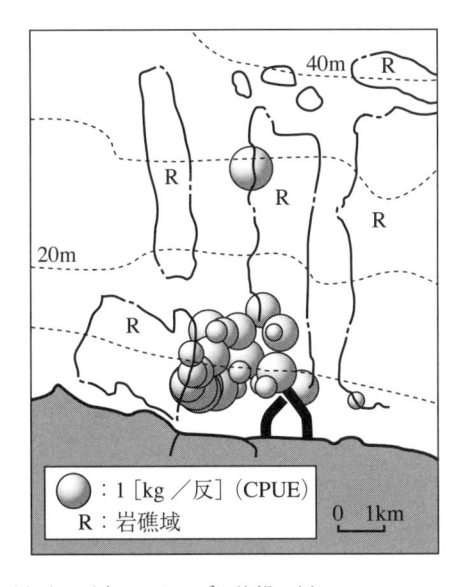

図7・2 発電所前面海域に形成されたスズキ漁場の例
　　　円の大きさが大きいほどスズキがよく獲れることを表している．（横田，2002）

1）取水連行の影響

発電所が冷却水を取水すると海水中に浮遊生活する微小な生物が取りこまれることを，生物連行と呼んでいる．微小な生物とは，魚卵，稚仔魚や動植物プランクトンであり，いずれも遊泳能力が小さいため冷却水とともに取り込まれる．古くは復水器通過影響と呼ばれてきた．また，遊泳力が弱い小型の魚介類などが取水の流速に抗しきれずに，また大型の生物が迷入しスクリーンに貼り付いてしまうこともある．一般に発電所の冷却水路に取り込まれた後，除塵スクリーンに掛かって処理されるものを「スクリーン衝突生物」とし，スクリーンの網目を通り抜けて復水器を経由して放出されるものを「連行生物」と称している．

①生物連行

微小生物が発電所冷却水路を通過する際に受ける影響には，取水ポンプ，冷却水路壁面への接触，衝突，圧力変化，乱流による機械的なショック，水路への生物付着防止のために注入される塩素などの薬物注入（海水電解液の低濃度連続注入）による化学的影響，および復水器における昇温などの他，生物間の被食，捕食関係があると考えられている（図7・3）

生物連行について調べた野外調査の結果によると，動物プランクトンの死亡率は僅か数％であり，植物プランクトンは塩素注入時に約30％は死亡する．また冷却水系通過時に生じるプランクトンの減耗は，付着生物による捕食によることから水温が高いときに大きく，機械的，化学的，昇温による影響よりも大きい．発電所に取りこまれ何らかの影響を受けたプランクトンは，放水口から放流された後は速やかに周辺海域の群と混合するので，影響が検出される範囲は温排水拡散域内に限られる（海生研，2004；原ら，2005）．他に，植物プランクトンの室内培養温度が15℃の群を発電所の平均通過時間（15分）高温に接触させた場合，無影響の温度は種によって異なり30〜39℃と比較的高いこと，動物プランクトンの復水器通過後の生残日数，産卵数，次世代の孵化率は遅発的に若干低下したが周辺海域現存量への影響は認められなかったこと，などが知られている．

魚卵稚仔魚が取りこまれ放水口から放出されたときの生存率は少なくても3割以上である（海生研，2004；原ら，2005）が，発電所に取り込まれる魚卵稚仔魚の種類，数量は，周辺海域の変化をよく反映しており，取水口のごく近傍で生み出されたものが多いこともわかっている．取込量はごく近傍の分布と場の流れで決まり，魚卵，稚仔魚は拡散し流れに依存して取り込まれる．したがって，産卵場や稚魚の集積場がわかっている場合は，取水口との距離を取ることが有効である．

②スクリーン衝突

室内実験の結果から，魚は普通に泳ぐとき（巡航速度）には秒速で体長の約4倍，捕食者からの逃避や逆に捕食するとき（突進速度）には10倍で泳ぐことが知られている．また，野外調査の結果からは，取水の流速が約40 cm/sのとき体長10 cm以下の小魚が多くスクリーンに掛かることも知られている．水路方式ではカーテンウォール下の面積を広げることで取水流速を約20 cm/s以下に下げることがある．生物付着対策としては管内を高流速にすることが有利であるので，入り口のみ広げることもよく行われる．また，魚は下向きの流れに弱いので，取水管方式では先端にベロシティキャップを設け，流速を下げるとともに水平流に変えている．このことによって，魚は構造物に対して反射，回避する行動が取れるとされている．

クラゲや小魚，海藻類が大量に取水口に押し寄せ取水阻害を起こすことをスクリーンブロッケージという．冷却水系に水頭切れを起こす原因の1つである．また，放流期のサケ稚魚など水産上有用な小魚が取水口に迷入することがある．これらは特定の季節に限られるのが特徴である．ミズクラゲ被害のように電力の高需要期に重なるとやっかいである．音や光，泡などで魚を脅かし取り込みの回避をさせようという試みが数多く行われたが，余り有効なものはない．目的の魚種が特定されるのであれば，これらと網（誘導や侵入防止）との組み合わせで効果が期待できよう．クラゲでは，多くは進入防止用のクラゲネットの展張が有効であるが，余りにも大量であると防ぎきれないケースもある．

欧米では，一旦スクリーンに掛かった魚を海に戻す（フィッシュリターンシステム）ことも採用されている．この場合，エビ・カニ，イカタコ類や体長 10 cm 以上の魚は，除塵槽内での生残率が高い．

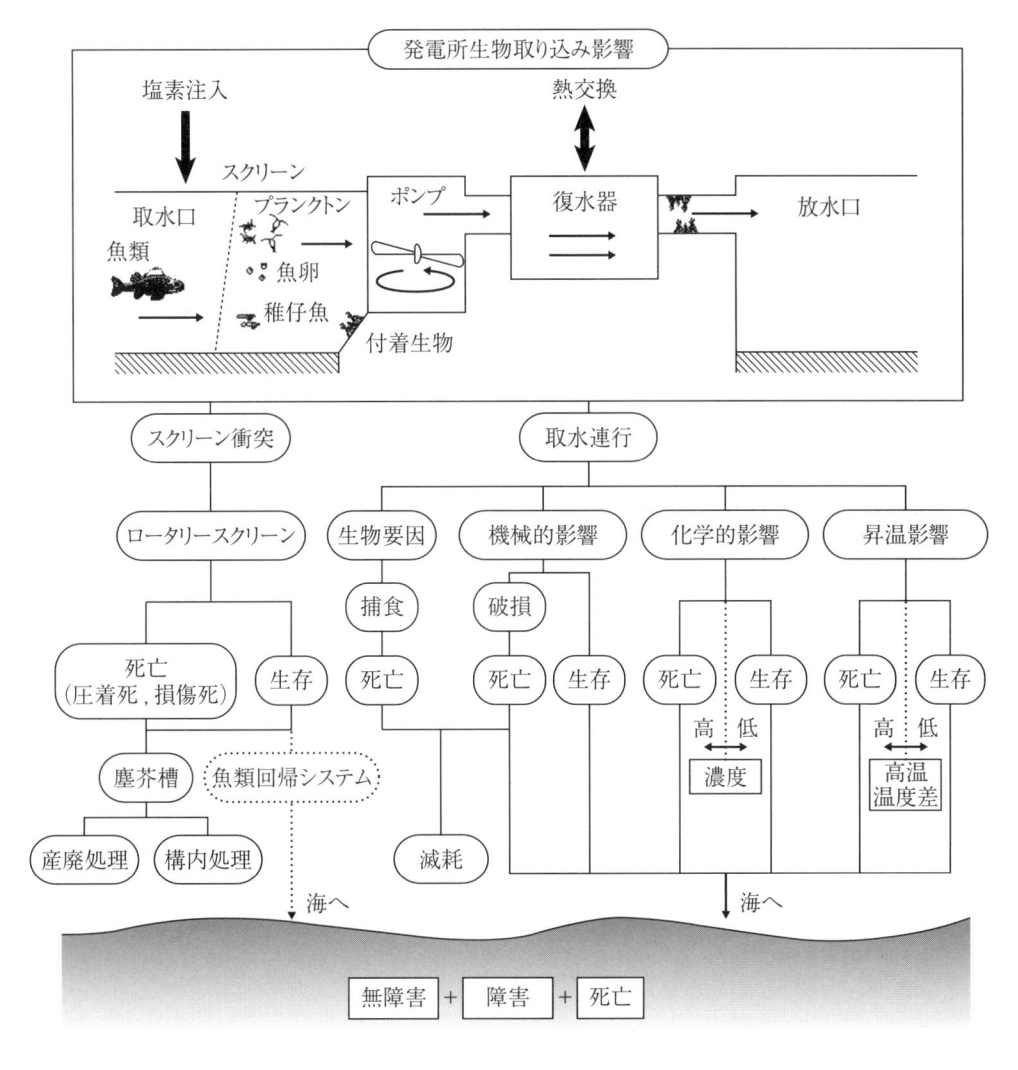

図 7・3　取り込み影響の概念

国内では，同様のシステムが「クラゲ帰還路」として運用されている場合もある．常時スクリーンを回転させることでミズクラゲですら生きたまま放流することが可能である．

2）温排水の影響

温排水放流による影響を考える場合に，まず温排水がどのようなものでどこまで拡がるのかを把握するのが基本で，次に，その時空間的な存在と生物はどのように関わるのかが大事である．

遊泳力のある魚介類，固着性，底生の動物，植物など，生物の種類が変われば温排水との関わり方も異なる．

①温排水の拡散

図7・4（カラー口絵）に温排水拡散の例を示す．この例は表層放流方式での放流であるが，底層から水中放流される場合もある．表層放流では温排水は沿岸の表層に放流され，直後は周辺の海水を巻き込んで急速に水温を下げるが，その後は温排水の密度は周辺の海水よりも小さいため広く表層に拡がり，渦動拡散と大気への放熱により元の水温に還っていく．水中放流の場合は放水口を海底近くに設け比較的早い流速で放流するため，温排水の浮上力が手伝って周辺の海水を巻き込み易く，表層に浮上したときに拡散域は狭く，夏場など表層水温が高い場合は表層の周辺水温よりも低い水温が観察されることもある．

②温排水拡散範囲の予測

アセス時には温排水の拡散予測がなされるが，温排水拡散予測の方法は表層放流の場合は主として数値シミュレーション，水中放水の場合は水理模型実験も併用され，一般に拡散範囲が最も広くなる冬季の海象・気象条件をもとにしている．コンピューターによる予測は，恒流を考慮した二次元定常モデルから潮流に恒流を数ケース考慮するのに加え，河川水や隣接の発電所，再循環をも考慮した三次元モデルへと発展している．予測範囲は，潮汐流などによる温排水のゆらぎを包括する抱絡線として示される．予測抱絡線は多くの場合，$\Delta T > 3°C$，$\Delta T = 2°C$，$1°C$などの等値線が描かれる．$3°C$以上の線が示されないのは，等値線が密になり示しにくいばかりでなく，この範囲は温排水が放流後周辺の海水を巻き込み急速に温度を下げる場所であることにもよろう．海外では，このエリアを混合域と呼び温排水の管理，協定の基礎としているケースもある．発電所の運転開始後に行われたモニタリング調査の結果を見ると温排水の拡散はほとんどの場合，予測範囲内に納まっている．

③温排水拡散範囲の調査

温排水拡散調査の方法は，調査船により海域に設けた測定点で鉛直水温測定するのが一般的であるが，調査船にサーミスタ温度計を固定して連続観測する曳航式もよく行われている．その場合ドップラー流速計と併用して温排水の流れを同時に観測し（図7・5），温排水の拡がりを確定するに必要な補完情報とする場合もある．航空機による赤外線スキャニングは，コストがかかり雲の影響があるためほとんど行われなくなった．人工衛星データを利用する試みもあったが，雲の影響や衛星の周回頻度が少ないなどの理由で実施例は少ない．

温排水の拡散範囲を示すには，ΔTの等温線を描いた水平分布図を作成するのが望ましい．しかし，ΔTを管理する場合，環境水温をどの水温にするかはやっかいな問題である．取水温を環境水温とし

水温調査　　　　　　　　流況調査

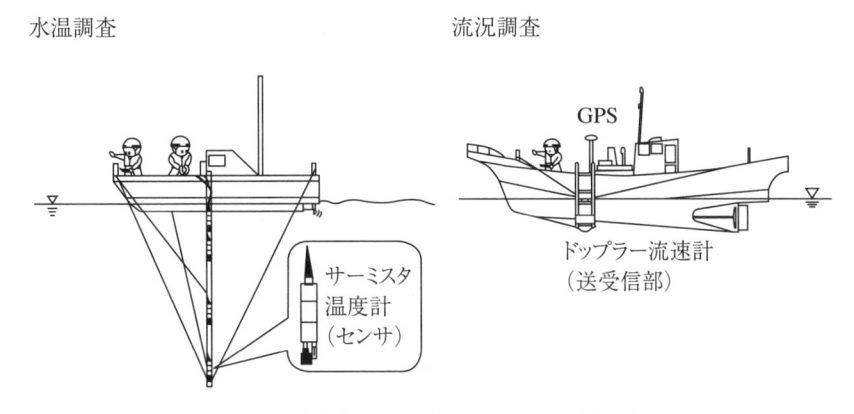

図7・5　曳航式水温観測とドップラー流速観測

て放水温との差を取るのが最もシンプルであるが，取水温にも変動があり，発電所を通過し放流されるまでの時間差によって，協定値を超える場合がある．その意味では，復水器入り口と出口の水温差を取れば時間差はなくなるが，復水器水温には偏在性，変動性があり，水温計の設置場所が難しい．環境への負荷には廃熱量の他，水温分布の偏在も問題視されることから，環境水温を周辺海域水温と定義する場合もある．温排水が及ばないと考えられる位置に1カ所または数カ所の固定点（層）を設け，環境水温とする場合などである．温排水の影響を受けない場所として周辺流の上流に設けるとしても，海の流れは潮汐などにより流向が変化するので固定点を設けるのは容易ではない．沖合の固定点数点の平均値などを用いることがあるが，沖合に出現した暖水塊と温排水がちぎれたものとの区別が難しかったりする．

　場の水温観測値を統計的に処理して求める方法は種々試みられたが決定的な方法はない．例えば，移動平均をかけて水温が平均よりも高い点を排除していく方法なども提案されたが，一般には認められなかった．最近，曳航式などの調査法ではデータロガーの発達で大量のデータ取得が可能である．一部では，それら大量のデータの平均値と標準偏差を計算し標準偏差の2～3倍を超えるデータを異常値と見なし，流況などとのデータとの組み合わせで温排水を特定する試みもなされている．

④温排水が生物へ与える影響

　生物の温度反応は「温度勾配が作用する」とする理論がある．単位時間または単位距離当たりの温度上昇幅の勾配が刺激となって生物が応答する（感知能力の理論）．魚が温度勾配を忌避して泳ぐ方向を変える場合などがこれに該当しよう．「時間積算温度で作用する」という考え方もある．熱いものに触ったときに瞬間では影響がないが，時間が長いと影響の程度が大きくなり死に至る（死亡理論）．また魚類のような変温動物では水温が上がれば代謝が上がる．受精卵が孵化する時水温が高ければ早く孵化し低ければ孵化に時間がかかり，時間と水温の積が一定であるなどの例が知られている．「閾値として作用する」ことも知られている．ある閾値を超えた場合に反応が起きる．高温に接触した場合のショック死などがそれである．この場合，高温の刺激が心臓を止めてしまうような重大な反応の引き金となる．この場合，刺激として温度勾配が作用すると言い換えることもできる．高温死亡の閾値は半数致死温度（LD50）などの指標で示されることが多い．このとき特定の酵素が比較的低い

温度で分解するのが死亡の原因であるとも言われており，一定の分解量に達する接触時間が必要であるという考えに立てば時間積算的な反応であるともいえる．

遊泳動物である魚類の温度反応を説明するのに最終選好水温が求められている．魚を水槽で飼っておくと少しずつ高い水温に慣れていく（高温馴致）が，いずれ限界がくる．この限界温度がそれである．魚が遭遇した温度がこの温度よりも高い場合は忌避し低ければ誘引される．このことを証明した野外実験がある．温排水が到来する海域に大型の生け簀を設置してブリやサケ，トラフグなどを放流すると，夏季温排水が最終選考水温よりも高い場合魚は環境水温を選択し温排水の下を遊泳する，逆に冬季は温排水の中を遊泳する（図7・6）．

また，この温度と「高温側の致死温度」とに一定の関係があることが知られており，ある魚が環境水温の上昇によって死亡するか否かの有無が予測できる．また，この温度が魚にとっては餌料転換効率が最もよい温度であることも知られており，水温をコントロールできる環境下での養殖などに応用できる．図7・7左は最終選好水温の概念を示す．魚が水温を選べるような条件下で飼育するとある一定の水温を選ぶ（短期選択温度）．さらに飼育を続けるとそれよりも高い水温を選び（長期選択水温），最終的には馴致水温と選好水温が一致する（最終選好水温）．右図は魚の成長と温度の関係を摂餌率，成長率，餌料転換効率それぞれについて求めたものである．図に示したヒストグラムは魚が選好した温度の頻度を示しており，下向きの矢印の位置が最終選好水温である．魚は温度とともに代謝も上がるのでよく餌を食べるようになるが，高温ではエネルギー損失も大きくなる．一番エネルギー効率（餌料転換効率）がよい点が最終選好水温とほぼ一致する．

底生動物や付着生物，潮間帯生物，海藻類など移動が少ないか固着する生物への温排水影響は温排水がそれらの生息場に到達するか否かが最も重要であり，次にどの時期（生物の発育段階や季節など）にどれだけの時間対象生物が温排水に接触するかでそれぞれの種への影響が論ぜられることになる．この場合，個々の対象生物の発育段階別の「高温側の致死温度」が重要な判断基準となる．一般に温排水は表層に浮上拡散するため，底生生物への影響は放水口近傍域での限定的現象であると考えられている．

温排水の生態系への影響を懸念する声がある．生態系という言葉は環境と生物，それらの関わりを統合的に表現しているのでたくさんの概念や価値観を含みある意味曖昧な言葉でもある．食物連鎖，物質循環，エネルギーフローへの影響，生物多様性への影響，生態系サービスへの影響などなど，生態系を論ずるには様々な切り口がありそれらを調査解明する手法に王道はない．南北に長い我が国の沿岸環境は多様でありそこに生息する生物も多様である．それぞれの環境特性に合わせた地道な調査を行うばかりでなく，その場を十分に把握した評価が求められる．技術的には，温排水を放出するだけでなく，生息場が埋め立てにあって逸失した場合にどの程度の影響があるか，場の環境が対象とする生物にとって適地かどうか定量的に把握する方法（HSI法）を使った評価が試みられている．生物の応答を関数化することによって悪化，非悪化，好転などの評価を定量的にシミュレートしている．他にもモンテカルロ法を用い生物の移動や反応を模擬する方法やボックスモデルを用いた環境のシミュレーターなどが開発されており，今後広く環境影響評価に用いられることに違いない．ただし，その精度を上げるためにも生物の環境応答に関するデータの蓄積は重要である．　　（原　猛也）

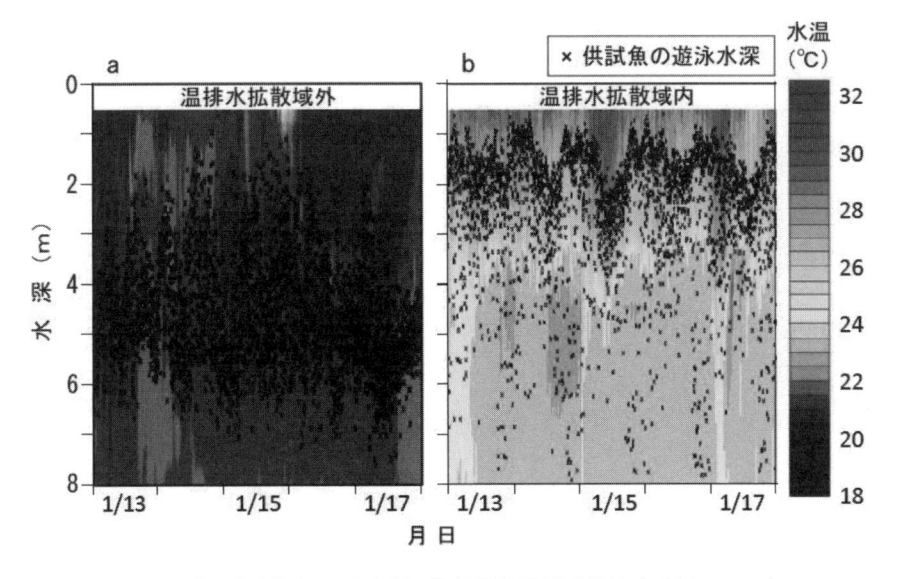

図7・6 大型生け簀を用いた魚類の温度選好忌避試験結果(三浦ら,2014)

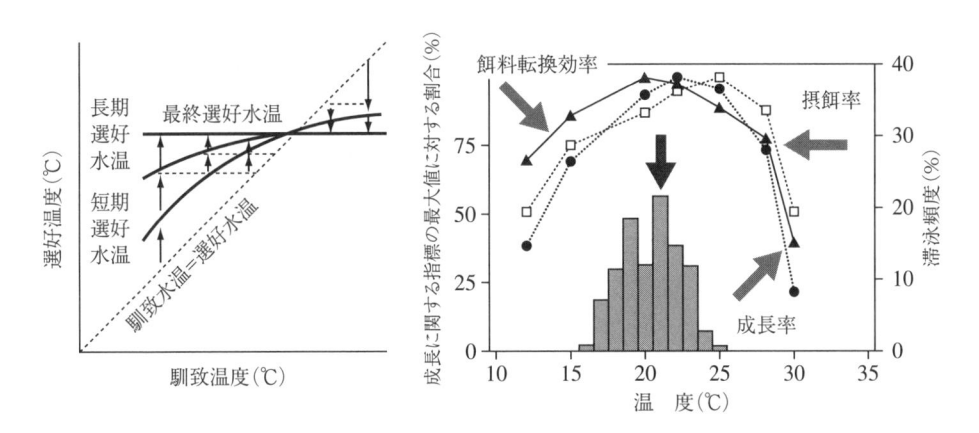

図7・7 最終選好水温の定義と餌料転換効率との関係(土田,2002を改変)

7・2 化学物質使用における責務

1) 発電所で使用される化学物質と心構え

火力発電所や原子力発電所は，復水器の冷却用水が大量に必要であるため海水を利用せざるを得ないことや，海外からの燃料受け入れなどの事情から，臨海地域に設置されるのが通例である．そこで，発電所の海水利用設備では，海生生物の付着防止のために，化学物質が利用される．

また，発電所で利用される化学物質は海水設備だけでなく，火力発電所であれば燃料そのものの燃焼により窒素酸化物・硫黄酸化物の発生があり，炉内処理として使用されるクリンカ防止剤，飛灰処理用としての重金属捕集剤，脱硫・脱硝処理の吸収剤，さらには，煙突や各設備，建屋に使われる塗料などから発生する有機溶剤もある（表7・2）．

こうした状況にあって，「電気事業における環境行動計画」においては，化学物質の管理に関して，排出量の実態把握や排出削減への努力を謳っている（電気事業連合会，2013）．なお，この行動計画には化学物質管理の他に，地球温暖化対策，循環型社会の形成，生物多様性への取り組み，環境管理の推進，海外事業展開にあたっての環境配慮がある．

なかでも海水設備の防汚対策で利用される化学物質は，海水環境に排出することではじめて，海生付着生物の付着抑制という機能を果たすものである．そのため，防汚対象以外の有用な海生生物および食物連鎖を考慮した餌生物などへの影響を十分に考慮して使用されるべきで，防汚対象生物に限って作用するよう，その使用量は最小限としたい．

化学物質を利用する際，環境への配慮はメーカー，ユーザーでそれぞれの役割は異なる．メーカーは，自社製品の成分，用途，使用量などを踏まえたリスクを把握し，よりリスクの低い製品開発を促進する必要がある．ユーザーは使用する製品のリスクを理解したうえで，環境影響を考慮した最適な使用・管理方法を検討するべきである．メーカーにおける予防的措置，ユーザーにおける自主管理という面に関しては，それぞれ「化学物質の審査及び製造等の規制に関する法律」（化審法），「特定化学物質の環境への排出量の把握等及び管理の改善の促進に関する法律」（化管法）の理解は欠かせない．化審法，化管法に関しては，「8章8・5　化学物質関連法」の章で解説する．

2) 化審法における防汚塗料の位置づけ

ここでは，化審法における発電所海水設備に使用される防汚塗料の位置づけについて述べる．防汚塗料は，船底に付着生物が付着することで船速や燃費に影響することから，船底塗料としても広く用いられてきた．その中で，効果抜群であった有機スズ化合物含有塗料が，1960年代に広く利用されてきた．「4章4・1　海水設備の保守管理技術の歴史」でも触れているように，有機スズ防汚塗料は，海水設備の取水管路などにも用いられ，付着生物による被害はほとんどないほどの効果を上げていた．一方，付着対策として効果が高いということは，同時に他の海生生物に対しても高い毒性をもつことを意味する．そのため，水産行政による指導，関係業界の使用自粛などを経て，1989年には有機スズ化合物の1種である酸化トリブチルスズが化審法によって製造，輸入および使用が禁止される第一

表7・2　発電所で使用される化学物質の例

片山ナルコ株式会社提供資料を基に作成

用　途	種　類	回収の有無	用　途	種　類	回収の有無
海水冷却処理	生物付着防止剤	無	樹脂再生	塩酸	有
	銅管の腐食防止剤			水酸化ナトリウム	
	消泡剤		排水処理	重金属捕集剤	有・無
淡水冷却処理	殺菌剤	有		凝結剤	
	スケール防止剤			凝集剤	
	腐食防止剤			pH調整剤	
ボイラ水処理	脱酸素剤	有	炉内処理	クリンカ防止剤	有
	給・復水処理剤		飛灰処理	重金属補修剤	有
	リン酸ナトリウム		脱硫処理	吸着剤	有
用水処理	凝集剤	有	脱硝処理	アンモニア	有
	凝結剤		粉塵処理	発塵防止剤	有
	pH調整剤				

表7・3　代表的な防汚物質の化審法における分類

名　称	CAS番号	化審法分類
亜酸化銅	1317-39-1	一般化学物質
亜鉛ピリチオン	13463-41-7	優先評価化学物質
銅ピリチオン	14915-37-8	優先評価化学物質
ピリジントリフェニルボラン	971-66-4	優先評価化学物質
イソチアゾロン	64359-81-5	一般化学物質
ジウロン	330-54-1	一般化学物質
トリルフルアニド	731-27-1	一般化学物質
イルガロール	28159-98-0	優先評価化学物質

種特定化学物質に指定されるなど，規制が強化され，現在は使用することできない．

　現在使用されている防汚塗料は，亜酸化銅を主体に有機系化学物質を添加して防汚効果を増強している．日本塗料工業会に登録されている防汚塗料499品には，防汚物質が2～3種類組合せて含まれており，亜酸化銅をはじめ，亜鉛ピリチオン，銅ピリチオン，ピリジントリフェニルボラン，イソチアゾロン，ジウロン，トリルフルアニド，イルガロールなどが高い頻度で使われている（藤井，2010）．

　これらの化学物質の化審法における位置づけは，表7・3に示すとおりである．

　亜鉛ピリチオン，銅ピリチオン，ピリジントリフェニルボラン，イルガロールについては，「低蓄積・人への長期毒性の疑い」がある優先評価化学物質に指定されている．優先評価化学物質は，人や生活環境動植物への長期毒性を有しないことが明らかではなく，かつ相当広範な地域の環境中に相当程度残留しているか，またはその見込みがあり，人や生活環境動植物への被害を生ずるおそれがあるため，

リスク評価を優先的に行う必要がある物質とされている．そのため，優先評価化学物質は，製造・輸入・出荷実績数量，用途情報や有害性情報に基づき段階的に詳細なリスク評価が行われることとなる．その結果，人または生活環境動植物へのリスクありと判定された場合には，第2種指定化学物質とされ，国から取り扱いなどについての措置が勧告されることとなる．

亜酸化銅，イソチアゾロン，ジウロン，トリルフルアニドについては，一般化学物質とされており，年間1トン以上の製造・輸入を行う場合は届出が必要とされている．一般化学物質は，スクリーニング評価が行われ，暴露状況，有害性などに基づく判断が行われる．スクリーニング評価の実施に当たっては，数万種類の一般化学物質などが対象となることから，2020年目標を計画的に達成できるよう，例えば有害性情報がそろっている物質，排出量が多い物質などから順次進められていくとされている．

評価の結果によっては，現在用いられている防汚塗料についても，使用制限などの措置が下される可能性がある．

防汚塗料は，海水設備の維持，運用に欠かせないものであるが，繰り返し述べてきたように，防汚塗料はその機能自体が海生生物に悪影響を及ぼすものである．

化審法は，上述してきたように，難分解性で人や動植物への長期毒性のある物質について，それらの使用による悪影響を未然に防止することを目的としている．そこで，メーカーは，防汚機能を果たしつつも，どのようにそのリスクを最小化するか，という観点からの配慮が欠かせない．

3）ユーザーの責務と化管法

化学物質の管理は，製造者であるメーカーの責務は当然のことながら，化学物質の環境リスクを可能な限り低減するためには，使用するユーザー側においても化学物質の排出削減に取り組んでいく必要がある．

化管法として知られる「特定化学物質の環境への排出量の把握等及び管理の改善の促進に関する法律」は，数十万の化学物質が，それぞれ何らかの環境リスクをもっているという前提を踏まえて，個別の化学物質を一つ一つ規制していく従来の法規制だけでなく，全体として化学物質の排出量や使用量を削減していくために，化学物質がどのような発生源から，どれくらい環境中に排出されたか，あるいは廃棄物に含まれて事業所の外に運び出されたかというデータを把握し，集計し，公表することで，ユーザー側が化学物質の排出削減に取り組むための出発点となるよう制度化されたものである．化管法のうち，このような化学物質の排出・移動量の把握については，PRTR（Pollutant Release and Transfer Register：化学物質排出移動量届出制度）制度とも言われる．

世界的にPRTR制度の重要性が認識されたきっかけは，1992年にリオデジャネイロで開かれた国連環境開発会議であった．ここで採択された持続可能な開発のための行動計画「アジェンダ21」では，PRTR制度が「情報の伝達・交換を通じた化学物質の管理」であり，「化学物質のライフサイクル全体を考慮に入れたリスク削減の手法」として，このようなシステムの充実を国際社会に求める内容であった．日本の化管法は，こうした国際社会の動きに合わせ，検討が進められ，1999年に導入された．

PRTR制度の対象となる事業者は，金属鉱業，原油・天然ガス鉱業，製造業など24の業種が対象とされており，電気業も含まれる．

そこで，電気事業者もPRTR制度に則り表7・4に示す物質などの排出量と移動量を公表している．なお，この項目には，防汚対策に関する化学物質は含まれていない．

4）未来の環境と安全に向けて

人の生活にとって化学物質は欠かせない．化学物質は適量に達しなければ役に立たず，過剰であれば害になる．化学物質と上手に付き合うには，あらゆる分野の知恵が総動員される必要があり，そのための研究や行動の実践は，化学物質使用者の責務でもある．化学物質とその取扱いに関して全体的な理解体系が，鈴木（2009）により提案されている（図7・5）．このような体系から生産の現場を眺めることも，未来の環境を生きる私たちにとって大切なことではないだろうか．

(石黒秀典)

表7・4　排出量・移動量が集計されている化学物質の例

物質番号	名　称	用途他	物質番号	名　称	用途他
20	石綿	保温材，防音材	300	トルエン	塗料，発電用燃料
53	エチルベンゼン	発電用燃料，塗料	333	ヒドラジン	給水処理剤
71	塩化第二鉄	凝集剤	400	ベンゼン	塗料，発電用燃料
80	キシレン	発電用燃料，塗料	405	ほう素化合物	原子炉反応制御剤，汚泥処理
240	スチレン	塗料	438	メチルナフタレン	発電用燃料，補助ボイラー用燃料

7章 環境への配慮の考え方

有害物質の環境研究	市民	行政・政府	産業界
新たな影響の可能性	有害の判断に参加	情報判断の集約	製造・管理の技術
作用メカニズム・影響濃度	対策実施に参加	リスク管理体系の制度設計	排出抑制技術
評価方法		それぞれのリスク管理の実施	対策と製造の実施
保全・復元・対策技術		対策の実施	
有害性判断のための社会経済分析			

↓

環境リスクの確立
有害性の定義
有害性の尺度
管理手法,体系

↓

新規有害性知見に対するリスク管理?	ナノ粒子に対するリスク管理	工業化学物質のリスク管理	地球環境汚染を引き起こす化学物質のリスク管理	生態系への影響が主体となる化学物質のリスク管理	内分泌かく乱物質に対するリスク管理?
情報毒性学的手法による予測的評価?	深刻な有害性の有無の視点に基づく評価?	有害性評価	長距離輸送・残留性評価	生物種とエンドポイントの選択	内分泌機能の変化の視点に基づく評価?
使用形態,環境動態の視点に基づく予測的評価?	使用形態,侵入特性,環境動態の視点に基づく評価?	暴露評価	国際協調による対策・管理	生物・生態・環境の特性把握	次世代,次々世代への影響の視点に基づく評価?
???	発がんなど異種の誘発の視点に基づく評価?	リスク評価		保全・再生・対策手法の実施	発がんなど異種の誘発の視点に基づく評価?

図7・5 環境と安全の新たな考え方
鈴木(2009)を基に作成

7・3 化学物質のリスク評価と管理

1）リスクとは

化学物質管理では，2002年地球サミットや2006年に採択された国際化学物質管理戦略（SICAM）を契機に，化学物質がもつ危険性や有害性のみに着目した管理手法から，有害物質に暴露される可能性と危険性・有害性とを総合的に判断する管理手法へ移行した．新しい管理手法では，化学物質が望ましくない影響を与える可能性を「リスク」と定義する．リスクは，有害な化学物質の存在量（暴露量）と化学物質の毒性影響の強さ（有害性）とをそれぞれ定量的に把握し，「暴露量と有害性の積」として定量的に算定することが一般的である（花井，2003a；蒲生，2003；図7・6）．

2）リスク評価の対象

1980年代以降，水質に関わる環境基準や排水基準が整備され，水域の汚染を通じて人の健康に影響を及ぼす恐れや人の生活に密接な環境の汚濁について対策がとられた．さらに，環境省，厚生労働省および経済産業省は共同で，化学物質による水質汚染などの環境に起因する健康リスクの推定と評価を進めている（例えば，環境省 環境保健部環境リスク評価室，2013a）．近年，国内外で，生物に対して毒性のある化学物質が生態系に与える影響にも関心がもたれるようになった（須藤，2008）．また，生物多様性を損なう原因の1つとして生態系に対する化学物質の毒性影響が指摘されている（環境省自然環境局，2008）．このような国内外の情勢を受け，有害な化学物質による汚染から水域を保全しようとする施策では，生態系保全の観点でのリスク（生態影響リスク[*1]）の評価へと大きく進展している（例えば，宮本，2003；益永，2008）．

リスク：望ましくない影響を引き起こす可能性

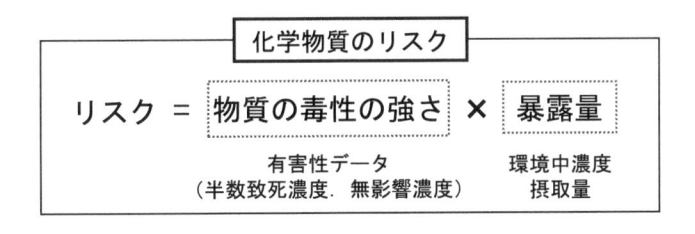

化学物質のリスク

リスク ＝ 物質の毒性の強さ × 暴露量

有害性データ　　　　　環境中濃度
（半数致死濃度，無影響濃度）　摂取量

・影響を引き起こす可能性の高さを問題視する
・物質の検出自体が問題なのではない

図7・6　リスクの定義と化学物質のリスク

[*1]：化学物質のもつ毒性で生じる生物の生存や繁殖に対するリスク，化学物質が生態系を構成する生物群集に与える影響のリスク，ならびに化学物質が生態系に与える負の影響のリスクなどを意味する．省庁，学会によって表記が多岐に及ぶため，これらを便宜的に総称して，「生態影響リスク」とした．

3) リスク評価の現状

日本国内では省庁を中心に，環境中に存在する化学物質への暴露量，環境に起因する健康リスクおよび生態影響リスクの推定と評価が行われている．環境中に存在する化学物質への暴露量は環境モニタリングデータや化学物質排出把握管理促進法（Pollutant Release and Transfer Register：PRTR法）に基づく排出量の公表データなどから推定され，化学物質の有害性が数種の生物を用いた毒性試験や疫学的調査の結果から推定されている．また，暴露量と有害性の定量的なデータに基づいてリスクを推定し，環境中に存在する化学物質のリスクが無視できるか懸念されるかを評価している（例えば，環境省 環境保健部環境リスク評価室，2013b）．リスクが懸念される場合には，使用の規制や排出源管理などの必要な施策に反映されることになる．

一方，欧州連合などの化学物質管理制度では，一定量を超えて流通する化学物質に対して，リスク評価に基づく化学物質管理の責任を製造・輸入する側の事業者に求めている（佐藤，2008）．また，日本国内においてもすでに，農薬の登録申請や登録保留基準の審査に際して有効成分に関する生態影響リスクの評価結果の提出を申請者に求め，船底塗料や防汚剤のメーカー団体が自主的に開発した製品の生態影響リスク評価を行って，安全性を確認した製品のみを販売するといった動きも見られる（例えば，一般社団法人日本塗料工業会，2013）．今後，製造者責任に基づいて，化学物質のメーカー側に自主的なリスク評価の実施が求められる可能性が高い．

4) 化学物質の管理

化学物質の使用に際して，メーカーとユーザーに課される化学物質管理とその責任は異なる．化学物質のメーカーには，化学物質の審査及び製造等の規制に関する法律（化審法）に則った製品の製造・販売が課され，ユーザーには，化学物質排出把握管理促進法（化管法）に基づいて環境中への排出量や廃棄物の移動量の把握と管理活動の実施が求められる．この際，化審法で必要になる有害性評価には，経済協力開発機構（OECD）のテストガイドラインや環境省生態毒性試験などの試験法，予測環境濃度（PEC）および予測無影響濃度（PNEC）に基づくリスク推定についての理解がほしい．一方，化管法の遵守には，対象物質に指定された化学物質の環境中への排出量や移動量を届け出るPRTR制度とその製品の危険・有害性などを記載したSDS制度についての理解がほしい．また，発電所内での化学物質の使用は最小限に留め，排水基準を遵守するだけでなく，周辺海域の水産業に配慮して水産用水基準も遵守する必要がある．水質に関わる基準設定についても理解がほしい．法規制の内容などについては，8章にまとめて示した．詳しくは8章を参照されたい．

以下，水域における化学物質の生態影響リスクの推定を例に，項目ごとに概説していく．

（原　猛也・眞道幸司）

7・4 化学物質の生物に対する毒性の試験法

　生物に対する化学物質の試験法として，国際的な影響力をもつ経済協力開発機構（OECD）のテストガイドライン，国際標準化機構（ISO）および米国材料試験協会（ASTM International）が定めた試験法，米国環境保護局（U.S.EPA）などの各国政府が関係省庁で取りまとめた試験法などが知られている．また，日本国内では，OECD テストガイドラインに準じて実施されている環境省の生態毒性試験や水産庁が策定した海産生物毒性試験指針がある．これらの多くが公定法もしくはそれに準ずる試験法となっており，試験の方法，条件および推奨する生物種などが詳細に記載されている（茂岡，2003）．特に海産物を用いた試験法については，筆者が概要を既報（眞道，2012；眞道ら，2012）にまとめたので，参照していただきたい（表 7・5）．

　毒性試験は，化学物質に数日間暴露されることによって観察される個体の生死，成長（植物では生長）の阻害あるいは遊泳阻害を評価基準とする急性毒性試験，化学物質に長期間暴露されることによって観察される個体の生死，成長（植物では，生長）の阻害，産卵産仔への影響，生理活性の低下あるいは内分泌かく乱作用を評価基準とする慢性毒性試験に大別される．急性毒性試験では，供試した個体の半数が死亡する濃度である半数致死濃度（LC_{50}）もしくは半数の個体が成長や遊泳に阻害を示す半数影響濃度（EC_{50}）を求めることが一般的である．一方，慢性毒性試験では，化学物質を暴露されていない対照区の個体と比較して有害な影響が認められないと統計的に判断される最高濃度を示す無影響濃度（NOEC）もしくは，対照区の個体と比較して有害な影響が認められると統計的に判断される最低濃度を示す最低影響濃度（LOEC）を求めることが一般的である（吉岡，2003）．また，毒性試験以外にも，化学物質の生物体内への濃縮特性を計測する生物濃縮性試験（あるいは蓄積度試験と表記）がある．生物濃縮性試験では，化学物質を暴露された個体の体内濃度が平衡に達した時点での飼育海水中濃度と体内濃度を計測し，その比である生物濃縮係数（BCF）を求めることが一般的である（独立行政法人 製品評価技術基盤機構，2011；OECD，2012）．

　現在，これらの試験によって得られた化学物質の毒性や生物濃縮性などの有害性に関するデータは，様々な化学物質汚染に対するリスク評価に必要不可欠な PNEC の導出に欠くことのできない情報となっているだけでなく，水生生物の保全に係る水質環境基準および水産用水基準の基準値設定といった化学物質管理における科学的な根拠でもある．

　ここでは，OECD テストガイドライン，環境省の生態毒性試験および水産庁の海産生物毒性試験指針について，臨海の発電所設備に求められる化学物質の周辺海域に対するリスク評価へ適用することを目的に，それぞれの特徴とその運用の現状を概説する．

1）OECD：テストガイドライン

　OECDでは，化学物質の毒性試験法として「Guidelines for the Testing of Chemicals」が策定されている（http://www.oecd-ilibrary.org/ にて閲覧可能）．水域生態系での栄養段階や生態的地位を代表する藻類（一次生産者），動物プランクトン（ミジンコなどの下位消費者）および魚類（上位消費者）

表7·5 海産生物を用いた

名称	OECD	ISO	U.S.EPA	ASTM
	Guidelines for the Testing of Chemicals	TC147 Water quality SC5 Biological methods	Ecological Effects Test Guideline OPPTS 850	ASTM Historical Standard
試験法 — 藻類を対象		[急] ISO 10253 Algal Growth Inhibition Test (*Skeletonema costatum*[*1]またはPhaeodactylum tricornutum*)	[急] 850.4500 Algal Toxicity, Tiers I and II (*Skeletonema costatum*[*1])	[急] E1218-97a 海産微細藻類96時間生長阻害試験
試験法 — 甲殻類を対象	・Development and reproduction test (*Acartia tonsa*) を検討中 ・Larval development test (*Acartia tonsa*) を検討中	Draftとして [急] ISO 14669 Acute toxicity to the crustacean, static test & semi-static Test (*Acartia tonsa*) が提案され,検討中	・[急] 850.1035 Mysid Acute Toxicity Test (*Mysidopsis bahia*) ・[慢] 850.1350 Mysid Chronic Toxicity Test (*Mysidopsis bahia*) ・[急] 850.1045 Penaeid Acute Toxicity Test (クルマエビ属3種[*3]) ・[急] 850.1740 Whole sediment acute toxicity Test for marine invertebrates. (海産端脚類4種[*4])	・[急] E1463-92 (98) Static and Flow-Through Acute Toxicity Tests with Mysids ・[慢] E1191-03 Life-Cycle Toxicity Tests with Saltwater Mysids ・[急] E1367-99 10日間の端脚類5種[*5]による底質毒性試験) ・[慢] E2317-04 微小底生橈脚類を用いたマイクロプレートでの小規模全生活環毒性試験 (*Amphiascus tenuiremis*)
試験法 — 魚類を対象	・[急] TG203 魚類急性毒性試験 (推奨種は淡水産であるが,海産魚を制限していない) ・[急] TG204 魚類延長毒性試験 (推奨種は淡水産であるが,海産魚を制限していない) ・[慢] TG210 魚類の初期生活段階毒性試験 (推奨種はシープスヘッドミノーであるが,*Menidia*属も可.また,他の海産魚種を制限していない) ・TG212 魚類の胚・仔魚期における短期毒性試験 (推奨種は淡水産であるが,可能な海産魚を記載[*6])		・[急] 850.1075 Fish Acute Toxicity Test, Freshwater and Marine Fishes (シープスヘッドミノー,アトランティックシルバーサイド,タイドウォーターシルバーサイド) ・[慢] 850.1400 Fish Early-Life Stage Toxicity Test (推奨種はシープスヘッドミノーであるが,*Menidia*属3種でも可.) ・[慢] 850.1500 Fish life cycle Toxicity Test (河口域のみを想定し,推奨種はシープスヘッドミノー) ・850.1730 魚類生物濃縮試験	・[急] E729-96 (2002) 無給餌の2〜8日間急性毒性試験 ・[急] E1192-97 (2003) 環境水および排水に対する急性毒性試験 ・[慢] E1241-98 (2004) 魚類初期生活段階毒性試験

毒性試験法の開発状況（1）

EU	日本国内		
REACH Test Guidance	環境省 水生生物の保全に係る 水質環境基準の導出	水産庁 海産生物毒性試験指針	日本工業規格 工場排水試験法 JIS K0102
	(ISO10253に準拠した藻類生長阻害試験として珪藻 *Skeletonema costatum*[*1] を用いた手法を検討中)	[急] 生長阻害試験（珪藻 *Skeletonema costatum*[*1] とするが，他種も複数種選択するのが望ましい[*2]）	
(底質毒性評価試験においてASTM E1367-03e1 を承認している)	・[急] 海産エビ類急性毒性試験（クルマエビのポストラーバ期あるいはミシス期の段階で全長 30 ± 10 mm 程度までの個体を用いた手法を提案） ・(ISO 14669 に準拠した餌生物に対する海産動物プランクトン急性毒性試験法としてシオダマリミジンコの使用を検討中)	・[急] 遊泳阻害試験（シオダマリミジンコ） ・[慢] 繁殖阻害試験（シオダマリミジンコ） ・[急] 稚エビ急性毒性試験（クルマエビ，アシナガモエビモドキ，スジエビモドキ） ・[急] エビ類ゾエア幼生遊泳阻害試験（スジエビモドキ，アシナガモエビモドキ）	
2001/59/EEC C.15 Fish, Short-term Toxicity Test on Embryo and Sac-fry stages (OECD TG212 に準拠し，推奨種は淡水産であるが，海産魚 4 種[*6] も可能)	[急] 海産魚類急性毒性試験（マダイの後期仔魚もしくは体長 30 ± 10 mm 程度までの稚魚を用いた手法を提案）	・[急] 魚類急性毒性試験（マダイあるいはシロギスの稚魚） ・[慢] 初期生活段階毒性試験（マミチョグの受精卵） ・[慢] 成熟/再生産阻害試験（マミチョグの未成熟魚） ・[慢] 全生活環毒性試験（ジャワメダカあるいはマミチョグの受精卵）	魚類に対する急性毒性試験（ハゼ類，クサフグ，メジナあるいはボラの幼魚，アミメハギ）

7章　環境への配慮の考え方

表7・5　海産生物を用いた

		OECD	ISO	U.S.EPA	ASTM
試験法	その他の生物を対象		[急] ISO 11348-3 海洋性発光細菌の急性毒性試験 Microtox® Test, (*Vibrio fischeri*)	・[急] 850.1025 カキ急性毒性試験（セイヨウカキのウンボ幼生） ・[急] 850.1055 二枚貝胚発生急性毒性試験（推奨種はセイヨウカキであるが，マガキ，ホンビノスガイ，ヨーロッパイガイ複合種も可能と記載） ・850.1950 メソコズムを用いた野外での水生生物毒性実験 ・850.1710 カキ生物濃縮試験	・[急] E724-98 Acute Toxicity Tests Starting with Embryos of four Saltwater Bivalve Molluscs（推奨種は二枚貝4種*7） ・[急] E1440-91（2004） Acute Toxicity Test with the Rotifer *Brachionus*（シオミズツボワムシ） ・[慢] E1498-92（1998） 海藻生殖発芽試験 ・[慢] E1562-00 多毛類の急性，慢性およびライフサイクル水質毒性試験 ・[急] E1563-98（2004） 棘皮動物の胚に対する急性毒性試験（ウニ5種*8） ・E1611-00 海産および汽水性多毛環形動物による底質毒性試験（*Neanthes*属の2種を推奨）
出典		Guidelines for the Testing of Chemicals, Section 2: Effects on Biotic Systems （OECD iLibrary ホームページ）	TC147 Water quality SC5 Biological methods （ISO Products ISO Standard ホームページ；ISO, 1995；ISO, 1999）	U.S.EPA Draft OCSPP Test Guidelines ホームページ	American Society for Testing and Materials International ホームページ

※2012年3月31日までの情報と入手資料に基づいて作成した．
[急]：急性毒性試験，[慢]：慢性毒性試験
*1：試験法が作成された当時，*Skeletonema costatum* として分類されてきたが，現在，いくつかの種に分けるべきとの議論がある．
*2：他に，*Dunaliella teriolecta, Thalassiosira pseudonana, Phaeodactylum tricornutum, Heterosigma akashiwo, Pavlova lutheri, Isochrysis galbana, Prorocentrum minimum* の7種を推奨している．
*3：*Penaeus aztecus, P. duorarum* または，*P. setiferus* の3種
*4：*Ampelisca abdita, Eohaustorius estuarius, Rhepoxynius abronius, Leptocheirus plumulosus* の4種
*5：ヒサシソコエビ科端脚類，ウシロマエソコエビ，スガメソコエビ科端脚類，ニホンドロソコエビ，河口端脚類 *Leptocheirus plumulosus* の5種

毒性試験法の開発状況（2）

EU	環境省	水産庁	日本工業規格
（底質毒性評価試験において ASTM E1611-00 を承認している）	（魚介類の餌生物，汽水域の生物について，生物種と試験手法を検討中）		
Directive 92/69/EEC.（ECB, 1992） Directive 2001/59/EEC.（ECB, 2001） REACH Test guideline（ECHA, 2009）	中央環境審議会水環境部会水生生物保全環境基準専門委員会（2011） 国立環境研究所化学物質環境リスク研究センター 海生生物テストガイドライン検討会（2005）	海産生物毒性試験指針（水産庁，2010）	工場排水試験法（並木，1982）

*6: 他に，*Menidia peninsulae*（タイドウォーターシルバーサイド），*Clupea harengus*（タイセイヨウニシン），*Gadus morhua*（タイセイヨウダラ），*Cyprinodon variegatus*（シープスヘッドミノー）が可能との記載あり．

*7: *Crassostrea gigas*（マガキ），*Crassostrea virginica*（アメリカガキ），*Mercenaria mercenaria*（ホンビノスガイ），*Mytilus edulis*（ヨーロッパイガイ複合種）の4種．試験法が作成された当時，*Mytilus edulis* をムラサキイガイとしたが，現在はヨーロッパイガイと分類され，さらに，いくつかの種に分けるべきとの議論がある．

*8: *Arbacia punctulata*, *Strongylocentrotus droebachiensis*, *S. purpuratus*, *S. droebachiensis*, *Dendraster excentricus* の5種

を用いた毒性試験が標準化され，急性毒性あるいは慢性毒性を推定することが可能になっている（表7・6）．しかし，このテストガイドラインは加盟国間での化学物質の自由貿易に際して化学物質の性状を共通の方法で評価し，物性情報を共有するために策定された手法であったため，策定当初は海産生物を試験対象に想定していなかった．

現行のテストガイドラインでは，海産の植物プランクトンや動物プランクトンを用いた試験法は策定されていない．また，TG203：魚類急性毒性試験，TG204：魚類延長毒性試験のように，「推奨する試験生物は淡水産であるが海産魚の使用を制限しない」と記載されるもの(1992年7月17日更新)，TG212：魚類の胚・仔魚期における短期毒性試験のように，「推奨する試験生物は淡水産であるが，可能な海産魚として *Menidia peninsulae*（タイドウォーターシルバーサイド），*Clupea harengus*（タイセイヨウニシン），*Gadus morhua*（タイセイヨウダラ），*Cyprinodon variegatus*（シープスヘッドミノー）」を記載するもの（1998年9月21日更新）がある．一方，TG210：魚類の初期生活段階毒性試験のように，「推奨する試験生物として海産種にシープスヘッドミノーおよび*Menidia*属を記載するが，他の海産魚種を制限していない（1992年7月17日更新）」と記載が変更されているものもある．現在のところ，試験で推奨される生物種は日本国内に生息するものが少ない．そのため，発電所周辺海域を想定して国内に生息する生物種を用いた場合には，まず，試験の妥当性を検証しなければならないことが課題と考えられる．

2) 環境省：生態毒性試験

日本国内では，化学物質審査規制法に盛り込まれた生態系に配慮した化学物質の管理に際して，藻類，動物プランクトンおよび魚類を用いた「生態毒性試験」が規定され，環境省の主導で化学物質のPNEC推定が実施されている（環境省 総合環境政策局環境保健部企画課化学物質審査室，2010）．生態毒性試験は，OECDテストガイドラインに準拠し，水域生態系での栄養段階や生態的地位を代表する藻類，動物プランクトンおよび魚類を用いた毒性試験が標準化され，急性毒性あるいは慢性毒性を推定することが可能になっている．しかし，公定法として標準化された試験における生物種はメダカやオオミジンコなど淡水生物に限られる．

一方，水生生物の保全に係る水質環境基準値の導出では，信頼性の保証された試験法を用いた毒性試験から得られた有害性データが不可欠である．しかし，海産生物に対する化学物質の毒性データは淡水生物に比べ，極端に少ない状況にある（楠井，2005；眞道ら，2012）．これは，海産生物を用いた毒性試験法が国内で標準化されていないことも一因であるため，国環研化学物質環境リスク研究センターが設置した「海生生物テストガイドライン検討会」（2005）は，海産魚類（マダイの後期仔魚もしくは稚魚）および海産エビ類（クルマエビのポストラーバ期幼生以後の個体）の急性毒性試験法［案］を2005年11月に公表し，水生生物の保全に係る環境基準値の導出にこの2つの毒性試験を用いることを提案している．

現在，中環審水環境部会では，水生生物保全環境基準専門委員会において，海生生物テストガイドライン検討会が提案した海産魚類および海産エビ類を用いた急性毒性試験法を含め，国内の海域および汽水域に生息し，漁獲・放流あるいは養殖の対象となっている魚介類やその餌生物について，生

7・4 化学物質の生物に対する毒性の試験法

表 7・6　OECD テストガイドライン　生物影響試験法の概要

TG 番号 試験法	推奨する試験生物	試験に使用する成長段階	試験期間	評価基準 (求める毒性データ)
TG201 藻類生長阻害試験	浮遊性の微細藻類 5 種 (注 1)	フルライフサイクル	72 時間	成長速度, 生物量に対する EC_{50} とその最小影響濃度 (LOEC), 増殖に影響しない濃度 (NOEC)
TG202 ミジンコ急性遊泳阻害試験	オオミジンコ (*Daphnia magna*) もしくは, *Daphnia pulex*	孵化後 24 時間以内の幼体	48 時間	遊泳阻害 (EC_{50})
TG203 魚類急性毒性試験	淡水魚 7 種 (ただし, 体長, 飼育水温を規定する; 注 2)	全長 1～6 cm の稚魚 (試験水温などの条件に 7 日間馴致)	96 時間	致死 (LC_{50})
TG204 魚類延長毒性試験	淡水魚 7 種 (ただし, 体長, 飼育水温を規定する; 注 2)	TG203 に準拠	14 日間	致死 (LC_{50}) 外観, 成長, 遊泳異常に対する EC_{50} NOEC
TG210 魚類初期生活段階毒性試験	淡水魚 13 種 海産魚 2 種 (注 3)	受精卵から孵化仔魚まで	孵化後 30 日程度	孵化率, 孵化仔魚の生残・成長, 奇形の発症および行動異常 (LOEC または NOEC)
TG211 ミジンコ繁殖試験	オオミジンコ (*Daphnia magna*)	孵化後 24 時間以内の幼体およびその後数日で成熟した成体	21 日間	繁殖阻害に対する EC_{50} と親虫の最初の産仔までの日数, 産仔数および生存仔数 (NOEC)
TG212 魚類短期毒性試験	淡水魚 7 種 海産魚 4 種 (注 4)	受精後 8 時間以内の卵から卵黄を保有する仔魚まで	孵化に要する時間 (注 5)	仔魚の致死, 生残した仔魚の大きさ, 孵化率, 奇形の発症および遊泳異常に対する LC_{50}, EC_{50} または NOEC
TG215 魚類稚魚成長毒性試験	ニジマス もしくはゼブラフィッシュ, ヒメダカ (注 6)	ニジマス: 1～5 g の稚魚 ゼブラフィッシュ, ヒメダカ: 0.05～0.1 g の稚魚	28 日以上	試験期間の成長速度 (EC_{50}, NOEC)
TG229 魚類短期繁殖毒性試験	淡水魚 3 種 (ただし, 飼育水温を規定する; 注 7)	成熟可能な成魚 (1 試験区に雌雄各 5 尾以上)	21 日間	産卵親魚の血中性ホルモン濃度, 二次性徴, 産仔数, 生殖巣の組織異常 (NOEC)
TG305 魚類生物濃縮試験	淡水魚 8 種 (ただし, 体長, 飼育水温を規定する; 注 8)	全長 2.5～12 cm の若魚もしくは成魚	体内濃度が平衡に達するまで (最大 60 日間)	生物濃縮係数 (BCF)

注 1：推奨される微細藻類：*Pseudokirchneriella subcapitata*（緑藻）, *Desmodesmus subspicatus*（緑藻）, *Navicula pelliculosa*（珪藻）, *Anabaena flos-aquae*（藍藻）, *Synechococcus leopoliensis*（藍藻）
注 2：推奨種（学名, 全長, 飼育水温）：ゼブラフィッシュ（*Brachydanio rerio*, 2.0 ± 1.0 cm, 21～25℃）, ファットヘッドミノー（*Pimephales promelas*, 2.0 ± 1.0 cm, 21～25℃）, コイ（*Cyprinus carpio*, 2.0 ± 1.0 cm, 20～24℃）, ヒメダカ（*Oryzias latipes*, 2.0 ± 1.0 cm, 21～25℃）, グッピー（*Poecilia reticulata*, 2.0 ± 1.0 cm, 21～25℃）, ブルーギル（*Lepomis macrochirus*, 2.0 ± 1.0 cm, 21～25℃）, ニジマス（*Oncorhynchus mykiss*, 5.0 ± 1.0 cm, 13～17℃）
注 3：推奨淡水魚：ゼブラフィッシュ, ファットヘッドミノー, ヒメダカ, ニジマス, コイなどの淡水魚 13 種および推奨海産魚：シープスヘッドミノー（*Cyprinodon variegatus*）シルバーサイド（*Menidia menidia*）
注 4：推奨淡水魚：ゼブラフィッシュ, ファットヘッドミノー, ヒメダカ, ニジマス, 金魚（*Carassius auratus*）ブルーギル. 推奨海産魚：シープスヘッドミノー, シルバーサイドおよびニシン（*Clupea harengus*）, タラ（*Gadus marhua*）
注 5：孵化に要する時間, 孵化仔魚が絶食で死亡することがない時間：ゼブラフィッシュ（受精卵 3～5 日, 孵化仔魚 8～10 日）, ファットヘッドミノー（4～5 日, 5 日）, ヒメダカ（8～11 日, 4～8 日）, コイ（5 日, 4 日以上）, ニジマス（30～35 日, 25～30 日）
注 6：ニジマスが推奨されている. ゼブラフィッシュおよびヒメダカの使用も認められている.
注 7：推奨魚（学名, 飼育水温）：ゼブラフィッシュ（26 ± 2℃）, ファットヘッドミノー（25 ± 2℃）, ヒメダカ（25 ± 2℃）
注 8：推奨魚（全長, 飼育水温）：ゼブラフィッシュ（3.0 ± 0.5 cm, 20～25℃）, ファットヘッドミノー（5.0 ± 2.0 cm, 20～25℃）, コイ（8.0 ± 4.0 cm, 20～25℃）, ヒメダカ（4.0 ± 1.0 cm, 20～25℃）, グッピー（3.0 ± 1.0 cm, 20～25℃）, ブルーギル（5.0 ± 2.0 cm, 20～25℃）, ニジマス（8.0 ± 4.0 cm, 13～17℃）, イトヨ（*Gasterosteus aculeatus*, 3.0 ± 1.0 cm, 18～20℃）

物種と試験手法とを精査することによって，海産生物を用いた国内での標準試験法となるテストガイドラインの整備が検討されている（中環審会水環境部会 水生生物保全環境基準専門委員会，2011）．

3）水産庁：海産生物毒性試験指針

水産庁では，漁場環境の保全と持続的な水産魚介類の利用を目的に，1980年代後半から海産魚を対象とした毒性試験法の開発事業を進め，日本の沿岸域に生息する海産生物を対象とした急性毒性試験法やリスク評価に必要な慢性毒性値および無影響濃度（NOEC）導出のための標準試験法となる手法を検討してきた．

最新の海産生物毒性試験指針は2010年3月に取りまとめられ（水産庁，2010），急性毒性試験法として（ⅰ）植物プランクトンに対する生長阻害試験，（ⅱ）シオダマリミジンコ幼生を用いた遊泳阻害試験，（ⅲ）スジエビモドキあるいはアシナガモエビモドキのゾエア期幼生を用いた遊泳阻害試験，（ⅳ）クルマエビ，アシナガモエビモドキなどの稚エビに対する急性毒性試験，（ⅴ）マダイあるいはシロギスの稚魚に対する急性毒性試験を記している（表7・6）．また，慢性毒性試験法として（ⅰ）シオダマリミジンコを用いた繁殖阻害試験，（ⅱ）マミチョグに対する初期生活段階毒性試験，（ⅲ）マミチョグ未成熟魚を用いた成熟・再生産阻害試験，（ⅳ）ジャワメダカあるいはマミチョグの受精卵魚類全生活環毒性試験を記している（表7・6）．

この指針では，日本国内で入手が可能で，飼育と繁殖が比較的容易な海産生物種を用い，OECDテストガイドラインが提唱する淡水生物の3分類群（藻類，甲殻類，魚類）に相当する海産生物を対象とした急性および慢性毒性試験法が取りまとめられている．また，検討段階では，クロアワビおよびアコヤガイの稚貝や海産魚の餌生物となる多毛類（イシイソゴカイ）を用いた急性毒性試験および初期生活段階に絞った短期間の毒性試験についても言及されている（水産庁，2008）．

4）試験法に関する今後の課題

以上，OECDテストガイドライン，環境省の生態毒性試験および水産庁の海産生物毒性試験指針について，それぞれの特徴とその運用の現状を概説した．今後の課題として，生物に対する化学物質の試験では，精度がよく，高い信頼性を得るために，感受性が鋭敏な試験生物の選定や評価基準の精緻化，慢性毒性試験法の簡便化・迅速化，底質汚染に対する毒性試験の公定法策定，複数の化学物質に起因する複合的影響の考え方の標準化，毒性試験における易分解性物質や難水溶性物質の取扱い規定などの必要性が指摘されている（眞道，2013）．また，急性毒性（個体の生死）という個体レベルでの評価基準だけでなく，生物種が個体群として存続できる可能性や種の多様性に与える影響を評価基準とする手法の検討も進められている（益永，2007）．それらの詳細に関しては，成書をご参照いただきたい（中西ら，2003；日本環境毒性学会，2003）．

〔眞道幸司〕

7・5　水環境中濃度の推定

1）予測環境濃度の推定

　化学物質のリスクを評価する際には，化学物質の有害性の強さとともに，その有害な化学物質への暴露量がどの程度かを知る必要がある．環境中での化学物質の暴露量は，（ⅰ）モニタリング調査などで現場から採取した環境試料の実測結果を集積して統計学的に意味のある推定値として求めた予測環境濃度（PEC）あるいは，（ⅱ）多様な拡散モデルを用いて，環境試料の分析結果やPRTR報告の生産量・排出量などの断片的なデータに基づきシミュレーションすることによって推定したPECのいずれかで示すことが一般的である（図7・7）．

①環境試料の実測結果による推定

　予測環境濃度の推定に際して，環境試料の分析結果を利用することは直接的で最も基本的な方法である．環境省は国内各地の公共用水域において化学物質環境実態調査を長期にわたって実施しており，多くの有害化学物質の実測結果が取りまとめられている（環境省 環境保健部環境安全課，2013）．また，地方自治体が行う環境調査の実測結果も閲覧・入手できる場合が多い．ただし，試料の採取地点が限られ，計測される化学物質の種類も限定されており，必要とするデータが得られるとは限らない．また，臨海の発電所設備の周辺海域では，拡散域も考慮して独自の環境調査が求められ，対象とする化学物質の実測結果を得なければならないことも想定される．

　いずれの場合にも，時空間的な均質性が乏しい実環境での化学物質の実測では，数回の調査の分析結果のみを用いると「時空間的な広がり」に対して代表性が乏しく，「推定値の信頼性や検証可能性」を満たすことが困難な場合が多い（鈴木，2003）．しかしながら，モニタリング調査の観測点や環境試料の検体数を増やし，評価したい地域の広さや求められる不確実性の軽減を満たすには，莫大な費用と労力がかかるという問題も大きい（独立行政法人新エネルギー・産業技術総合開発機構 研究評価委員会，2008）．これらの課題に対して，（ⅰ）対象とする化学物質の特性を事前に把握し，調査対象を絞り込む，（ⅱ）試料採取地点の空間的配置を事前に検討しておく，（ⅲ）環境の時間的変動への配慮を調査計画に盛り込んでおく，などの対策が一般的に行われている．

②モデルによるシミュレーションを用いた推定

　環境中の化学物質の濃度を推定するモデルは，ある単一の環境媒体（例えば，大気，表層水，土壌）

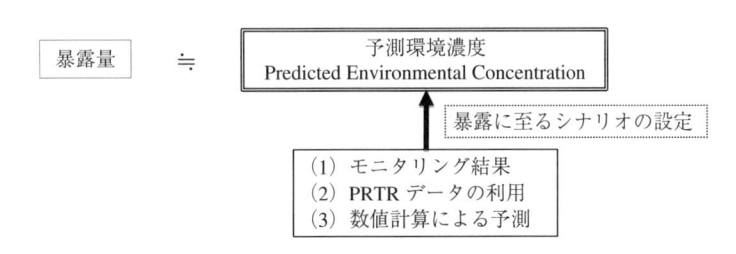

図7・7　予測環境濃度の推定

における化学物質の出入りと分解，他の環境媒体への移行を速度論的に見ることによって構築される単一媒体モデルと，複数の環境媒体間（例えば，表層水と大気）における化学物質の出入りと分解，他の環境媒体への移行を速度論的に見ることによって構築される多媒体モデルがある（吉田，2003）．これらの構築されたモデルに，化学物質の排出量や実測濃度の他，環境中の挙動に影響を与える様々な要因として化学物質の物理化学的性状や環境の状況に関するデータ（風向・風速，海流，地形など）を入力することによって，物質の移動，拡散，沈降，分解，生物への蓄積などが計算され，最終的に大気，水域，土壌などにおける化学物質の量や濃度が求められる．排出源からの大気放出に対して用いられるプルームモデル，水域に放出された化学物質の乱流拡散による濃度予測モデル，化学物質の環境媒体中での物質収支を単純化した環境動態モデルなどが代表的なモデルである．すでに，U.S.EPAの生態影響リスク評価では，流況による希釈モデルから暴露される可能性のある濃度としてPECの算出が行われている．また，日本国内においても，経済産業省は独立行政法人産業技術総合研究所が中心となって開発した環境動態モデルとして，東京湾，伊勢湾および瀬戸内海の沿岸生態リスク評価モデルやAIST-SHANEL（産総研-水系暴露解析モデル）があり，PECの算出が行われている（独立行政法人産業技術総合研究所ホームページ 環境濃度予測モデル）．

　しかし，モデルによるシミュレーション推定では，モデルの構築において実環境に比べて粗く極端なパラメーターの単純化が必要であり，シミュレーションに際して考慮していないパラメーターによる不確実性が伴うことが多い．また，対象となる化学物質の初期濃度および移行速度や分解速度を規定する各種のパラメーターの設定条件によって推定結果が大きく変化することも多く，様々な設定条件で濃度の推定を行い，実測結果との比較を通じて推定結果を検証しなければならない（吉田，2003）．結局，モデルを用いた推定は，実際に起きている現象を抽象化し，数式として表現したものにすぎないので，モデルを構築・検証するために，対象となる化学物質の物理化学的な性状，環境試料の実測結果および環境中での挙動を表すパラメーターについて信頼性のおける値が必要不可欠である．

2）予測環境濃度推定におけるシナリオの設定

　近年，「時空間的な広がり」に対する不確実性を軽減するために，注目する化学物質が，その発生源より放出されてから影響を被る受け手（本稿では海産生物と考えられる）に到達するまでの間にどのような経路を経て暴露に至るのかという状況を「シナリオ」として明確にすることが近年行われるようになった（中西ら，2008a；花井，2003b）．シナリオでは，PEC推定において想定すべき空間的・時間的範囲，その範囲内で関与する過程，およびそれらの発生確率や頻度を規定する（図7・8）．すでに，U.S.EPAの生態影響リスク評価では，最悪の汚染ケースをシナリオとして想定し，流況による希釈モデルから暴露される可能性のある濃度としてPECを算出している（中西ら，2008b）．

　また，生体内への蓄積性が高い物質については，生態系内での食物連鎖による生物濃縮を考慮し，生物体内における化学物質濃度予測値（例えば，餌に含まれる化学物質に由来する魚類体内濃度：U.S.EPAでは［PEC oral Fish］と表記）を推定している．排出量の推定では，発生源近傍の予測濃度（U.S.EPAでは［PEC local］と表記）と，バックグラウンドとして考慮すべき広域レベルの予測

環境濃度（U.S.EPA では［PEC regional］と表記）を求めるために，モニタリングの実測値だけでなく拡散モデル計算の結果も考慮して相互補完的にそれぞれを算出している（中西ら，2008c）.

日本国内では，経済産業省が行っている「化審法に基づく優先評価化学物質のリスク評価」において，PRTR 法に基づき事業者から届出のあった製造・出荷数量をもとに，排出経路の仮定（排出シナリオ）に沿って使用用途や使用形態別に仮想的排出源を設定し，使用用途や使用形態ごとに設定された排出係数（表 7·7）を乗じて排出量を推計した上で，暴露に至る状況の仮定（暴露シナリオ）に沿って環境中濃度を推計している（経済産業省 化学物質管理課化学物質安全室，2013）. 一方，環境省が現在行っている「生態リスク初期評価」では，水生生物の生存・生育を確保する観点から，特定の排出源の影響を受けていない公共用水域における暴露について評価することとされ，暴露経路に関するシナリオは設定されていない. そのため，公共用水域において実測された高濃度データ（複数の測定値で最大の値，あるいは統計学的に算出された 95 パーセンタイル値）を安全側に立った評価の観点から生態影響リスクの推定に用いている（中西ら，2008d）.

(眞道幸司)

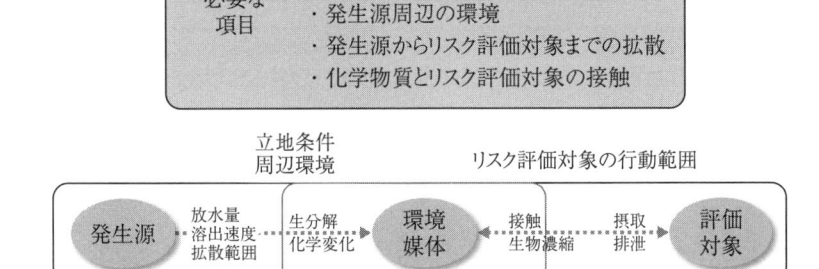

図 7·8　予測環境濃度推定におけるシナリオの設定

表 7·7　防汚物質に関する水域への排出係数

用途分類	詳細な用途分類	排出係数（工業的使用での段階） ［水溶解度区分（mg/l）］				
		10mg/l 未満	10〜100	100〜1,000	1,000〜10,000	10,000mg/l 以上
17 船底塗料用防汚剤, 漁網用防汚剤	a 防汚剤用樹脂 ［添加剤も含む］	0.000005	0.00005	0.001	0.001	0.001
	b 船底塗料用防汚剤	0.0001	0.0005	0.001	0.001	0.001
	c 漁網用防汚剤	0.0001	0.0005	0.001	0.001	0.001
	z その他	0.0001	0.0005	0.001	0.001	0.001

7・6 生態影響リスクの推定方法

1) リスクベースの影響評価

近年まで，化学物質の影響評価は化学物質がもつ有害性の強さに基づいて行われてきた．有害性の強さを分類することによって管理の厳しさや講じるべき対策の種類を決め，使用や排出を管理するため，定性的な評価方法と言える．

例として，ランキング法を用いた国際海事機関（IMO）の GESAMP 有害性評価手順の概要を示す．IMO では，1973 年の船舶による汚染の防止のための国際条約に関する 1978 年の議定書（海洋汚染防止条約もしくはマルポール 73/78 条約と呼ばれる）発効に際して，附属書 II「化学物質による汚染の防止のための規則」を定め，ばら積みの有害液体物質の海上輸送に係る汚染分類を行った（表 7・8；国際海事機関ホームページ）．有害液体物質は，GESAMP（海洋環境保護の科学的側面に関する専門家会合）で決定された有害性評価手順（表 7・9）に従って，生物蓄積性，生分解性および水生

表 7・8 有害液体物質の海上輸送に係る汚染分類と該当物質の考え方

汚染分類	該当物質の考え方
X 類	タンク洗浄あるいはバラスト作業で海へ排出された場合，その有害液体物質が海洋資源又は人の健康に対して重大な有害性を有していると見なされ，海洋環境への排出を禁止するに十分な根拠を示している．
Y 類	タンク洗浄あるいはバラスト作業で海へ排出された場合，その有害液体物質が海洋資源又は人の健康に対して有害性を有している，若しくは快適性又はその他の合法的な海洋の利用に害を及ぼすと見なされ，海洋環境への排出の質と量を制限するに十分な根拠を示している．
Z 類	タンク洗浄あるいはバラスト作業で海へ排出された場合，その有害液体物質が海洋資源又は人の健康に対して軽微な有害性を有していると見なされ，海洋環境への排出の質と量に対する穏やかな制限とするに十分な根拠を示している．
OS	タンク洗浄あるいはバラスト作業で海へ排出された場合でも，現時点では，その有害液体物質が海洋資源，人の健康，快適性，合法的な利用に害を及ぼさないと目されるため，X 類，Y 類，Z 類の分類から外れると評価される．

表 7・9 水域環境における化学物質の有害性評価項目と評価方法の概略

ランク	A 生物濃縮および生分解			B 生態毒性	
	A1 生物濃縮		A2 生分解	B1 急性毒性 $LC_{50}, EC_{50}, IC_{50}$ (mg/l)	B2 慢性毒性 NOEC (mg/l)
	log Pow	BCF			
0	< 1 or > 約 7	測定不能		> 1000	> 1
1	≧ 1 ～ < 2	≧ 1 ～ < 10		> 100 ～ ≦ 1000	> 0.1 ～ ≦ 1
2	≧ 2 ～ < 3	≧ 10 ～ < 100	R：易分解	> 10 ～ ≦ 100	> 0.01 ～ ≦ 0.1
3	≧ 3 ～ < 4	≧ 100 ～ < 500	NR：容易に分解しない	> 1 ～ ≦ 10	> 0.001 ～ ≦ 0.01
4	≧ 4 ～ < 5	≧ 500 ～ < 4000		> 0.1 ～ ≦ 1	≦ 0.001
5	≧ 5	≧ 4000		> 0.01 ～ ≦ 0.1	
6				≦ 0.01	

log Pow：オクタノール分配係数，BCF：生物濃縮系数，
LC_{50}：半数致死濃度，EC_{50}：50％影響濃度，IC_{50}：50％阻害濃度，NOEC：最大無影響濃度

生物への毒性に基づき，その有害性がランキングされ，ランクに応じた汚染分類が行われる．一方，日本国内の化審法では，化学物質の製造・輸入総量，難分解性，生物濃縮性（蓄積性）および人や高次捕食動物への長期毒性の有無に基づき，特定化学物質の指定が行われる．

化学物質のもつ性状や流通量に基づいて管理する手法は，環境中濃度や有害性に関して信頼できるデータが少ない場合に有効と考えられる（益永，2007）．しかし，分析技術の進歩やモニタリングデータの蓄積にともなって，有害性が強くとも環境中にほとんど検出されない物質，有害性は強くなくとも環境中に高濃度で検出される物質の存在が知られるようになった．また，重金属のように天然でも存在し得る場合や，内分泌かく乱物質のように極微量で生物活動に影響を与える場合も想定される．さらには，高度な人間活動において有用かつ不可欠で，有害性が強くとも低毒性の代替物質がない場合も少なくない．こうした化学物質を取り巻く状況に対して，化学物質がもつ有害性の強さ，環境中での存在量，対策の必要性および使用することによる便益を数値化して比較するために，リスクベースの影響評価が発展してきた（松田，2000）．

リスクベースの影響評価では，有害な化学物質の存在量（暴露量）と化学物質の毒性影響の強さ（有害性）とをそれぞれ定量的に把握し，「暴露量と有害性の積」として定量的に算定する（花井，2003；蒲生，2003）．

2）予測無影響濃度の推定

前節（7・4 化学物質の生物に対する毒性の試験法）では，多種多様な生物を用い，様々な判断基準で有害性を評価する試験法が提案されていることを示した．また，公定法として化学物質管理に利用されるOECDテストガイドラインと環境省生態毒性試験を紹介した．

ある化学物質が生態系に与えるリスクを推定するためには，生態系を構成する生物それぞれに対する長期的な毒性の無影響濃度（NOEC）を求めることが必要である．しかし，生息する生物すべてのNOECを求めることは困難である．そのため，生態系内での栄養段階や生態的地位を代表する一次生産者，下位消費者および上位消費者を用いた毒性試験をそれぞれ行う．それらの試験結果から最も毒性の強い値（感受性の高い値）を用いて"化学物質が生態系に生息する多くの生物に対して長期的な毒性を示さないと予測される濃度"として，予測無影響濃度（PNEC）を推定する手法が国内外で広く用いられている（益永，2008）．日本国内では，化学物質審査規制法に基づく化学物質管理に際して，藻類，ミジンコ類および魚類を用いた「生態毒性試験」が規定され，環境省の主導で化学物質のPNEC推定が実施されている（環境省総合環境政策局環境保健部企画課化学物質審査室，2010；図7・9）．

一般的に，PNECは，急性毒性試験から求められる半数致死濃度（LC_{50}）もしくは半数影響濃度（EC_{50}），慢性毒性試験から求められるNOEC，最小影響濃度（LOEC）もしくは最大許容濃度（MATC）などの毒性データに不確実係数（UF）あるいはアセスメント係数（AF）を乗じて算出される（山崎，2003）．化学物質のストレスに対する感受性は種，発育段階および暴露時間によって異なるため，UFあるいはAFを乗じることによって，最も感受性の高い生物種に対する生活史を通じた最悪の状況を想定することになる．各機関が提案しているUFあるいはAFを表7・10に示した．

7章　環境への配慮の考え方

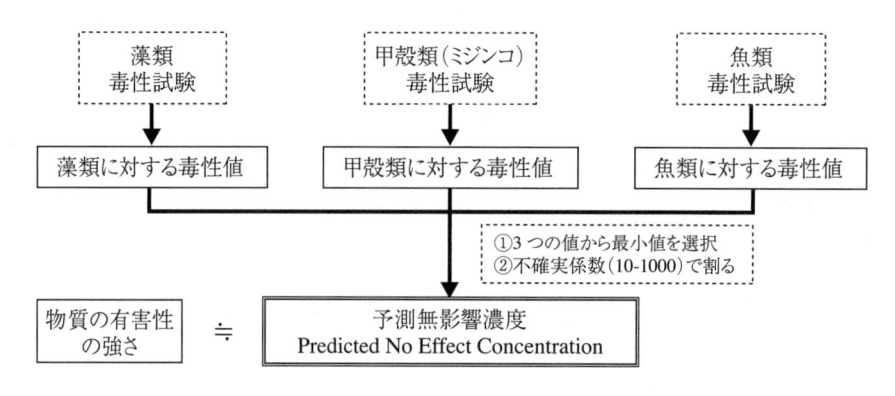

図7·9　生態毒性試験による予測無影響濃度の推定

表7·10　予測無影響濃度（PNEC）の推定のために適用される
アセスメント係数（AF）および不確実係数（UF）

使用するデータ	AF OECD[*1]	UF EU[*2]	UF U.S.EPA[*3]
少なくとも1つの急性毒性値がある	1000 ○	−	1000 ○
3種（植物プランクトン，甲殻類，魚類）の急性毒性値がそれぞれ1つ以上ある	100 ○	1000	100
魚類または甲殻類に対する慢性毒性値（NOEC）が少なくとも1つ以上ある	−	100	−
植物プランクトン，甲殻類および魚類のうち，2つの栄養段階について慢性毒性値（NOEC）がそれぞれ1つ以上ある	−	50	−
3種（植物プランクトン，甲殻類，魚類）について慢性毒性値（NOEC）がそれぞれ1つ以上ある	10 ○	10	10
野外試験または擬似生態系による毒性データがある	−	※	1

PNECの算出は，最も低い毒性値（LC_{50}, EC_{50}あるいはNOEC）に対して該当するAFあるいはUFを適用する．
−：設定されていない
※：内容や条件による
○：毒性値として定量的構造活性相関による推定値の使用を認める

出典[*1]：OECD（2002）
　　[*2]：European Commission（2003）
　　[*3]：U.S.EPA（1998）

3）ハザード比法を用いた生態影響リスクの推定

現在，国内外で広く用いられている生態影響リスクの推定手法の1つにハザード比法がある．ハザード比法では，PNECに対する予測環境濃度（PEC）の比（これをハザード比という）を導出することによって，化学物質の生態影響リスクを定量的に評価する（益永, 2008；山崎, 2003；図7・10）．

日本国内では，生態毒性試験で得られた毒性データより算出したPNECと環境モニタリングやPRTRデータから推定された公共用水域におけるPECを用いてハザード比が導出され，化学物質管理施策である既存化学物質等安全性点検，環境リスク初期評価および水生生物保全に係る水質目標の検討などが行われている（環境省 総合環境政策局環境保健部企画課化学物質審査室, 2010）．また，OECD高生産量化学物質点検プログラムでは，生産量や流通量が多く，環境中への放出が懸念される化学物質の生態影響リスク評価にハザード比法が活用されている．

①生態影響リスクの算定

ハザード比は次の式で表される．

$$\text{ハザード比} = \text{PEC} / \text{PNEC}$$

ある化学物質のハザード比が1を超えるか否か，つまり，PECの値がPNECの値より大きいか小さいかによって，その化学物質が生態系に与える影響のリスクが無視できるか懸念されるかを評価している．例えば，環境省が行う環境リスク初期評価では，ハザード比が1未満では差し迫った状況になく，1以上では生態影響リスクが懸念されるレベルにあって，詳細な調査や対策が必要な状況にあると規定している（茂岡, 2003: 表7・11）．

②ハザード比の課題

化学物質の生態影響リスク評価におけるハザード比の利用には，単純で少ない毒性データからでも生態影響リスクを推定できる長所がある（宮本, 2003）．また，リスクが無視できるか懸念されるかを評価できるので，対処すべき化学物質を絞り込むスクリーニング評価に有用であるとしている（益永, 2007）．しかし，ハザード比が示す意味合いが論点になっており，ハザード比を用いた生態影響リスクの評価における課題として，（ⅰ）ハザード比はリスクの数量的な大きさを表すのもではない（益永, 2007），（ⅱ）ハザード比の値同士の定量的な比較や時間的なハザード比の変化量の検討はできない（宮本, 2003），（ⅲ）ハザード比は悪影響を被る個体が存在しないこと（個体レベルの影響が認められないこと）を目標とした評価であり，個体群の中で最も感受性の高い個体を守るために求められるレベルを意味するので，ハザード比による生態影響リスク評価は安全側に偏った評価になる可能性が高い（宮本, 2003；浦野, 2008）との指摘がされている．

③個体群レベル評価への進展

本来，生態影響リスクの評価では，生態系保全施策の目標とされる個体群レベルの影響（生物種が集団として存続できる可能性や種の多様性に与える影響）に着目して定量化され，それに基づく管理・対策のあり方が議論されなければならないと指摘されている（浦野, 2008；内藤ら, 2008）．近年，OECDにおけるリスク推定やU.S.EPAにおける水質環境基準設定では，個体群レベルの評価として

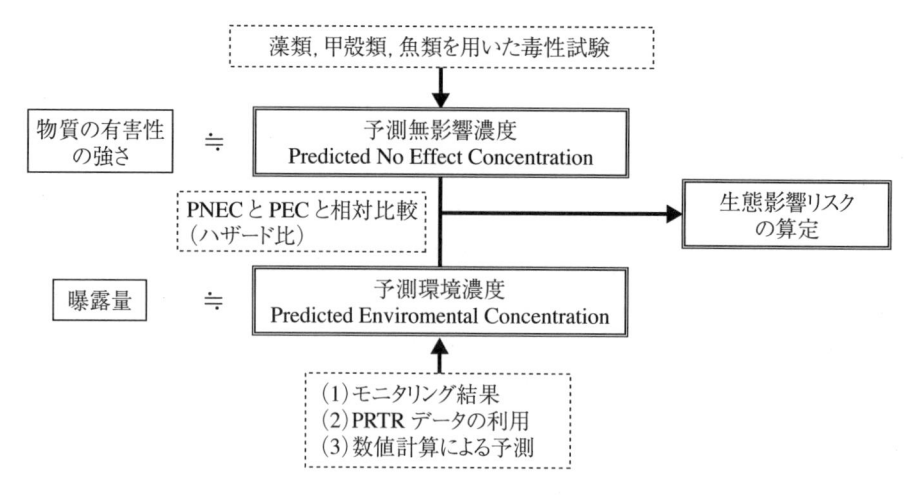

図7·10 ハザード比を用いた生態影響リスクの推定

表7·11 ハザード比法による生態影響リスクの評価

ハザード比の値	生態影響リスクの評価
0.1 未満	現時点では，(リスクが低く) これ以上の詳細な評価は必要ないと考えられる．
0.1 ≦ PEC/PNEC < 1	現時点では，(リスクが高いとは言えないが，曝露量のモニタリングなどの) 情報収集に努める必要があると考えられる．
1 以上	(リスクが高いと考えられ，密な曝露量の推定や有害性データの取得などの) 詳細な評価を行う必要がある候補と考えられる．

[茂岡 (2003) の原表に，筆者がカッコ内の語句を加筆した]

「種の感受性分布」の導入が検討されている．OECD (1995) では5種以上の生物に対する毒性データがそれぞれ揃った場合に，U.S.EPA では指定された異なる8科の生物種に対する慢性毒性データが揃った場合に，それぞれ統計的な手法を用いて，95％の種に影響を及ぼさない濃度を導出し，その推定値と PEC とを比較するリスク評価手法が実用化されつつある (Stephan et al., 1985；益永，2007)．

今後，生態影響リスクの評価は急性毒性値や慢性毒性値に基づくハザード比の導出から進展し，生態毒性試験で蓄積したデータを個体群の増殖率や存続可能性などの指標あるいは生態系機能の健全性を示す栄養転換効率などに変換してリスク解析する手法へ発展すると考えられている．それらの詳細に関しては，成書 (中西ら，2003；益永，2007) を参照していただきたい．

④船底塗料に含まれる防汚物質の生態影響リスク評価

防汚剤として用いられた有機スズ化合物が海洋生態系に対して与えた影響への対処から，IMO は「船舶の有害な防汚方法の規制に関する国際条約」を採択し，2008年に発効している．また，条約の批准国が ISO と連携して，防汚物質の海洋における生態影響リスクの評価手法 (ISO 13073-1) を確立した (ISO, 2012；千田，2011)．これに基づいて，事前に生態系への影響を推定して，防汚物質の有害性が海洋環境保護の観点から許容できるレベルであるかを自主管理するとしている (千田，

2011).

　船底塗料に含まれる防汚物質は，塗装面から非常に緩慢な速度で海水中へ溶出し，塗装面の近傍で忌避や殺傷の作用をもたらす．そのため，防汚物質の海洋における暴露量の評価では，審査対象の防汚物質について，環境中での残留性，生分解性だけでなく塗装面からの溶出を定量化する．次に，最悪の場合に生じる汚染濃度を想定したシナリオを設定し，PECを推定する．一方，有害性の評価では，審査対象の防汚物質について，生物濃縮性を評価するとともに，生態毒性試験を実施してNOECを計測し，不確実性を考慮したPNECを推定する．また，低毒性の代替物質の検討やそのPNECの推定および複数の防汚成分を含む場合の相互作用の有無を検討する．これらの過程で得られた暴露量と有害性の推定値から，ハザード比法を用いた生態影響リスクの判定が行われ，諮問機関へ報告される（図7·11）．

　防汚物質としての有機スズ化合物の使用が世界的に規制された現状において，易分解性の物質を有効成分とした代替防汚剤が増えつつある．しかし，既存の毒性試験法では，試験期間中に分解され濃度低下・消失するような易分解性物質や分解産物の毒性評価を想定していない．また，製品としての代替防汚剤に複数の有効成分を含有する使用実態が認められるが，2つ以上の物質の複合的影響を評価する手順は示されていない．代替防汚物質の生態影響リスク評価では，（ⅰ）環境中で分解され濃度低下・消失するような易分解性物質の取り扱い，（ⅱ）2つ以上の防汚成分の複合的な毒性の評価方法などについて手法の標準化が必要と考えられている（眞道ら，2012）．

〔眞道幸司〕

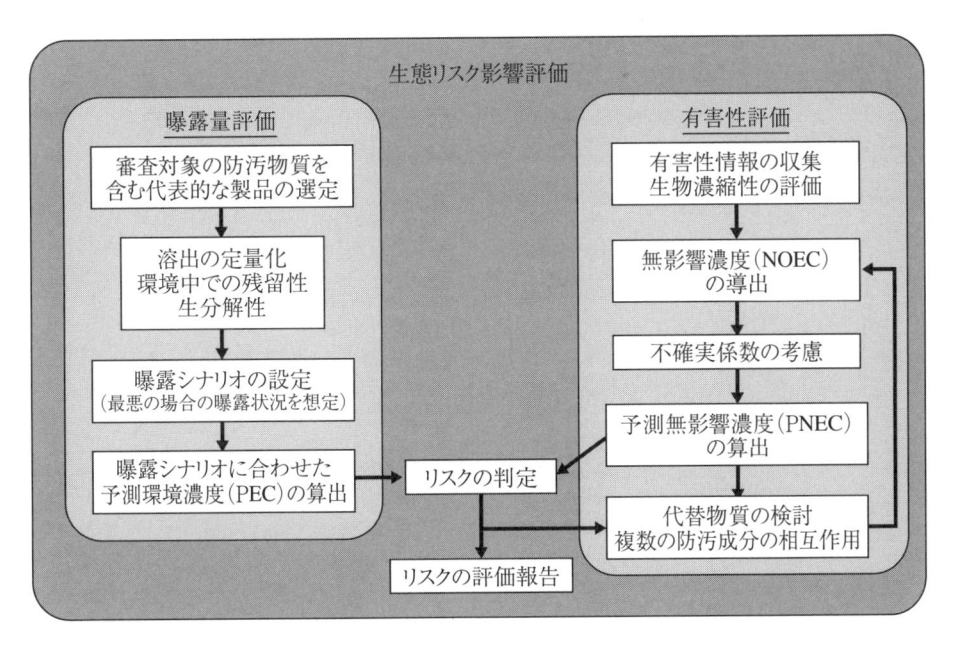

図7·11　ISOによる防汚物質の生態影響リスク評価の標準化

7・7 化学物質による生物影響の総合的評価

1) 全排水毒性試験法

米国,カナダ,EU 諸国および韓国では,複数の化学物質を含んだ排水に対して,バイオアッセイを用いて水生生物への影響を総括的に評価する「生物応答を利用した規制」が実施されている.欧米諸国における排水に対する生物応答を利用した規制の動向と日本の現状,およびバイオアッセイを用いた複合的影響評価における新たな取り組みについて,以下に述べる.

U.S.EPA は,複数の有害化学物質が含まれる排水の管理に際して,排水あるいは環境水の毒性を,生きている生物に暴露した場合に生物に現れる応答を測定することによって直接的に理解できる「反応」と定義し,生物実験によって水試料に含まれるすべての毒性成分の有害性を総合的に把握・測定することを目的とした全排水毒性試験法(Whole Effluent Toxicity Test:WET 試験法)を開発した(鑪迫,2006;U.S.EPA,2002a;2002b;2002c).現在,米国では,事業所からの排水の排出認可に際して WET 試験法に基づいた「排水に対する生物応答を利用した規制」が導入されており,有害性の原因となる物質がたとえ未知であっても,排水の生物に対する有害性が明らかになった場合には認可保留および有害物質の排出量削減が求められる.また,認可を受けた事業者に対しても,排水管理に際して遵守すべき規制基準として WET 試験法の実施が求められている(荒木,2008).

一方,連邦水質浄化法に規定された生物応答の規制値を超過した排水を放流する事業には,排水中

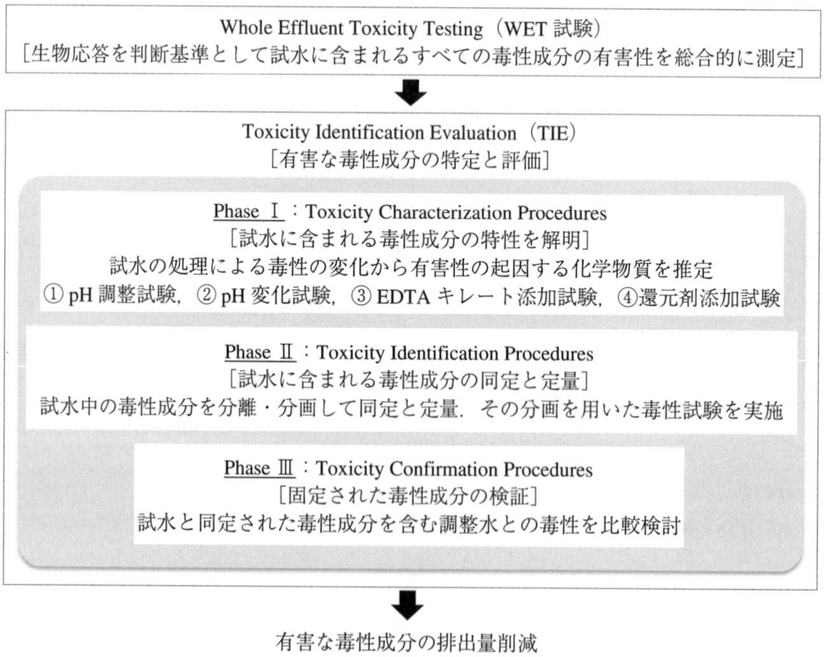

```
┌─────────────────────────────────────────────┐
│   Whole Effluent Toxicity Testing(WET 試験)  │
│ [生物応答を判断基準として試水に含まれるすべての │
│   毒性成分の有害性を総合的に測定]              │
└─────────────────────────────────────────────┘
                    ↓
┌─────────────────────────────────────────────┐
│   Toxicity Identification Evaluation(TIE)    │
│   [有害な毒性成分の特定と評価]                  │
│  ┌───────────────────────────────────────┐  │
│  │ Phase Ⅰ:Toxicity Characterization      │  │
│  │          Procedures                     │  │
│  │ [試水に含まれる毒性成分の特性を解明]     │  │
│  │ 試水の処理による毒性の変化から有害性の   │  │
│  │ 起因する化学物質を推定                   │  │
│  │ ①pH 調整試験,②pH 変化試験,           │  │
│  │ ③EDTA キレート添加試験,④還元剤添加試験 │  │
│  └───────────────────────────────────────┘  │
│  ┌───────────────────────────────────────┐  │
│  │ Phase Ⅱ:Toxicity Identification        │  │
│  │          Procedures                     │  │
│  │ [試水に含まれる毒性成分の同定と定量]     │  │
│  │ 試水中の毒性成分を分離・分画して同定と   │  │
│  │ 定量.その分画を用いた毒性試験を実施     │  │
│  └───────────────────────────────────────┘  │
│  ┌───────────────────────────────────────┐  │
│  │ Phase Ⅲ:Toxicity Confirmation          │  │
│  │          Procedures                     │  │
│  │ [固定された毒性成分の検証]               │  │
│  │ 試水と同定された毒性成分を含む調整水と   │  │
│  │ の毒性を比較検討                         │  │
│  └───────────────────────────────────────┘  │
└─────────────────────────────────────────────┘
                    ↓
           有害な毒性成分の排出量削減
```

図7・12 U.S.EPA による全排水毒性試験法および毒性の同定と評価手法

の有害成分の削減対策が求められる．排水の毒性を削減するためには，排水中の有害成分の特定，定量および特定された物質を用いた毒性試験による検証が必要であり，U.S.EPA はそれらの手法についても毒性の同定と評価手法（Toxicity Identification Evaluation：TIE 評価）として取りまとめている（U.S.EPA, 1991；1993a；1993b；図 7・12）．排水が示す毒性を解明する段階では，排水試料に加えられた処理による毒性の変化から毒性の起因となっている物質が推定される（U.S.EPA, 1991）．次に，排水中の有害成分を特定する段階では，分析化学的な手法を用いて毒性の原因と考えられる物質の概略的な分類と分画が行われ，抽出した毒性画分を用いた毒性試験を実施する（U.S.EPA, 1993a）．さらに，毒性の原因と考えられる物質を検証する段階では，排水試料と推定された化学物質の標準品を添加した試料を用いた毒性試験を行い，試験生物に対する感受性や発現する毒性症状を比較することによって，原因物質の推定が正しいかが検証される（U.S.EPA, 1993b）．

日本国内では，環境省が生物応答を用いて事業場排水中の化学物質による影響を総体的に把握し，対策を講じる水環境管理手法について，2009 年から公共用水域あるいは排出水の評価などに対する WET 試験法の導入の可能性を探り，日本における利用の在り方について有効性や課題の検討を進めると発表している（合屋・鑪追，2012；鑪追，2012）．また，2009 年以降に WET 試験法の導入に関するガイドラインを作成することとなっている（環境省，2008；城内ら，2012）．なお，当面は淡水域への排水を想定したガイドラインの作成を目指しており，海域への排水に対する WET 試験および TIE 評価の適用は，今後の課題とされている．

〔眞道幸司〕

2）AOD 試験法

湖水や河川水さらに排水には多種多様な化学物質が存在している．このような水の性質を評価する際，最初に化学分析により規制対象の有害物質などを化学分析する．しかし最近は，個別の有害物質の測定とは別に，生物試験による「生物応答を利用する」水の総合的評価が検討されている．その方法の 1 つが，前項の排水の WET である．本項では，WET より以前に我が国で開発された「生物応答を利用する」水の総合的評価法である AOD 試験法を説明する．

① AOD 試験法とは

人間の種々の活動により，河川・湖沼などの水域には水生生物に有害な多種多様物質が流入している．現在の日本では，多くの水域で有害物質の濃度はごく微量であり，水生生物は支障なく生息し繁殖を続けている．このような一見正常な水域を対象に，潜在的な有害物質の量を把握する目的で 1970 年代初めに開発されたのが，AOD 試験法（水生生物環境診断法：Aquatic Organisms Environment Diagnostics）である（狩谷，1980；Kariya et al., 1987；狩谷，1993）．

AOD 試験法では，最初に河川水・湖水などの試験水を凍結濃縮する．この際，試験水に溶存する成分を変化させることなく濃縮することが肝要なので，溶存成分の変化が極めて少ない凍結濃縮法を採用する．方法は，試験水を入れたナス型フラスコをロータリーエバポレーターに取り付けて，底部を −20℃ 程度の冷媒中に浸し，緩やかに回転する（図 7・13）．冷媒中では試験水は冷却されて凍り，上では暖められてわずかに溶ける操作を繰り返すと壁面に透明な氷が生成される．透明な氷には溶質は取り込まれず，溶質は残った溶液中に濃縮される．

7章　環境への配慮の考え方

　試験水 1l を 100 ml まで濃縮すれば 10 倍に濃縮されたことになり，これを 1000％液と呼ぶ．濃縮段階は対数 4 分割法をとり，原水を 100％とし，180，320，560，1000，1800％に相等する濃縮液を作成する．

　回収率（濃縮液中に残る物質の割合）の一例として，一般的な毒性物質である遊離アンモニウムの指標となるアンモニウムイオンにおいては 90％以上である（Suzuki *et al.*, 1991）．揮発性成分も低温で濃縮するために揮発損失が極めて少ない．

　次にこれらの濃縮液で生物試験（48 時間急性毒性試験）を行ない（図 7・14），供試生物の 50％が死に至る濃縮倍率（％）を作図法で導き AOD 値として表す（図 7・15）．AOD 値が大きい，すなわち濃縮倍率が大きいほど，もとの河川水などの試験水に含まれる有害物質は少なく，試験水の毒性は低いと評価される．

　供試生物には，少量の試水で試験できるよう小型（体重は 0.05 g 程度）で薬物に対する感受性がよく，かつ，周年安定して飼育することができ，試験に使用することができる魚類の *Tanichtys albonubes* アカヒレと甲殻類の *Paratya compressa improvisa* ヌカエビを採用している．

② AOD 試験法による水質検討結果

　1970 年代には，一般河川においても魚類の斃死事故が発生することがあり，原因は未処理排水の放流などが原因であった．このような水域では，平常時においても 2 倍程度に濃縮すると試験生物の死亡が見られた．しかし，1980 年代中頃以降になると，図 7・16（カラー口絵）に示すように関東地方の河川では 10 倍以上に濃縮しても，試験生物が死亡しない水域が多くなった．AOD 値と各種魚類の生息状況検討結果から，魚の生息状況と AOD 値の関係は模式的に図 7・17 に示される．

　河川以外でもゴルフ場排水の検討結果も報告されている（鈴木ら，1991；佐々木ら，1991）．

　また，最近は，大阪府を流れる一級河川の大和川下流域ではアユの遡上数が淀川と比べると少ないことから，同水域の水質評価に AOD 試験法と同じく河川水の濃縮液を用いた生物試験（供試生物はアユ稚魚）を適用し，アユ稚魚の遡上阻害要因として遊離アンモニアを特定している（恩地・矢持，2011）．

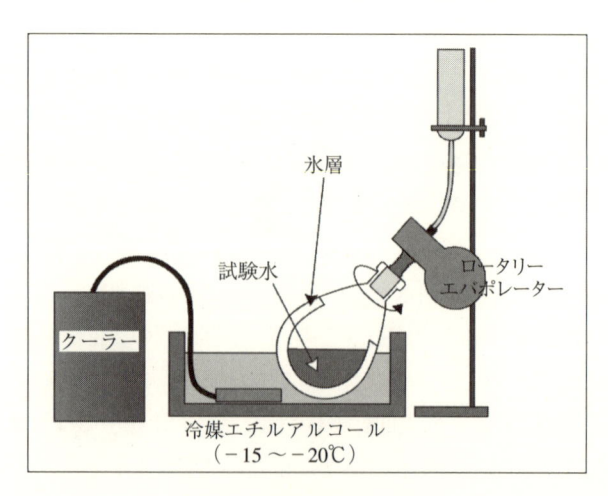

図 7・13　凍結濃縮方法の概略

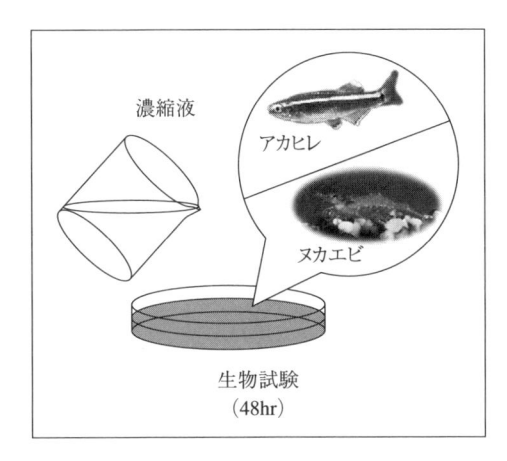

図7·14 生物試験の概略
供試生物は7個体とし，試水100 ml中で48時間飼育し，その間の生死を観察する．

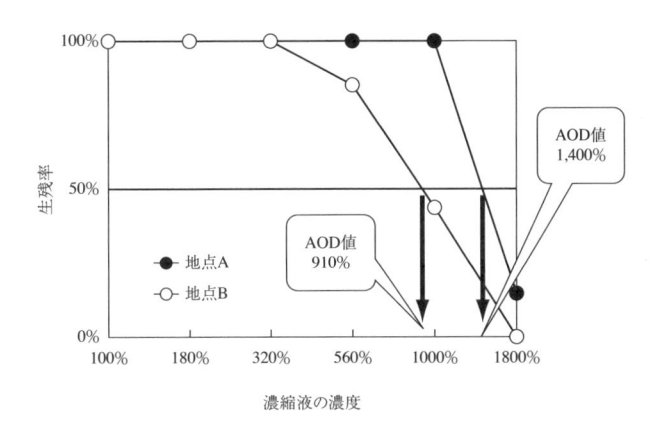

図7·15 AOD値の求め方（＝供試生物の半数致死をもたらす濃縮状況）
各濃縮液の48時間後の生残率を図中にプロットし，生残率50％に当たる濃縮率を読み取りAOD値とする．100％は原水，1800％は18倍濃縮したもの．

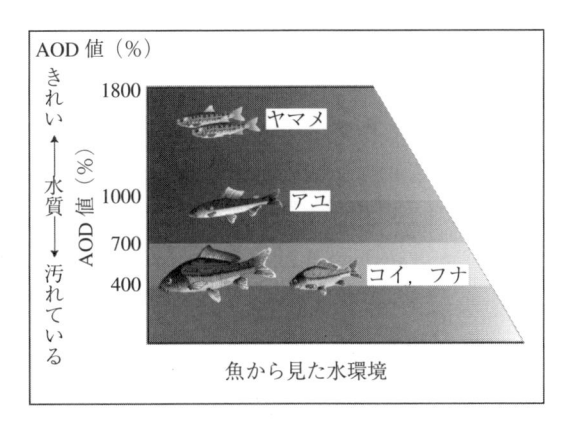

図7·17 魚から見た水環境とAOD値との関係，目安図
アユは700％から1000％付近にのみ生息するというわけではない．コイ，フナも同様．下限値の目安として参考になる．

③ AOD 試験法の利点

排水の水生生物への有害性を総合的・複合的に評価するためには生物試験が最適である．前項 WET も生物試験も用いた方法であるが，AOD 試験法の利点は WET と比較すると試水を濃縮することでより潜在的な試水の有害状況（より微量な有害物質の作用・影響濃度）を感度よく検出できることにある．このことにより，排水の潜在的リスクを推定することができる．なお，AOD 試験法でも，WET の項で紹介した毒性同定手法が確立されている．

また，供試生物をアカヒレとヌカエビという薬物に関する感受性の異なる生物を採用しより多種多様な有害物質を検出できるようにしている．

④ 排水管理への適用

火力発電所などでは，冷却水以外にプラント用水として淡水（工業用水および上水など）を使用している．使用後の排水は，一部の発電所では下水道に放流しているが，それ以外は浄化施設で処理した後に公共用水域に放流している．この排水については，水濁法に基づく排水基準規制があるが，加えて社会的要求は生態系保全の立場から環境への影響を最小とする努力を求めている．すなわち，排水基準項目以外の有害物質（未規制の有害物質）についても，個々の有害物質の削減ばかりではなく有害物質の総量削減が求められる．

AOD 試験法によれば潜在的な毒性を評価することができるという点を利用し，影響が顕在化する前に対策をとることが可能である．また，潜在的な有害物質を特定し，削減する方策が立案・実施できる．

これまで述べてきたように，事業所が排水を公共用水域に放流する際には排水基準を満たすことは当然であるが，今後は水域の生態系保全に向けて，水域の水生生物が排水に対してどのような反応を示すのか「生物応答」を知っておく必要がある．WET や AOD はこのための有効な道具となり，排水の管理・リスクの推定にも役立つ．将来は，このような姿勢がCSR にも活用され（住友化学(株)，2013），環境に配慮する企業・事業所としての宣伝効果が期待できる．今後，このような「生物応答」を用いた水質管理は注目されると考える（バイオアッセイによる安全性評価研究委員会，2014）．

〔鈴木あや子〕

7・8 水質に関わる基準設定

取放水の対象となる水域には，水質汚濁に係る環境基準（水質環境基準），排水する際に守るべき上限量としての排水基準および，水域をともに利用する水産業の立場から望まれる水産用水基準などの水質に関わる基準値が設定されている．水域を利用する事業者は，これらの水質に関わる基準設定を理解し，事業を運用に際してこれらの基準を遵守する必要がある．

ここでは，水質に関わる環境基準，排水基準および水産用水基準について，それぞれの特徴と基準設定の考え方を概説する．

1）環境基準

環境基準は，環境基本法（1993年策定）の第16条に基づいて定められた行政上の政策目標であり，達成に努めるべき基準である．つまり，許容限度や我慢の限界を示すものではない．

水質に関わる環境基準は，公共用水域（河川，湖沼，港湾，沿岸海域および，公共溝渠，かんがい用水路，その他公共の用に供される水域や水路を指し，下水道は除く）および地下水を対象としている．その基準値は，健康項目と呼ばれる「人の健康の保護に関する環境基準」と生活環境項目と呼ばれる「生活環境の保全に関する基準」に分けて設定されている．

①人の健康の保護に関する環境基準

健康項目では，水域の汚染を通じて人の健康に影響を及ぼす恐れがあり，日本国内での生産量や使用状況および公共用水域や地下水での検出状況から判断して監視の実施や排出規制などの対策の必要性が高い物質について基準を設定している．基準値は，汚染された公共用水域の水を飲料水として生涯にわたって継続的に摂取し続けても健康に影響が生じない濃度に，大気，食品などの水以外の汚染源からの影響も考慮して安全性を加味した評価値として定められている（岡田ら，2009）．2013年10月現在，健康項目には，カドミウム，鉛，六価クロム，水銀などの重金属，シアン，アルキル水銀，ポリ塩化ビフェニル（PCB），ジクロロメタンやトリクロロエチレンなどの塩素を置換基にもつ炭化水素類，農薬として使用されたチウラム，シマジンおよびチオベンカルブ，ベンゼン，セレン，フッ素，ホウ素，硝酸態窒素および亜硝酸態窒素，1,4-ジオキサンなど27物質が設定されている（表7・12）．また，人の健康の保護に関わる物質ではあるが，公共用水域における検出状況などから判断して，直ちに環境基準とはせず，引き続き知見の集積に努めるべき物質を「要監視項目」とし，それらの物質の測定結果を評価するために指針値が設定されている（環境省 水・大気環境局，2001）．2013年10月現在，クロロホルム，トルエン，一般農薬5種，ゴルフ場農薬7種，ウランなど26物質が指定されている（表7・13）．

人の健康の保護に関する環境基準は，水域の利用状態や水量などの条件を問わず，すべての公共用水域に一律に適用される．さらに，設定後直ちに達成し，維持されるように努めるものとされる．ただし，フッ素やホウ素など天然由来の物質が自然状態でも基準値を超えている水域（例えば，海域）では，環境基準を適用しない．一方，水銀，鉛，ヒ素は天然由来の検出も認められるが，人の健康への影響が強いため，由来に関わらず一律に基準が適用される．

表7・12 人の健康の保護に関する環境基準

項　目	基準値[*1]
カドミウム	0.003 mg/l 以下
全シアン	検出されないこと[*2]
鉛	0.01 mg/l 以下
六価クロム	0.05 mg/l 以下
砒素	0.01 mg/l 以下
総水銀	0.0005 mg/l 以下
アルキル水銀	検出されないこと[*2]
PCB	検出されないこと[*2]
ジクロロメタン	0.02 mg/l 以下
四塩化炭素	0.002 mg/l 以下
1,2-ジクロロエタン	0.004 mg/l 以下
1,1-ジクロロエチレン	0.1 mg/l 以下
シス-1,2-ジクロロエチレン	0.04 mg/l 以下
1,1,1-トリクロロエタン	1 mg/l 以下
1,1,2-トリクロロエタン	0.006 mg/l 以下
トリクロロエチレン	0.03 mg/l 以下
テトラクロロエチレン	0.01 mg/l 以下
1,3-ジクロロプロペン	0.002 mg/l 以下
チウラム	0.006 mg/l 以下
シマジン	0.003 mg/l 以下
チオベンカルブ	0.02 mg/l 以下
ベンゼン	0.01 mg/l 以下
セレン	0.01 mg/l 以下
硝酸性窒素および亜硝酸性窒素	10 mg/l 以下
ふっ素	0.8 mg/l 以下 （海域については適用しない）
ほう素	1 mg/l 以下 （海域については適用しない）
1,4-ジオキサン	0.05 mg/l 以下

[*1]：基準値は年間平均値とする．ただし，全シアンに係る基準値については，最高値とする．
[*2]：「検出されないこと」とは，指定した方法（日本工業規格 K 0102，K 0125 など）により測定した場合に，その結果が当該方法の定量限界を下回ることをいう．
[*3]：硝酸性窒素および亜硝酸性窒素の濃度は，日本工業規格 K 0102 に従って測定された硝酸イオンの濃度に換算係数 0.2259 を乗じたものと K 0102：443.1 に従って測定された亜硝酸イオンの濃度に換算係数 0.3045 を乗じたものの「和」とする．

表7·13 公共用水域における人の健康の保護に係る要監視項目および指針値

項　目	指針値[*1]
クロロホルム	0.06 mg/l 以下
トランス-1,2-ジクロロエチレン	0.04 mg/l 以下
1,2-ジクロロプロパン	0.06 mg/l 以下
p-ジクロロベンゼン	0.2 mg/l 以下
イソキサチオン	0.008 mg/l 以下
ダイアジノン	0.005 mg/l 以下
フェニトロチオン（MEP）	0.003 mg/l 以下
イソプロチオラン	0.04 mg/l 以下
オキシン銅（有機銅）	0.04 mg/l 以下
クロロタロニル（TPN）	0.05 mg/l 以下
プロピザミド	0.008 mg/l 以下
EPN	0.006 mg/l 以下
ジクロルボス（DDVP）	0.008 mg/l 以下
フェノブカルブ（BPMC）	0.03 mg/l 以下
イプロベンホス（IBP）	0.008 mg/l 以下
クロルニトロフェン（CNP）	－[*2]
トルエン	0.6 mg/l 以下
キシレン	0.4 mg/l 以下
フタル酸ジエチルヘキシル	0.06 mg/l 以下
ニッケル	－[*3]
モリブデン	0.07 mg/l 以下
アンチモン	0.02 mg/l 以下
塩化ビニルモノマー	0.002 mg/l 以下
エピクロロヒドリン	0.0004 mg/l 以下
全マンガン	0.2 mg/l 以下
ウラン	0.002 mg/l 以下

[*1]：指針値は「水質測定結果を評価する基準の濃度」と定める．
[*2]：発癌性の疑いがあり，安全性評価が終了するまで指針値を設定しない．ただし，公共用水域などにおいて重点的なモニタリングを引き続き行う．
[*3]：毒性について定量的評価を確立するには十分な試験結果がないため，指針値を設定しない．ただし，ある程度の毒性があることがわかっている本物質が公共用水域等において比較的広く検出されていることから，引き続き，発生源の存在状況を考慮しつつ重点的なモニタリングを行う．

②生活環境の保全に関する基準

　生活環境項目は，人の生活に密接な関係のある財産，人の生活に密接な関係のある動植物およびその生育環境を保全する上で維持されることが望ましい基準を設定している．また，1982年には湖沼や海域における富栄養化を防止する観点が，2003年には化学物質の水生生物や生態系への影響を防止する観点が追加され，生活環境項目に新たな基準が追加された．2013年10月現在，基準には，水素イオン濃度（pH），生物学的酸素要求量（BOD），化学的酸素要求量（COD），懸濁物質量（SS），溶存酸素量（DO），ノルマルヘキサン抽出物質含有量，大腸菌群数，富栄養化防止に係る全窒素と全リン，水生生物の保全に係る全亜鉛，ノニルフェノールおよび直鎖アルキルベンゼンスルホン酸とその塩について基準値が設定されている（環境省 水・大気環境局，2013）．

　生活環境の保全に関する基準はすべての公共用水域に一律ではなく，河川，湖沼，海域の各公共用水域それぞれに対して，上水道用水，水産用水，工業用水，農業用水，親水などの利用目的および水生生物の保全目標に応じて設定された水域類型ごとに基準項目と基準値が定められている（表7・14）．また，人口の集中や人間活動が進行する地域に隣接した水域で著しい水質汚濁が生じている場合には，5年以内の基準達成を目途として対策を講じるなどの段階的措置がとられる．水生生物の保全に係る項目では，要監視項目として6物質の指針値が水域類型ごとに設定されている（表7・15）．なお，水域類型の指定（類型あてはめ）は都道府県知事に委任されている．

　環境基準は行政上の政策目標であるため，基準が達成できない場合に公共用水域を利用する事業者が法的な問責を受けたり，各種汚染源の責任が直ちに問われたりすることはない．環境基準が達成できないということは，排水規制や発生源対策などの政策が不十分であり，排水基準の強化や新たな対応策の策定が必要と解釈される（岡田ら，2009）．

　環境基本法では，「基準については，常に適切な科学的判断が加えられ，必要な改定がなされなければならない（環境基本法第16条第3項）」とされる．基準の見直しや改定は中央環境審議会での有識者による審議を経て閣議決定され，環境省から告示される．これまでに，（ⅰ）科学的な判断の向上に伴う基準値の変更や項目の追加，（ⅱ）水質汚濁の状況，汚染源の変化に伴う基準値の変更や項目の追加，（ⅲ）水域利用形態の変化に伴う水域類型指定の見直しや基準の達成期間の変更などが行われている（岡田ら，2009）．環境基準の動向に関しては，中央環境審議会やその作業部会である水環境部会の環境基準に関する専門委員会の議事を参考にされたい．議事内容を中央環境審議会のホームページ（http://www.env.go.jp/council/b_info.html）から閲覧することができる．

表7・14 生活環境の保全に関する水質環境基準の水域類型と基準値 (1)

ア．公共用水域（海域）における生活環境の保全

水域類型	利用目的の適応性[*1]	基準値[*2] 水素イオン濃度 (pH)	化学的酸素要求量 (COD)	溶存酸素量 (DO)	大腸菌群数	n-ヘキサン抽出物質（油分など）
A	水産1級・水浴・自然環境保全およびB類型以下に掲げるもの	7.8以上 8.3以下	2 mg/l 以下	7.5 mg/l 以上	100 ml 中に1000MPN以下[*3]（最確数による定量）	検出されないこと[*4]
B	水産2級・工業用水およびC類型に掲げるもの	7.8以上 8.3以下	3 mg/l 以下[*5]	5 mg/l 以上	—	検出されないこと[*4]
C	環境保全	7.0以上 8.3以下	8 mg/l 以下	2 mg/l 以上	—	—

[*1]：利用目的の区分
　自然環境保全：自然探勝等の環境保全．
　水産1級：マダイ，ブリ，ワカメなどの水産生物の成育および水産2級の水産生物の成育に支障がない．
　水産2級：ボラ，ノリなどの水産生物の成育に支障がない．
　環境保全：国民の日常生活（沿岸の遊歩等を含む）において不快感を生じない限度．
[*2]：基準値は日間平均値とする．
[*3]：水産1級のうち，生食用原料カキの養殖の利水点については，基準値を大腸菌群数 70MPN/100 ml 以下とする．
[*4]：「検出されないこと」とは，指定した方法（日本工業規格 K 0125 等に準拠）により測定した場合に，その結果が当該方法の定量限界を下回ることをいう．
[*5]：B類型の工業用水及び水産2級のうちノリ養殖の利水点における測定ではアルカリ性法で計測．

イ．富栄養化防止に係る項目

水域類型	利用目的の適応性[*1]	基準値[*2] 全窒素	全リン
I	自然環境保全およびII類型以下に掲げるもの（ただし，水産2種および3種を除く）	0.2 mg/l 以下	0.02 mg/l 以下
II	水産1種 水浴およびIII類型以下に掲げるもの（ただし，水産2種および3種を除く）	0.3 mg/l 以下	0.03 mg/l 以下
III	水産2種およびIV類型に掲げるもの（ただし，水産3種を除く）	0.6 mg/l 以下	0.05 mg/l 以下
IV	水産3種 工業用水 生物生息環境保全	1 mg/l 以下	0.09 mg/l 以下

[*1]：利用目的の区分
　自然環境保全：自然探勝等の環境保全．
　水産1種：底生魚介類を含め多様な水産生物がバランス良く，かつ，安定して漁獲される．
　水産2種：一部の底生魚介類を除き，魚類を中心とした水産生物が多獲される．
　水産3種：汚濁に強い特定の水産生物が主に漁獲される．
　生物生息環境保全：年間を通して底生生物が生息できる限度．
　ただし，水域類型の指定は，海洋植物プランクトンの著しい増殖を生ずるおそれがある海域について行う．
[*2]：基準値は年間平均値とする．

表7·14　生活環境の保全に関する水質環境基準の水域類型と基準値（2）

ウ．水生生物の保全に係る項目

水域類型	水生生物の生息状況の適応性	基準値[*1] 全亜鉛	ノニルフェノール	直鎖アルキルベンゼンスルホン酸およびその塩
生物A	水生生物の生息する水域	0.02 mg/l 以下	0.001 mg/l 以下	0.01 mg/l 以下
生物特A	生物Aの水域のうち，水生生物の産卵場（繁殖場）または幼稚仔の生育場として特に保全が必要な水域	0.01 mg/l 以下	0.0007 mg/l 以下	0.006 mg/l 以下

[*1]：基準値は年間平均値とする．

表7·15　水生生物の保全に係る要監視項目の水域類型および指針値

水域類型	水生生物の生息状況の適応性	指針値[*1] クロロフォルム	フェノール	ホルムアルデヒド	4-t-オクチルフェノール	アニリン	2,4ジクロロフェノール
生物A	水生生物の生息する水域	0.8 mg/l	2 mg/l	0.3 mg/l	0.0009 mg/l	0.1 mg/l	0.02 mg/l
生物特A	生物Aの水域のうち，水生生物の産卵場（繁殖場）または幼稚仔の生育場として特に保全が必要な水域	0.8 mg/l	0.2 mg/l	0.03 mg/l	0.0004 mg/l	0.1 mg/l	0.01 mg/l

[*1]：指針値は「水質測定結果を評価する基準の濃度」と定める．

2）排水基準

排水基準は，水質汚濁防止法（第三条第一項）で定められた「公共用水域へ排水する際に守るべき上限量としての基準値」を定めた総理府令であり，環境基準を達成するための施策である．水質汚濁防止法（第二条）で定められた「人の健康に係る被害を生ずる恐れがある有害物質や生活環境に係る被害を生ずる恐れが想定される負荷量を含む汚水または廃液を排出する特定施設」を有する工場あるいは事業場が規制対象となり，公共用水域に排出される水および地下へ浸透させる水について基準値を定めている．排水基準は水質環境基準が定められ物質に対して設定されており，健康項目に属する有害物質の基準は放出後の希釈を想定して，「環境基準値のおおむね10倍の値」となっている．詳細は「8章8·3 水質汚濁防止法」を参照されたい．

3）水産用水基準

水産用水基準は社団法人日本水産資源保護協会が策定した水産業に関わる用水基準であり，水産業の立場から水産資源保護の観点で水域の水質をどのような水準に保つべきかを明示するものである．また，基準値は許容限度を示すものではなく，自然環境にできるだけ汚染負荷を加えない配慮，排水中の汚濁負荷を少しでも減少させる処理工程上の努力および技術的限度まで処理する責任を求めている．

水産用水基準には法的な拘束力や罰則はない．しかし，水産動植物の正常な生息および繁殖に重要であるが環境基準が設定されていない水温，着色，底質および水産生物に影響が懸念される有害物質について基準値を設定しており，環境基準および排水基準を補完するものとして広く認知されている．漁業者と水域を共有する事業者は水産用水基準を尊重すべきである．

　水産用水基準の設定では，水産動植物の正常な生息および繁殖を維持し，その水域において漁業を支障なく行うことができ，漁獲物の経済価値が低下しない水質に保つことを目的として，「水産業を営む水域として維持することが望ましい水質の基準値」を定めている（日本水産資源保護協会，2006）．対象水域は淡水域，親潮系海域および黒潮系海域とし，海域は水質の停滞性に基づき内湾海域と外海域に細分している．また，基準の適用は，酸栄養湖などの特殊な自然環境，汚染源あるいは排水口の直下やその近傍を除外した一般的な水域を想定している．

　2013年10月現在，基準値が定められた項目は，水温，pH，溶存酸素，懸濁物，着色，COD，BOD，底質などの12項目（表7・16）および66種の有害物質など（表7・17）の計78項目である．また，各項目の基準値が淡水域と海域あるいは水産業の利用形態によって別々に設定されている．さらに，栄養塩類に関しては，親潮系水域，沖合および深海を適用外としている．

　水産用水基準の策定では，様々な水生生物を用いた研究成果に基づいて水産生物への影響を総合的に判断し，基準値を決定している．また，水域調査や毒性試験などの最新の結果を取り入れて定期的に改訂することとしている．改訂版は5年ごとに刊行されることになっており，その都度，学識経験者からなる水産用水基準検討研究協議会での議論をへて策定される．2013年現在，第7版（2012年版）が刊行されている．水産用水基準の動向に関しては，公益社団法人日本水産資源保護協会のホームページ（http://www.fish-jfrca.jp/index_jp.html）を参照されたい．

　　　　　　　　　　　　　　　　　　　　　　　　　　　　　　　　　　　　　（眞道幸司）

表7・16 海域における水産用水基準

項　目	基準値
有機物（COD）	(1) 一般の海域では，COD$_{OH}$（アルカリ性法）は 1 mg/*l* 以下であること (2) ノリ養殖場や閉鎖性内湾の沿岸域では COD$_{OH}$ が 2 mg/*l* 以下であること
全窒素，全リン	環境基準が定める水産 1 種 　　全窒素 0.3 mg/*l* 以下 　　全リン 0.03 mg/*l* 以下 環境基準が定める水産 2 種 　　全窒素 0.6 mg/*l* 以下 　　全リン 0.05 mg/*l* 以下 環境基準が定める水産 3 種 　　全窒素 1.0 mg/*l* 以下 　　全リン 0.09 mg/*l* 以下 ノリ養殖に最低限必要な栄養塩濃度 　　無機態窒素 0.07～0.1 mg/*l* 　　無機態リン 0.007～0.014 mg/*l*
溶存酸素（DO）	海域では 6 mg/*l* 以上であること 内湾漁場の夏季底層において最低限維持しなくてはならない溶存酸素が 4.3 mg/*l*（3 ml/*l*）であること
水素イオン濃度（pH）	(1) 海域では 7.8～8.4 であること (2) 生息する生物に悪影響を及ぼす程 pH の急激な変化がないこと
懸濁物質（SS）	(1) 人為的に加えられる懸濁物質は 2 mg/*l* 以下であること (2) 海藻類の繁殖に適した水深において必要な照度が保持され，その繁殖と生長に影響を及ぼさないこと
着色	(1) 光合成に必要な光の透過が妨げられないこと (2) 忌避行動の原因とならないこと
水温	水産生物に悪影響を及ぼすほどの水温の変化がないこと
大腸菌群	大腸菌群数（MPN）が 100 ml あたり 1,000 以下であること ただし，生食用カキを飼育するためには 100 ml あたり 70 以下であること
油分	(1) 水中には油分が検出されないこと (2) 水面に油膜が認められないこと
底質	(1) 海域では乾泥として COD$_{OH}$（アルカリ性法）は 20 mg/g 乾泥以下，硫化物は 0.2mg/g 乾泥以下，ノルマルヘキサン抽出物 0.1％以下であること. (2) 微細な懸濁物が岩面，礫，または砂利などに付着し，種苗の着生，発生あるいはその発育を妨げないこと (3) 海洋汚染および海上災害の防止に関する法律に定められた溶出試験（昭和 48 年 2 月 17 日環境庁告示第 14 号）により得られた検液中の有害物質のうち水産用水基準で基準値が定められている物質については，水産用水基準の基準値の 10 倍を下回ること．ただし，カドミウム PCB については溶出試験で得られた検液中の濃度がそれぞれの化合物の検出下限値を下回ること (4) ダイオキシン類の濃度は 150 pgTEQ/g を下回ること

(1) 基準値は，この限界まで汚染しても良いと認める条件をいうのではない．自然環境保全のために，汚染物質は少ないほどよく，人為的汚染負荷は加えられないのがよい．
(2) 放射性物質については，関連法規に定められた基準に従う．
(3) 分析方法：人の健康の保護に関する環境基準，生活環境の保全に関する環境基準および要監視項目にふくまれる物質は，日本工業規格 JIS K0102，JIS K0125 等の公定法により分析することが望ましい．その他の基準値については公定法または一般的に用いられている方法（海洋観測指針第 1 部（1999），水質汚濁調査指針（1980），沿岸環境調査マニュアル（底質・微生物編）（1990），環境測定分析法注解（1985））等を採用して差し支えない．

表7·17 海域における有害物質に関する水産用水基準（1）

人の健康の保護に関する環境基準 に定められている有害物質	基準値[*1] [mg/l]
カドミウム	0.003
全シアン	0.001
鉛	0.003
六価クロム	0.01
砒素	0.01
総水銀	0.0001
アルキル水銀	0.001
PCB	検出されないこと[*2]
ジクロロメタン	0.02
四塩化炭素	0.002
1,2-ジクロロエタン	0.004
シス-1,2-ジクロロエチレン	0.04
1,1-ジクロロエチレン	0.02
1,1,1-トリクロロエタン	0.5
1,1,2-トリクロロエタン	0.006
トリクロロエチレン	0.03
テトラクロロエチレン	0.002
1,3-ジクロロプロペン	0.002
チウラム[*3]	－
シマジン[*3]	－
チオベンカルブ	0.02
ベンゼン	0.01
セレン	0.01
硝酸態窒素	7
亜硝酸態窒素	0.06
ふっ素	1.4
ほう素	4.5

[*1]：蓄積の可能性のある成分については，人体に対する安全性を考慮した水産動植物中の許容含有量の決定を待って基準値を定める．
[*2]：「検出されないこと」とは，日本工業規格等の公定法により定量限界を下回ることをいう．
[*3]：海産生物に対する有害性情報が得られなかったので，基準値は設定しない．

7章 環境への配慮の考え方

表7·17 海域における有害物質に関する水産用水基準 (2)

生活環境の保全に関する環境基準 に定められている有害物質[*1]	基準値[*2] [mg/l]
全亜鉛	検出されないこと[*3]

水質環境基準の要監視項目 に定められている有害物質	基準値[*1] [mg/l]
クロロホルム	0.06
トランス-1,2-ジクロロエチレン	0.04
1,2-ジクロロプロパン	0.06
p-ジクロロベンゼン	0.07
イソキサチオン	0.008
ダイアジノン	検出されないこと[*3]
フェニトロチオン（MEP）	検出されないこと[*3]
イソプロチオラン	0.04
オキシン銅[*4]	−
クロロタロニル（TPN）	0.002
プロピザミト[*4]	−
EPN	検出されないこと[*3]
ジクロルボス（DDVP）	検出されないこと[*3]
フェノブカルブ（BPMC）	0.003
イプロベンホス（IBP）	0.008
クロルニトロフェン（CNP）	0.08
トルエン	0.3
キシレン[*4]	−
フタル酸ジエチルヘキシル	0.06
ニッケル	0.007
モリブデン	0.07
アンチモン	0.4
マンガン	0.2

ダイオキシン類による大気の汚染, 水質の汚濁および土壌の汚染に係る環境基準 に定められている有害物質	基準値[*2] [pgTEQ/L]
ダイオキシン類	1

[*1]: 2013年12月1日現在, ノニルフェノール, 直鎖アルキルベンゼンスルホン酸とその塩に関しては, 基準値が設定されていない.
[*2]: 蓄積の可能性のある成分については, 人体に対する安全性を考慮した水産動植物中の許容含有量の決定を待って基準値を定める.
[*3]: 「検出されないこと」とは, 日本工業規格等の公定法により定量限界を下回ることをいう.
[*4]: 海産生物に対する有害性情報が得られなかったので, 基準値は設定しない.

表7・17 海域における有害物質に関する水産用水基準（3）

水質環境基準で基準値および指針値が定められていない有害物質	基準値[*1] [mg/l]
アンモニア態窒素	0.03
残留塩素（残留オキシダント）	検出されないこと[*2]
硫化水素	検出されないこと[*2]
銅	検出されないこと[*2]
アルミニウム	0.1
鉄	0.2
陰イオン界面活性剤	検出されないこと[*2]
非イオン界面活性剤	検出されないこと[*2]
ベンゾ（a）ピレン	0.00001
トリブチルスズ化合物	0.000002
トリフェニルスズ化合物	検出されないこと[*2]
フェノール類	0.2
ホルムアルデヒド	0.04

[*1]：蓄積の可能性のある成分については，人体に対する安全性を考慮した水産動植物中の許容含有量の決定を待って基準値を定める．
[*2]：「検出されないこと」とは，日本工業規格等の公定法により定量限界を下回ることをいう．

文　献

荒木　廣（2008）：欧米諸国で排水管理に用いられる生物影響試験・評価方法．化学物質と環境，91, 7-9.
American Society for Testing and Materials International ホームページ. ASTM Historical Standard. http://www.astm.org/Standards/environmental-toxicology-standards.html#E47.01.
バイオアッセイによる安全性評価研究委員会（2014）：民間企業によるバイオアッセイを用いた排水評価・管理に関する取組，水環境学会誌，37, 14.
中央環境審議会水環境部会 水生生物保全環境基準専門委員会（2011）：資料6-1 水生生物保全に係る環境基準等設定の考え方の見直しについて，http://www.env.go.jp/council/09water/y094-08/mat06_1.pdf.（2011年3月1日ダウンロードで入手）
電気化学協会海生生物汚損対策懇談会（1991）：海生生物汚損対策マニュアル，技報堂出版．
電気事業連合会（2013）：電気事業における環境行動計画，電気事業連合会．
ECHA（European Chemicals Agency）（2009）：REACH Test guideline. http://guidance.echa.europa.eu/guidance_en.htm.
European Commission（2003）：Calculation of PNEC using assessment factor. Technical Guidance Document on Risk Assessment Part II. (European Commission Joint Research Centre Institute for Health and Consumer Protection European Chemicals Bureau), Office for Official Publication of the European Communities, Luxembourg, 100-105.
藤井一則（2010）：船底防汚塗料の水生生物への影響，日本マリンエンジニアリング学会誌，45（3），53-57.
蒲生昌志（2003）：リスクを測る，「環境リスクマネジメントハンドブック」（中西準子・蒲生昌志・岸本充生・宮本健一　編），朝倉書店，130-133.
合屋英之・鑪追典之（2012）：生物応答手法を用いた水環境管理に関する環境省での検討状況．環境省・独立行政法人国立環境研究所環境リスク研究センター共催「諸外国における生物応答を用いた排水管理手法に関するセミナー」講演資料，平成24年1月31日，東京都港区，品川コクヨホール，258-271.
花井荘輔（2003a）：化学物質のリスク，「はじめの一歩！ 化学物質のリスクアセスメント」，丸善，2-1～2-11.
花井荘輔（2003b）：暴露評価，「はじめの一歩！ 化学物質のリスクアセスメント」，丸善，6-1～6-66.

原　猛也・能勢健司（1994）：温排水，「現代の水産学」，恒星社厚生閣，264-270.
原　猛也（2010）：発電所取放水影響の解明と影響予測，創立35周年記念報告会講演要旨集，9-16.
原　猛也・山田　裕・青山善一・杉島英樹・藤澤俊郎（2005）：発電所の取水影響と付着生物，*Sessile Organisms*，22（2）：35-45.
城内智行・服部聡・道山晶子・吉次祥子・入佐英紀（2012）：バイオアッセイで環境をはかる．環境管理，41.
貝目善弘（2012）：環境ISO対応　現場で使える環境法，産業管理協会．
海生研（2004）．平成15年度大規模発電所取放水影響調査取水生物影響調査報告書—平成8～15年度調査結果のまとめ—．
環境省　環境保健部環境安全課（2013）：化学物質と環境（平成24年度版）．
環境省　環境保健部環境リスク評価室（2013a）：化学物質の環境リスク初期評価ガイドライン（平成23年12月版），環境省ホームページ，http://www.env.go.jp/chemi/report/h24-02/pdf/chpt1/1-2-1.pdf.
環境省　環境保健部環境リスク評価室（2013b）：化学物質の環境リスク評価，環境省ホームページ http://www.env.go.jp/chemi/risk/index.html.
環境省　総合環境政策局環境保健部企画課化学物質審査室（2010）：化学物質の生態影響試験について，環境省ホームページ http://www.env.go.jp/chemi/sesaku/01.html.
環境省　水・大気環境局水環境課（2011）：水質総量削減，環境省ホームページ　http://www.env.go.jp/water/heisa/tplc.html.
環境省　水・大気環境局（2013）：生活環境の保全に関する環境基準，環境省ホームページ http://www.env.go.jp/kijun/wt2-1-1.html.
環境省　自然環境局　自然環境計画課　生物多様性地球戦略企画室（2008）：第三次生物多様性国家戦略（平成19年11月27日）．環境省．http://www.biodic.go.jp/biodiversity/initiatives/docs/nbsap_3.pdf.
狩谷貞二（1980）：へい死事故原因調査法，「新編水質汚濁調査指針」（日本水産資源保護協会編）厚生社厚生閣，453-514.
狩谷貞二（1993）：濃縮毒性試験とその利用法，「河川生態環境工学」（玉井信行・水野信彦・中村俊六編），東京大学出版会，18-26.
狩谷貞二・大内絹子（1988）：アカヒレ・ヌカニビによる東北地方及び関東地方の河川水の毒性評価，国立公害研究所研究報告，114，125-135.
Kariya T., Ouchi K., Suzuki A. Niwa T. and Sato M.（1987）：A new bioassay method to detect low-1evel toxicity of waters, Biological monitoring of environmental pollution（ed. By M.yasuno & B. A. Whitton），Tokai University Press, 23-31.
気象庁　海洋部　編（1999）：海洋観測指針　第1部，気象業務支援センター，129.
国立環境研究所化学物質環境リスク研究センター　海生生物テストガイドライン検討会（2005）：海産魚類及び海産エビ類の急性毒性試験法（案）（第1版），138-153.
楠井隆史（2005）：バイオアッセイと海洋環境管理，環境科学会誌，18，169-177.
益永茂樹（2007）：化学物質の生態リスク評価，生態環境リスクマネジメントの基礎（松田裕之・浦野紘平 編），オーム社，95-108.
益永茂樹（2008）：生態リスク評価の枠組み，化学物質と環境，91，1-3.
松田裕之（2000）：環境化学物質とどう付き合うか＝生態リスク論入門＝，「環境生態学序説」（松田裕之 著），共立出版，167-187.
三浦雅大・山本正之（1999）：温排水に集まるギンガメアジの年齢と成長，海生研ニュース，65，5-6.
三浦雅大・藤澤俊郎・山田　裕・原　猛也（2014）：生け簀による野外実験—大型ブリの水温に対する行動反応の解明—，海生研研報，18，47-50.
宮本健一（2003）：生態リスク評価の基本枠組み，「環境リスクマネジメントハンドブック」（中西準子・蒲生昌志・岸本充生・宮本健一編），朝倉書店，269-283.
中西準子・蒲生昌生・岸本充生・宮本健一 編（2003）：環境リスクマネジメントハンドブック，朝倉書店．
中西準子・花井壮輔・吉田喜久雄（2008b）：米国EPAのP2の枠組み：ChemSTTERとE-FAST．「リスク評価の入口と出口—シナリオとクライテリア—」（新エネルギー・産業技術総合開発機構，産業技術総合研究所化学物質リスク管理研究センター共編），丸善，31-44.
中西準子・花井壮輔・吉田喜久雄（2008c）：EUのTGD，EUSES，DEGBEの例，REACHのリスク評価シナリオ．「リ

スク評価の入口と出口―シナリオとクライテリア―」（新エネルギー・産業技術総合開発機構，産業技術総合研究所化学物質リスク管理研究センター共編），丸善，105-138.
中西準子・花井壮輔・吉田喜久雄（2008d）：環境リスク初期評価．「リスク評価の入口と出口―シナリオとクライテリア―」（新エネルギー・産業技術総合開発機構，産業技術総合研究所化学物質リスク管理研究センター共編），丸善，158-164.
内藤 航・中西準子・加茂将史（2008）：「詳細リスク評価書シリーズ20 亜鉛」（新エネルギー・産業技術総合開発機構，産総研化学物質リスク管理研究センター共編），丸善株式会社，280.
並木 博（1982）：魚類による急性毒性試験．「詳解 工場排水試験方法」（日本規格協会編），日本規格協会，451-455.
日本海洋学会編（2008）：沿岸環境調査マニュアル［底質・生物篇］，恒星社厚生閣．
日本海洋学会編（2008）：沿岸環境調査マニュアルⅡ［水質・微生物篇］，恒星社厚生閣．
日本環境毒性学会 編（2003）：生態影響試験ハンドブック―化学物質の環境リスク評価―，朝倉書店．
日本水産資源保護協会 編（1980）：新編 水質汚濁調査指針，恒星社厚生閣．
日本塗料工業会（2013）：防汚剤及び防汚塗料の自主登録管理，一般社団法人 日本塗料工業会ホームページ，http://www.toryo.or.jp/jp/anzen/af/
OECD（2002）：Guidance for the Initial Assessment of Aquatic Effects. *Manual for the Assessment of Chemicals*, Chapter 4. Initial Assessment of Data, 11p. http://www.oecd.org/dataoecd/6/14/2483645.pdf（2010年12月1日ダウンロードで入手）．
OECD iLibrary ホームページ．OECD Guidelines for the Testing of Chemicals, Section 2: Effects on Biotic Systems. ISSN: 2074-5761, http://www.oecd-ilibrary.org/environment/oecd-guidelines-for-the-testing-of-chemicals-section-2-effects-on-biotic-systems_20745761.
OECD（2012）：OECD GUIDELINES FOR TESTING OF CHEMICALS TG305 Bioaccumulation in Fish: Aqueous and Dietary Exposure, OECD Library ホームページ http://www.oecd-ilibrary.org/content/package/chem_guide_pkg-en.
岡田光正・中島典之・西村哲治・古米弘明（2009）：水質環境基準，「日本の水環境行政 改訂版」（社団法人日本水環境学会 編），ぎょうせい，40-89.
恩地啓実・矢持 進（2011）：大和川下流域における稚アユの遡上阻害要因に関する研究―遊離アンモニアがアユ稚魚の生残に及ぼす影響―，環境アセスメント学会誌，9，62-68.
佐々木克典・吉田光男・狩谷貞二・岡崎美穂子・小林秀昭・鈴木あや子・勝山一朗（1991）：ゴルフ場排水モニタリング手法開発（その2 河川水の潜在毒性），第25回水質汚濁学会講演集，46-47.
佐藤雅之（2008）：REACH，「欧州化学物質規制ハンドブック」（御園生誠 編），NTS，215-260.
産業技術総合研究所（2013）：環境濃度予測モデル，東京湾，伊勢湾および瀬戸内海の沿岸生態リスク評価モデル；水系暴露解析モデル（AIST-SHANEL），独立行政法人産業技術総合研究所ホームページ，http://unit.aist.go.jp/riss/crm/mainmenu/2.html.
製品評価技術基盤機構（2011）：魚介類の体内における化学物質の濃縮度試験，http://www.safe.nite.go. jp/kasinn/pdf/osakana.pdf.
千田哲也（2011）：船底防汚塗料の海洋環境リスク評価手法の 国際標準化，海上技術安全研究所報告，11（2），57-69.
茂岡忠義（2003）：公的生態影響試験の開発状況，毒性値の算出と環境リスク評価，「生態影響試験ハンドブック―化学物質の環境リスク評価―」（日本環境毒性学会 編），朝倉書店，289-300.
眞道幸司（2012）：海産生物を用いた毒性試験法および化学物質の有害性評価手法に関する近年の動向，海洋生物環境研究所研究報告，15，41-62.
眞道幸司・岸田智穂・吉川貴志・伊藤康男（2012）：海産生物を用いた化学物質の生態毒性試験法の開発―防汚剤の生態影響評価を目指して―，日本マリンエンジニアリング学会誌，47（5），664-669.
新エネルギー・産業技術総合開発機構 研究評価委員会（2008）：「化学物質のリスク評価及びリスク評価方法の開発」事後評価報告書，http://www.nedo.go.jp/content/100096610.pdf（2012年1月31日ダウンロードで入手）．
Stephan, C., Mount, D., Hansen, D., Gentile, J., Chapman, G. and Brungs, W.（1985）：Guidelines for deriving numerical national water quality criteria for the protection of aquatic organisms and their uses. U.S.EPA, PB85-227049. http://www.epa.gov/waterscience/criteria/library/85guidelines.pdf （2010年12月1日ダウンロードで入手）
須藤静夫（1993）：発電所の取水による海水交換促進について，海生研ニュース，41，2-3.
須藤隆一（2008）：生態系に配慮した化学物質管理制度の現状と方向，化学物質と環境，90，13-16

水産庁（2008）：海産生物再生産影響評価技術高度化事業総合報告書 海産生物毒性試験指針（平成19年度版），水産庁増殖推進部．

水産庁（2010）：海産生物毒性試験指針，水産庁増殖推進部．

住友化学株式会社（2013）：魚による処理排水のモニタリング，住友化学CSRレポート2013．

Suzuki A., Ito K., Okazaki M., Sato M. and Kariya T.（1991）：A New Method to Determine a Trace Toxicity for freshwater, Proceedings of the first IAWPRC international symposium on Hazard Assessment and Control of Environmental Contaminants in Water, 125-139.

鈴木あや子・勝山一朗・狩谷貞二・岡崎美穂子・小林秀昭・佐々木克典・吉田光男（1991）：ゴルフ場排水モニタリング手法開発（その1 試験生物の検討），第25回水質汚濁学会講演集，44-45．

鈴木規之（2003）：測定による環境中濃度評価，「環境リスクマネジメントハンドブック」（中西準子・蒲生昌志・岸本充生・宮本健一 編），朝倉書店，134-151．

鈴木規之（2009）：環境リスク再考，丸善．

鑪迫典久（2006）：環境水のバイオアッセイ〜Whole Effluent Toxicityの考え方〜，水環境学会誌，29, 2-8.

鑪迫典久（2012）：排水管理ツールとしてのWET — Whole Effluent Toxicity —．水環境学会誌，35, 122-127.

Tsuchida, S.（1995）：The relationship between upon temperature tolerance and final preferendum of Japanese marine fish., *J. Therm. Biol.*, 20, 35-41.

土田修二（2002）：沿岸性魚類の温度選好に関する実験的研究．海生研研報，4, 11-66．

浦野紘平（2008）：排水管理のための生物影響試験・診断方法，化学物質と環境，91, 10-12．

U.S.EPA（1991）：Methods for Aquatic Toxicity Identification Evaluations, Phase I Toxicity Characterization Procedures, Second Edition, EPA/600/6-91/003.

U.S.EPA（1993a）：Methods for Aquatic Toxicity Identification Evaluations, Phase II Toxicity Identification Procedures for Samples Exhibiting Acute and Chronic Toxicity, EPA/600/R-92/080.

U.S.EPA（1993b）：Methods for Aquatic Toxicity Identification Evaluations, Phase III Toxicity Confirmation Procedures for Samples Exhibiting Acute and Chronic Toxicity, EPA/600/R-92/081.

U.S.EPA（1998）：Guidelines for Ecological risk assessment. EPA/630/R-95/002F, United States Environmental Protection Agency, Office of Prevention, Pesticides and Toxic Substances, Washington DC.

U.S.EPA（2002a）：Methods for Measuring the Acute Toxicity of Effluents and Receiving Waters to Freshwater and Marine Organisms. Fifth Edition. http://water.epa.gov/scitech/methods/cwa/wet/disk2_index.cfm.（2011年3月1日ダウンロードで入手）．

U.S.EPA（2002b）：Short-term Methods for Estimating the Chronic Toxicity of Effluents and Receiving Waters to Freshwater Organisms. Fourth Edition, http://water.epa.gov/scitech/methods/cwa/wet/disk3_index.cfm.（2011年3月1日ダウンロードで入手）．

U.S.EPA（2002c）：Short-term Methods for Estimating the Chronic Toxicity of Effluents and Receiving Waters to Marine and Estuarine Organisms. Third Edition. http://water.epa.gov/scitech/methods/cwa/wet/disk1_index.cfm.（2011年3月1日ダウンロードで入手）．

山崎邦彦（2003）：生態リスクの評価の方法，「生態影響試験ハンドブック―化学物質の環境リスク評価―」（日本環境毒性学会編），朝倉書店，314-318．

横田瑞郎（2002）：創立25周年記念研究成果報告会研究報告「温排水と漁場形成」．海生研ニュース，74, 4-6．

吉田喜久雄（2003）：モデリングによる環境中濃度評価，「環境リスクマネジメントハンドブック」（中西準子・蒲生昌志・岸本充生・宮本健一 編），朝倉書店，152-177．

吉岡義正（2003）：公的生態影響試験の開発状況，毒性値の算出と環境リスク評価，「生態影響試験ハンドブック―化学物質の環境リスク評価―」（日本環境毒性学会 編），朝倉書店，301-313．

参考文献

Arai R. and Tokoro T.（1986）：Karyotypes of two types of a Chinese cyprinid fish, *Tanichthys albonubes*, *Bull. Natn. Sci. Mus. Tokyo*,（A）, 12, 37-43.

中部電力（2013）：中部電力グループアニュアルレポート 2013.
中小企業基盤整備機構（2013）：化学物質排出把握管理促進法パンフレット．
中小企業基盤整備機構（2011）：化学物質審査規制法パンフレット．
ISO（2012）：Ships and marine technology - Risk assessment on anti-fouling systems on ships — Part 1: Marine environmental risk assessment method of biocidally active substances used for anti-fouling systems on ships，ISO 13073-1:2012, ISO ホームページより入手可能 http://www.iso.org/iso/home/store/catalogue_tc/catalogue_detail.htm?csnumber=52601
ISO Products ISO Standard ホームページ．ISO Standard TC147 Water quality SC5 Biological methods． http://www.iso.org/iso/iso_catalogue/catalogue_tc/catalogue_tc_browse.htm?commid=52972.
磯　舜也（1983）：海水による装置・構造物の腐食，生物汚れとその対策，日本海水学会誌，37（2），pp. 124-134.
火力原子力発電技術協会（2000）：火力原子力発電必携，火力原子力発電技術協会．
環境省　水・大気環境局（2001）：水質汚濁に係る環境基準についての一部を改正する件及び地下水の水質汚濁に係る環境基準についての一部を改正する件の施行等について（通知），環境省ホームページ　http://www.env.go.jp/water/impure/nt091130004.pdf.
関西電力（2013）：関西電力グループレポート 2013.
経済産業省 化学物質管理課化学物質安全室（2013）化審法に基づく優先評価化学物質のリスク評価の基本的な考え方，経済産業省ホームページ　http://www.meti.go.jp/policy/chemical_management/kasinhou/files/information/ra/riskassess_kangaekata.pdf.
経済産業省　化学物質管理指針　WEB サイト　http://www.meti.go.jp/policy/chemical_management/law/information/info2.html.
国際海事機関（International Maritime Organization；IMO）：Chemical Pollution - Carriage of chemicals by ship，国際海事機関ホームページ　http://www.imo.org/OurWork/Environment/PollutionPrevention/ChemicalPollution/Pages/Default.aspx.
南川秀樹（1998）：日本の公害経験と国際協力，日本公共政策学会年報．
中西準子・堀口文男（2006）：詳細リスク評価書シリーズ 8 トリブチルスズ，丸善．
中西準子・河野博子（2012）：リスクと向き合う，中央公論新社．
中西準子・花井壮輔・吉田喜久雄．（2008a）：化学物質のリスク評価におけるシナリオ．「リスク評価の入口と出口―シナリオとクライテリア―」（新エネルギー・産業技術総合開発機構，産業技術総合研究所化学物質リスク管理研究センター共編），丸善，5-28.
日本エヌ・ユー・エス株式会社，東京青山・青木・狛法律事務所，ベーカー＆マッケンジー外国法事務弁護士事務所，有限会社洛思社，株式会社山武，松本和彦監修（2012）：業務フローから読み解くビジネス環境法，レクシスネクシス・ジャパン株式会社．
日本化学会（2005）：環境科学　人間と地球の調和をめざして，東京化学同人．
日本水産資源保護協会（2006）：水産用水基準（2005 年版），社団法人日本水産資源保護協会．
千田哲也（2011）：船底防汚塗料の海洋環境リスク評価手法の国際標準化，海上技術安全研究所報告，11（2），129-130.
眞道幸司（2013）：水域における化学物質の生態影響リスク推定の現状と水産環境保全に向けた課題，海洋生物環境研究所研究報告，16，29-50.
衆議院調査局環境調査室（2009）：化学物質対策〜国内外の動向と課題〜．

8章　関係法令

　前章,「環境への配慮の考え方」の中では,メーカーとユーザーの責任として化審法と化管法について解説している．この章では,発電所の立地から日常行われる運転まで発電事業に係るその他の海域環境に関連する法規について解説する．

　　　8・1　関連法令の基礎知識
　　　8・2　環境影響評価法
　　　8・3　水質汚濁防止法
　　　8・4　産業廃棄物処理法
　　　8・5　化学物質関連法

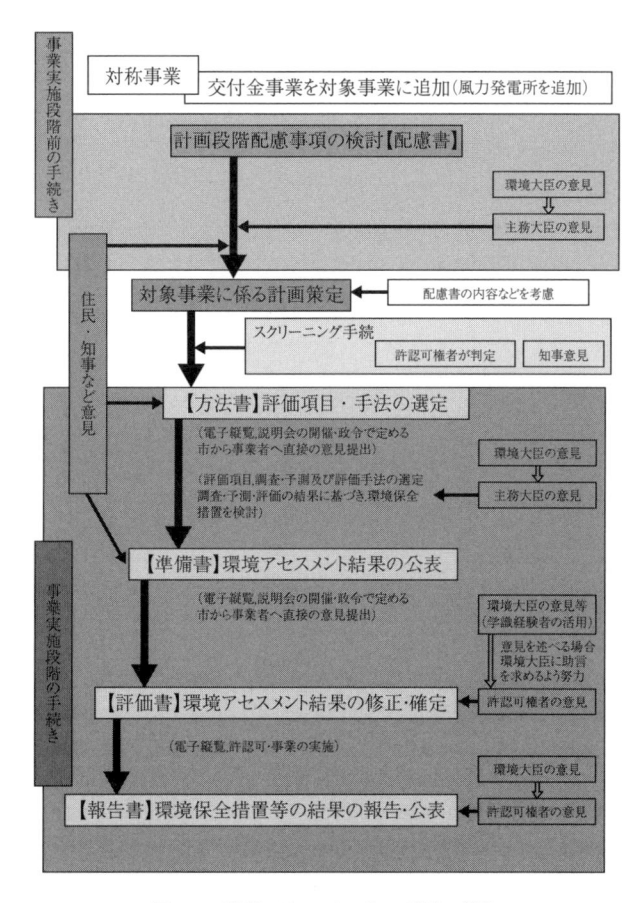

図8・1　環境アセスメントの手続の流れ

8・1 関連法令の基礎知識

　発電所を立地する際に懸念される周辺環境への影響を，事業者自らが企業者責任として事前に調査し，予測，評価する仕組みと手続きを述べたのが「環境影響評価法」である．発電所が立地し運転を開始すると同法による事後調査が行われることもあるが，海の関係では，「水質汚濁防止法」が日常的な排水の管理を規定する．また，スクリーンに掛かった塵芥の日常的処理や定期検査時に大量に出る水路の清掃汚損物は「産業廃棄物処理法」に関係する．さらに，水路の防汚対策などで薬物を注入するなどをする場合は，使用，保管，排出などに関連して「化管法」，「化審法」（いずれも前章参照）の他に，人の健康や生態系に有害なおそれのある指定化学物質の排出量などのデータの届出・公開など，化学物質による環境保全上の問題を未然に防ぐためにつくられた法律（PRTR法）など様々な法規制が存在する．ここでは，それら環境関連の法の基礎となる「環境基本法」の基本理念，事業者責務など，また，海域に限った環境関連法案の体系について解説する．

1）環境基本法

　昨今は地球環境時代と呼ばれ，1992年の地球サミット，1997年のCOP3開催などを背景に，国内では1998年に「地球温暖化対策の推進に関する法律」が制定された．「環境基本法」が制定されたのは，この間の1993年である．地球サミットを契機とした環境問題への関心の高まりが後押ししたのに加え，地球環境問題やリサイクルなど「公害対策基本法」の規制では対応できない問題の浮上があった．従来の公害対策基本法は，大気汚染，水質汚濁など1960年代の高度成長期の飛躍的な経済発展によってもたらされた負の遺産を，後追い規制する形の法であった．このため，環境基本法は，「宇宙船地球号」にシンボライズされるグローバリズムなどへの国際対応や，大都市の窒素酸化物による大気汚染，生活排水による水質の富栄養化など，事業者の対応では解決しない問題への対応を余儀なくされ，国，地方自治体，事業者，国民など全ての立場が主体となって取り組む必要性が謳われている．

　基本理念が，第三条（環境の恵沢の享受と継承等），第四条（環境への負荷の少ない持続的発展が可能な社会の構築等），第五条（国際的協調による地球環境保全の積極的推進）に示されている（表8・1）．第一条では，環境を保全する目的について述べている．環境は人間に恵みをもたらすものであるが，一方で人間活動により損なわれる可能性がある．このため，環境から得ている恵みを将来に残すとしている．第二条では，社会のあり方を示している．すべての者の公平な役割分担や科学的知見による未然防止などによって，持続的発展のため環境負荷低減可能な社会を構築するとしている．第三条では，新たに地球環境保全の視点を加え国際協力によりこれを積極的に推進するとしている．

　環境保全が「すべての者の責務である」ことから，第六～九条に責務規定がある．以前は，企業者＝加害者の構図であったものから，責務の主体が国，地方公共団体，事業者，国民へと拡大した．事業者の責務（第八条）は，事業活動を行うに当たっては，公害防止，保全措置を講ずる責務を有する他，製品などの廃棄物処理への責務（第二項），製品などの使用，廃棄に係る環境負荷低減努力，リサイクルの促進努力（第三項），それらを自主的，積極的に推進する努力と環境施策への協力義務（第

四項）が求められている．国，地方公共団体，国民などの責務に比べ盛りだくさんな内容となっている．

表 8・1　環境基本法の理念（第三条～第五条，抜粋）

（環境の恵沢の享受と継承等）
第三条　環境の保全は，環境を健全で恵み豊かなものとして維持することが人間の健康で文化的な生活に欠くことのできないものであること及び生態系が微妙な均衡を保つことによって成り立っており人類の存続の基盤である限りある環境が，人間の活動による環境への負荷によって損なわれるおそれが生じてきていることにかんがみ，現在及び将来の世代の人間が健全で恵み豊かな環境の恵沢を享受するとともに人類の存続の基盤である環境が将来にわたって維持されるように適切に行われなければならない．

（環境への負荷の少ない持続的発展が可能な社会の構築等）
第四条　環境の保全は，社会経済活動その他の活動による環境への負荷をできる限り低減することその他の環境の保全に関する行動がすべての者の公平な役割分担の下に自主的かつ積極的に行われるようになることによって，健全で恵み豊かな環境を維持しつつ，環境への負荷の少ない健全な経済の発展を図りながら持続的に発展することができる社会が構築されることを旨とし，及び科学的知見の充実の下に環境の保全上の支障が未然に防がれることを旨として，行われなければならない．

（国際的協調による地球環境保全の積極的推進）
第五条　地球環境保全が人類共通の課題であるとともに国民の健康で文化的な生活を将来にわたって確保する上での課題であること及び我が国の経済社会が国際的な密接な相互依存関係の中で営まれていることにかんがみ，地球環境保全は，我が国の能力を生かして，及び国際社会において我が国の占める地位に応じて，国際的協調の下に積極的に推進されなければならない．

2）環境基本法に基づく関連法案の体系（海域関係）

表 8・2 に環境基本法の各条文を根拠にした主に海域関係の環境関連法，基準を示す．基本法の該当内容と法，基準の名称が通覧できる．表に示したように，事業を行うに当たり海域に限っても法，基準の下に規則，条例があり，体系は複雑である．事業行為のどの部分がどの法，規制に係るかは，類似の事例を探すか，関係の役所との協議次第ということになる．なお，本ハンドブックに解説されているものの他は，直接該当法の条文などを参照されたい．

（原　猛也）

表 8·2 環境基本法に基づく関連法案の体系（海域関係）

環境基本法の該当条文	関連法，基準の名称
環境基準（第十六条） 政府は，大気の汚染，水質の汚濁，土壌の汚染及び騒音に係る環境上の条件について，それぞれ，人の健康を保護し，及び生活環境を保全する上で維持されることが望ましい基準を定めるものとする．（以下省略）	水質汚濁に係る環境基準，ダイオキシン類による大気の汚染，水質の汚濁及び土壌の汚染に関する環境基準
公害防止計画の作成（第十七条） 都道府県知事は，次のいずれかに該当する地域について，環境基本計画を基本として，当該地域において実施する公害の防止に関する施策に係る計画(以下「公害防止計画」という.)を作成することができる．（以下省略）	各種条例，協定等
公害防止計画の達成の推進（第十八条） 国及び地方公共団体は，公害防止計画の達成に必要な措置を講ずるように努めるものとする．	各種条例，協定等
環境影響評価の推進（第二十条） 国は，土地の形状の変更，工作物の新設その他これらに類する事業を行う事業者が，その事業の実施に当たりあらかじめその事業に係る環境への影響について自ら適正に調査，予測又は評価を行い，その結果に基づき，その事業に係る環境の保全について適正に配慮することを推進するため，必要な措置を講ずるものとする．	環境影響評価法（8·2参照）
環境の保障上の支障を防止するための規制（第二十一条） 国は，環境の保全上の支障を防止するため，次に掲げる規制の措置を講じなければならない． 一　大気の汚染，水質の汚濁，土壌の汚染又は悪臭の原因となる物質の排出，騒音又は振動の発生，地盤の沈下の原因となる地下水の採取その他の行為に関し，事業者等の遵守すべき基準を定めること等により行う公害を防止するために必要な規制の措置（中略） 五　公害及び自然環境の保全上の支障が共に生ずるか又は生ずるおそれがある場合にこれらを共に防止するために必要な規制の措置	下水道法，水質汚濁防止法（8·3参照），海洋汚染及び洋上災害の防止に関する法律，廃棄物の処理及び清掃に関する法律（8·4），瀬戸内海環境保全特別措置法，浄化槽法，湖沼水質保全特別措置法，ダイオキシン類対策特別措置法，電気事業法
環境の保全に関する施設の整備その他の事業の推進（第二十三条） 国は，緩衝地帯その他の環境の保全上の支障を防止するための公共的施設の整備及び汚泥のしゅんせつ，絶滅のおそれのある野生動植物の保護増殖その他の環境の保全上の支障を防止するための事業を推進するため，必要な措置を講ずるものとする．（中略） 3　国は，公園，緑地その他の公共的施設の整備その他の自然環境の適正な整備及び健全な利用のための事業を推進するため，必要な措置を講ずるものとする．（以下省略）	下水道法，廃棄物の処理及び清掃に関する法律，自然環境保全法，絶滅の恐れのある野生動植物の種の保全に関する法律
公害に係る紛争の処理及び被害の救済（第三十一条） 国は，公害に係る紛争に関するあっせん，調停その他の措置を効果的に実施し，その他公害に係る紛争の円滑な処理を図るため，必要な措置を講じなければならない．（以下省略）	公害紛争処理法
地方公共団体の施策（第三十六条） 地方公共団体は，第五節に定める国の施策に準じた施策及びその他のその地方公共団体の区域の自然的社会的条件に応じた環境の保全のために必要な施策を，これらの総合的かつ計画的な推進を図りつつ実施するものとする．この場合において，都道府県は，主として，広域にわたる施策の実施及び市町村が行う施策の総合調整を行うものとする．	各種条例，協定など
原因者負担（第三十七条） 国及び地方公共団体は，(中略)公害等に係る支障の迅速な防止の(中略)実施される場合において，(中略)その事業の実施に要する費用の全部又は一部を適正かつ公平に負担させるために必要な措置を講ずるものとする．	港湾法，海洋汚染及び洋上災害の防止に関する法律，公害防止事業費事業者負担法，自然環境保全法
受益者負担（第三十八条） 国及び地方公共団体は，自然環境を保全することが特に必要な区域における自然環境の保全のための事業の実施により著しく利益を受ける者がある場合において，その者にその受益の限度においてその事業の実施に要する費用の全部又は一部を適正かつ公平に負担させるために必要な措置を講ずるものとする．	港湾法，自然環境保全法

8・2　環境影響評価法

　発電所の環境アセスメントは,「環境アセスメント法（アセス法）」整備以前と以後に大きく分けられる. アセス法整備以前は, 戦後の復興期に続く高度成長と公害の克服が目的で, まず, 昭和30年代のばい煙規制, 水質保全に関する法規制を始めとする「公害基本法」が制定された. しかしながら, 我が国における環境アセスメント法の成立は, 1997年まで待たざるを得なかった. この間, 発電所のアセスメントは, 1973年の閣議了解を受けた資源エネルギー庁通達によるもの（省議アセス）が長らく続くことになった. ここでは,「アセス法に基づくアセスメント」（法アセス）に至る歴史プロセスと, アセス法について川上（2012）および日本環境アセスメント協会（2003）を参照して解説し, 法アセスの手続きについては環境省が作成したパンフレットなどを用いて解説する.

1）法成立に至る歴史とその背景
　我が国の環境アセスメント史を, 年表としてまとめ（表8・3）, この節の末に示した.

①環境アセスメント制度誕生前夜
　1945年8月15日, 我が国の都市は焦土と化し, 山々は樹木を失って終戦を迎えた. 公害対策が端緒にありながら引き継がれることはなかったが, 朝鮮半島の動乱をきっかけに国内産業は成長を始め, その成長経路は輸出と石炭・石油から電力へのエネルギー・シフトを含む産業の高度化のための設備投資によって支えられていた. この時代を象徴する四大公害事件（イタイイタイ病, 水俣病, 新潟水俣病, 四日市ぜんそく）がやがて顕在化し, 大きな社会問題となった.

　これらの反省から, 昭和30年代には「ばい煙の排出の規制等に関する法律」「公共用水域の水質の保全に関する法律」などによる発生源を規制する法整備が進み, 昭和40年代には「公害対策基本法」（1967年）が公布・施行された.

　昭和30年代後半には, 池田内閣による国民所得倍増計画（1960年）や「国土総合開発法」に基づく全国総合開発計画（1962年）を背景にして, 大型コンビナート立地などの大規模な地域開発が急速に進められ, 同時に他方では深刻な公害が全国で発生することとなった. 1969年5月に佐藤内閣で閣議決定された新全国総合開発計画においては,「新たに工業基地化する地域については, 公害防止のための事前調査等を行い, その結果に基づいて工業立地の適正化を図る」こととした. 1970年には公害国会で関連14法案が可決成立し, 翌年環境庁が発足するための飛躍点となった.

　環境影響評価が政府の施策として実施されるようになったのは, 1972年6月の「各種公共事業に係る環境保全対策について」の閣議了解からである. この了解に基づいて, 国の行政機関はその所掌する公共事業について, 事業実施主体に対して「あらかじめ, 必要に応じ, その環境に及ぼす影響の内容及び程度, 環境破壊の防止策, 代替案の比較検討等を含む調査研究」を行わせ, その結果に基づいて「所要の措置」をとるよう指導することとされた.

　この閣議了解を嚆矢として, 以降, 公有水面埋立法などの改正を始めとして各事業法のなかで環境影響評価の実施が位置づけられ, 建設省, 運輸省, 通商産業省（以下「通産省」という）において,

それぞれの手法により，環境影響評価が行われることになった．

②環境影響評価法整備以前（省議アセス時代）

我が国における環境アセスメントは，各事業法における個別の制度として導入された．環境庁は幾度も統一的な制度確立を目指して「環境影響評価法案」を国会に提出したが，1983年には審議未了・廃案となった．一方，発電所の立地は，いわゆる電源三法が制定されたのが1974年で，電源立地点における自治体への補助金が大量に重点的に交付されることによって大きく前進した．この法律の本来の目的は，1973年に起こった第1次石油危機で，火力発電所に依存する日本経済が大きく混乱したために，火力発電以外の電源を開発することによってリスクを分散し，火力発電への過度の依存を脱却することであったが，電力会社はそれぞれにベストミックスを追及したため原子力発電所や石炭火力発電所の立地に拍車がかかることとなった．

発電所に係る環境アセスメントについては，1972年6月の閣議了解を受けて，1973年12月の「発電設備の設置に係わる環境保全に関する資料」（資源エネルギー庁通達）により，電源開発に係る環境影響調査書の提出の義務付けが行われた．

1977年3月4日，通産省が立地遅延，訴訟頻発，地元感情重視などを理由に公式に「環境影響評価法案」の国会提出に反対した．さらに1977年7月4日「発電所の立地に関する環境影響調査及び環境審査の強化について」（通産省省議決定）により，通産省省議決定アセスメント（いわゆる「省議アセス」）として発電所の環境アセスメントが体系化され，電源開発調整審議会での報告事項として位置づけられるなど，発電所の環境影響調査の実施が実質的に開始された．この2年後の1979年6月には「発電所の立地に関する環境影響調査及び環境審査の実施方針」が出され，省議アセスの手続きの流れなどが整った．また，併せて「温排水環境影響調査暫定指針」および「海域モニタリング調査の基本方針」が定められた．

省議アセスは，公共事業を主体とした閣議の了解による環境アセスメントとは異なり，電気事業者自らが環境の調査，予測・評価，環境保全措置などを検討し作成した「環境影響調査書」について，公開・縦覧するとともに住民説明会を開催し，住民意見などを集約して，事業者の見解を付して通産省に報告する．通産省は環境審査顧問会の専門的意見を踏まえて環境審査を行い，電源開発調整審議会において環境庁との調整，関係知事意見などを総合調整した上で「環境審査報告書」を作成し，これを受けて事業者が最終的に「修正環境影響調査書」を作成し，公表する仕組みとなっている．この学識経験者で構成される環境審査顧問会は，その後の環境アセスメント体系の変遷を経て現在も存続している．

省議アセスの環境調査項目は，閣議アセスの公害防止に係る7項目および自然環境保全に係る5項目に加え，人口，産業活動，土地利用，交通・公共施設，文化財，レクリエーション施設などの社会環境項目も対象としていた．

なお，電力会社内では省議アセスの規模要件に満たない離島内燃力発電所などの立地計画については，内規としての「小規模要領」に従って自主的に「環境調査資料」を作成し，自治体との説明などに活用することが行われ，八丈島地熱発電所もこの手続きに従っている．

③難産ののちの閣議決定アセス（閣議アセス時代）

さて，環境影響評価法案廃案後，地方公共団体は法律の再提出・早期制定を要望したが，他方，経済界は産業立地の遅延を理由に声高に慎重な取り扱いを求めた．このため法律の再提出は見送られ，当面の事態に対応するため1984年8月に「環境影響評価の実施について」の閣議決定を行い，政府として法案の要綱を基本とした統一的なルールに基づく環境影響評価（以下「閣議アセス」という）を実施することとなった（閣議アセス）．

この閣議決定によるアセスメント手続きは一つの新しいスタートしての意義を有していたが，一方で，制度の根拠が法律ではなく閣議決定であるということから，事業者に対する拘束力を欠いており，特に事業者の理解と自主的協力が制度運用の大前提とされざるを得ないことなど，制度上いくつかの制約を抱えていたことも事実である．このような問題を抱えながらも環境影響評価の実績が積み重ねられて，漸く我が国の「環境影響評価法」が成立したのは，1997年6月であった（法アセス）．

この閣議アセスの運用にもかかわらず，発電所アセスメントは引き続いて省議アセスが適用された．1995年12月には独立系電気事業者（いわゆるIPP）の卸供給事業への参入など電力自由化に伴う電気事業法の改正が行われ，これにも省議アセスが適用されることとなった．省議アセスは，1977年度から環境影響評価法による経過措置適用時点前の1998年度までの約20年間に，135地点［水力31，火力73（うちIPP火力2），地熱10，原子力21］で実施された．

④環境影響評価法の制定（法アセス時代）

現在も環境省の外郭団体であるEICネットでは，法アセス事例について継続的に整理を続けている．古い統計ではあるが，省議アセス時代から法アセス時代までの約25年間に153地点（水力32，火力84，地熱10，原子力27）で実施されている．

環境影響評価法制定の意義としては，(i)対象事業の拡大，(ii)アセスメントの方法について意見を求める仕組み（スコーピング）の導入，(iii)住民などの意見提出機会の拡大，(iv)環境庁長官の意見提出機会の拡大，(v)評価書の記載事項の充実，(vi)できる限り環境影響を低減したかどうかという新たな評価の視点の導入，などを閣議アセスの内容や考え方に比べた場合の大きな変更点としてあげることができる．

発電所アセスメントについては，産業界を含めた議論が行われ，最終的には発電所についても「環境影響評価法」を適用するが，発電所固有の事項については，「電気事業法」の改正によって対応することとなった．これは1997年2月，当時の橋本総理大臣による「発電所も統一法の下で環境アセスメントを行うが，発電所特有の厳しい面については，個別法で行う仕組みが考えられる」との方針を受けたものである．

⑤改正環境影響評価法（改正法アセス時代）

2009年に政権交代があり，民主党が与党となるなど一つの節目を迎えた．環境アセスメント制度には，戦略的アセスメント的な考え方が導入された．

他方，我が国は2011年3月11日，東日本大震災という未曾有の大災害に襲われた．国民生活や経済社会活動に甚大な被害をもたらすとともに放射能汚染という新たな環境問題も惹起され，原子力安全庁が環境省に設置された．

2009年度は環境影響評価法の施行から10年となることなどから，いわゆるサンセット条項に従っ

て同法の見直しが行われ，戦略的環境アセスメント手続きの新設について積極的に措置すべきとするなど「今後の環境影響評価制度の在り方について（中央環境審議会答申）」（2010年2月）が取りまとめられた．

この答申を踏まえて，事業の早期段階における環境配慮を図るための計画段階環境配慮書の手続きを盛り込んだ「環境影響評価法の一部を改正する法律案」が2010年3月に閣議決定され，2011年4月成立，2013年4月1日から完全施行され，2012年4月には「基本的事項」も改正，公表された（改正法アセス）．

現在までの実績数は，発電所手続き実施は159件＝手続き中103件（うち風力開発92件）＋手続き完了50件（うちアセス不要4件を含む）＋手続き中止6件である．

この改正法アセスでは，(i)計画段階早期の情報提供を扱う配慮書作成，(ii)方法書の住民説明会開催，(iii)事後調査報告書の作成などを新たな取り組みとして盛り込んでいる．戦略的アセスメントの取り組みを推進するため，「戦略的アセスメント導入ガイドライン（SEAガイドライン）」などに関し，地方公共団体などに対して情報提供が行われた他，道路，河川，空港，港湾などの公共事業については，関連する先行的な取り組みなどを基に，SEAガイドラインに基づく戦略的アセスメントを含むかたちでの「公共事業の構想段階における計画策定プロセスガイドライン」を踏まえた具体的な手続きが実施されている．

改正法アセスに関する日本版SEAガイドラインの論点の中には，発電所立地に関する複数案の提示があった．公共事業などでは早期段階から複数案の検討が可能であるが，発電所立地では地点の複数案は立案そのものが経営上の理由や市民感情への配慮から極めて困難であることを電気事業者が主張したために，複数案の検討ではなく「位置・規模等」（等は煙突位置などの構内配置などである）について複数案を提示して検討することが重ねて提案され，事業アセスとしての枠組みを超えるものではないと理解されている．

なお，改正法アセスの実務的な運用が開始され始めると，日本版SEAとしての役割を求める性格は薄められ，早期の事業アセスとして『重大な環境影響の回避』に対する検討経緯を示す図書作成に向かっている．

2）改正法アセスの概要
①法の目的
「環境影響評価法」は，「環境基本法」第20条に定められるとおり，環境アセスメントを行うことによって重大な環境影響を未然に防止し，持続可能な社会構築に重要であるとの考えによって策定されている．規模が大きく環境に著しい影響を及ぼすおそれのある事業について環境アセスメントの手続きを定め，この環境アセスメントの結果を事業免許などの事業許認可の決定に反映させることにより，事業が環境保全に十分配慮して行われるようにすることを目的としている．

②対象事業
「環境影響評価法」に基づく環境アセスメント対象事業は，表8・4のとおりで，道路，ダム，鉄道，空港，発電所，廃棄物処分場，埋立て，土地区画整理事業，新住宅市街地開発，工業団地造成，新都

市基盤整備，流通業務団地造成，宅地造成の13事業で，このうち，(i)免許などが必要な事業，(ii)交付金などが交付される事業，(iii)独立行政法人が行う事業，(iv)国が行う事業であって，規模が大きく環境に大きな影響を及ぼすおそれがある事業を「第1種事業」として定め，必ず環境アセスメントの手続きを行うことが求められる．この「第1種事業」に準ずる3/4（75％）規模の事業を「第2種事業」として定め，手続きを行うかどうかを個別に判断している．

なお，港湾計画については，港湾管理者が事業ではなく，計画についての環境アセスメントを行うが，配慮書など手続きの一部を省略している．発電所もまた電気事業法で国の関与の項などに特例を定めている．

③環境アセスメントの実施者

環境アセスメントは，対象事業を実施しようとする事業者が行う．これは事業実施者が自己の責任で事業実施に伴う環境への影響について配慮することが適当であるばかりでなく，事業者が事業計画を作成する段階で，環境影響についての調査・予測・評価を行うとともに環境保全対策の検討を一体として行うことにより，その結果を事業計画や施工・供用時の環境配慮などに反映しやすいことも理

表8・4　対象事業一覧

事業の種類	第一種事業	第二種事業
1. 道路		
・高速自動車国道	すべて	—
・首都高速道路など	4車線以上のもの	—
・一般国道	4車線以上・10 km以上	4車線以上・7.5 km～10 km
・林道	幅員6.5 m以上・20 km以上	幅員6.6 m以上・15 km～20 km
2. 河川		
・ダム，堰	湛水面積100 ha以上	湛水面積75 ha～100 ha
・放水路，湖沼開発	土地改変面積100 ha以上	土地改変面積75 ha～100 ha
3. 鉄道		
・新幹線鉄道	すべて	—
・鉄道，軌道	長さ10 km以上	長さ7.5 km～10 km
4. 飛行場	滑走路長2,500 m以上	滑走路長1,875 m～2,500 m
5. 発電所		
・水力発電所	出力3万kW以上	出力2.25万kW～3万kW
・火力発電所	出力15万kW以上	出力11.25万kW～15万kW
・地熱発電所	出力1万kW以上	出力7,500 kW～1万kW
・原子力発電所	すべて	—
・風力発電所	出力1万kW以上	出力7,500 kW～1万kW
6. 廃棄物最終処分場	面積30 ha以上	面積25 ha～30 ha
7. 埋立て，干拓	面積50 ha超	面積40 ha～50 ha
8. 土地区画整理事業	面積100 ha以上	面積75 ha～100 ha
9. 新住宅市街地開発事業	面積100 ha以上	面積75 ha～100 ha
10. 工業団地造成事業	面積100 ha以上	面積75 ha～100 ha
11. 新都市住宅	面積100 ha以上	面積75 ha～100 ha
12. 流通業務団地造成事業	面積100 ha以上	面積75 ha～100 ha
13. 宅地の造成の事業[*1]	面積100 ha以上	面積75 ha～100 ha
○港湾計画[*2]	埋立・掘込み面積の合計300 ha以上	

[*1]：「宅地」には，住宅地以外にも工場用地なども含まれる．
[*2]：港湾計画については，港湾環境アセスメントの対象となる．

8章　関係法令

由の1つである．

　環境アセスメントの手続きの流れは図8・1（8章扉）のとおりである．事業者の事業計画について国民などの意見を聞く機会が3回，都道府県知事・市町村長の意見を聞く機会が3回，主務大臣の意見を聞く機会が最大4回あることなどが特徴である．

　なお，発電所については「発電所に係る環境影響評価の手引」（2007年1月改訂，原子力安全・保安院）があって，手続きや主務省令の内容などについて解説するガイドラインが策定されている．

④環境アセスメント各段階の手続き概要

（ⅰ）配慮書手続き

　2013年4月1日から，事業への早期段階での環境配慮を可能にするため，第1種事業を実施する事業者が，事業の位置・規模などの検討段階において，環境保全のために適正な配慮をしなければならない事項について検討を行い，その結果をまとめた配慮書の作成の手続きが施行された．この手続きは，事業の位置，規模や施設の配置，構造などを検討する段階，つまり事業計画の検討の段階を対象としているため，より柔軟な環境配慮が可能となり，関係行政機関および住民の意見を求めるように努めるとともに環境大臣も必要に応じて意見を出すなど，これまで以上に効果的な環境影響の回避・低減が図られるものと期待されている．

（ⅱ）第2種事業の判定（スクリーニング）

　事業の規模によって環境アセスメントの対象事業が定められているが，環境に及ぼす影響の大きさは，単に事業の規模だけによって決定されるものではない．例えば事業実施計画地近傍に学校や病院などの公共施設や水道水源地が存在する場合，多くの野鳥の棲みかとなっている干潟を埋め立てる事業などは，規模は小さくとも環境に大きな影響を及ぼすおそれがある．そこで第2種事業については，必ず環境アセスメントを行うかどうかを個別に判定することになっている．

　判定は，事業の免許などを行う者（道路では国土交通大臣，発電所では経済産業大臣など）が，判定基準に従って行う．この判定に際しては地域の状況をよく知る都道府県知事の意見を聴くことが定められている．この手続きをスクリーニングと呼んでいる．

（ⅲ）方法書手続き（スコーピング）

　次に事業者は「環境影響評価方法書」を作成し，都道府県知事，市町村長に送付する．この方法書には，環境アセスメントにおいて，どのような項目について，どのような方法で調査・予測・評価を行うのかという計画が記載される．この方法書が作成されたことを公表し，地方公共団体の庁舎，事業者の事務所やウェブサイトで，1カ月間，縦覧する．この手続きをスコーピングと呼んでいる．

　この間に事業者は説明会を開催する．説明会では，方法書の内容について理解を深めるとともに環境保全の見地からの意見のある人は誰でも意見書を提出することができる．事業者は，提出された意見の概要を都道府県知事と市町村長に送付する．その後，都道府県知事などは，市町村長や市民から提出された意見を踏まえて事業者に意見を述べる．

　事業者はこの都道府県知事の意見を踏まえて，環境アセスメントで評価する項目および手法を選定する．これにあたり，必要に応じて主務大臣に技術的な助言を申し出ることができる．申し出を受けた主務大臣は，技術的な助言をしようとするときは，あらかじめ環境大臣の意見を聴くことが必須と

される．事業者はこれらの意見を踏まえて環境アセスメントの方法を決定する．

（iv）準備書手続き

準備書の具体的な手続きとしては，事業者が選定された項目や方法に基づいて，調査・予測・評価を行う．この検討と並行して，環境保全のための対策を検討し，その対策がとられた場合における環境影響を総合的に評価する．その結果を「環境影響評価準備書」にまとめ，関係都道府県知事・市町村長に送付するとともに公告し，地方公共団体の庁舎，事業者の事務所やウェブサイトなどで1カ月間縦覧する．事業者は，方法書と同様に縦覧期間中に準備書の内容について説明会を開催する．説明会では，住民などや地方公共団体が意見を述べることができ，これを踏まえて事業者が見解を示す．

因みに発電所冷却水取水の障害となる海生生物の付着防止対策としての塩素注入の有無は，復水器冷却水の諸元で記載され，2003年では取水口または循環水ポンプ出口で薬液を注入している火力発電所ユニットは132あって，その80％以上が海水電解液を注入している．残留塩素の放水後の濃度管理などは経産省に設けられた環境審査顧問会における補足説明資料で説明される．

（v）評価書手続き

準備書の手続きが終わると，事業者は準備書に対する都道府県知事などや市民から提出された意見の内容について検討し，必要に応じて準備書の内容を勘案した上で，環境影響評価書を作成する．作成された評価書は，事業の免許などを行う者などと環境大臣に送付される．環境大臣は必要に応じて事業の免許などを行う者などに環境保全の見地からの意見を述べ，事業の免許などを行う者などは環境大臣の意見を踏まえて，事業者に意見を述べる．

なお，発電所については「電気事業法」による特例規程として，評価書作成前の経済産業大臣の勧告に際して環境大臣の意見を聴くこととされている．

事業者は意見の内容をよく検討し，必要に応じて準備書における記載内容を見直した上で，最終的に評価書を確定し，都道府県知事，市町村長，事業の免許などを行う者などに送付する．また，評価書を確定したことを公告し，地方公共団体の庁舎，事業者の事務所やウェブサイトなどで，1カ月間縦覧する．評価書の確定したことを公告するまでは，事業を実施することはできない．

評価書が確定し，公告・縦覧が終わると環境アセスメントの手続きは終了する．この環境アセスメントの結果が実際の事業計画に反映されることが重要である．そこで，「環境影響評価法」では，環境保全が適正に配慮されていない事業については，免許などや補助金などの交付をしないようにするなどの規定を設けている．

（vi）事後調査報告

評価書の手続きが終わり，工事着手後も供用時も，市町村などと取り交わした環境保全協定や法に定めるモニタリング調査が行われる．例えば評価書では，運転開始後放水口で復水器冷却水中の残留塩素濃度を定期的に測定するなど記載される．このような調査を事後調査といい，環境保全対策の実績が少ない場合や予測・評価の不確実性が大きい場合など，環境影響の重大性に応じて実施内容を検討する．事業者はこの検討結果を踏まえ，事後調査を行う必要性について判断し，評価書に記載する．

事業者は，工事中に実施した事後調査やそれにより判明した環境状況に応じて講ずる環境保全対策，重要な環境に対して行う効果の不確実な環境保全対策の状況について，工事終了後に図書にまとめ，

報告・公表を行う．これを報告書手続きという．環境大臣は必要に応じて環境保全上の意見を許認可等権者に対して提出し，許認可等権者は，当該意見を踏まえて事業者に環境保全上の意見を提出することになっている．この手続きは2013年4月1日より施行された．

⑤環境審査顧問会

本節1)②を参照．

⑥地方公共団体の環境アセスメント制度との関係

我が国の全ての都道府県とほとんどの政令指定都市には，環境アセスメントに関する条例がある．地方公共団体の制度は，法と比べて，(i)法対象以外の事業種を対象とする，(ii)小規模な事業を対象にする，(iii)公聴会を開催して住民などの意見を聴く，(iv)第三者機関による審査の手続きを設ける，(v)評価項目にコミュニティ，文化財，安全などを選定するなど，地域の実情に応じた特長ある内容となっている．しかし，1つの事業について法と地方公共団体の制度による手続きが重複して義務付けられることは，事業者にとって過度の負担となってしまう．そこで法では地方公共団体の環境アセスメント条例との関係についての規定を定め，手続きの重複を回避し，法手続きの進行を阻害しないように配慮している．改正アセス法で追加された配慮書手続きおよび事後報告書手続きは，地方公共団体の環境アセスメント条例でも必要に応じて事業者に課すことができる．

なお，2013年3月末時点で，地方公共団体の要綱・指針などに基づく環境影響評価は合計1,363件，条例に基づく環境影響評価は合計964件実施されている．

3) 今後の課題

北林(2007)は，高濃度解析に係る大気拡散予測や冷却塔白煙化予測に数値シミュレーションの活用を期待するとともに火力発電所の新増設によるCO_2増加分をCDMや排出権購入で補償することを求めている．一方，浅野(2011)は法制度の面から，(i)複数の自治体にまたがる事業の合同審査会開催，(ii)環境省における審査意見の透明性を確保するために専門家意見活用を明文化することを求めている．さらに，(iii)アセス手続の不服申立，(iv)争訟の手続の明文化が検討されていないことも指摘している．改正法アセスにおける配慮書手続は単に事業アセスの延長に過ぎないが，「環境基本法」第20条では限界があり，将来的には体系的な手直しが求められるという指摘は正鵠を射たものと考えられる．

〈品川高儀・鈴木崇行・鈴木聡司〉

表 8·3 我が国の環境アセスメント史に係る年表

1891 年	「電気営業取締規則」
1895 年 3 月	「狩猟法」公布.
1896 年	「電気事業取締規則」
1911 年	「電気事業法」制定.
3 月 29 日	「工場法」公布,施行は 5 年後.
1931 年 4 月	「国立公園法」制定.
1932 年 6 月 3 日	大阪府が煤煙防止規則を発令,日本で初.
1933 年 8 月	京都府が煤煙防止規則を発令.
1936 年	電力国家管理要綱が閣議決定される.
4 月	兵庫県が煤煙防止規則を制定.
1938 年	「電力管理法」
1947 年 12 月 20 日	「臨時石炭鉱業管理法(炭鉱国家管理法)」公布.
1948 年 7 月 1 日	水産庁発足.
1949 年 5 月 28 日	通産省発足.
1950 年 5 月 26 日	「国土総合開発法」公布.
5 月 31 日	「港湾法」公布.
11 月 24 日	「電気事業再編成令」「公益事業令」公布.電力の 9 分割再編成.
1951 年 12 月 17 日	「水産資源保護法」公布.
1952 年 7 月 31 日	「電源開発促進法」公布.
1955 年 12 月 19 日	「原子力基本法」「原子力委員会設置法」公布.
1956 年 3 月 16 日	「科学技術庁設置法」公布.5 月 19 日科学技術庁発足.
5 月 1 日	熊本・新日本窒素肥料附属病院で「類例のない疾患が発生」と 4 人の患者発生を水俣保健所に報告(水俣病の公式発見)
5 月 4 日	原子力三法公布.
1957 年 6 月 1 日	「自然公園法」公布.
6 月 10 日	「放射性同位元素等による放射線障害の防止に関する法律」「核原料・核燃料物質及び原子炉の規制に関する法律」公布.
1958 年 4 月 24 日	「下水道法」公布.
12 月 25 日	いわゆる水質二法「水質保全法」「工場排水規制法」公布.
1959 年 3 月 20 日	「工場立地法」公布.
1960 年 12 月	川崎市が「公害防止条例」公布・施行.
1962 年 5 月 1 日	「建築物用地下水の採取の規制に関する法律」公布.
6 月 2 日	所謂「ばい煙規制法」公布.
10 月 5 日	「全国総合開発計画」閣議決定.
1964 年 7 月 11 日	「電気事業法」公布.公益性を確認.
1965 年 7 月 20 日	動力炉・核燃料開発事業団発足.
1966 年 10 月 1 日	公害防止事業団設立.
1967 年 8 月 3 日	「公害対策基本法」公布・施行.1993 年 11 月「環境基本法」制定で廃止.
8 月	「船舶の油による海水の汚濁の防止に関する法律」公布.
1968 年 6 月 10 日	「大気汚染防止法」公布.「騒音規制法」公布.
6 月 15 日	「都市計画法」公布.
9 月 26 日	「熊本水俣病は新日窒素水俣工場でアセトアルデヒド酢酸設備内で生成されたメチル水銀化合物が原因」(厚生省)及び「新潟水俣病は昭電鹿瀬工場アセトアルデヒド工場で副生されたメチル水銀化合物を含む排水が中毒発生基盤」(科技庁)が正式見解を示す.

8章 関係法令

	10月3日	カネミ油症の確認.
1969年2月12日		「SOXの環境基準」など閣議決定，第1号.
1969年5月		「新全国総合開発計画」閣議決定.
1970年4月		公共用水域の水質環境基準を設定.
	7月	苫小牧東部地域開発を閣議決定.
	9月1日	49水域に対する環境基準の適用を閣議決定.
	11月24日-12月18日	公害国会で関係14法案が制定・改正.
	12月25日	「海洋汚染及び海上災害の防止に関する法律」「農用地の土壌の汚染防止等に関する法律」「水質汚濁防止法」「人の健康に係る公害犯罪の処罰に関する法律」公布.
	12月	「廃棄物の処理及び清掃に関する法律」公布.
1971年5月25日		「騒音に関する環境基準について」閣議決定.
	6月1日	「悪臭防止法」制定.
	6月24日	「農用地の土壌の汚染防止等に関する法律施行令」公布・施行.
	7月1日	環境庁設置
1972年5月26日		初の環境白書を発行.
	6月6日	「各種公共事業等に係る環境保全対策について」閣議了解．環境アセスメント施策の第1号.
	6月22日	「自然環境保全法」制定.
	9月14日	むつ小川原開発を閣議決定.
1973年1月		四日市公害訴訟の地裁判決を受け「公害健康被害補償法」制定.
	4月1日	環境庁「緑の国勢調査」開始.
	4月12日	「自然環境保全法」施行.
	9月1日	「都市緑地保全法」公布.
	10月2日	「瀬戸内海環境保全臨時措置法」制定.
	10月5日	「公害健康被害補償法」公布.
	10月26日	「自然環境保全基本方針」閣議決定.
1974年3月15日		国立公害研究所発足.
	6月1日	NOx，SOxの総量規制導入.
	6月6日	「電源開発促進税法」，「特別会計に関する法律（旧電源開発促進対策特別会計法）」，「発電用施設周辺地域整備法」の電源三法制定.
1975年1月13日		国立・国定公園の特別保護地区などの天然記念物の保護増殖事業が文化庁から環境庁へ移管.
	12月23日	環境庁長官が「環境影響評価制度のあり方について」中央公害対策審議会に諮問.
1976年5月11日		環境庁はアセス法案の国会提出を断念.
	6月10日	「振動規制法」制定.
	10月4日	川崎市は国に先駆けて「環境影響評価条例」を制定，昭和52年7月1日施行.
1977年3月4日		通産省が公式に「環境影響評価法案」国会提出に反対.
	5月13日	環境庁はアセス法案の国会提出を断念.
	5月	環境保全長期計画を決定
	7月4日	通産省「発電所立地に関する環境影響評価及び環境審査の強化について」を省議決定.〈省議アセスという〉
1978年5月		環境庁はアセス法案の国会提出を断念.
	9月	環境庁，国際自然保護連合（IUCN）に加入.
	10月26日	北海道「環境影響評価条例」公布.
	11月15日	「水俣病の認定業務の促進に関する臨時措置法」公布.
1979年1月23日		運輸省が整備5新幹線に関する環境アセスメント実施について運輸大臣より通達.
	6月22日	「エネルギーの使用の合理化に関する法律」公布，9月施行.
	6月26日	通産省「発電所の立地に関する環境影響調査及び環境審査の実施方針」資源エネルギー庁長官通達.

1980年3月28日		環境影響評価法案に関する関係閣僚協議会,「環境影響評価案要綱」を了承. 4月18日「環境影響評価法案原案」を了承.
	10月20日	東京都と神奈川県が「環境影響評価条例」制定.
1981年4月28日		環境影響評価法案, 国会提出. 6月6日国会が閉会, 継続審議を繰り返す.
1983年11月28日		「環境影響評価法案」,「湖沼水質保全特別措置法案」は審議未了, 衆議院解散のため廃案.
1984年7月27日		「湖沼水質保全特別措置法」公布・一部施行.
	8月28日	「環境影響評価の実施について」閣議決定. 法制化されず行政指導で実施され, 法的拘束力はないが対象事業, 手続き・免許など原則的ルールを決めた.〈閣議アセスという〉
	11月21日	環境影響評価実施推進会議は「環境影響評価実施要綱に基づく手続等に必要な共通的事項」を決定. 27日には環境庁長官が「環境影響評価に係る調査, 予測及び評価にための基本的事項」を定める.
1987年3月31日		建設省「建設省土地区画整理事業など環境影響評価技術指針」を通達.
1989年2月17日		4月29日をみどりの日として国民の祝日に制定.
1990年7月1日		国立公害研究所を国立環境研究所に改組.
	10月23日	「地球温暖化防止行動計画」を地球環境保全関係閣僚会議決定.
1991年4月26日		「再生資源の利用の促進に関する法律」公布.
	12月25日	川崎市「環境基本条例」制定.
1992年5月27日		「産業廃棄物の処理に係る特定施設の整備の促進に関する法律」公布.
	6月3日	「自動車から排出される窒素酸化物の特定地域における総量の削減に関する特別措置法」公布.
	6月5日	「絶滅のおそれのある野生動植物の種の保存に関する法律」公布.
1993年11月19日		「環境基本法」公布・施行. 6月5日を「環境の日」と規定. 中央公害対策審議会と自然環境保全審議会を併合し, 中央環境審議会が発足.
1994年12月28日		「環境基本計画」を総理府告示で公布.
1995年4月21日		「電気事業法」改正, IPP（独立発電事業者）の参入を認める. 31年ぶりの改正. 12月1日施行.
	6月16日	「容器包装に関わる分別収集及び再商品化の促進等に関する法律」公布.
1997年6月13日		「環境影響評価法」制定・公布, 昭和50年諮問から22年目, 昭和56年の法案国会提出から16年目の法制化. 12月3日施行, 平成11年6月12日全面施行.〈法アセスという〉
	12月1－10日	国連気候変動枠組み条約第3回締約国会議（COP3）開催, 京都議定書を採択.
1998年6月5日		「家電リサイクル法」制定.
	6月12日	「環境影響評価法施行規則」公布.
	10月16日	「温暖化対策推進法」公布.
1999年2月8日		資源エネルギー庁長官通達「発電所の環境影響評価に係わる環境審査要領の制定について」及び「環境影響評価準備書の審査の指針の制定について」
	3月16日	「化学物質管理促進法」閣議決定.
	5月21日	「電気事業法」改正, 部分自由化とPPS参入. 平成12年3月21日施行.
	7月16日	「ダイオキシン特別措置法」公布, 2000年施行.
2000年3月21日		改正「電気事業法」施行, PPS（新規参入を認める）.
	6月2日	「循環型社会形成推進基本法」公布.
2001年1月6日		中央省庁再編により科学技術庁は文部省と統合し, 文部科学省に. 環境省発足（1官房4局2部）
	6月22日	自動車NOx法が改正され, 自動車NOx・PM法へ改正, SPMも総量規制へ. PCB特措法制定.
	9月7日	原子力安全・保安院長通達「発電所の環境影響評価に係る環境審査要領」, これによって平成11年2月8日付け通達は廃止された.
2002年7月12日		「自動車リサイクル法」公布.

	5月29日	「土壌汚染対策法」公布.
	12月6日	「電気事業者による新エネルギー等の利用に関する特別措置法（RPS法）」施行.
2003年6月18日	「電気事業法」改正，卸電力取引場の創設．平成17年4月1日施行.
	11月28日	私設・任意の卸電力取引場の設立，21社員＋7会員で.
2005年4月28日	「京都議定書目標達成計画」を閣議決定.
2006年4月7日	第3次環境基本計画閣議決定.
2007年6月1日	21世紀環境立国戦略閣議決定.
2008年6月6日	生物多様性基本法公布.
2009年5月20日	改正「化審法」公布.

2010年2月	「今後の環境影響の評価制度の在り方について」中央環境審議会答申.
	4月1日	改正「土対法」が施行.
	10月18－29日	第10回生物多様性条約締約国会合（名古屋市）
2011年4月27日	改正「環境影響評価法」公布，配慮書，方法書説明会，事後報告書などの手続きが増えた．〈改正法アセスという〉
	8月30日	「電気事業法」改正，固定価格買取制度で許可から届出に緩和.
2012年4月27日	第4次環境基本計画閣議決定.
	7月1日	「電気事業者による再生可能エネルギー電気の調達に関する特別措置法」施行.

8・3 水質汚濁防止法

人の健康を保護し生活環境を保全する上で維持されることが望ましい基準として，環境基本法により「水質環境基準」が定められている．さらに，水利用の観点から，水道用水，農業用水，水産用水など様々な基準が設定されている．これらの基準を達成するために「水質汚濁防止法」に基づく「排水基準」が定められている（環境省，2007）．本節では，水質汚濁防止法や排水基準を中心に，関連する環境基本法や水質環境基準なども含めて概略を述べる．

1）水質汚濁防止法と関連法規の設定の経緯

現行の水質汚濁防止法は，主に「工場・事業場から公共用水域への排出水および地下への浸透水を規制」と「生活排水対策の実施を推進」との2項目などにより，公共用水域や地下水の水質汚濁の防止を図り，それにより国民の健康を保護し，生活環境を保全することを目的として制定されたものである（環境省，2007）．また，人の健康被害が生じた場合の事業者の損害賠償の責任を定めることで，被害者の保護を図ることも目的としている．上記2項目のうち生活排水対策については，水質汚濁防止法の第1～6章のうち第2章の2のみに記述があるに過ぎず，国の責務も水質汚濁に関する知識の普及ならびに地方公共団体（都道府県・市町村）による施策推進に必要な技術・財政上の援助のみとされており，実施主体は地方公共団体ならびに国民とされている．したがって，本法の主体は「工場・事業場から公共用水域への排出水および地下への浸透水を規制」にある．

水質汚濁防止法および関連法規の制定の経緯を以下に示す（日本水環境学会，1999）．わが国では，1955年代以降の経済成長に伴い，1955年の隅田川のドブ川化，1961年の田子の浦ヘドロ汚染，1956～1965年の水俣病ならびに第二水俣病，1968年のイタイイタイ病など，さまざまな公害問題が顕在化した．これらを解決すべく，1958年に「公共用水域の水質保全に関する法律」と，その規制実施法である「工場排水等の規制に関する法律」（「旧水質二法」）が制定された．しかしながら，法制定の目的に産業相互の協和が含まれていたことや，指定水域が少ないことなどから，公害による健康被害や環境破壊を防止するためには有効ではなかった．その後，1967年に「公害対策基本法」が制定されたものの，それ以降も公害問題はますます深刻化の一途をたどった．1970年の第64回国会では，後に「公害国会」と称されたように公害問題に関する集中的な討議がなされ，公害対策基本法が改正された．主要な改正点は，国の基本姿勢の明確化，規制の強化，事業者責任の明確化，地方公共団体の権限強化，などであった．これに伴い同年に「水質汚濁防止法」が制定され，翌1971年に施行された．これにより，規制地域と公共用水域範囲の拡大，排水基準違反に対する直罰化や排水規制の強化，都道府県条例による上乗せ排水基準の設定や規制対象業種（特定施設）の拡大，排水口ごとの排水基準の設定（従来は工場ごと）などがなされ，公害問題の解消のために実効力のある法規制となった．1973年には「瀬戸内海環境保全臨時措置法」（時限法であったが1978年に恒久法となった）が制定され，1978年には「水質汚濁防止法」が改正され，東京湾，伊勢湾，瀬戸内海へのCOD流入量を削減するために水質総量規制が導入された．1982年には湖沼，1993年には海域における全

窒素・全リンに係る環境基準がそれぞれ設定された．さらに1990年には，生活排水対策などを推進するために「水質汚濁防止法」が改正された．1993年には「環境基本法」が制定され，「水質環境基準」の項目追加や基準強化がなされた．2003年には新たに水生生物の保全を目的とした亜鉛の水質環境基準が定められ，これに伴い2006年には亜鉛の排水基準が改正されるに至っている．

2）排水基準

水質汚濁防止法では，特定事業場から公共用水域への排出および地下水への浸透を，排水基準により規制している（環境省，2007）．「特定事業場」とは，人の健康を害するおそれのあるもの，または生活環境に対して害をもたらすおそれのあるものを含んだ水を流す「特定施設」を有する工場・事業場であり，火力発電所では「石炭火力発電施設の廃ガス洗浄施設」，「処理対象人員が201人以上500人以下のし尿処理槽」（後述の水質総量規制地域が対象），および「処理対象人員が501人以上のし尿処理槽」が該当する．また，「公共用水域」とは，河川，湖沼，港湾，沿岸海域，その他公共利用のための水域や水路（下水道を除く）のことをいう．

排水基準は，①国が定める全国一律の基準である一律排水基準，②都道府県が条例によって定めるより厳しい基準である上乗せ排水基準，③特定の地域（東京湾，伊勢湾，瀬戸内海）へのCOD，窒素，およびリンの排出量を規制する総量規制基準，に大別される．

排出事業者は事業所の立地や排出する公共用水域に対する条例や総量規制の有無についても注意されたい．

排水基準は環境基準と違い，排出事業者に遵守の義務がある．また，事業者は排出水の汚染状況を自らが測定し，記録することによって汚染状況を監視する義務が課されている（水質汚濁防止法 第十四条）．排出水の調査方法に関しては，準拠すべき原則的方法として「水質調査方法」が環境省より定められている（環境庁，1971）．

万が一，基準値を超えた有害物質を含む排水を公共用水域に排出してしまった場合には，排出事業者の故意，過失を問わず，その法的責任は追及され，賠償責任を負う「無過失責任」が適用される．また，都道府県知事は排出事業者に対して改善措置だけでなく操業停止などを命令する権限を持つ．改善命令では排出の一時停止を求められる場合もあり，注意されたい．

排水基準の動向に関しては，中央環境審議会やその作業部会である排水規制等専門委員会の議事を参考にされたい．中央環境審議会のホームページ（http://www.env.go.jp/council/b_info.html）から議事内容を閲覧することができる．

①一律排水基準

一律排水基準は全国一律に適用される基準であり，健康項目と生活環境項目に2分される．健康項目は人の健康被害を生じる恐れがある28項目であり，それぞれの許容値が定められている（表8・5）．基準値は原則として水質環境基準の10倍となっている．一方，生活環境項目は水の汚染状態を示す15項目であり，健康項目と同様にそれぞれの許容値が定められている（表8・6）．水質環境基準との関係については，健康項目とは異なり，環境基準と排水基準とで項目が一致していないものが多い．すなわち，ノニルフェノール，直鎖アルキルベンゼンスルホン酸，溶存酸素量は環境基準のみ，ノル

表 8·5　公共用水域へ排水する際に守るべき上限量としての基準値（一律排水基準）

人の健康に係る被害を生ずる恐れのある有害物質	許容限度[*1]
カドミウムおよびその化合物	0.1 mg/l
シアン化合物	1 mg/l
有機燐化合物（パラチオン，メチルパラチオン，メチルジメトンおよび EPN に限る）	1 mg/l
鉛およびその化合物	0.1 mg/l
六価クロム化合物	0.5 mg/l
砒素およびその化合物	0.1 mg/l
水銀およびアルキル水銀その他の水銀化合物	0.005 mg/l
アルキル水銀化合物	検出されないこと[*2]
ポリ塩化ビフェニル	0.003 mg/l
トリクロロエチレン	0.3 mg/l
テトラクロロエチレン	0.1 mg/l
ジクロロメタン	0.2 mg/l
四塩化炭素	0.02 mg/l
1,2-ジクロロエタン	0.04 mg/l
1,1-ジクロロエチレン	1 mg/l
シス-1,2-ジクロロエチレン	0.4 mg/l
1,1,1-トリクロロエタン	3 mg/l
1,1,2-トリクロロエタン	0.06 mg/l
1,3-ジクロロプロペン	0.02 mg/l
チウラム	0.06 mg/l
シマジン	0.03 mg/l
チオベンカルブ	0.2 mg/l
ベンゼン	0.1 mg/l
セレンおよびその化合物	0.1 mg/l
ほう素およびその化合物	海域 230 mg/l
ふっ素およびその化合物	海域 15 mg/l
アンモニア，アンモニウム化合物，亜硝酸化合物および硝酸化合物	100 mg/l[*3]
1,4-ジオキサン	0.5 mg/l

（環境省 HP：http://www.env.go.jp/water/impure/haisui.html より作成）

[*1]：排水水質の最大値が許容限度を超えないこととする．
[*2]：「検出されないこと」とは，環境大臣が定める方法により排出水の汚染状態を検定した場合において，その結果が当該検定方法の定量限界を下回ることをいう．
[*3]：アンモニア性窒素に 0.4 を乗じたもの，亜硝酸性窒素および硝酸性窒素の合計量とする．

表 8·6　公共用水域へ排水する際に守るべき上限量としての基準値（生活環境項目）

生活環境に係る被害を生ずる恐れが想定される汚濁負荷	許容限度[*2]
水素イオン濃度（pH）	海域 5.0〜9.0
化学的酸素要求量（COD）[*3]	160 mg/l（日間平均 120 mg/l）
浮遊物質量（SS）	200 mg/l（日間平均 150 mg/l）
ノルマルヘキサン抽出物質含有量（鉱油類含有量）	5 mg/l
ノルマルヘキサン抽出物質含有量（動植物油脂類含有量）	30 mg/l
フェノール類含有量	5 mg/l
銅含有量	3 mg/l
亜鉛含有量	2 mg/l
溶解性鉄含有量	10 mg/l
溶解性マンガン含有量	10 mg/l
クロム含有量	2 mg/l
大腸菌群数	日間平均 3000 個/cm^3
窒素含有量[*4]	120 mg/l（日間平均 60 mg/l）
リン含有量[*4]	16 mg/l（日間平均 8 mg/l）

（環境省 HP：http://www.env.go.jp/water/impure/haisui.html より作成）
この表に掲げる排水基準は，1日当たりの平均的な排出水の量が 50 m^3 以上である工場または事業場に係る排出水について適用する．
[*1]：排水水質の最大値が許容限度を超えないこととする．
[*2]：「日間平均」による許容限度は，排出水の1日の平均的な汚染状態について定める．
[*3]：化学的酸素要求量の許容限度は，公共用水域となる海域および湖沼に排出される排出水に限って適用する．河川に排出される排出水については生物化学的酸素要求量の許容限度を適用する．
[*4]：窒素含有量およびリン含有量についての許容限度は，海洋植物プランクトンの著しい増殖をもたらす恐れがある海域として環境大臣が定める海域（平5環告67）およびこれらに流入する公共用水域に排出される排出水に限って適用する．

マルヘキサン抽出量，フェノール類，銅，鉄，マンガンは排水基準のみに項目としてあげられている．また，共通する項目（pH，COD，BOD，SS，大腸菌群数，全窒素，全リン，亜鉛）についても，水質環境基準が水域群ごとの利用目的に応じて基準値が設定されており，さらに排水基準については処理技術の動向や諸外国の基準などを参考として決められているため，排水基準を環境基準で除した値は13～6,000倍と大きな幅がある．また，生活環境項目に属するBOD，CODおよびSSの排水基準については，生活排水を簡易な沈殿法により処理して得られる水質と同等に処理することが事業者の追うべき最低限の責務であるとの考えに基づいている（亀屋・藤江，2009）．

生物汚損対策に関連しうる一律排水基準項目としては，「5章5·6 その他薬剤」にて前述し，防汚塗料の有効成分でもある銅があるが，5·6で述べた注入濃度（環境水中濃度より5～10 μg/l 高い濃度）や，海水中での銅の溶解濃度の上限値（1 mg/l 程度；Furuta et al., 2005）などを考慮すると，排水中の銅濃度が許容濃度である3 mg/l に達することは考え難い．

健康項目に属する有害物質の基準はすべての特定施設に適用される．一方，生活環境項目に属する基準は，1日当たりの平均的な排出水量が50m³以上の特定施設からの排出水にのみ適用される．

②上乗せ排水基準

一律排水基準による規制では，自然・社会的条件から十分ではない場合に，都道府県が条例によってより厳しい基準を定めることができる（「上乗せ規制」）．上乗せ規制には，(i)一律排水基準よりも厳しい基準値を定める（狭義の「上乗せ」），(ii)規制対象施設の範囲をより小規模なものにまで拡大する（「裾下げ」），(iii)国が定めた項目以外の規制項目を追加する（「横出し」），の3種類がある．上乗せ排水基準の設定は1971年の水質汚濁防止法施行により可能となり，1975年度以降にはすべての都道府県で定められている．狭義の上乗せ基準としては，各都道府県で水域を指定して一律排水基準よりも厳しい基準値が定められている．横出し基準には「色又は臭気：放流先で支障を来すような色又は臭気を帯びていないこと」（大阪府，1994），裾下げ基準には後述の指定地域内事業場の対象範囲を日平均排水量50 m³ 以上から20 m³ 以上に拡大する（熊本県，2010），などがある．

③総量規制基準

外洋と比べ水深が浅く，流域からの栄養塩負荷の大きい閉鎖性海域である瀬戸内海，東京湾，および伊勢湾では，1970年の水質汚濁防止法制定以降も赤潮被害が頻発したことから，1980年に化学的酸素要求量（COD）を指定項目とした水質総量削減が適用された．その後も窒素やリンの流入による水質悪化が継続したため，それぞれの海域に関係する都府県および国は窒素とリンの削減にも着手し，2001年に窒素およびリンを指定項目とした水質総量削減が適用された．規制対象となる事業場（「指定地域内事業場」）は，指定水域に流入する地域にあり，日平均排水量が50 m³ 以上の特定事業場である．適用を受ける排出水は，間接冷却水や雨水などを除いた事業場から排出される汚水である．1979年の第1次総量削減基本方針の策定以来，2011年6月までに第7次の総量削減方針が国により定められてきた．それらにおいては発生源および都府県ごとに削減目標量が定められている．第7次方針の一例として，伊勢湾の産業排水における削減目標量は，CODは56トン/日，窒素含有量は22トン/日，リン含有量は2.5トン/日とされている（環境省，2011）．この方針を達成するために都府県知事は，発生源別の汚濁負荷量の削減目標量や削減目標量の達成方法などの総量削減計画を定める．

事業場に対する対策例（東京都，2012）としては，排水水質の実態や排水処理の技術的水準などを考慮し，業種などの区分ごとに排出濃度と排水量を乗じた総量規制基準を設定し，立入・水質検査などを実施することで基準の遵守を徹底することにより，汚濁負荷量の削減を図る，といったものがある．

生物汚損対策に関連しうる総量規制基準としては，5章5・6に示した有機物質を主成分とする薬剤を指定海域に適用する場合，COD や窒素に関して排出量の見積もりや削減方策の立案が必要となる可能性がある．

〔古田岳志・眞道幸司〕

8・4　産業廃棄物処理法

　海水を利用する発電所では，冷却水系の各所に海生汚損生物が付着する．防汚対策を行っていても付着は避けられず，その量は，全国約100カ所の火力発電所の調査によれば，10～100トン/年の発電所が約30カ所，100～500トン/年の発電所は約30カ所，1,000トン/年以上の発電所は10カ所程度とのことである（火力原子力発電技術協会，2003）．また，それらの付着物は廃棄物となり，その区分は，約50カ所の発電所では一般廃棄物，40カ所の発電所では産業廃棄物として扱われている（火力原子力発電技術協会，2003）．廃棄物は，リサイクルなど有効利用される場合を除き，廃掃法として知られる「廃棄物の処理及び清掃に関する法律」（廃掃法）に基づき，処分されることとなる（図8・2）．ここでは，海生汚損生物の処分に関して，廃掃法に照らし合わせて留意点を説明する．

1）廃棄物関連法令の体系と「廃棄物の処理及び清掃に関する法律」の概要

　廃棄物関連法令の体系を図8・3に示す．すなわち，基本法としての「循環型社会形成推進基本法」の下に，廃棄物の処理全般に係る「廃棄物の処理及び清掃に関する法律」がある他，廃棄物の発生抑制・再利用およびリサイクルの3Rの促進を目的とした「資源有効利用促進法」など，その他の各種リサイクル関連法6法が体系化されている．

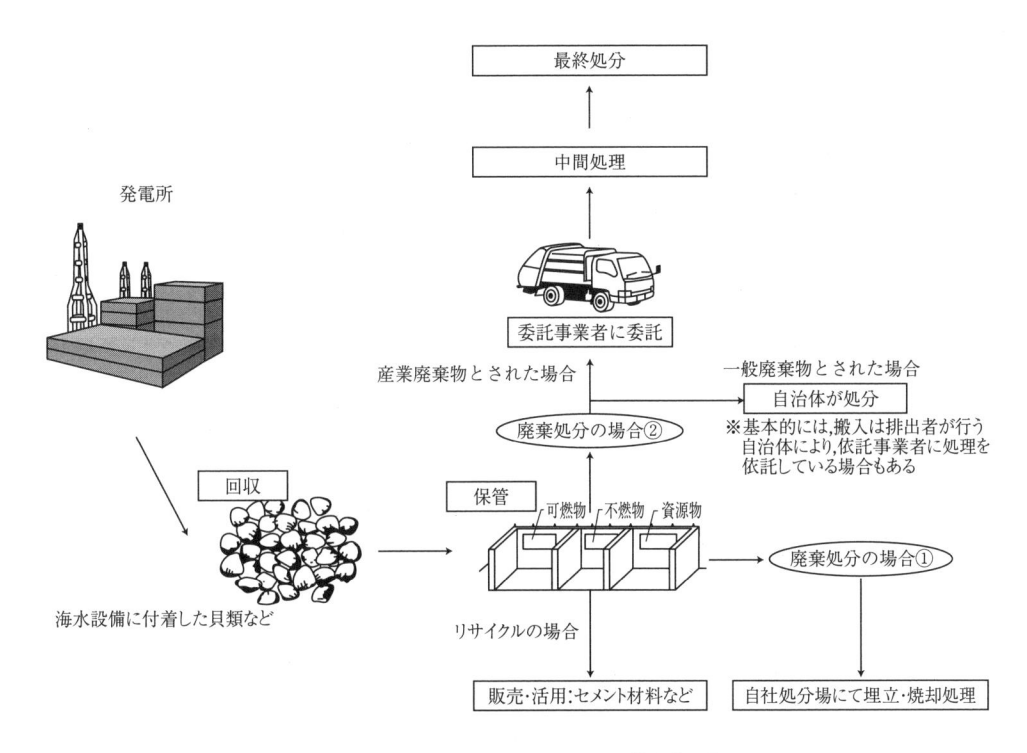

図8・2　海水設備に付着した貝類など海生汚損生物の処分の流れ

8章　関係法令

　廃棄物とは，占有者が自ら利用，あるいは他人に有償で売却することができないため不要となったもの，すなわち有価物ではないもの，とされている．有価物か否かは，ものの性状（品質），排出状況（保管・管理の状況），通常の取扱い形態（製品として市場に流通しているなど），取引価値の有無，占有者の意思などを踏まえて判断される．

　廃棄物に係る事業者の責務は，下記のとおりである．

> (i) 事業活動に伴って生じた廃棄物を自らの責任において適正に処理すること
> (ii) 事業活動に伴って生じた廃棄物の再生利用などを行うことで減量に努めること
> (iii) 廃棄物の減量その他その適正な処理の確保などに関し国および地方公共団体の施策に協力すること

　まず事業者は，廃棄物の減量を検討したうえで，処理せざるを得ないものについて，責任をもって適正な処理に努め，その際自治体などに協力することが求められている．

```
                           環境基本法
                              │
              循環型社会形成推進基本法（基本的枠組み法）
    ┌──────────┬──────────┬──────────┬──────────┬──────────┬──────────┬──────────┐
  廃棄物      資源有効    容器包装    家電        建設        食品        グリーン
  処理法      利用促進法  リサイクル法 リサイクル法 リサイクル法 リサイクル法 購入法
（廃棄物の処理及び清掃に関する法律）
```

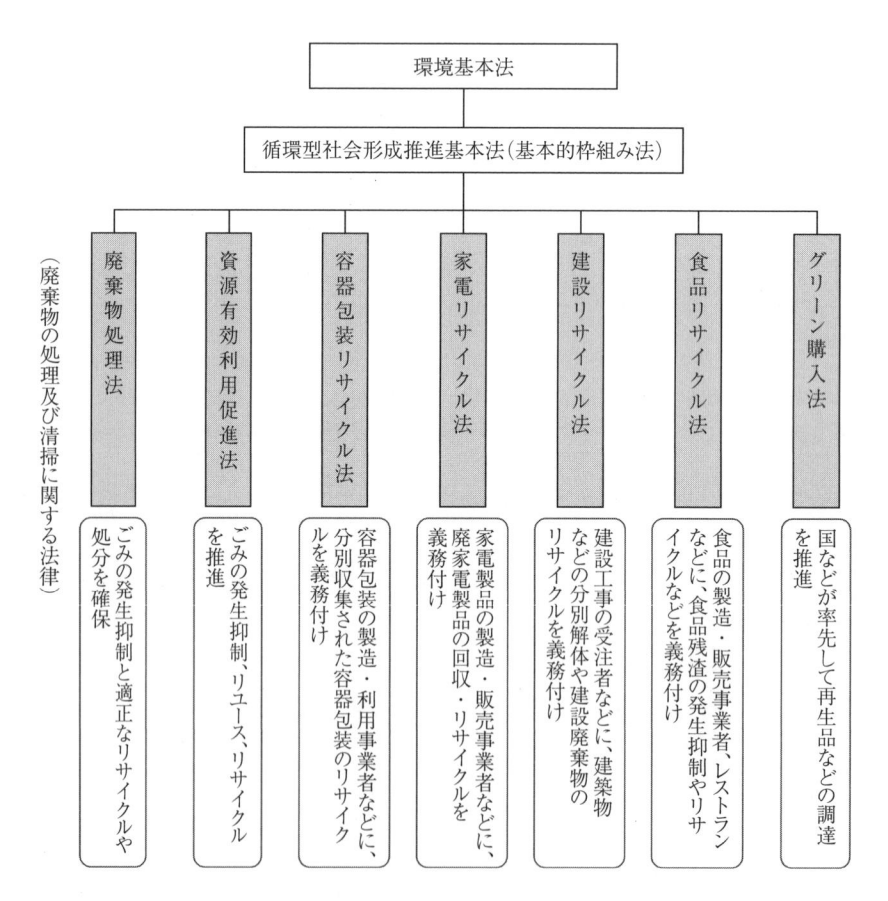

- 廃棄物処理法：ごみの発生抑制と適正なリサイクルや処分を確保
- 資源有効利用促進法：ごみの発生抑制、リユース、リサイクルを推進
- 容器包装リサイクル法：容器包装の製造・利用事業者などに、分別収集された容器包装のリサイクルを義務付け
- 家電リサイクル法：家電製品の製造・販売事業者などに、廃家電製品の回収・リサイクルを義務付け
- 建設リサイクル法：建設工事の受注者などに、建築物などの分別解体や建設廃棄物のリサイクルを義務付け
- 食品リサイクル法：食品の製造・販売事業者、レストランなどに、食品残渣の発生抑制やリサイクルなどを義務付け
- グリーン購入法：国などが率先して再生品などの調達を推進

図8·3　廃棄物関連法令の体系
（環境省　循環型社会への挑戦　パンフレットより引用）

さて，廃掃法においては，廃棄物を一般廃棄物と産業廃棄物に区分している（図8・4）．一般廃棄物と産業廃棄物では，処理責任が異なり，一般廃棄物の処理責任は自治体（市町村），産業廃棄物の処理責任は排出事業者自らとされている．一般廃棄物と産業廃棄物の違いは，法令により定義されており，産業廃棄物については，事業活動に伴って生ずる廃棄物のうち，表8・7に示す量的・質的に見て環境に大きな影響を与えるおそれのある廃棄物が特定されており，一般廃棄物はそれ以外の廃棄物として定義されている．産業廃棄物として定義されていないものは，事業活動から生じたものであっても一般廃棄物である．

他に，特別管理産業廃棄物として，爆発性，毒性，感染性その他の人の健康または生活環境に係る被害を生ずるおそれがある性状を有するものがあるが，海生汚損生物はこれに該当しない．

発電事業者においてもまず検討すべきことは，防汚対策の徹底により排出削減に努め，それでも付着し回収せざるを得なかった場合は，再生利用などを行うことで減量できないか検討することが肝要である．

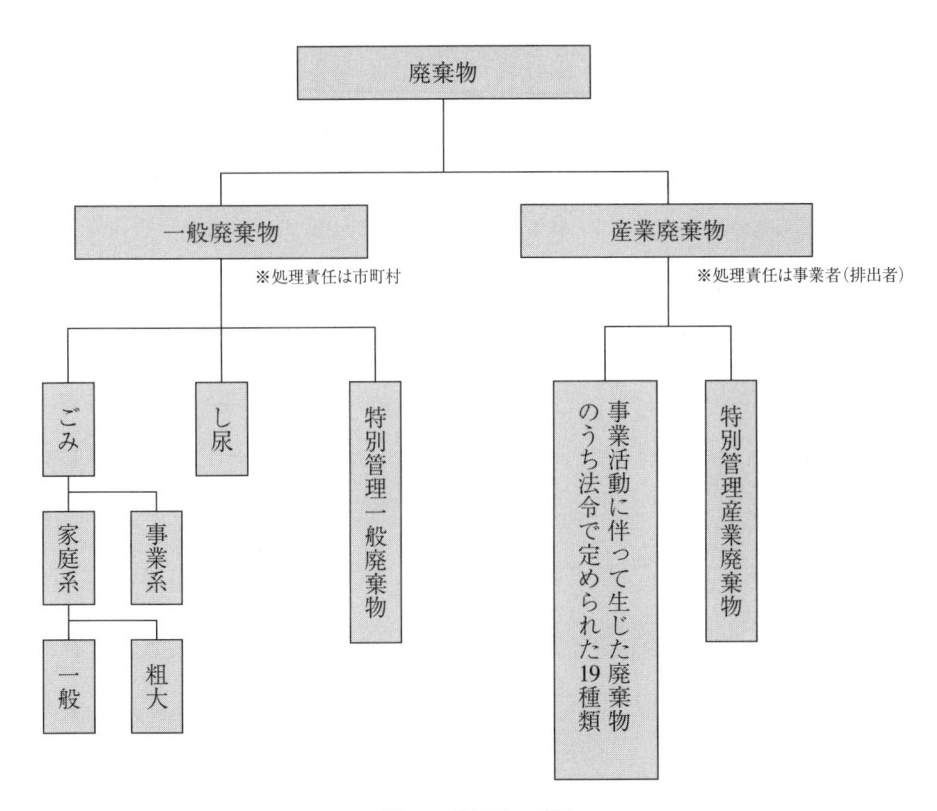

図8・4 廃棄物の区分

表 8·7 産業廃棄物の種類と具体例

	種 類	具 体 例
1	燃え殻	焼却炉の残灰，炉清掃排出物，石炭がら，その他の焼却残さ
2	汚泥	工場排水などの処理後に残る泥状のもの，各種製造業の製造工程で出る泥状のもの，活性汚泥法による余剰汚泥，パルプ廃液汚泥，動植物性原料使用工程の排水処理汚泥，生コン残渣，炭酸カルシウムかすなど （注）油分をおおむね5%以上含むものは廃油との混合物になる．
3	廃油	鉱物性油，動植物性油脂，潤滑油，絶縁油，洗浄用油，切削油，溶剤，タールピッチなど
4	廃酸	廃硫酸，廃塩酸，各種の有機廃酸類など，すべての酸性廃液
5	廃アルカリ	廃ソーダ液，金属せっけん液など，すべてのアルカリ性廃液
6	廃プラスチック類	合成樹脂くず，合成繊維くず，合成ゴムくず，廃タイヤなど固形状および液状のすべての合成高分子系化合物
7	紙くず	紙，板紙くず，障子紙，壁紙など [建設業に係るもの（工作物の新築，改築または除去に伴って生じたものに限る），パルプ，紙または紙加工品の製造業，新聞業（新聞巻取紙を使用して印刷発行を行うものに限る），出版業（印刷出版を行うものに限る），製本業および印刷物加工業に係るもの並びにPCBが塗布され，または染み込んだものに限る]
8	木くず	おがくず，バーク類，木製パレット，木製リース物品など [建設業に係るもの（工作物の新築，改築または除去に伴って生じたものに限る），木材または木製品の製造業（家具の製造業を含む），パルプ製造業および輸入木材の卸売業に係るもの並びにPCBが染み込んだもの，貨物の流通のために使用したパレットに係る木くず，物品賃貸業に係る木くずに限る]
9	繊維くず	木綿くず，羊毛くずなどの天然繊維くず，畳，カーテンなど [建設業に係るもの（工作物の新築，改築または除去に伴って生じたものに限る），繊維工業（衣服その他の繊維製品製造業を除く）に係るものおよびPCBが染み込んだものに限る]
10	動植物性残さ	あめかす，のりかす，醸造かす，醗酵かす，魚および獣のあらなど （食料品製造業，医薬品製造業または香料製造業において原料として使用した動物または植物に係る固形状の不要物）
11	動物系固形不要物	法に定めると畜場（と畜場法）および食鳥処理場（食鳥処理の事業の規制および食鳥検査に関する法律）における処理時に排出される固形状の不要物
12	ゴムくず	天然ゴムくずのみ
13	金属くず	鉄鋼または非鉄金属の研磨くず，切削くずなど
14	ガラスくず	ガラスくず，コンクリートくず（工作物の新築，改築または除去に伴って生じたものを除く），耐火レンガくず，陶磁器くずなど
15	鉱さい	高炉，転炉，電気炉などの残さ，キューポラのノロ，ボタ，不良鉱石，不良石炭粉炭かす，鋳物砂など
16	がれき類	工作物の新築，改築または除去に伴って生ずるコンクリートの破片，その他これに類する不要物など
17	動物のふん尿 （家畜のふん尿）	牛，馬，豚，めん羊，山羊，にわとりなどのふん尿（畜産農業に係るものに限る）
18	動物の死体 （家畜の死体）	牛，馬，豚，めん羊，山羊，にわとりなどの死体（畜産農業に係るものに限る）
19	ばいじん	大気汚染防止法第2条第2項に規定するばい煙発生施設，ダイオキシン類対策特別措置法第2条第2項に規定する特定施設（ダイオキシン類を発生し，および大気中に排出するものに限る）または上記1〜18に掲げる産業廃棄物の焼却施設において発生するばいじんであって，集じん施設によって集められたもの

20　上記1〜19に掲げる産業廃棄物を処分するために処理したものであって，これらの産業廃棄物に該当しないもの（コンクリート固形化物など）「13号廃棄物」

2) 海水設備から回収した海生汚損生物の廃棄物区分

産業廃棄物の定義をもう一度確認すると,「事業活動に伴って生じた廃棄物のうち,燃え殻,汚泥,廃油,廃酸,廃アルカリ,廃プラスチック類その他政令で定める廃棄物」とある.

回収された貝類などの海生汚損生物は,まず「事業活動に伴って生じた廃棄物」に該当する.一方で,「燃え殻,汚泥,廃油,廃酸,廃アルカリ,廃プラスチック類その他政令で定める廃棄物」に照らし合わせると,貝類などは政令に指定されている「動植物性残さ」に指定される.しかし,「動植物性残さ」は,「食料品製造業,医薬品製造業又は香料製造業において原料として使用した動物又は植物に係る固形状の不要物」とあり,指定されている業種に電気事業者が該当していない.

そこで,法令上,発電所の海水設備に付着した貝類などは,一般廃棄物として考えるべきものである.しかし,その量などによっては,市町村の処理施設において受け入れられない場合がある.その場合には,発電所が立地する自治体から,産業廃棄物として処理するよう要請される場合がある.このように,法令の定義だけでなく,自治体の廃棄物処分の状況なども,廃棄方法を左右する.そこで,自治体との密な協議を行いながら,処分方法を確認する必要がある.

3) 産業廃棄物処分に際しての事業者の責務

廃掃法における産業廃棄物処分に係る事業者の責務としては,以下のものがある.

①保管における責務

生活環境の保全上支障がないよう,産業廃棄物が運搬されるまでの間,事業者は保管することが義務づけられている.このため汚水の排出や悪臭などが生じないための必要な措置などが規定されている.

②産業廃棄物の処理委託を行う場合の事業者(排出者の)責務

事業者(排出者)は,「その事業活動に伴って生じた廃棄物を自らの責任において適正に処理しなければならない」とされているが,産業廃棄物の処理に関しては,委託による処分が可能である.ただし,「その産業廃棄物の運搬又は処分を他人に委託する場合には,その運搬については産業廃棄物収集運搬業者に,その処分については産業廃棄物処分業者にそれぞれ委託しなければならない」とされ,その際には環境省令に示される基準に従う必要がある.産業廃棄物の運搬,処理などの委託基準を表8・8に示す

また,委託を行う際,事業者は,当該産業廃棄物の処理の状況に関する確認を行い,当該産業廃棄物について最終処分が終了するまで処理が適正に行われるために,必要な措置を講ずるように努めなければならないとされている.この際,産業廃棄物の処理委託に伴い,排出者が委託業者の処分状況が適切であるかを確認するなどのため,マニフェストとして知られる産業廃棄物管理票が必要となる.これは,排出事業者が運搬,中間処理,最終処分の各業者から処理終了を記載したマニフェストを受取ることで,委託内容どおりに廃棄物が処理されたことを確認することができるシステムである.マニフェストの流れを,図8・5に示す.

表 8・8 事業者の産業廃棄物の運搬，処分等の委託の基準

事業者の産業廃棄物の運搬，処分等の委託の基準　（廃掃法　施行令第6条の2）

一　産業廃棄物の運搬にあつては，他人の産業廃棄物の運搬を業として行うことができる者であつて委託しようとする産業廃棄物の運搬がその事業の範囲に含まれるものに委託すること．
二　産業廃棄物の処分又は再生にあつては，他人の産業廃棄物の処分又は再生を業として行うことができる者であつて委託しようとする産業廃棄物の処分又は再生がその事業の範囲に含まれるものに委託すること．
三　輸入された廃棄物の処分又は再生を委託しないこと．ただし，災害その他の特別な事情があることにより当該廃棄物の適正な処分又は再生が困難であることについて，環境省令で定めるところにより，環境大臣の確認を受けたときは，この限りでない．
四　委託契約は，書面により行い，当該委託契約書には，次に掲げる事項についての条項が含まれ，かつ，環境省令で定める書面が添付されていること．
　イ　委託する産業廃棄物の種類及び数量
　ロ　産業廃棄物の運搬を委託するときは，運搬の最終目的地の所在地
　ハ　産業廃棄物の処分又は再生を委託するときは，その処分又は再生の場所の所在地，その処分又は再生の方法及びその処分又は再生に係る施設の処理能力
　ニ　産業廃棄物の処分又は再生を委託する場合において，当該産業廃棄物が法第十五条の四の五第一項の許可を受けて輸入された廃棄物であるときは，その旨
　ホ　産業廃棄物の処分（最終処分を除く．）を委託するときは，当該産業廃棄物に係る最終処分の場所の所在地，最終処分の方法及び最終処分に係る施設の処理能力
　ヘ　その他環境省令で定める事項
五　委託契約書及び書面をその契約の終了の日から5年間保存すること．

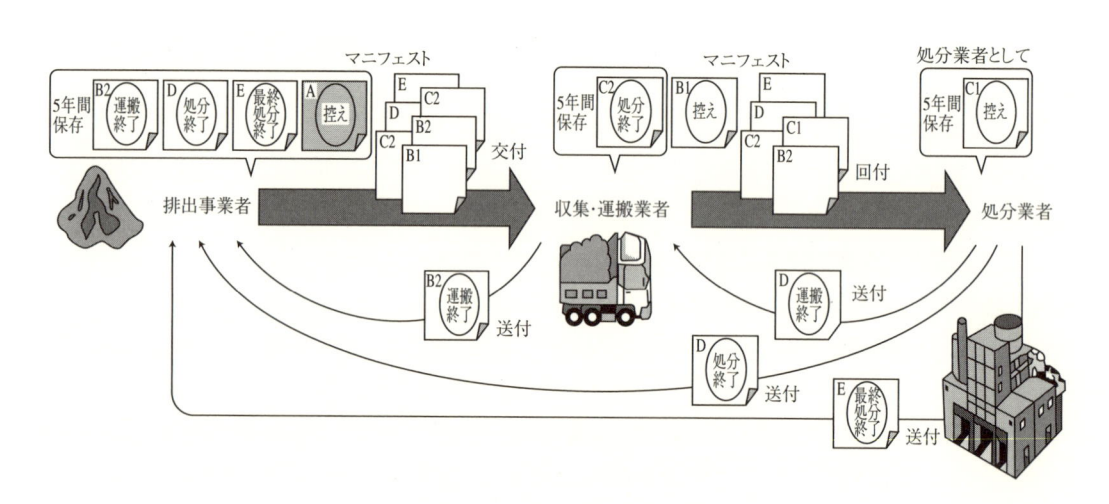

図 8・5　マニフェストの流れ
詳細は，http://www.shokusan.or.jp/manifest/ 等参照

4) 産業廃棄物処分業者などの選定

廃掃法では，産業廃棄物処分において，委託業者が適正な処分を行わなかった場合，委託元の排出事業者が，適正な措置を行うことを命じることができる．

そこで，排出者の産業廃棄物が，不法投棄など，不適正処分されることを未然に防止するため，処理業者の選択には十分な注意が必要である．

適正処理を行うことのできる業者の選択基準は，(i)委託する廃棄物の種類を網羅する許可を保持するかどうか，(ii)処理能力が実際にあったものかどうか，(iii)処理料金が相場よりも相当安くないか，(iv)処理業者自ら処理しているか，(v)運搬車両や工場などがきちんと整備整理されているか などの判断基準がある．環境省では，産業廃棄物処理業者の格付け手法検討調査報告書（産業廃棄物処理業者の格付け手法検討調査報告書　平成14年8月）を公表している．表8・9（(1)は収集運搬業者用，(2)は中間処理業者用，(3)は埋め立て処分業者用）に，その評価基準の一部を引用した．産廃情報ネットでは優良事業者が公表されているので参考にしていただきたい．

なお，発電所立地の環境影響評価では，廃棄物の項目に海生汚損生物残渣とせず，通常は汚泥として記載されている．また，廃棄物は，本章で説明した「廃棄物の処理及び清掃に関する法律」（昭和45年法律第137号）および「資源の有効な利用促進に関する法律」（平成3年法律第48号）に基づき，適正に処理するとしている．

（石黒秀典）

表 8·9(1)　廃棄物処分委託業者選定の評価基準

収集運搬業者の評価に当たって考慮すべき主要な項目

大事項	中事項	評価項目
許可	業の許可	有効期限内の許可が確認できる 事業の内容が許可証と適合している
運搬施設	車両設備	産業廃棄物の収集運搬車両が確認できる 幌を掛ける等，廃棄物の飛散防止対策がなされている 消化器が備えられている 車輌点検簿をつけている 業務に不要な物品が車輌に搭載されていない 荷台に過積載のための囲いが増設されていない
収集運搬	処理先との関係	処理を委託しようとする処分業者から忌避されていない 受入廃棄物の特別な容器等を定めている，又は分別して運搬することができる 許可を得ていないにもかかわらず，廃棄物を保管していない 廃棄物を保管している場合，許可証に記載された施設で行っている
財務管理	経理事務	産業廃棄物処理部門の経理区分が明確に行われている 処理料金の原価を概ね説明できる 同一地域内において，同種業者と比較して処理料金が乖離していないこと
	経理的基盤	毎年度，利益が計上されている 財務諸表が整備されている 自己資本比率が3割をこえている 財務状態が債務超過に陥っていない 中小企業診断士の診断を受けている
事務管理	契約書	全ての排出事業者に関して，書面による処理委託が締結されている 再委託を基本とした契約ではない 廃棄物処理法施行規則第8条の4第2項に規定する事項を満たした契約書を使用している 契約書を5年間保管している 記載が詳細かつ丁寧になされている
	マニフェスト	全ての産業廃棄物についてマニフェストを使用していることが確認できる 施行規則第8条の21に適合したマニフェストを使用している マニフェストを5年間保管している マニフェスト交付及び回付事務が適切に行われている 電子マニフェストを使用している 記載が詳細かつ丁寧になされている
	帳簿	廃棄物処理法施行規則第10条の8第1項に適合した帳簿を備えている 帳簿を5年間保管している 記載が詳細かつ丁寧になされている
	記録	作業日報を毎日つけていることが確認できる
事故に対する準備	危機管理体制の構築	危機管理マニュアルを作成しており，職員が理解できている 緊急の場合の連絡体制が作られている 非常訓練が定期的に行われている
情報開示	情報開示の姿勢	各種記録，資料が準備されており，開示要求に速やかに応じている 財務諸表の開示要求に応じている 積替え保管施設を有している場合には，内部が外部に対してオープンにされている
管理体制	職員の管理体制	職員カード等で勤務管理がなされており，また，職員の勤務体制が確立していること 職員の福利厚生が整備されている 職員の離職率が高くないこと
	職員の士気・態度	来客の際，挨拶がしっかりできている 制服と制帽があり，身だしなみが整っている
	教育	社内もしくは社外において，廃棄物に関する講習（法律遵守，廃棄物の取り扱い等）を過去1年に1回以上受講している
	手順書	廃棄物の機械の運転・作業について定める手順書がある
	役員の士気	役員等が事業内容を全て把握しており，積極的に説明をすることができる 事業の目的・目標，経営理念を明確に発言できる
その他	清潔保持	事務所，倉庫などの管理が適切に行われている

表8・9(2)　廃棄物処分委託業者選定の評価基準

大事項	中事項	評価項目
許可	業の許可	有効期限内の許可が確認できる 事業の内容が許可証と適合している
	施設の許可	許可証が確認できる
施設	施設の状況	トラックスケールがある 破砕施設に防爆対策がなされている 廃棄物を取り扱う区域の地面が全て舗装されている 作業の多くを屋内で行う構造となっている 換気装置，集塵装置など防塵対策がなされている 敷地周囲に排水溝が巡らされている 排水がグリーストラップ，沈砂槽を経て放流される構造となっている
	施設内の運営状況	悪臭がしない 場内に廃棄物の飛散が見られない
	施設外の状況	場外に廃棄物の飛散が見られない
廃棄物処理	受入廃棄物の管理	全ての廃棄物の受け入れに際して，展開チェック等を行っている 受け入れ廃棄物が法令の規定にもとづき保管されている 廃棄物の保管区域が決められており，その境界が明示されている 保管区域外で保管されていない 塀よりも高く積み上げていない 再生利用のため，確実な分別等の方策が講じられている 受け入れ廃棄物の性状を分析できる体制がある
	処理量の絶対値	年間処理量が◯◯t以上である
	処理能力	実際の処理が許可証の処理能力を超えていないことが確認できる
	処理残さの保管	処理後の廃棄物の性状にてらし必要なものについて屋根の下で保管されている
	残さ処分先の安定性	全ての回収資源の取引先が確認できる 焼却対象残さの処分先が安定的に受け入れ可能であることが確認できる 埋立対象残さを今後1年間は安定して処分できることが確認できる
財務管理	経理事務	産業廃棄物処理部門の経理区分が明確に行われている 処理料金の原価を概ね説明できる 同一地域内において，同種業者と比較して処理料金が乖離していないこと 財務諸表が整備されている
	経理的基礎	毎年度，利益が計上されている 未処理廃棄物の処理に必要な費用を留保している 自己資本比率が3割をこえている 財政状態が債務超過に陥っていない 中小企業診断士の診断を受けている
	契約書	全ての排出事業者に関して，書面による処理委託が締結されている 再委託を基本とした契約ではない 廃棄物処理法施行規則第8条の4第2項に規定する事項を満たした契約書を使用している 契約書を5年間保管している 記載が詳細かつ丁寧になされている
	マニフェスト	全ての産業廃棄物についてマニフェストを使用していることが確認できる 施行規則第8条の21に適合したマニフェストを使用している マニフェストを5年間保管している マニフェスト交付及び回付事務が適切に行われている 電子マニフェストを使用している 記載が詳細かつ丁寧になされている
	帳簿	廃棄物処理法施行規則第10条の8第1項に適合した帳簿を備えている 帳簿を5年間保管している 記載が詳細かつ丁寧になされている
	記録	作業日報を毎日つけていることが確認できる
危機管理	危機管理体制の構築	危機管理マニュアルを作成しており，職員が理解できている 緊急の場合の連絡体制が作られている 非常訓練が定期的に行われている
情報開示	情報開示の姿勢	各種記録，資料が準備されており，開示要求に速やかに応じている 財務諸表の開示に応じている 施設の内部が外部に対してオープンにされている
	地域住民との関係	公害防止協定，環境保全協定を締結している場合は，それらを遵守している 地域住民との定期的な連絡会が行われている 施設反対の看板等が掲げられていない
職員管理	職員の管理体制	職員カード等で勤務管理がなされており，また，職員の勤務体制が確立していること 職員の福利厚生が整備されている 職員の離職率が高くないこと
	職員の士気・態度	来客の際，挨拶がしっかりできている 制服と制帽があり，身だしなみが整っている
	教育	社内もしくは社外において，廃棄物に関する講習（法律，技術）を過去1年に1回以上受講している
	技術監理者	技術管理者が，常時場内にいる 技術管理者が施設の維持管理の業務に関し熟知していること
	手順書	廃棄物の処理作業，機械の運転について定める手順書がある
	役員の士気	役員等が事業内容を全て把握しており，積極的に説明をすることができる 事業の目的・目標，経営理念を明確に発言できる
その他	清潔保持	事務所，倉庫などの管理が適切に行われている

8章 関係法令

表 8・9(3) 廃棄物処分委託業者選定の評価基準

大事項	中事項	評価項目
許可	業の許可	有効期限内の許可が確認できる 事業の内容が許可証と適合している
	施設の許可	許可証が確認できる
	施設の状況	トラックスケールがある 管理型にあっては，多層遮水工もしくは肉厚 1 cm 以上の遮水工をもつ 現場事務所がある 埋立面積，降水量から計算して十分な容量の浸出水調整池をもつ 積み荷検査施設・設備がある 処分場の全周を囲い，施錠可能な門扉をもつ
	施設内の運営状況	施設内で悪臭がしない 場内に廃棄物の飛散が見られない
	施設外の状況	場外に廃棄物の飛散が見られない 敷地境界において悪臭がしない
廃棄物処分	受入廃棄物の管理	全ての廃棄物の受け入れに際して，秤量している 廃棄物の受け入れの度に，安定型にあっては展開検査，管理型にあっては廃棄物とサンプルの照合検査を行っている 受け入れ廃棄物の性状分析を行える体制がある
	埋立管理	管理型処分場にあっては，浸出水の状況から，安定型にあっては内部留保水の状況から，埋め立て内部が好気性にあることが確認できる 放流水を月 1 度以上検査し，BOD △△ mg/L 以下を保持している 周辺地下水を月 1 度以上検査し，BOD △△ mg/L 以下を保持している 毎日即日覆土を実施していることが確認できる
	処理能力	現状のペースで 1 年分以上の残余容量を有する
	埋立処分済み廃棄物	埋立処分済み廃棄物の種類および量並びに性状が記録により確認できる 管理型にあっては，埋立が長期にわたり有害物を溶出していないことが証明できる
財務管理	経理事務	産業廃棄物処理部門の経理区分が明確に行われている 処理料金の原価を概ね説明できる 同一地域内において，同種業者と比較して処理料金が乖離していないこと
	経理的基礎	財務諸表が整備されている 埋立処分終了後の維持管理費用が積み立てられている 毎年度，利益が計上されている 自己資本比率が 3 割をこえている 財政状態が債務超過に陥っていない 中小企業診断士の診断を受けている
事務管理	契約書	全ての排出事業者に関して，書面による処理委託が締結されている 再委託を基本とした契約ではない 廃棄物処理法施行規則第 8 条の 4 第 2 項に規定する事項を満たした契約書を使用している 契約書を 5 年間保管している 記載が詳細かつ丁寧になされている
	マニフェスト	全ての産業廃棄物についてマニフェストを使用していることが確認できる 施行規則第 8 条の 21 に適合したマニフェストを使用している マニフェストを 5 年間保管している マニフェスト交付及び回付事務が適切に行われている 電子マニフェストを使用している 記載が詳細かつ丁寧になされている
	帳簿	廃棄物処理法施行規則第 10 条の 8 第 1 項に適合した帳簿を備えている 帳簿を 5 年間保管している 記載が詳細かつ丁寧になされている
	記録	作業日報を毎日つけていることが確認できる
危機管理	危機管理体制の構築	危機管理マニュアルを作成しており，職員が理解できている 緊急の場合の連絡体制が作られている 非常訓練が定期的に行われている
情報開示	情報開示の姿勢	各種記録，資料が準備されており，開示要求に速やかに応じている 財務諸表の開示に応じている 施設の内部が外部に対してオープンにされている
	地域住民との状況	公害防止協定，環境保全協定を締結している場合は，それらを遵守している 地域住民との定期的な連絡会が行われている 施設反対の看板等が掲げられていない
職員管理	職員の管理体制	職員カード等で勤務管理がなされており，また，職員の勤務体制が確立していること 職員の相談窓口が整備されている 職員の離職率が高くないこと
	職員の士気・態度	来客の際，挨拶がしっかりできている 制服と制帽があり，身だしなみが整っている
	教育	社内もしくは社外において，廃棄物に関する講習（法律，技術）を過去 1 年に 1 回以上受講している
	技術監理者	技術管理者が，常時場内にいる 技術管理者が施設の維持管理の業務に関し熟知していること
	手順書	廃棄物の処理作業，機械の運転について定める手順書がある
	役員の士気	役員等が事業内容を全て把握しており，積極的に説明をすることができる 事業の目的・目標，経営理念を明確に発言できる
その他	清潔保持	事務所，倉庫などの管理が適切に行われている

8・5 化学物質関連法

化学物質関連法には様々な法令がある．化学物質を取り扱う事業者は，それぞれの関係性，規制対象，その内容などについての理解が必要である．

本節では，初めに規制段階別に化学物質に係る法令を整理し，それぞれの規制内容を概観することで，日本における化学物質関連法の全体像を明らかにする．次に，最もかかわりが深いと思われる，「化学物質の審査及び製造等の規制に関する法律」（化審法）および「特定化学物質の環境への排出量の把握等及び管理の改善の促進に関する法律」（化管法）についてやや詳しく説明する．

1）規制の対象からみた化学物質関連法令

化学物質を規制する法令の対象は，規制段階，状況，物質，用途，毒性などによって様々なものがある（表8・10）．規制段階のうち，製造前の段階においては，一般工業用品について，必要な届出を行ない，審査を受ける化審法がある．また，製造・輸入・販売・使用の段階では，毒物及び劇物取締法や，家庭用品規制法，薬事法，農薬取締法などがある．このうち，薬事法，農薬取締法などについては，対象が医療や農業などの特定用途に限定したものとなっている．また，覚せい剤や麻薬など特殊物質に限った法令もある．保管や輸送に際しては，消防法や道路法，船舶安全法といった法令が関係する．輸出に際しては，外為法やバーゼル法がある．廃棄においては，廃掃法が関わるほか，PCBなど特定物質に関してはPCB処理法が関係し，海洋投入の場合は海洋汚染防止法にその規定がある．環境中の排出については，その排出先ごとに異なる法規制がある．大気については，大気汚染防止法，悪臭防止法があげられ，公共用水域については水質汚濁防止法，海洋汚染防止法がある．

また，環境中の残留に関しては，土壌汚染対策法，水質汚濁防止法，農用地汚染防止法などがある．

環境中の排出・残留に関する規制のうち，ダイオキシン類対策特別措置法は，大気，水質，土壌の排出基準や汚染土壌に関する措置について，ダイオキシンに特化して制定されている．化管法は，あらゆる段階においての排出・移動量を届け出る制度であるため，全般にわたって関連する．

それぞれの法令は，対象とする毒性についても異なる．たとえば化審法は，慢性毒性および生態毒性を対象としているが，毒物及び劇物取締法は急性毒性のみが対象である．

2）化学物質関連法令の規制内容

各化学物質関連法令は，それぞれの法律制定目的に応じて，製造・使用の届出や制限，製品の登録，管理者の配置や表示義務など，様々な規制がかけられている．ここでは，各法令について，規制の内容を法律ごとに整理する．各法令では，それぞれ対象物質なども定められており，その対象物質の性質について規定がある．その判断根拠に基づき，事前審査や，SDSの要否，表示といった義務があるほか，認可・届出や取り扱い制限が，製造・輸入・使用・販売・輸出のそれぞれの段階について定められている．化学物質関連法令の規制内容について，表8・11にまとめた．

このように，化学物質関連法令は様々なものがあるが，化学物質の製造，輸入，使用，販売，廃棄

や排出の一連の流れの中で，各法令がどの段階で関係するかを理解しておくことは，化学物質を取り扱う事業者にとって重要である．それぞれの法令が対象とする範囲を理解し，規制の内容，義務などについて抑えておくことにより，法令順守による事業リスクを避けられるだけではなく，予期せぬ化学事故・災害の防止や，環境汚染の未然防止に貢献することが期待できる．

3）化審法
①歴史と概要

日本で化学物質使用のリスクが広く知られるようになったのは，高度経済成長期の公害問題であるといえる．特に，四大公害事件として知られる有機水銀化合物による水俣病および第二水俣病，カドミウムによるイタイイタイ病，工場からの大気汚染物質による四日市ぜんそくは，それぞれが特定の化学物質によるものであることが明らかとなり，その被害の悲惨さも相まって，一定の規制が必要であるとの認識が広まっていった．

四大公害事件は，環境を介して暴露されることで，死亡や重大な障害につながる急性毒性のある物質が原因であった．そのため，特に急性毒性をもたらす化学物質が，人体に直接暴露されることがないよう，「水質汚濁防止法」，「廃棄物処理法」，「大気汚染防止法」，「毒物及び劇物取締法」などの形で，有害性が明らかな物質の排出あるいは製造について規制する法律が制定されていった．

一方で，急性毒性はなくとも，環境中への排出も微量でありながら，難分解性であるために動植物に蓄積，濃縮し，やがて人間がその動植物を食べることで，健康を損なうおそれがある化学物質や，催奇形性や変異原性といった慢性毒性のおそれがある物質に関しては，特別な規制はなかった．

難分解性や慢性毒性のある物質が注目されたのは，カネミ倉庫株式会社で製造された食用油の製造工程において，熱媒体として利用されていたPCBが漏出し，食用油に混入する事件（カネミ油症事件として知られる）がきっかけであった．PCBは，熱に対して安定的で，電気絶縁性が高く工業製品として優れており，急性毒性もないことから，毒物及び劇物取締法の対象外物質であった．しかし，事件の後，肌の異常や肝機能障害などの慢性毒性があることや，PCBを摂取した妊婦の胎児への影響も報告されたことから，こうした性状の化学物質を規制する必要性が生じた．

このような状況を踏まえ，化審法として知られる「化学物質の審査及び製造などの規制に関する法律」が制定されるに至った．当初，化審法は，化学物質が難分解性かつ人の健康を損なうおそれがある性状であるかどうかを事前に審査し，その結果に応じて必要な規制を行うことを目的としていた．こうした化学物質の事前審査を伴う法律は，世界に先がけたものであったが，近年，人への健康影響のみならず，動植物への影響を懸念する声の高まりや，2009年の持続可能な開発に関する国際会議において，「化学物質が，人の健康と環境にもたらす著しい悪影響を最小化する方法で，使用，生産されることを2020年までに達成する」という国際合意の達成に向けて，化審法は人に対する難分解性物質への対策という限定的な枠組みを超え，あらゆる化学物質の人および動植物影響を対象とする包括的な規制となった．

②化審法の概要

化審法は，現在までに4度の改正を経て，ハザードベースでの化学物質の管理からリスクベースで

表 8·10 段階・状況・物質・用途・毒性別の化学物質関係法令一覧

規制段階	対象状況	対象物質	対象用途	対象毒性	法律
製造前	一般的状況	普通物質	一般工業用（汎用品含む）	慢性/生態	化審法
製造・輸入・販売・使用	一般的状況	普通物質	一般工業用（汎用品含む）	慢性/生態	化審法
				急性	毒劇法
				慢性/急性	家庭用品規制法等
			一般工業用	−	化管法（SDS 制度）
			特定用途（医薬，農薬，食品等）	慢性/急性/生態	薬事法，農薬取締法，食品衛生法等
			オゾン層破壊物質	−	オゾン層保護法
		特殊物質	覚せい剤，麻薬，化学兵器充填毒物等	慢性/急性	覚せい剤取締法，麻薬取締法，化学兵器禁止法等
	特定状況	条約対象物質の再利用・回収・処分のための輸入		慢性/急性/生態	バーゼル法，外為法
		労働環境		慢性/急性	労働安全衛生法，作業環境測定法
保管・輸送	陸上	危険物，高圧ガス，毒劇物，火薬類等		−	消防法，高圧ガス保安法，毒劇法，道路法等
	海上	危険物（火薬類，高圧ガス），有害液体物質		−	船舶安全法，海洋汚染防止法等
	航空	一般危険物		−	航空法等
輸出	一般輸出	毒劇法特定毒物，化審法第一種特定化学物質等		−	外為法
	条約対象物質の輸出	再利用・回収・処分のための輸出		慢性/急性/生態	バーゼル法，外為法
廃棄等	中間処理，焼却，埋立，海洋投入等			慢性/急性/生態	廃掃法，毒劇法，PCB 処理法，海防法
	回収，リサイクル等			−	オゾン保護法，家電リサイクル法
排出	大気			慢性	大気汚染防止法，悪臭防止法，ダイオキシン対策法等
	公共用水域			慢性/生態	水質汚濁防止法，ダイオキシン対策特別措置法，海洋汚染防止法
	土壌，地下水			慢性	水質汚濁防止法
環境中の残留	土壌，地下水			慢性/急性	土壌汚染対策法
				慢性/生態	水質汚濁防止法，農用地汚染防止法
				慢性	廃掃法，ダイオキシン対策特別措置法
全般	全般（自主的取組）			−	化管法（PRTR 制度）

第1回厚生科学審議会化学物質制度改正検討部会化学物質審査規制制度の見直しに関する専門委員会ワーキンググループ第1回中央環境審議会環境保健部会化学物質環境対策小委員会化審法見直し分科会合同会合配布資料をもとに筆者作成．

8章 関係法令

表8·11 化学物質関連法令の規制内容

法律	対象物質等	規制対象となる物質の性質（判断の根拠）	事前審査	SDS	表示	規制内容 — 認可・届出/取扱制限/禁止							規制内容 — 化学物質使用製品				排出量把握	環境への排出管理
						製造	輸入	使用	販売	輸出	製造	輸入	使用	販売	輸出	回収	廃棄	その他		
化審法	第1種特定化学物質	難分解性・高蓄積性・長期毒性	●		●	許可	許可	制限、届出								措置命令		汚染防止措置命令		
	第2種特定化学物質	難分解性・長期毒性	●		●	予定数量、変更命令ど届出、技術指針	予定数量変更命令ど届出指針	制限、届出、技術指針遵守			技術指針遵守	予定数量変更命令ど届出	制限								
	指定化学物質	難分解性・長期毒性の疑い	●			実績数量ど届出	実績数量ど届出											有害性調査指示		
毒劇法	毒物、劇物	急性毒性・皮膚、粘膜に対する刺激性		●	●	登録営取扱責任者	登録営取扱責任者	取扱責任者（無機シアン化合物）	登録営取扱責任者							措置命令	技術基準	貯蔵・運搬の基準遵守		
	特定毒物	急性・皮膚、粘膜に対する刺激性・発がん性が極めて強く被害が発生する危険が著しいもの			●	登録*研究用途：許可	登録*研究用途：許可	特定毒物使用者のみ*研究用途：許可	登録							措置命令	技術基準	貯蔵・運搬の基準遵守		
薬事法	医薬品、医薬部外品、化粧品、医療用具	急性/亜急性毒性・慢性毒性・感作性・がん原性・生殖毒性	●	●	●	業許可承認	業許可承認		業許可承認	業許可承認	業許可承認	業許可承認		届出		措置命令	措置命令			
	毒薬、劇薬 など		●	●	●	業許可承認	業許可承認		業許可承認	業許可承認	業許可承認	業許可承認				措置命令	措置命令			
食品衛生法	食品、添加物、天然香料、飲食器など器具、食品容器包装	急性毒性・慢性毒性・刺激性・感作性・変異原性・繁殖毒性・残留性	●		●	基準・規格基準遵守	基準・規格基準遵守		基準・規格基準遵守			基準・規格基準遵守	基準・規格基準遵守	基準・規格基準遵守	基準・規格基準遵守		措置命令				
農薬取締法	農薬	急性毒性・慢性毒性・刺激性・感作性・がん原性・変異原性・水生生態毒性	●		●	農薬登録	農薬登録	農薬登録	農薬登録			農薬登録	農薬登録	（使用基準遵守）		回収努力				
	指定農薬・作物残留性農薬・土壌残留性農薬・水質汚濁性農薬		●		●									使用基準遵守	業者届出	回収努力				
肥料取締法	普通肥料		●		●	肥料業の登録	肥料業の登録		届出、保証票添付							措置命令		異物混入の禁止		
	特殊肥料		●		●	業の届出	業の届出		届出											
飼料安全法	飼料、飼料添加物				●	業者届出、基準・規格基準遵守	業者届出、基準・規格基準遵守		業者届出、基準・規格基準遵守、販売禁止			業者届出、基準・規格基準遵守	業者届出、基準・規格基準遵守	使用基準遵守	業者届出		措置命令		異物混入の禁止		

8・5 化学物質関連法

法令	対象物質	有害性項目	調査	製造・使用規制	使用条件	販売規制	措置命令	その他
有害家庭用品規制法	家庭用品	急性毒性、慢性毒性、皮膚刺激性、感作性、皮膚腐食性、生殖毒性 など						指定用品の基準の設定
建築基準法改正案	建築物、建築材料	皮膚刺激性、特定臓器毒性			窓・換気設備の設置、基準適合建材の使用			
PRTR法	第1種指定化学物質	呼吸器・皮膚刺激性、発がん性、生殖毒性、特定臓器毒性、水生生態毒性	●					●
	第2種指定化学物質		●					
労働安全衛生法	新規化学物質	がん原性、変異原性	●					
	既存化学物質	がん原性、変異原性	調査後の防止措置、勧告					有害性調査指示
	製造等禁止物質	慢性毒性、発がん性、神経毒性	調査後の防止措置、勧告	禁止 *研究用途:許可				
	製造許可物質(特化則第1類物質)	がん原性、特定臓器毒性	調査後の防止措置、勧告	禁止 *研究用途:許可				
	ベンゼン等政令に掲げる物質	急性毒性、慢性毒性	調査後の防止措置、勧告	許可				
大気汚染防止法	特定物質等政令で規定	発がん性、慢性毒性、特定臓器毒性						
水質汚濁防止法	有害物質、特別管理法令で規定	発がん性、慢性毒性						
廃棄物処理法	廃棄物、特別管理廃棄物	爆発性、引火性、反応性、酸化性、自然発火性、禁水性、腐食性、毒性(急性・慢性)、生体組織の破壊、生態毒性、感染性 *特別管理廃棄物の判断基準					●	マニフェストによる処理確認 収集・運搬・処分等：基準遵守 処理基準
海洋汚染防止法	有害液体物質として法令で規定	水生生態毒性						●

経済産業省 第3回化学物質総合管理政策研究会配付資料をもとに筆者作成

8章 関係法令

の管理へと規制体系を移しており，日本における化学物質の包括的な管理制度となっている．リスクベースの管理とは，化学物質の有害性だけではなく，暴露量や用途を併せて勘案することで，たとえば有害性が低い物質であっても，直ちに安全であるとするのではなく，その暴露量や用途を踏まえた規制を行う管理である．

そのため，化審法では，対象となっているすべての化学物質について，有害性評価のための情報のみならず，製造・輸入数量・用途の届出が義務づけられており，国はそうした情報を基に環境中の暴露状況を推計し，有害性などの情報も併せて評価を行うこととなっている．

化審法では，新規化学物質と既存化学物質を含む一般化学物質でその扱いが異なる．新規化学物質は，日本において新たに製造または輸入される化学物質（新規化学物質）について，その製造または輸入を開始する前に国に届出を行う必要がある．これは，審査によって規制の対象となる化学物質であるか否かを判定するまでは，原則として，その新規化学物質の製造または輸入をすることができないことを意味する．

化審法の手続きが必要な化学物質は，図8・6に示す判断フローによる．

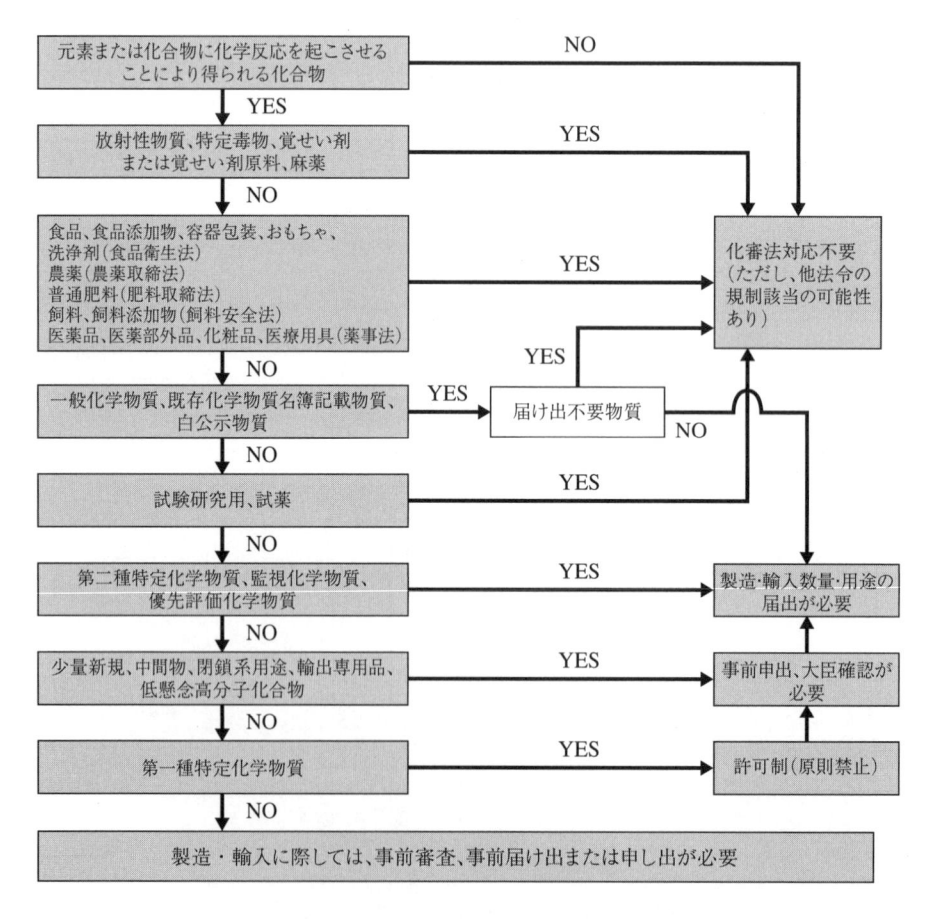

図8・6 化審法の手続きが必要な化学物質の判断フロー

上記判断フローに則り，新規化学物質である場合には，試験研究や試薬，中間物などの特例を除いて事前審査が必要となる．

事前審査においては，各種試験成績を届出に添付する必要がある．試験は，化審法に基づく優良試験所基準（GLP）の要件を備え，適合確認を受けている試験施設で行うことが必要となっている．

届出に添付する試験成績は，下記の内容となっている．

> (i) 微生物などによる化学物質の分解度試験
> (ii) 魚介類の体内における化学物質の濃縮度試験
> (iii) スクリーニング毒性試験
> (iv) 生態毒性試験
> (v) 高分子フロースキーム試験

これらの試験成績が添付された届出に応じて，国は月1回開催される審議会で学識経験者の意見を聴取したうえで，届出を受理した日から3カ月以内に，対象化学物質の分解性，蓄積性，人への長期毒性の疑いおよび生態毒性の有無について審査を行い，下記の5つの区分のいずれに該当するかを判定する．

> (i) 第1種特定化学物質…難分解性，高蓄積性及び人又は高次補食動物に対しての長期毒性を有する化学物質
> (ii) 監視化学物質…難分解性，高蓄積性であるが，人又は高次補食動物に対しての長期毒性の有無が明らかではない化学物質
> (iii) 優先評価化学物質…人の健康に係る被害を生じる恐れが無いと認められず，優先的に評価を行う必要のある化学物質
> (iv) 前記(i)～(iii)のいずれにも該当しない化学物質
> (v) いずれに該当するか不明

このうち，(v)のいずれに該当するか不明であると判定された場合には，必要に応じて，国は届出者に対して試験成績の提出を求め，その試験成績に基づいて，改めて(i)～(iv)のいずれに該当するか判定を行い，結果を届出者に通知する．新規化学物質の審査フローを図8・7に示す．

一般化学物質は，化審法制定以前から製造・輸入されていた既存化学物質と，化審法によりリスクが十分に低いと評価された物質を含むもので，法ではこれら一般化学物質の一定数量以上の製造・輸入を行った事業者に届出義務を課している．国は，スクリーニング評価，リスク評価により安全制評価を行い，有害性に係る既知見なども踏まえ，優先的に安全制評価を行う必要のある化学物質を「優先評価化学物質」として指定，必要に応じて，メーカーに有害性情報の提出を求めるとともに，ユーザーに対しても使用量と，環境中への暴露状況の報告を求めることとなる．

8章　関係法令

　1次リスク評価，2次リスク評価を経て，リスクが高いと判定された化学物質は，より厳格な取扱・管理が義務づけられている第2種特定化学物質として指定されることとなる．

　化審法では，このようにあらゆる化学物質の有害性，製造量などを監視することで，厳格な化学物質管理体制を構築している．化審法全体の管理フローを，図8・8に示す．

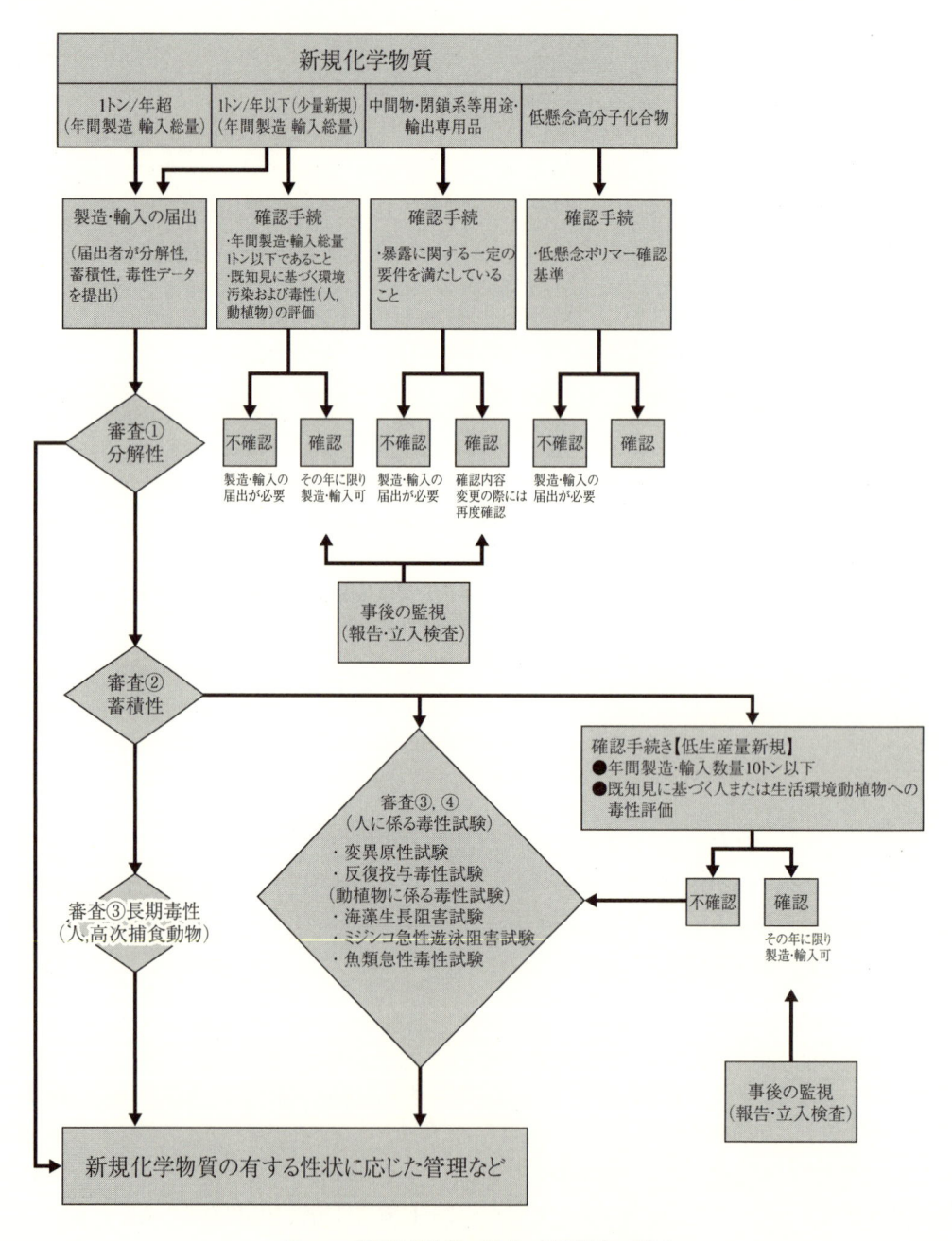

図8・7　新規化学物質の審査・確認制度の概要

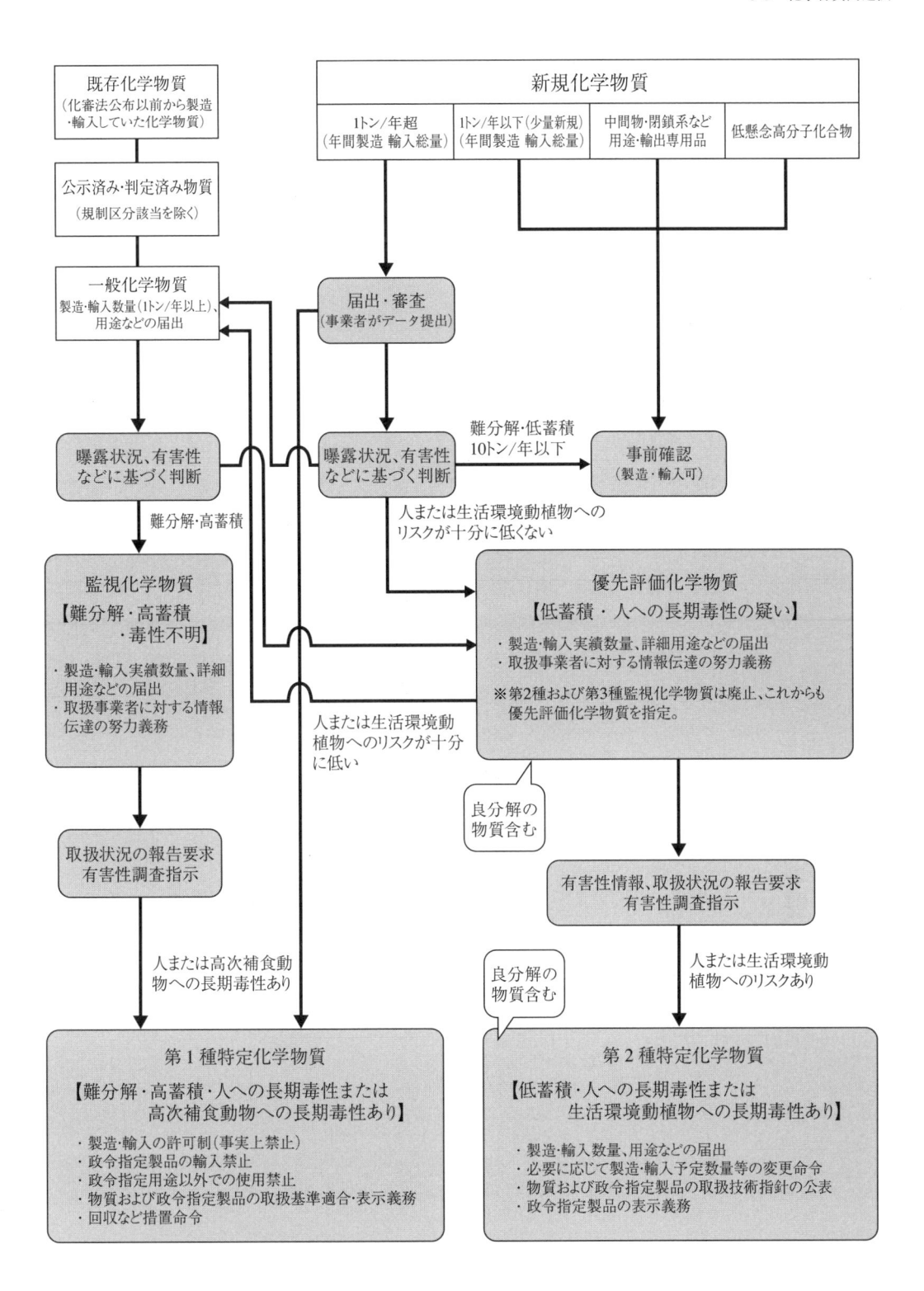

図8·8 化審法全体の管理フロー

③メーカーの責務

化審法は，このように化学物質を取り扱うメーカーにとって煩雑な手続きを要するものであり，場合によっては製品の製造・輸入に大幅な制限がかかる法律であるが，化審法をはじめとした規制の遵守は，化学物質を製造するメーカーの重大な責務である．

規制という言葉からは，メーカーにとって足かせであるという認識もあるが，一方，ひとたび環境を汚染してしまった際の被害，保障などを考えると，こうした法令の遵守が結果的にメーカーの利益を守ることになり得るという考え方もできる．

こうした厳格な化学物質規制のもとで，環境配慮という観点が欠かせないものとなっている以上，メーカーは規制の後追いではなく，むしろ積極的な化学物質の有害性など情報の収集と，それに基づく先進的な取り組み，すなわちよりリスクの低い製品開発を促進するなどの法令に先んじた対策が，競争に勝ち残る強みともなりえる．環境影響の低い製品の使用が，社会的に広く求められているからである．

化学物質メーカーは，こうした先進的な取り組みを行うことで，製品機能だけではなく，製品の普及が環境にもたらしうる影響について最大限配慮する責務があるといえよう．

4) 化管法
①歴史と概要

化学物質の管理は，製造者であるメーカーの責務は当然のことながら，化学物質の環境リスクを可能な限り低減するためには，使用するユーザー側においても化学物質の排出削減に取り組んでいく必要がある．

化管法として知られる「特定化学物質の環境への排出量の把握等及び管理の改善の促進に関する法律」は，数十万の化学物質が，それぞれ何らかの環境リスクをもっているという前提を踏まえて，個別の化学物質を一つ一つ規制していく従来の法規制だけでなく，全体として化学物質の排出量や使用量を削減していくために，化学物質がどのような発生源から，どれくらい環境中に排出されたか，あるいは廃棄物に含まれて事業所の外に運び出されたかというデータを把握し，集計し，公表することで，ユーザー側が化学物質の排出削減に取り組むための出発点となるよう制度化されたものである．化管法のうち，このような化学物質の排出・移動量の把握については，PRTR（Pollutant Release and Transfer Register：化学物質排出移動量届出制度）制度とも言われる．

制度の原型は，オランダおよびアメリカが導入した制度である．オランダは，国の環境政策の進捗を監視するため，「排出目録制度」としてスタートし，さまざまな改善を通してPRTR制度を発展させてきた．

一方のアメリカにおいては，米国化学企業のインド工場において，有害物質が大量に大気中に放出され，死者2,000人を出す大事故が，PRTR制度導入のきっかけとなった．ボパール事件として知られるこの大惨事のわずか1年後，同企業はアメリカ国内のウェストバージニア工場においても同様の漏えい事故を起こしたことから，地域住民は企業が化学物質をどこでどのくらい使っており，どの程度排出されているのかを知る権利があるという世論が高まり，PRTR制度の原型である「有害物質排

出目録」制度が制定された．

　世界的にPRTR制度の重要性が認識されたきっかけは，1992年にリオデジャネイロで開かれた国連環境開発会議であった．ここで採択された持続可能な開発のための行動計画「アジェンダ21」では，PRTR制度が「情報の伝達・交換を通じた化学物質の管理」であり，「化学物質のライフサイクル全体を考慮に入れたリスク削減の手法」として，このようなシステムの充実を国際社会に求める内容であった．日本の化管法は，こうした国際社会の動きに合わせ，検討が進められ，1999年に導入された．

　化管法は，化学物質の排出・移動量の把握に関する制度であるPRTR制度と，事業者による特定の化学物質の性状および取り扱いに関する情報提供に関するSDS制度の2つの制度から成り立っている．

　PRTR制度は，人の健康や環境に有害なおそれのある化学物質について，事業所からの大気・水・土壌などの環境への排出量および廃棄物に含まれて事業所外へ移動する量を事業者が自ら把握し，国に届出を行うとともに，国は届出データや届出対象となっていない事業者などからの排出量の推計に基づき，排出量・移動量を集計，公表する制度である．

　対象となっている物質は，人や生態系に有害な影響をもたらす恐れがある物質や，オゾン層破壊物質で，環境に広く暴露する可能性があると認められる物質で，462物質が指定されている．これらを法では，第1種指定化学物質としている．代表的な物質およびそれらが使われている製品例は下記のようなものがある．

(i) トルエン，キシレン，エチルベンゼン（インキ，塗料，接着溶剤など）

(ii) 塩化メチレン（金属洗浄剤など）

(iii) トリクロロエチレン，テトラクロロエチレン（溶剤，合成原料）

(iv) マンガンおよびその化合物（特殊鋼，電池など）

(v) 鉛およびその化合物（バッテリー，顔料など）

(vi) 臭化メチル，フェニトロチオン（農薬など）

(vii) その他　オゾン層破壊物質，石綿など

　また，PRTR制度の対象となる事業者（表8・12）は，金属鉱業，原油・天然ガス鉱業，製造業など24の業種が対象とされており，電気業も含まれる．

　対象となる化学物質を扱う対象業種の事業者は，法で定められた一定の取扱量，形状，含有量などにより，PRTRの届出が必要となる．PRTRの届け出が必要である場合，届出対象事業者は，対象化学物質の排出量・移動量を毎年度届け出る必要がある．届け出の情報は，物質別，業種別，地域別などの集計が行われ，一般に公表されるほか，届け出のあった個別事業所データは一般市民が開示請求を行うことができる．そこで，事業者にとって，企業秘密であるなどの理由で開示がはばかられる場合においては，それを証明する書面を提出することで，物質名に代えて，範囲の広い物質群の名称である対応化学物質分類名を用いることができる．たとえば，「無機化合物及び有機金属化合物」，「環炭化水素化合物」などの分類名がある．

表 8・12　PRTR 対象事業者

1	金属鉱業	4	電気業	22	医療業
2	原油・天然ガス鉱業	5	ガス業	23	高等教育機関（付属施設を含み，人文科学のみに係るものを除く）
3	製造業	6	熱供給業		
	a　食料品製造業	7	下水道業	24	自然科学研究所
	b　飲料・たばこ・飼料製造業	8	鉄道業	注：公務はその行う業務によりそれぞれの業種に分類して扱い，分類された業種が上記の対象業種であれば，同様に届出対象	
	c　繊維工業	9	倉庫業（農作物を保管する場合または貯蔵タンクにより気体または液体を貯蔵する場合に限る）		
	d　衣服・その他の繊維製品製造業				
	e　木材・木製品製造業				
	f　家具・装備品製造業	10	石油卸売業		
	g　パルプ・紙・紙加工品製造業	11	鉄スクラップ卸売業（*）(*) 自動車用エアコンディショナーに封入された物質を取り扱うものに限る		
	h　出版・印刷・同関連産業				
	i　化学工業				
	j　石油製品・石炭製品製造業	12	自動車卸売業（*）(*) 自動車用エアコンディショナーに封入された物質を取り扱うものに限る		
	k　プラスチック製品製造業				
	l　ゴム製品製造業				
	m　なめし革・同製品・毛皮製造業	13	燃料小売業		
	n　窯業・土石製品製造業	14	洗濯業		
	o　鉄鋼業	15	写真業		
	p　非鉄金属製造業	16	自動車整備業		
	q　金属製品製造業	17	機械修理業		
	r　一般機械器具製造業	18	商品検査業		
	s　電気機械器具製造業	19	計量証明業（一般計量証明業を除く）		
	t　輸送用機械器具製造業				
	u　精密機械器具製造業	20	一般廃棄物処理業（ごみ処分業に限る）		
	v　武器製造業				
	w　その他の製造業	21	産業廃棄物処分業（特別管理産業廃棄物処分業を含む）		

　化管法におけるもう一方の制度である SDS（Safety Data Sheet）制度は，2011 年まで MSDS（Material Safety Data Sheet）と呼ばれていたが，2012 年の政省令改正により，国際整合の観点から，GHS で定義されている「SDS」に統一されることとなった．
　SDS 制度は，メーカーが自身で製造する化学物質について，その有害性などの情報を知り得ることは容易である一方で，取引先に関してそのような情報は積極的に提供されないことを鑑みて，事業者から事業者への有害性などの情報の確実な伝達の必要が認識され，化学物質を取り扱う上流から下

流までの事業者が適切な管理を行うために，十分な情報が伝達されるよう制度化されたものである．

世界的には，国境を越えて様々な化学物質が流通する関係上，国際標準となる情報伝達方法の整備の必要性が高まり，2003年，化学品の分類・表示方法の国際標準として「化学品の分類および表示に関する世界調和システム（GHS）」が国連において採択されるに至った．こうした動きに合わせて，化管法におけるSDS制度においても，GHSに基づくJISに適合するSDSおよびラベルの提供が努力義務となっている．

SDS制度の対象物質は，PRTR制度の第1種指定化学物質である462物質に加えて，暴露量がより低いと見られる100物質（第2種指定化学物質）を合わせた合計562物質が対象となっている．対象事業者は，PRTR制度のように，業種や規模，取扱量の要件はなく，第1種指定化学物質，第2種指定化学物質のいずれかもしくは両方を，法で定める一定以上含有している製品を取り扱うすべての事業者となっている．

SDS制度では，取り扱う化学物質について，表8・13の事項を記載し，提供することが努力義務となっている．また，容器または梱包などに，図8・9に例示するラベルによる情報提供を行うことも努力義務となっている．

表8・13 SDS制度における記載事項

1. 製品及び会社情報 　製品名，MSDSを提供する事業者の名称，住所，担当者の連絡先	6. 浸出時の措置 7. 取扱い及び保管上の注意 8. 暴露防止及び保護措置
2. 危険有害性の要約 　※化学物質，混合物のGHS分類及び絵示等を記載	9. 物理的及び化学的性質 　※GHS分類の根拠を記載 10. 安定性及び反応性
3. 組成及び成分情報 　含有する対象化学物質の名称，指定化学質の種別，含有率（有効数字2けた） 　※カットオフ値，有害成分を記載	11. 有害性情報 ※GHS分類の根拠を記載 12. 環境影響情報 13. 廃棄上の注意 14. 輸送上の注意
4. 応急措置 5. 火災時の措置	15. 適用法令 16. その他

（※GHS分類に該当する場合に記載）

1. 製品特定名
2. 注意喚起語
3. 絵表示
4. 危険有害物質情報
5. 注意書き
6. 供給者の特定
7. その他国内法令によって表示が求められる事項

炎　健康有害性　環境

図8・9 ラベルによる情報提供の記載事項とラベル例

②ユーザーの責務と化管法

　化管法は，化学物質の管理を改善，強化するために必要な情報整備を促進する制度であって，制度そのものは化学物質の使用量の届出であることから，使用量の削減には直結しない．しかし，ユーザーを含めた化学物質の取扱者に求められるのは，化管法にもとづく PRTR 制度などを通じて得た情報をもとに，排出削減のための設備改善や再利用の徹底，工程の見直しや使用量削減のための自主的な努力である．

　こうした自主努力の促進のため，化管法では，事業者が講ずべき指定化学物質などの管理に係る措置を，「化学物質管理指針」としてまとめている．

　化学物質管理指針は，事業者が化学物質の管理に関して一般的・業種横断的に講ずべきと考えられる4つの事項に整理されている．下記に，それぞれの事項に関する内容を示す．

第1　管理体制の整備や化学物質の排出量の抑制に関する事項
　一　化学物質の管理の体系化
　　化学物質の管理の方針を定め，当該方針に即し，具体的な目標及び方策を定めた管理計画を策定するとともに，その確実な実施のための体制を整備すること．
　二　情報の収集，整理等
　　指定化学物質等の取扱量等を把握するとともに，指定化学物質等やその管理の改善のための技術に関する情報を収集・利用し，必要な管理対策を実施すること．
　三　設備点検等の実施，廃棄物の管理，設備の改善及び主たる工程に応じた対策の実施により，指定化学物質の環境への排出の抑制に努めること．

第2　化学物質の使用量の合理化を図るための事項
　一　化学物質の管理の体系化，情報の収集，整理等
　　指定化学物質を可能な限り有効に用いるため，回収率の向上，再利用の徹底等を図るとともに，使用量の管理の徹底をはかること等により，指定化学物質の使用の合理化を図ること．
　二　化学物質の使用の合理化対策
　　把握又は収集した情報に基づいて，取り扱う指定化学物質等について，その有害性，物理的科学的性状，排出量並びに排出ガス及び排出水中の濃度等を勘案しつつ，工程全体の見直しや主たる工程に応じた対策の実施により使用の合理化対策の実施に取り組むこと．

第3　リスク・コミュニケーションに関する事項
　　指定化学物質等の管理活動に対する国民の理解を深めるため，事業活動の内容，指定化学物質等の管理の状況等に関する情報の提供等に努めるとともに，そのための体制の整備，人材の育成等を行うこと．

第4　SDS の有効活用に関する事項
　　指定化学物質等の性状及び取扱いに関する情報（SDS）を活用し，指定化学物質の排出状況の把握その他第一から第三の事項の適切な実施を図るとともに，「化学品の分類および表示に関する世界調和システム（GHS）」に基づく日本工業規格 Z7252 及び Z7253 に従い，化学物質の自主的な管理の改善に努めること．

このように化学物質管理指針では，設備改善や化学物質使用の合理化に加えて，国民理解の増進のための体制整備や情報提供，人材育成といった内容があるほか，SDS 制度を有効活用し，安全な取り扱いが関係者に周知を図ることなども示されている．

　ユーザーは，このような指針に留意しつつ，取扱う化学製品に関して理解を深めるとともに，法令に則った届出などを機械的にこなすのではなく，使用量の削減などの自主努力，有害性情報の周知徹底，地域住民などへの理解増進に努める責務がある．

〈石黒秀典〉

文　献

浅野直人（2011）：環境影響評価法の改正について，環境アセスメント学会 2011 年度研究発表要旨集，環境アセスメント学会，15-20.

Furuta, T., N. Iwata, K. Kikuchi and K. Namba（2005）：Effects of copper on survival and growth of larval false clown anemonefish Amphiprion ocellaris, *Fish. Sci.*, 71, 884-888.

亀屋隆志・藤江幸一（2009）：排水規制及び水質保全対策とその成果，「日本の水環境行政 改訂版」（社団法人日本水環境学会 編），ぎょうせい，90-108.

環境省（2007）：水質汚濁防止法関係資料　I.　水質汚濁防止法の概要，https://www.env.go.jp/air/info/pp_kentou/pem01/mat02_2.pdf，平成 19 年 8 月．

環境省（2011）：化学的酸素要求量，窒素含有量及びりん含有量に係る総量削減基本方針，http://www.env.go.jp/water/heisa/7kisei/sakugen_houshin.pdf，平成 23 年 6 月．

環境省　水・大気環境局水環境課（2012）：一律排水基準，環境省ホームページ　http://www.env.go.jp/water/impure/haisui.html.

環境庁（1971）：水質調査方法，昭和 46 年 9 月 30 日　環水管 30 号．

熊本県（2010）：水質汚濁防止法等の基礎〜熊本県における規制・指導の状況等について〜，http://www.kumamoto-kankyo.jp/cate_02/101008_03.pdf，平成 22 年 8 月．

火力原子力発電技術協会（2003）：火力発電所における海生生物対策実態調査報告書，火力原子力発電技術協会．

日本水環境学会（1999）：日本の水環境行政—その歴史と科学的背景—，ぎょうせい．

設立 25 周年記念事業実行委員会環境アセスメント史執筆小委員会（2003）：日本の環境アセスメント史，日本環境アセスメント協会．

大阪府（1994）：大阪府生活環境の保全等に関する条例施行規則，http://www.pref.osaka.jp/houbun/reiki/reiki_honbun/ak20103931.html，平成 6 年 10 月．

参考文献

中小企業基盤整備機構（2013）：化学物質排出把握管理促進法パンフレット．

中小企業基盤整備機構（2011）：化学物質審査規制法パンフレット．

電気化学協会海生生物汚損対策懇談会（1991）：海生生物汚損対策マニュアル，技報堂出版．

電気事業連合会（2013）：電気事業における環境行動計画，電気事業連合会．

磯　舜也（1983）：海水による装置・構造物の腐食，生物汚れとその対策，日本海水学会誌，37（2），124-134.

貝目善弘（2012）：環境 ISO 対応　現場で使える環境法，産業管理協会．

火力原子力発電技術協会（2000）：火力原子力発電必携，火力原子力発電技術協会．

火力原子力発電技術協会（2002）：入門講座　火力発電所の環境保全技術・設備Ⅱ．関連法規，53（5），559-578.

環境アセスメント学会（2013）：環境アセスメント学の基礎，恒星社厚生閣．

環境アセスメント研究会（2007）：実践ガイド　環境アセスメント，ぎょうせい．

環境影響評価制度研究会（2006）：環境アセスメント最新知識，ぎょうせい．

環境省（2000）：循環型社会への挑戦，パンフレット．

環境省総合環境政策局環境影響評価課（2012）：パンフレット「環境アセスメント制度のあらまし」．

川上　毅（2012）：概観：環境行政史，環境研究，165，50-87.

経済産業省：化学物質管理指針，http://www.meti.go.jp/policy/chemical_management/law/information/info2.html．
経済産業省（2002）：平成14年第3回化学物質総合管理政策研究会配布資料．
北林興二（2007）：発電所に係る環境影響評価について，「環境影響評価法公布10周年記念シンポジウム資料」，日本環境アセスメント協会，13-14．
厚生労働省（2008）：平成20年第1回厚生科学審議会化学物質制度改正検討部会化学物質審査規制制度の見直しに関する専門委員会ワーキンググループ第1回中央環境審議会環境保健部会化学物質環境対策小委員会化審法見直し分科会合同会合配布資料．
南川秀樹（1998）：日本の公害経験と国際協力，日本公共政策学会年報．
日本化学会（2005）：環境科学　人間と地球の調和をめざして，東京化学同人．
日本エヌ・ユー・エス株式会社，東京青山・青木・狛法律事務所，ベーカー＆マッケンジー外国法事務弁護士事務所，有限会社洛思社，株式会社山武，松本和彦監修（2012）：業務フローから読み解くビジネス環境法，レクシスネクシス・ジャパン株式会社．
佐藤　泉（2012）：廃棄物処理法重点整理，TAC出版．
衆議院調査局環境調査室（2009）：化学物質対策～国内外の動向と課題～．
東京都（2012）：東京湾における東京都の化学的酸素要求量，窒素含有量及びりん含有量に係る総量削減計画，http://www.kankyo.metro.tokyo.jp/water/pollution/attachement/%E7%AC%AC7%E6%AC%A1%E7%B7%8F%E9%87%8F%E5%89%8A%E6%B8%9B%E8%A8%88%E7%94%BB.pdf，平成24年2月．

9章　対策技術の実用事例と開発事例の紹介

　発電所現場では，海水設備の機能を維持するために多様な対策が検討され，実用化されている．9章では，実際に国内の発電所現場で採用されているクラゲ対策，付着生物モニタリング，貝などの付着防止対策，貝などのコンポスト化技術，まだ採用されていないが既に開発を終えて現場への適用を待っている最新の技術，さらには海外で採用されている技術について紹介する．海外では，日本国内とは異なる法規制環境となっており，すぐに国内で適用できない事例もあるが，世界の動向を知ることは柔軟な対応技術を検討する上で有効である．

　9・1　クラゲ対策①　クラゲ洋上処理
　9・2　クラゲ対策②　クラゲなど海生生物流入対策
　9・3　クラゲ対策③　クラゲ減容化技術
　9・4　クラゲ対策④　クラゲ監視システム
　9・5　クラゲ対策⑤　クラゲなど対策のための取水槽塵芥ピット
　9・6　付着生物のモニタリング技術
　9・7　付着防止技術①　高機能清掃ロボット
　9・8　付着防止技術②　海水電解装置
　9・9　付着防止技術③　防汚パネル（1）取水路への設置
　9・10　付着防止技術④　防汚パネル（2）取水管への設置
　9・11　付着防止技術⑤　マイクロバブルによる生物付着抑制
　9・12　コンポスト化処理
　9・13　海外の事例

バイオボックスに付着した貝類

9・1　クラゲ対策①　クラゲ洋上処理

東北電力(株)東新潟火力発電所では電力需要の高い夏場がクラゲ流入時期で，その量は年間平均約300トンに及んでおり，流入したクラゲは取水障害に伴う発電量抑制や除塵装置故障を引き起こしていた．また，除塵装置で回収したクラゲは，そのまま廃棄物として処理すると水分を多く含み多額の費用を要していた．脱水して減容を図ると，その間に腐敗して著しい悪臭を放つ課題もあった．

このような状況下で東北電力(株)は捕獲したクラゲを観察し，日ごとに痩せて小さくなり最後には消滅したことに着目し，クラゲの生態を活用したクラゲの流入防止と処理を一連で行う新しいシステムを開発した．ここでは，東北電力(株)が開発したクラゲ洋上処理システムについて紹介する．

1) クラゲ洋上処理システムの仕組み
①システムの基本構成
本システムは，図9・1および図9・2に示すように主に誘導網，侵入防止網，回収台船，移送ポンプ，洋上貯留槽で構成される．各処理工程は目的ごとに，回収（クラゲを効率よく集めること），移送（クラゲを生存状態のまま移送すること），消滅（水質管理値内でクラゲを消滅させること）と大きく3つのプロセスに分類することができる．

②システムの特徴
本システムでは，取水口に流入したクラゲを除塵装置手前で誘導網により効率よく誘導し，回収台船を経由して洋上に設置した移送ポンプにより，生存状態のままクラゲを損傷させず，洋上貯留槽に移送する（陸揚げしないため，廃棄物に該当しない）．

洋上貯留槽に収容したクラゲは，流れのない箇所に密集し，動きが制限されることで，クラゲ自身が保有する自己分解酵素により，約5日間で完全に自然消滅する．

2) 設備構成
①回収プロセス
取水口へ向かう流れと片側の網の角度は，30度以内（左右両網では60度以内）にすることで，水は網を通過し，クラゲだけを下流へ誘導できる．誘導網の最下流部は，袋状で頂点に位置する回収台船に接続し，クラゲは回収台船の吸込口に到達する．また，侵入防止網は，2つの誘導網の間に追設したものであり，取水口へのクラゲの流入を防ぎつつクラゲの回収を補助する役割をもつ．

②移送プロセス
誘導網などにより回収したクラゲを，回収台船から移送配管を経由し，洋上貯留槽に移送する手段として，主に漁業の養殖場で用いられているインペラのないフィッシュポンプを改良したクラゲ移送ポンプを設置した．

③消滅プロセス
図9・3に洋上貯留槽の断面図を示す．消滅プロセスを構成する装置である洋上貯留槽は，ナイロン

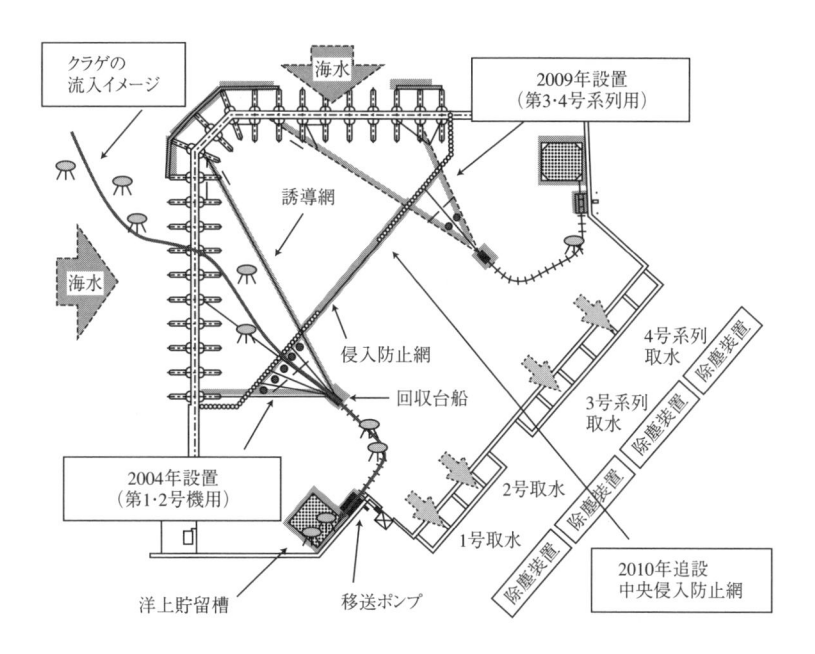

図9・1 クラゲ洋上処理システムの仕組み

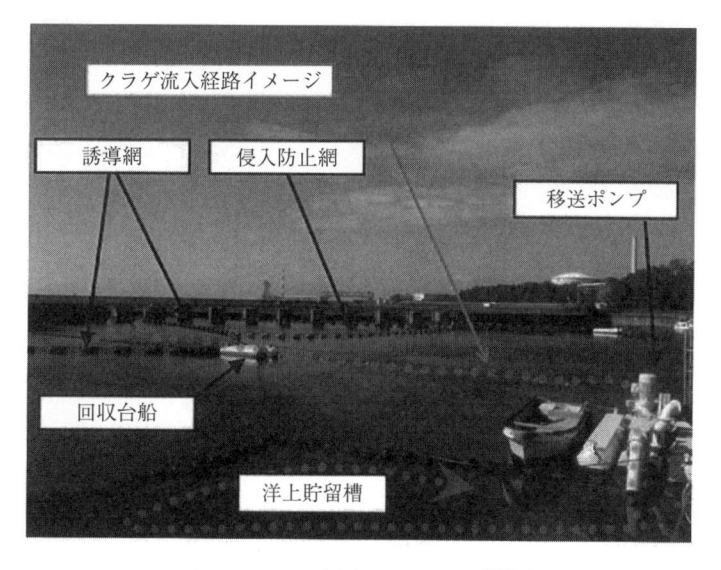

図9・2 クラゲ洋上処理システム（外観）

網地製であり，クラゲの消滅機能と悪臭対策の機能を確保するため，網地上部の内側にシートを布設している．これにより，貯留槽の表層部は移送ポンプからの吐出流により，緩やかな環流を発生させている．元気なクラゲは上部で遊泳させつつ，衰弱したクラゲからシート下部の網に誘導し，クラゲ減量の促進効果が図られるとともに，水中でクラゲが消滅するため，消滅過程で発生する臭気の拡散を防止できる．

3) 装置の処理性能
① クラゲ回収性能
安定した取水を確保しつつ，クラゲの流入経路によらず，流入するクラゲの80〜90％を確実に除塵装置の手前で捕捉することに成功した．
② 環境負荷の低減
本システムは，クラゲ自身の保有する酵素により自然と消滅する生態を活用して，捕捉したクラゲを完全に消滅させることに成功しており，その結果，クラゲの産業廃棄物処理量は大幅に低減した．加えて海水中で消滅するため，従来発生していた腐敗に伴う悪臭も完全に防止できた．
③ 経済効果
負荷抑制回避，産業廃棄物処理費の低減，除塵装置などの損傷に伴う修理費の軽減などの効果を得た．

4) 運用実績
2003年本システム運用開始前後の発電プラントのクラゲ流入に起因した負荷抑制回数の推移を図9・4に示す．設置前は年4〜6回発生していた負荷抑制が，設置後，大幅に減少している．また，2008年および2009年に負荷抑制が年1回発生しているが，これは，2006年の発電プラント（4-2系列）の運開に伴う取水口の流況の変化による影響であり，回収性能の向上対策として，2009年度にシステムの増設および2010年度に侵入防止網を追設している．その結果，流入経路が変化しても安定した回収率を確保し，安定運転に大きく寄与することができた．

5) 特許の有無
クラゲの洋上処理システム：特許第4734107号

（東北電力（株））

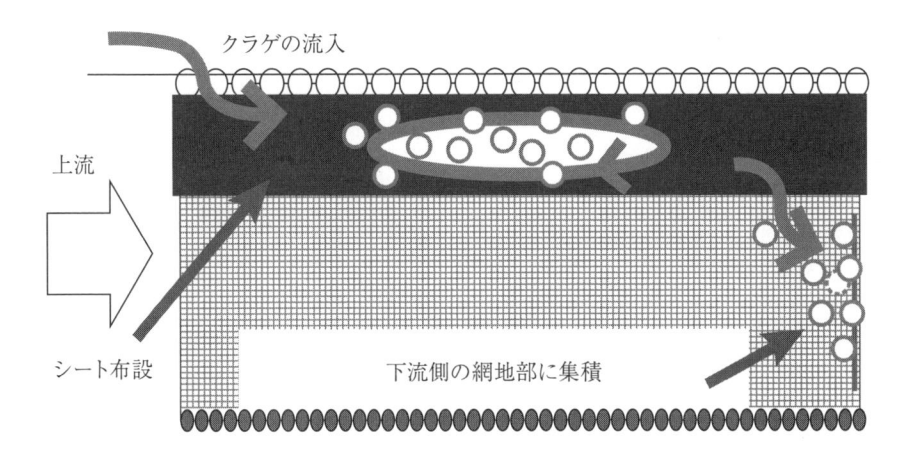

図 9・3　洋上貯留槽断面図

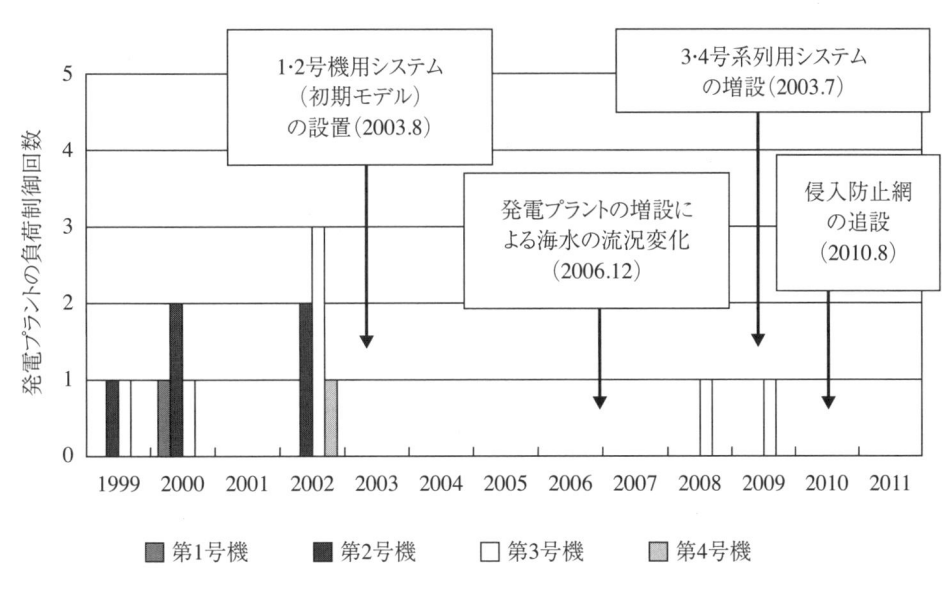

図 9・4　クラゲ流入を起因とする発電プラントの負荷抑制回数

9・2　クラゲ対策②　クラゲなど海生生物流入対策

北陸電力(株)は，5火力発電所10ユニットの汽力発電設備を有している（表9・1）．復水器冷却用水として海水を利用しているが，海生生物の流入・付着などにより，復水器の冷却能力低下に伴う発電機出力制限や軸受冷却水用クーラ（以下，海水クーラ）の冷却能力低下，海水除塵装置（以下，ロータリースクリーン）損傷などの不具合が発生する．

海生生物流入増大時期は，電力需要が高まる夏季と重なるため，当社では夏季前に下記の対応を実施し，電力の安定供給に努めている．
　①復水器点検・清掃
　②海水クーラ点検・清掃
　③ロータリースクリーン点検・補修
　④クラゲ来襲時に備えた連絡体制構築と対応訓練
　⑤クラゲ流入対策設備の点検，設置

上記，①～④については，5火力発電所共通事項，⑤については，各所各々のクラゲ流入対策設備について実施している．

ここでは，クラゲ流入対策設備の概要とクラゲ流入防止に大きな効果を得た七尾大田火力発電所の事例を紹介する．

1) クラゲ流入対策設備

クラゲ流入対策設備については，クラゲ来襲頻度や取水設備構造などを勘案し，発電所ごとに必要な対策を講じ（表9・2），クラゲ来襲時の影響低減を目的に設置している．
　①監視用カメラ
　　取水部にカメラを設置，中央制御室から監視することでクラゲ来襲を早期発見
　②バブリング空気設備
　　取水部海底に設置した空気配管よりバブリング空気を噴出することで，クラゲ流入を抑制
　③分散網
　　クラゲ群集を分散させることで，流入速度を抑制

2) 七尾大田火力発電所の事例
①クラゲ流入対策設備設置の経緯

七尾大田火力発電所の取水設備は，発電所護岸より沖合い90 mの位置にカーテンウォールを設置し，1, 2号機の復水器冷却用として海水を取水している．

発電所運開以来，クラゲ来襲による取水制限・負荷制限頻度が多いため，クラゲ流入対策設備として，カーテンウォールの内側にバブリング空気設備およびクラゲ分散網を2000年度に設置した．

これにより，クラゲの大量流入機会の低減が見られたが，更なるクラゲ流入防止を図るため，2005

年度に，カーテンウォールの外側にバブリング空気設備を追加設置した．

表9・1 汽力発電所一覧

発電所	ユニット	出力	主燃料	運開年月
富山火力発電所	4U	250MW	重油	1971年1月
富山新港火力発電所	石炭1U	250MW	石炭, 重油	1971年9月 (1984年11月)
	石炭2U	250MW	石炭, 重油	1972年6月 (1984年12月)
	1U	500MW	原油, 重油	1974年10月
	2U	500MW	原油, 重油	1981年11月
福井火力発電所	三国1U	250MW	重油	1978年9月
敦賀火力発電所	1U	500MW	石炭	1991年10月
	2U	700MW	石炭	2000年9月
七尾大田火力発電所	1U	500MW	石炭	1995年3月
	2U	700MW	石炭	1998年7月

＊運開年月の（　）内は石炭転換後の運開年月

表9・2 各発電所のクラゲ対策設備一覧

発電所	監視用カメラ	バブリング空気設備	分散網	備考
富山火力発電所	○	-	○（2重）	
富山新港火力発電所	○	○	-	
福井火力発電所	-	-	-	クラゲ大量流入至近10年なし
敦賀火力発電所	○	-	○	
七尾大田火力発電所	○	○（2重）	○（3重）	

②主要設備仕様

(i)バブリング空気設備

表9・3 バブリング空気設備の仕様

項　目	内側設備	外側設備
コンプレッサー吐出圧力・容量	0.69 MPa・9.0 m^3/min	0.69 MPa・12.0 m^3/min
コンプレッサー電動機出力・台数	55 kW・2台	75 kW・4台
バブリング用ホース	ゴムホース 50A ×約200 m	ゴムホース 50A ×約300 m

(ⅱ)クラゲ分散網

群集の分散を目的にクラゲ分散網を設置

表9・4　クラゲ分散網の仕様

クラゲ分散網	長さ	幅	目開き	材質
第1段目網	104 m	7 m	300 mm（150 mm 口）	ポリエチレン＋防藻加工
第2段目網	90 m	7 m	220 mm（110 mm 口）	ポリエチレン＋防藻加工
第3段目網	60 m	3 m	220 mm（110 mm 口）	ポリエチレン＋防藻加工

③運　用

(ⅰ)内側バブリング空気装置

通年運用（11月～5月は，クラゲの流入状況により停止）

(ⅱ)外側バブリング空気装置

6月～10月限定運用［11月～5月は，海中設備（ホースなど）撤去］

(ⅲ)クラゲ分散網

常時展張（夏季前の1カ月間で，網引揚げ・防藻加工を実施）

④対策後の効果

クラゲ分散網・バブリング空気装置設置により，対策なしケースに比べ取水制限回数および発電機出力制限の大幅低減を実現している．特に，2005年度に設置した外側バブリング空気装置の効果は大きく，取水制限回数低減に大きく寄与している（図9・5～9・7）．　　　　　（北陸電力(株)）

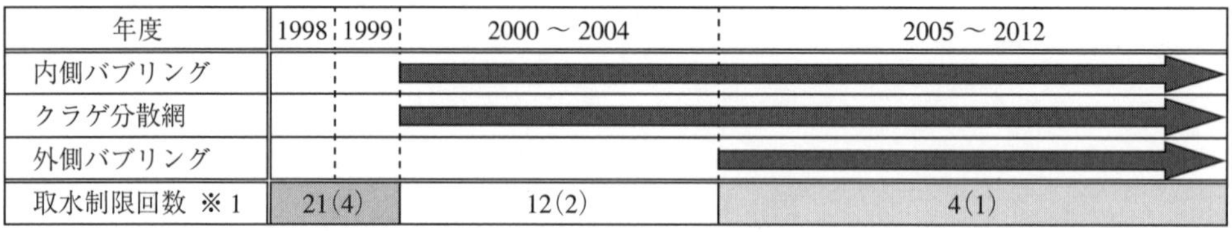

年度	1998	1999	2000～2004	2005～2012
内側バブリング			───────→	───────→
クラゲ分散網			───────→	───────→
外側バブリング				───────→
取水制限回数 ※1	21(4)		12(2)	4(1)

図9・5　クラゲ流入対策設備の効果

クラゲ流入対策設備の効果は，クラゲの出現が多い6～9月（4カ月/年度）で比較調査．
※1 取水制限回数は，期間における年度毎（4カ月/年度）の調査結果を平均した値
（　）内数字は取水制限のうち，発電機出力制限となった回数，小数点以下切り上げ

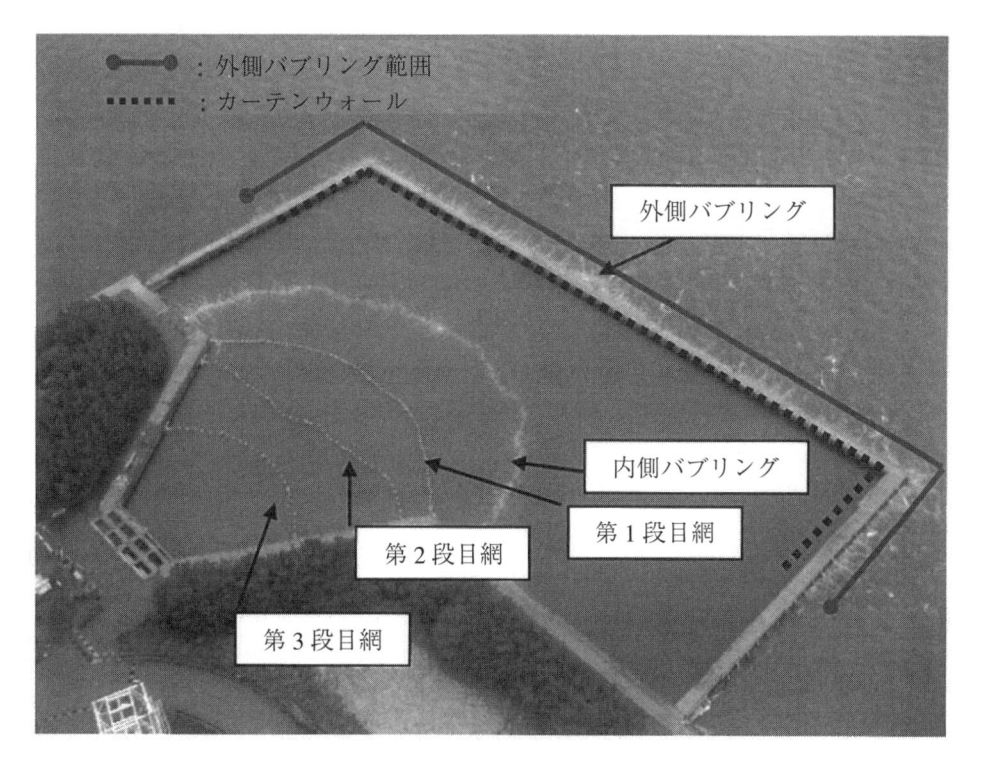

9・2 クラゲ対策② クラゲなど海生生物流入対策

図9・6 北陸電力(株) 七尾大田火力発電所の取水口外観状況

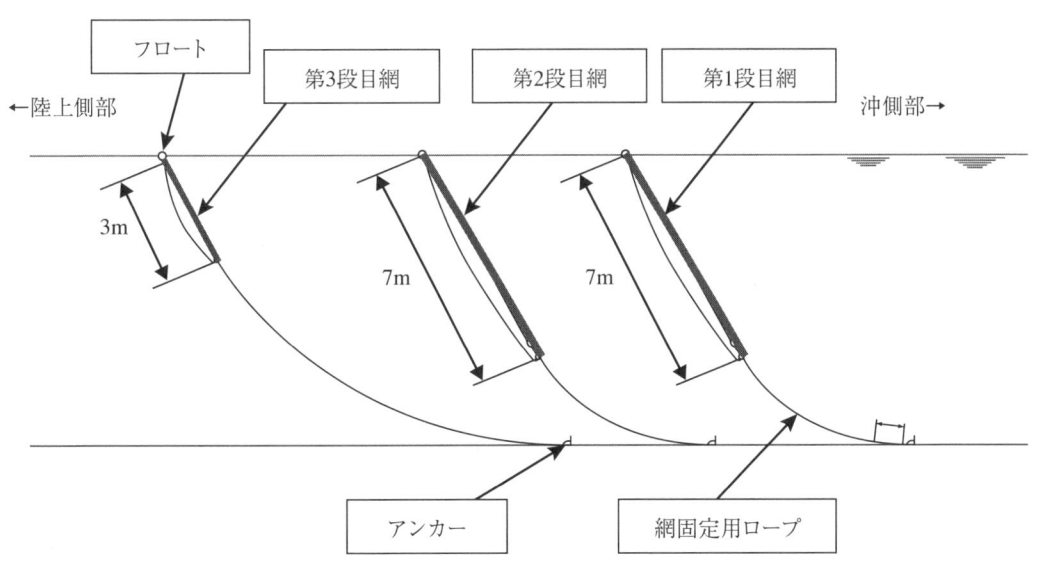

図9・7 クラゲ分散網断面図

9・3　クラゲ対策③　クラゲ減容化技術

発電所に押し寄せるクラゲを陸揚げすると廃棄物となるが，時として大量に発生することがあり，その処理は多大な時間と費用を要する．ここでは，関西電力(株)で開発されたクラゲの減容化処理装置について紹介する．

1）クラゲ減容化処理装置の開発目的

発電所では夏場を中心に来襲するクラゲを取水口前に設置した除塵装置にて回収し，陸揚げして廃棄物処理を行ってきたが，広大な処理スペースが必要な上，多大な時間と費用がかかっていた．また，法令の改正により，敷地内での埋設処分が難しくなるなどの理由から新たなクラゲの処理方法を開発する必要があった．

2）開発の概要

①クラゲ破砕方法の選定

処理システムを小型化にするため，陸揚げしたクラゲの破砕方法を検討した．当初は，減容率が高く，短時間で処理が可能なミキサー方式で検討を進めたが，泡立ちが起こるため泡の処理工程を必要とした．最終的に，カッター付水中ポンプを用いる方法により，泡の処理工程が不要となり短時間での破砕が可能となった．

②凝集処理方法の選定

破砕したクラゲの固液分離方法として，凝集沈殿処理と加圧凝集浮上処理を比較検討した．その結果，分離速度，および固体（汚泥）の濃縮性において加圧凝集浮上処理が優れていることを確認した．また凝集剤，凝集助剤の種類と濃度を変化させて試験した結果，破砕したクラゲに最適な条件を見出した．また，分離後の液体（排水）は，濾過器，活性炭塔を通過させることにより，SS，CODの濃度を低減できることを確認した．

③実証試験

パイロット試験装置を発電所構内に設置し，試験を実施した．装置は，破砕－加圧凝集浮上処理－濾過－活性炭塔で構成した（図9・8）．試験の結果，減容率は99％以上となり，排水（装置出口）のSSは10 mg/l 未満，CODは8 mg/l 未満となった（破砕したクラゲのSSは600～2,000 mg/l，CODは平均460 mg/l）．汚泥の溶出試験を環境庁告示第13号に基づく方法で試験した結果，特別管理産業廃棄物に係る判定基準を超過する項目がないことを確認した．また，処理費用は75％低減となった．

3）その後の取り組み

現在は，開発したクラゲ処理装置を発電所に設置し処理を実施している．

（関西電力(株)）

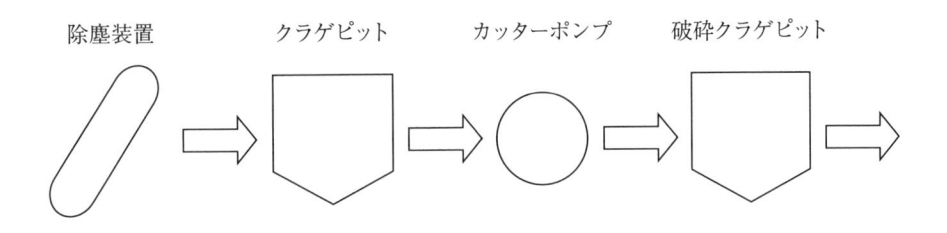

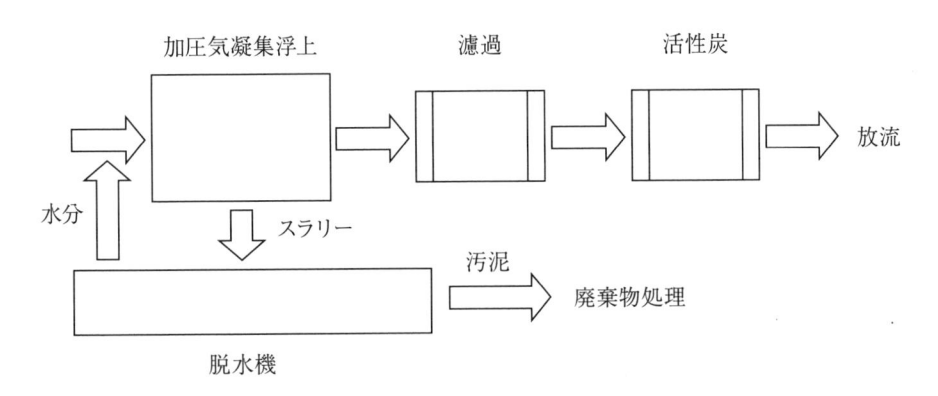

9・3 クラゲ対策③ クラゲ減容化技術

除塵装置 → クラゲピット → カッターポンプ → 破砕クラゲピット →

加圧気凝集浮上 → 濾過 → 活性炭 → 放流

水分 ↑ ↓ スラリー

脱水機 → 汚泥 → 廃棄物処理

図 9・8 クラゲ減容化処理フロー

9章　対策技術の実用事例と開発事例の紹介

9・4　クラゲ対策④　クラゲ監視システム

　四国電力(株)が所有する火力・原子力発電所には表9・5に示す5つの発電所があり，すべて瀬戸内海に面した場所に立地されている．瀬戸内海は世界においても比類のない美しさを誇る景観地であり，また貴重な漁業資源の宝庫として後代に継承すべきものであるということから，瀬戸内海の環境を保全するための瀬戸内海環境保全特別措置法が制定されている．四国電力（株）では，この瀬戸内海環境保全特別措置法に加えて，水産用水基準などを遵守するように設備の保守管理に取り組んでいる．
　ここでは，瀬戸内海に面した場所に立地している発電所を運営する四国電力(株)における海水設備の汚損対策の一例としてクラゲの監視システムについて紹介する．

1）クラゲ監視システムによる対策の概要
　四国電力（株）管内におけるクラゲ対策としては通常，夏場の大量発生期においてもバースクリーンおよびトラベルスクリーンの設置により発電所の運転に影響が出るほどのトラブルは発生していないのが現状である．
　一部の発電所では，春から秋にかけてのクラゲ発生期にのみ取水口前面にクラゲ防止網を設置し，海底に設置したエアレーション装置との併用により，水面付近に浮上したクラゲを自然潮流により潮下方向へ移動させ，取水口内への流入を防止しており，大量の来襲時における網面の完全遮水を考慮して，必要取水量を確保するために網下には開口部を設けている．
　過去にはクラゲの大量発生によりプラントの安定運転を阻害する事態に陥った事例もあり，対応策の一環として超音波センサを用いたクラゲ監視システムの開発を行っている（市川ら，1998）．
　当時は電気事業におけるコスト低減が喫緊の課題となっており，クラゲ防止網や水流発生装置などの大規模なクラゲ防止装置の導入が困難であったが，技術革新に伴う高性能な走査型超音波センサやパソコンを使った画像処理機能を安価に実現できる環境が整ったことから，コストパフォーマンスの高いクラゲ監視システムの開発を行った．装置は分解能の高い超音波ビームにより海中を走査して，クラゲの反射波をキャッチし超音波画像を生成するセンシング部と，得られた画像を自動処理しクラゲの個数を調べる画像処理部とで構成されており，連続的に処理して進入するクラゲの個数をモニタにトレンドグラフ表示する仕様となっている．さらに，海面の状況を把握できるよう，ITVカメラをカーテンウォール上に設置し，取水口内外の画像も併せて収録できる（図9・9）．一時期，発電所で運用していたがクラゲの襲来頻度の減少などにより現在は使用されていない．

〔四国電力(株)〕

9·4 クラゲ対策④ クラゲ監視システム

表9·5 発電所一覧

発電所名	出力（kW）	使用燃料	所在地
阿南発電所	1,245,000	石油	徳島県阿南市
橘湾発電所	700,000	石炭	徳島県阿南市
西条発電所	406,000	石炭・石油・木質バイオマス	愛媛県西条市
坂出発電所	1,446,000	石油・天然ガス・コークス炉ガス	香川県坂出市
伊方発電所	2,022,000	低濃縮二酸化ウラン ウラン・プルトニウム混合酸化物	愛媛県西宇和郡

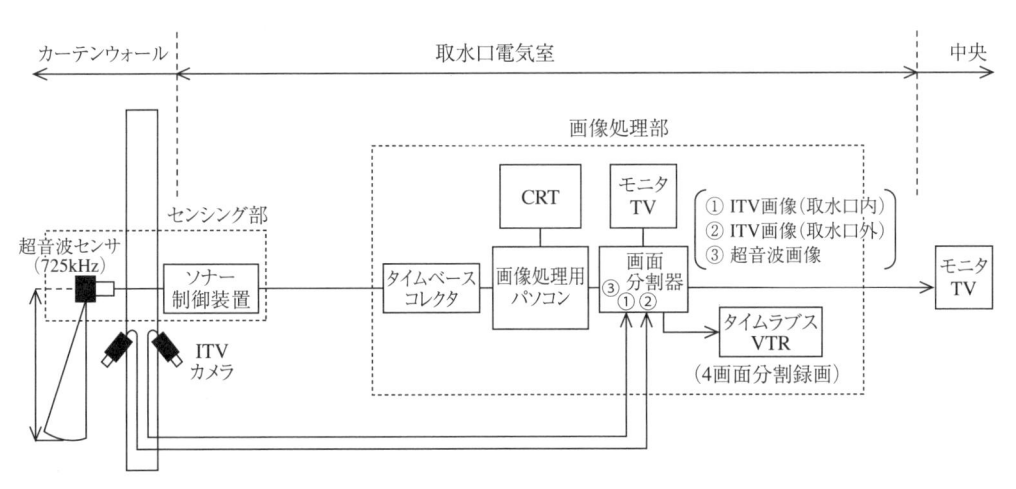

図9·9 クラゲの大群（上）とクラゲ監視システム構成図（下）

9・5　クラゲ対策⑤　クラゲなど対策のための取水槽塵芥ピット

沖縄電力(株)吉の浦火力発電所では，冷却用海水の取水設備において，海生生物であるクラゲなどが大量に襲来した場合でも負担なく運用することを目的として，取水設備に隣接した取水槽塵芥ピットおよびクラゲ回収用ピットを設置し，運用している．ここでは，沖縄電力(株)が設置したクラゲ回収用ピットなどについて紹介する．

1）クラゲ回収用ピットの運用内容（手順および経路）
①共通工程
　(i)取水槽に流入した塵芥を除塵装置（バケット型スクリーン）にて回収
　(ii)除塵装置で回収された塵芥は，洗浄水によって除塵装置から塵芥処理バスケットへ移送（排水）され，以降，通常時は(iii)へ，クラゲ大量流入時は(vii)へ
②通常時（図9・10の「通常時洗浄水の流れ方向」（⬅）参照）
　(iii)塵芥処理バスケットにて回収された塵芥は適宜清掃
　(iv)塵芥バスケットを通過した塵芥装置洗浄水は塵芥ピットへ流入
　(v)塵芥ピット（③，図中）の箇所に設置された網目構造の角落としをそのまま通過
　(vi)塵芥ピットから元の取水槽へ流水（循環）
③クラゲ大量流入時（図9・10の「クラゲ大量流入時の排水流れ方向」（⬅）参照）
　(vii)塵芥処理バスケットへ流入したクラゲはオーバーフローし塵芥ピットへ流入
　(viii)さらには塵芥ピット（③，図中）の箇所に設置された網目構造の角落としを閉塞
　(ix)塵芥ピット流路閉塞後，クラゲ回収用ピット入口（①，図中）の木製角落とし側へ流入（オーバーフロー）
　(x)クラゲ回収用ピット内にてクラゲを回収
　　（クラゲ回収用ピット出口（②，図中）の木製角落とし設置高さまで回収可能）
　(xi)流入水は排水マスカバーを介し元の取水槽へ流水（循環）

2）関連設備
①塵芥処理バスケット（予備）の設置
　（クラゲ回収ピット清掃時の流用使用あり）
②塵芥処理バスケット部やクラゲ回収ピット部への落下防止手すりの設置
　（塵芥処理バスケット清掃時の開閉部あり）
③塵芥処理バスケット清掃時に使用する塵芥バスケット吊上げ装置の設置
　（クラゲ回収ピット清掃時の流用使用あり）

（沖縄電力(株)）

9·5 クラゲ対策⑤ クラゲなど対策のための取水槽塵芥ピット

写真① クラゲ回収用ピット全景

写真② 塵芥処理バスケット
(奥側が塵芥ピット流路方向)

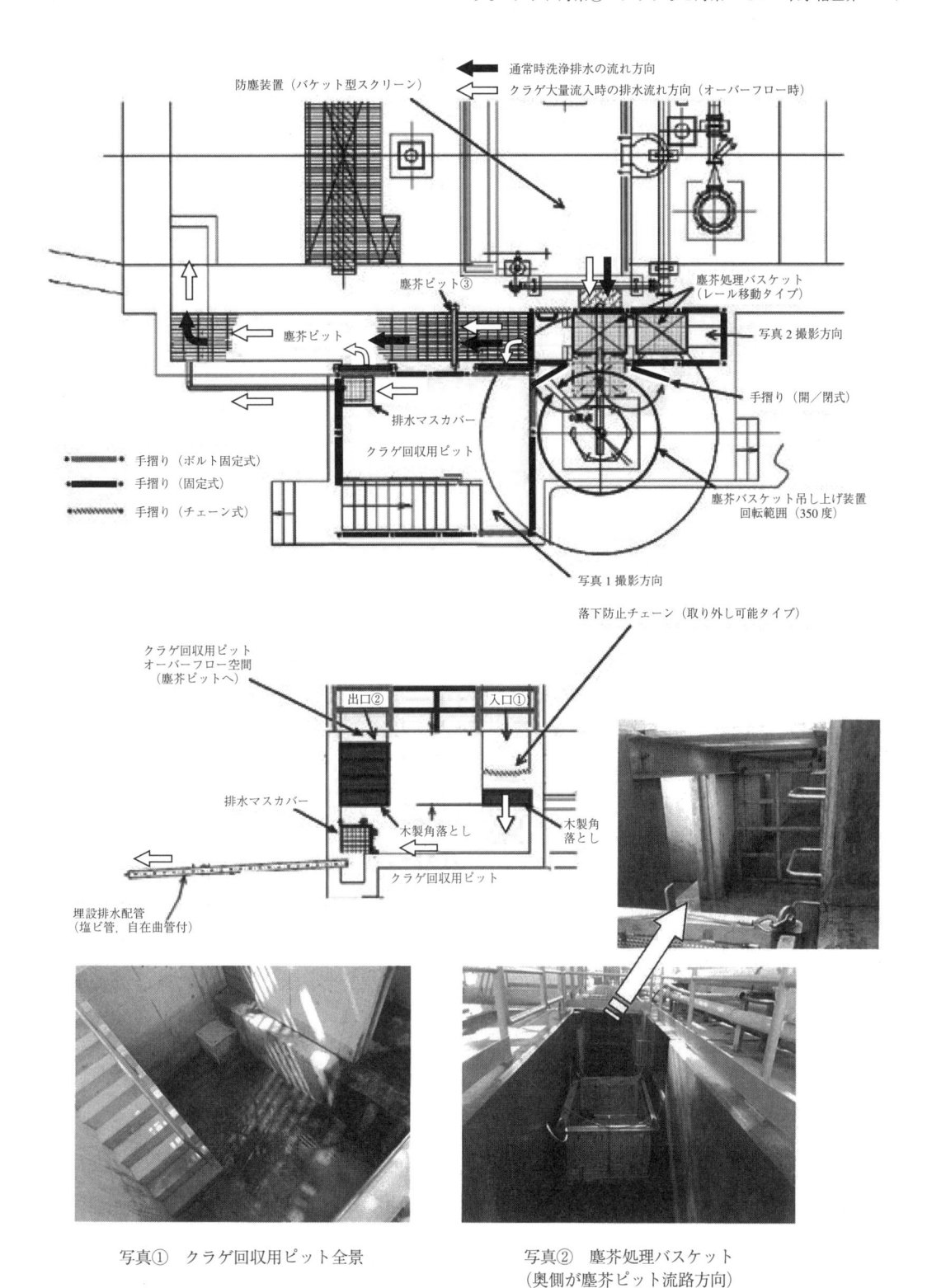

図9·10 クラゲ回収用ピット概略図

9・6　付着生物のモニタリング技術

火力・原子力発電所では海水を冷却水として用いているため，ムラサキイガイやフジツボ類などの生物付着の問題が生じる．これら付着生物の付着時期は，通年というわけではなく，種ごとに季節変動があり（例えば瀬戸内海におけるムラサキイガイでは春季，アカフジツボでは夏季）また，年変動も大きい．さらに同種であっても生息地域によって付着時期が大きく異なる場合がある．付着生物への対策上，付着時期を把握することは非常に重要であり，付着時期が明確になることで塩素注入や復水器細管のスポンジボール洗浄などの対策の重点化を図ることができ，効率的な対策につなげることが可能となる．ここでは，中国電力(株)と(株)セシルリサーチで開発した付着時期を確認するための技術について紹介する．

1）付着生物調査装置

付着生物のうちフジツボ類や管棲ゴカイ類は底面に密着して付着することから，透明板の裏側から付着個体数や殻底径を明確に確認することが可能である．本装置は透明板を備えた付着生物観察容器内に連続的に調査対象箇所の海水を流入させることで付着生物を透明板へ付着させる構成となっており，底面側から定期的にスキャナーで画像を取り込み画像解析することにより，付着時期を確認することができる．

透明板以外の部分に付着した個体については検出できないことから，透明板への付着を促進させる必要があるが，そのため，透明板へ凹凸を設置している．凹凸により乱流が発生し，平滑な面よりも付着が促進される．図9・11に付着生物観察容器の模式図と2カ月通水後のスキャナー取り込み画像を示す．ほとんどのフジツボが凹凸設置部に付着しており，凹凸設置の有効性が確認された．また，対象種が特定のフジツボ類である場合，そのフジツボ成体の抽出物を塗付または成体をあらかじめ付着させておくことで対象種の付着を促進させることができると考えられる（松村ら，2002；Dreanno et al., 2007）．なお，本装置は定期的に塩酸を循環させ洗浄が可能な装置となっており，付着量が多くなり，検出が困難になった場合に透明板を洗浄可能としている．

本装置は直接的に付着を検出することから，発電所海水系統への付着時期予測の精度は非常に高いが，確認可能なのは透明板に密着して付着する特定の付着生物のみであり，また，付着して間もない時期には付着した生物の種判別が困難であることから，付着生物対策上重要な大型フジツボ類やイガイ類のみを選択的にカウントすることはできない（一定の期間が経過すれば成長速度からフジツボ類の種判別も一部可能）．

なお，本装置については，特許第4594778号，特許第4594779号，特許第4843727号として特許化されている．

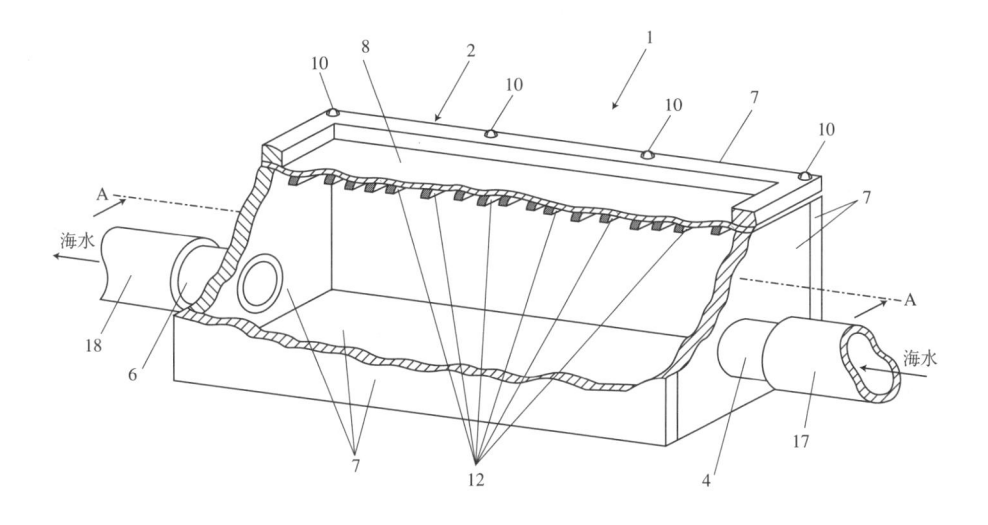

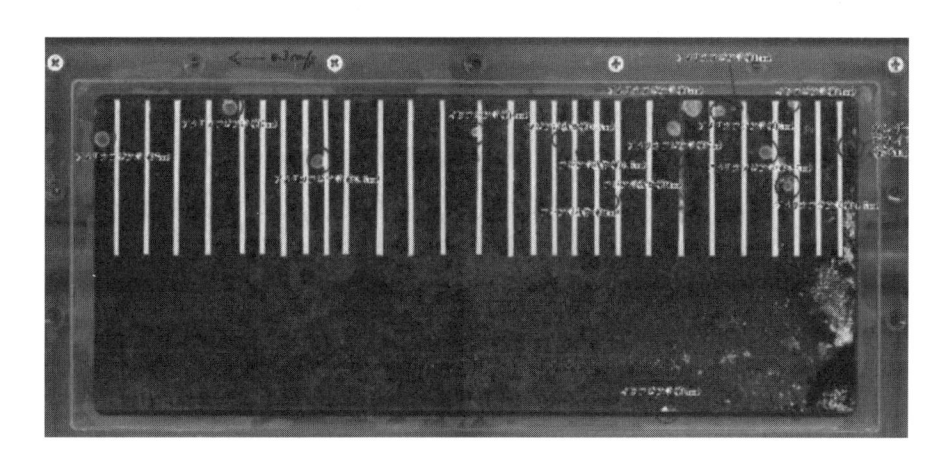

図 9·11 付着生物観察容器の模式図（上）と 2 カ月通水後のスキャナー取り込み画像（下）
1：付着生物観察容器，2：容器本体，4：導入部，6：排出部，7：アクリル板，8：ガラス板，10：ネジ，
12：板状部材，17, 18：管　　　　　　　　　　　　　　　※上の図は特許第 4594778 号からの抜粋

2) 蛍光顕微鏡によるフジツボ類の種判別

付着生物の多くは生活史の中にプランクトン期を含むため，発電所の海水系統内には付着期幼生の段階で流入し付着，変態に至る．このことから幼生の流入状況≒周辺海域での発生状況をほぼリアルタイムに検出することができれば，有効な対策につながると考えられる．しかし，各種付着生物の付着期幼生は形態が非常に似通っており顕微鏡下で種判別するためには，専門的な知識と経験が必要であった．

また，塩ビ製試験板などへの付着により付着時期を確認する方法もあるが，試験板に付着したフジツボ類などを種判別するためには，種判別可能な大きさになるまでにある程度の時間が必要であり，付着を確認できた際にはすでに付着のピークを経過した後になっている可能性もあった．前項の付着生物調査装置はこの面を改善し，底面から観察可能とすることで付着変態してあまり時間の経過していない稚フジツボであっても確認可能となったが，種判別までは困難であった．そこで当社と（株）セシルリサーチでは付着生物を付着期幼生の段階で種判別可能な技術の開発を進めてきた．

上述のように付着生物の付着期幼生は形態が非常に似通っており，発電所の海水系統内に付着すると問題となる大型種と問題とならない小型種または発電所の海水系統には付着しない種が通常の顕微鏡観察では判別不可能である場合が多い．しかし，フジツボ類の付着期幼生（キプリス幼生）については，蛍光顕微鏡下で観察することで種特有の蛍光を示すことが明らかとなった（Kamiya et al., 2012）．

図9·12に各種フジツボの付着期幼生の蛍光顕微鏡（BV励起）画像を示す．特にアカフジツボ，サンカクフジツボとその他のフジツボ類との蛍光部位の差が大きく，明確に区別可能であることがわかる．本技術を利用することにより，これまで専門家でも困難であったフジツボ類の付着期幼生の種判別が専門家でなくても蛍光顕微鏡さえあれば可能となった．自動サンプリング装置や画像解析と組み合わせることで自動計測も可能である．

アカフジツボとサンカクフジツボのように蛍光顕微鏡観察下でも形態が似通っている種もあり，本技術ですべてのフジツボの付着期幼生が明確に種判別可能というわけではないが，タテジマフジツボ，サラサフジツボ，シロスジフジツボなどの比較的小型で付着生物対策上重要でない小型フジツボ類の付着期幼生を検出結果から除くことができるため，実用上十分な精度で付着期幼生の検出が可能である．

なお，本技術については特許第3607904号，特許第3972028号，特願2008-93460として特許化または特許出願されている．

3) 付着生物幼生検出キット

付着生物を付着期幼生の段階で検出することの有用性については，付着時期をほぼリアルタイムで確認することができる点があげられる．特に塩素注入などの薬剤注入に関しては，付着変態し，成長した後では薬剤耐性が大きくなってしまうため，流入してきている幼生や付着直後の幼体に対して暴露することが効果を発揮する上で重要となる（古田ら，2012）．付着生物幼生検出キットの開発においては，この点や，発電所などプラントの現場で利用できることを考慮し，簡便，迅速に検出結果を得る方法として各種幼生に特異的な抗体を用いたイムノクロマト法を選定した．これまでムラサキイ

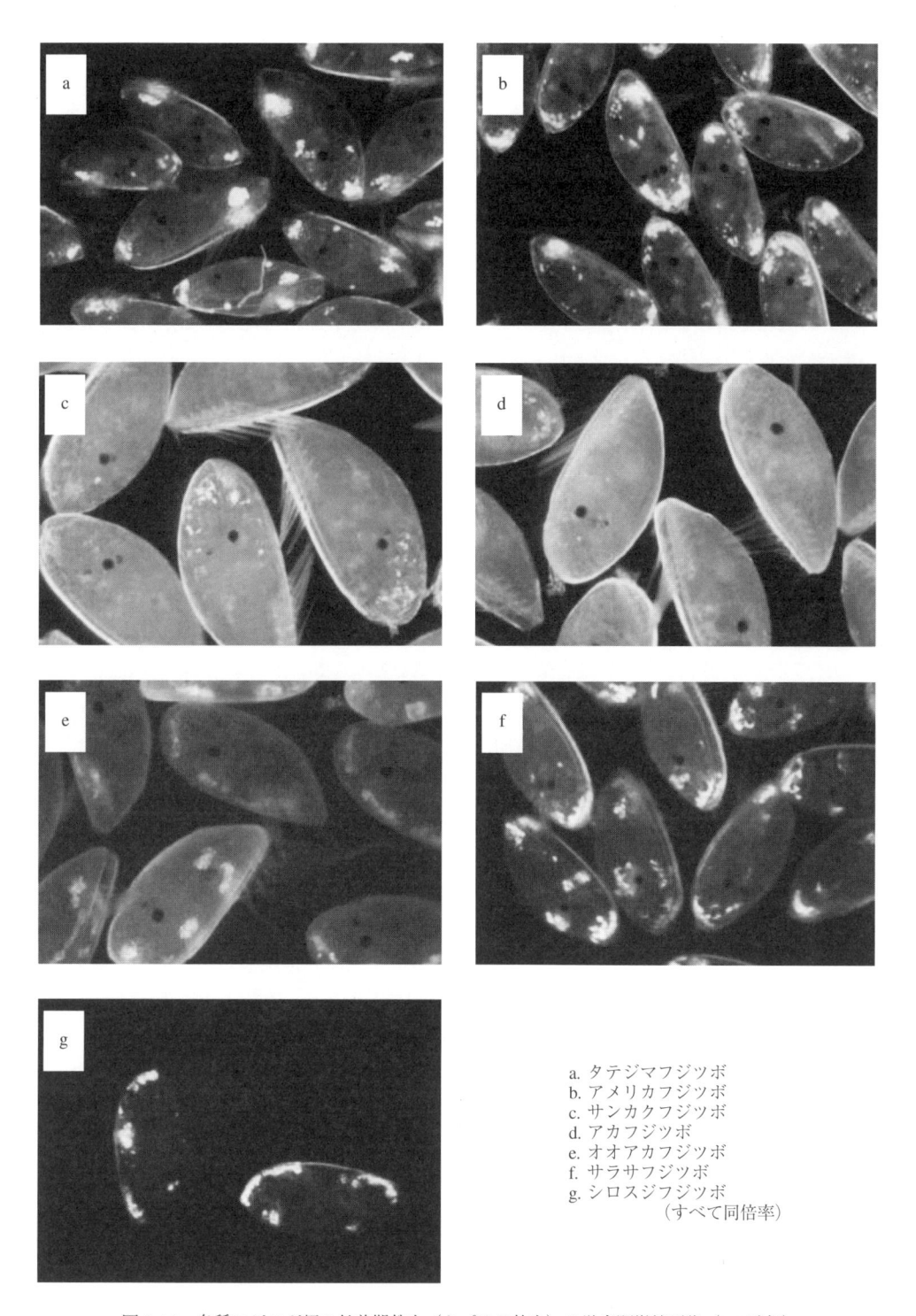

a. タテジマフジツボ
b. アメリカフジツボ
c. サンカクフジツボ
d. アカフジツボ
e. オオアカフジツボ
f. サラサフジツボ
g. シロスジフジツボ
　　　（すべて同倍率）

図9・12　各種フジツボ類の付着期幼生（キプリス幼生）の蛍光顕微鏡画像（BV励起）

ガイ，アカフジツボ，クダウミヒドラの幼生を検出するためのキットを開発してきた（図9・13）が，今後も検出可能な種を増やす検討を進めている．

本キットはプランクトンネットでサンプリングしたサンプルを，付属器具を利用して濃縮し，簡易ホモジナイザーで破砕し，その上清を試料適下部へ0.1 ml 滴下するというごく簡単な操作でサンプル中の対象種付着期幼生を検出することができる．試料を適下して20分間で検出結果が得られることから，ほぼリアルタイムに幼生の流入状況を確認することができ，検出結果を迅速に塩素注入などの対策へ適用でき，付着期幼生の流入ピークに合わせた対策の重点化が実施可能となる．本キットは，検出ラインの発色の濃さをチャートと比較することにより簡易定量も可能であるが，より定量性の高い付着生物幼生専用のイムノクロマトリーダー［SR20：浜松ホトニクス(株)製］も開発・商品化されている．イムノクロマトリーダーを利用することで，目視チャートよりもさらに高精度に幼生の発生密度を検出することができる．本キットは種特異性が非常に高いだけでなく，成長段階特異性も一定程度有することから，発電所の海水系統に流入した場合に付着につながる可能性のある「付着期幼生」を重点的に検出することができる．

一例としてムラサキイガイ幼生検出キットの野外での検出結果について図9・14に示す．検出キットの窓部分の画像において2つのラインが現れるが，上側が対照ラインで下側のラインが検出ラインとなる．検出ラインの濃さにより簡易定量が可能となるが，3月から5月にかけて検出ラインが濃くなり，6月，7月には検出ラインが薄くなることが確認された．検出ラインの濃さと分析サンプル量から定量評価した検出結果を図9・14右のグラフに示す．この結果から，4月初旬が幼生の発生のピークであり，6月末には幼生発生時期＝付着時期が終了することが確認された．

なお，サンプリング箇所の水深1m付近に直径6mmのクレモナロープを設置（浸漬期間約1カ月）し，稚貝の付着について確認したが，4月14日～5月18日で8個体/10 cm，5月18日～6月22日で約10個体/10 cmのムラサキイガイ稚貝の付着が確認された．検出ラインの現出とほぼ同時期に付着しており，本検出キットの付着時期検査手法としての有効性が確認された．同様の結果は，ムラサキイガイ幼生検出キットについては岡山県倉敷市および広島県呉市音戸町で，アカフジツボ幼生検出キットについては広島県大崎上島町で得られている．この本幼生検出キットは，当社内では5カ所の火力発電所で導入実績があり，中国電力(株)以外では電力会社発電所，自家発，研究機関など13カ所に向けて販売実績がある（2013年10月現在）．

4）おわりに

中国電力(株)では，これまで付着生物関連研究として主に付着時期を検出する観点で開発を進めてきたが，近年，他社も含めて特定の種の付着（または付着期幼生）を検出する技術が開発され，付着生物対策を重点化する時期の明確化が可能になった．このことから，付着抑制効果は高いもののコストの高い対策技術についても，時期限定的な運用をすることで，年間を通じたコストが低減でき，実用化される可能性が拡大したと考えられる．新たな付着生物対策の選択の幅が広がるということであり，センシング技術と組み合わせた新規付着生物対策技術の開発が期待される． 〔中国電力(株)〕

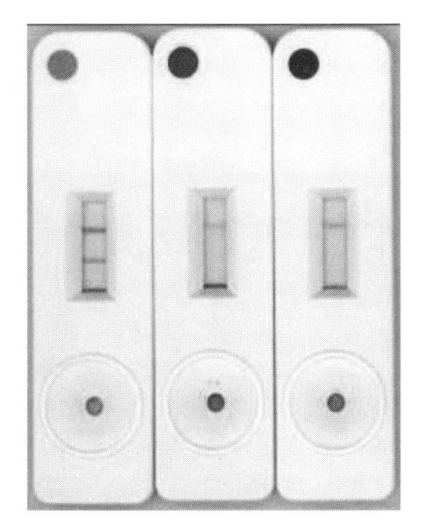

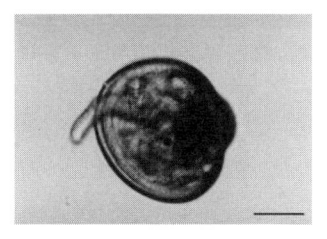

9・6 付着生物のモニタリング技術

左：幼生に反応して発色した検出キット
中上：クダウミヒドラ
中下：ムラサキイガイ
右 ：アカフジツボ

図 9・13　各種幼生検出キットと対象となる幼生

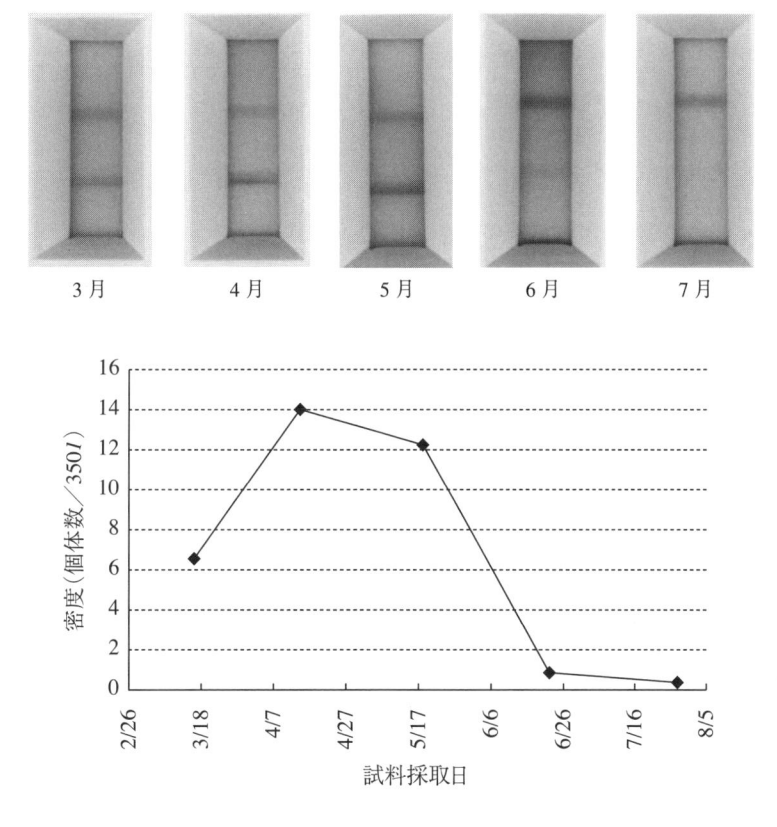

3月　　4月　　5月　　6月　　7月

図 9・14　広島県廿日市港におけるムラサキイガイ幼生検出結果（2011年）

331

9・7 付着防止技術①　高機能清掃ロボット

中部電力(株)のコンバインドサイクルボイラーを有する発電所の取水設備は，系列ごとに各軸共用の取水路としているためドライアップによる清掃ができない．特に，川越火力発電所3・4号系列(図9・15)は，沖合400 mの位置から取水しているため，管壁において付着・成長した貝が大量に脱落することにより共用取水路に土砂とともに堆積し，バケット型スクリーンを越えて復水器渦流フィルタで目詰まりを起こすため，海水流量不足によるユニット停止が過去頻繁に発生していた．ここでは，この課題を解決するために中部電力(株)が導入した高機能取水路清掃ロボットについて紹介する．

1) 対　策
①高機能ロボット（水中排砂ロボット）の導入

この対策の1つとして，発電所稼働時の流水中でも，発電取水に影響を与える堆積物の除去作業が行える「水中排砂ロボット（以下，「排砂ロボット」という，図9・16)」を2001年に導入した．

堆積物の除去方法は，ポンプを搭載した排砂ロボットを取水路に沈めて前方の堆積物を吸い取り，地上にあるホースの途中のブースターポンプにより所定の堆積場所（鋼製水槽など）に移送する．

なお，排砂ロボットは，自走が可能なうえ堆積物除去作業中の堆積厚の計測が水中でも可能な機能を有し，水中カメラとソナーによる監視により，狭隘な水路内での除去作業を行うことができる．

毎年，貝の脱落時期前に取水路底部の貝類の堆積状況を確認し，その堆積量に応じて主に夏季5～9月頃と冬季12～3月頃の間に排砂ロボットによる取水路の堆積物除去作業を行っている．

【排砂ロボットの特長】
* 耐水圧15 m，耐流速2.0 m/s，高揚程22 m，高吐出量90 m^3/h
* 水上監視モニターによる遠隔制御

②貝堆積量測定装置（図9・19）の設置

排砂ロボットを効率的に運用するためには，取水路における堆積物量の把握が必要であるため，水路の途中に設けられた潜提の前面（貝溜り部）および特に流入しやすい3-1，4-7号のバケット型スクリーン入口部に常設の貝堆積量測定装置を設置して連続監視し，排砂ロボットの運転時期の適正化を図れるようにした．なお，中央制御室にてオンラインで監視可能である．

③その他対策

(i) バケット型スクリーンからのキャリオーバー防止のため，スプレー水による洗浄不良の原因となっていた防食板の移設

(ii) バケット型スクリーンの洗浄ノズル径アップによる洗浄効果の向上

(iii) バケット型スクリーン自動起動により「渦流フィルタ」洗浄起動を連動させるよう渦流フィルターインターロックを改造　など

2) 効　果

これらの対策を行った結果，貝に起因する重大な発電支障トラブルは未然に防ぐことができるようになった．

(中部電力(株))

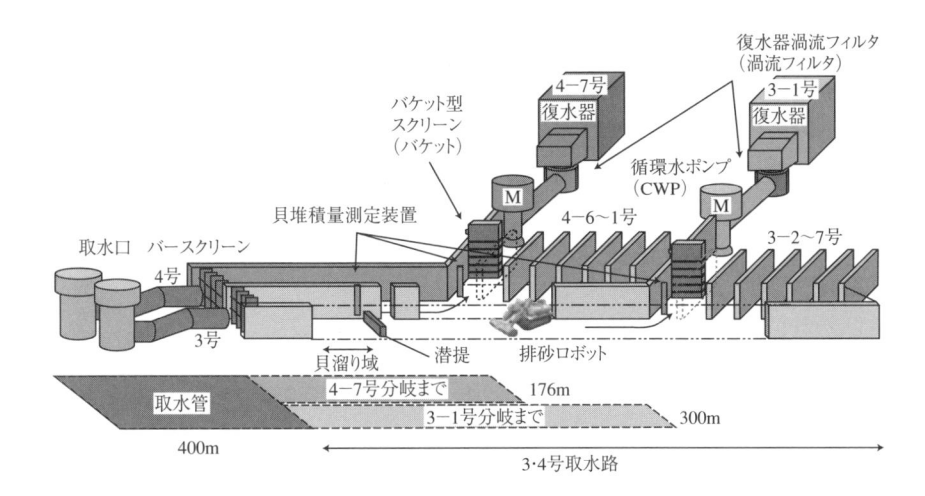

図9・15　川越火力発電所　海水取水系統

図9・16　排砂ロボット外観

図9・17　貝堆積量測定装置

9・8　付着防止技術②　海水電解装置

　相馬共同火力発電(株)の新地発電所は相馬中核工業団地の一角に位置し，冷却水取水路の長さは約940 m，放水路の長さは約2,070 m，水路はすべて暗渠構造であり，例年，取水路や放水路へ貝類が付着する影響により発電機出力を抑制せざるを得ない事象が発生していた．また，水路に付着・脱落した貝類の除去作業や臭気対策にも苦慮していた．これらの状況を踏まえ，主な付着生物であるムラサキイガイ対応として，安全で技術が確立された海水電解装置で発生させた次亜塩素酸ソーダ(NaOCl)の注入を2009年1月から開始した．ここでは，海水電解装置の概要と装置を導入した効果について紹介する．

1) 海水電解装置の仕様

　装置の原理は，海水を電気分解することで，陽極に塩素ガス，陰極に苛性ソーダが発生し，これを海水と混合して次亜塩素酸ソーダを生成する．生成された次亜塩素酸ソーダを取水口から海水へ注入し，取水設備へ付着する貝類など海生生物の付着行動を抑制する．当所は100万kWの石炭火力ユニットが2基あり，それぞれに0.3 mg/l以下の濃度で注入を行っている．

　そのため各ユニットに，最大50 kg/hの次亜塩素ソーダを生成する海水電解装置を設置した．図9・18のとおり海水取水ポンプから取水された海水は順に電解槽へ供給され，電解槽を通過する間に整流器から供給される直流電流によって電気分解され次亜塩素酸ソーダが発生，脱気筒により水素ガスが脱気されたのち取水口から海水へ注入される．

2) 海水電解装置導入の効果

①貝類の付着状況

　表9・6，図9・19の通り注入の効果は顕著で，海水電解装置設置前の取水路では，天井・壁面にムラサキイガイの着生が多く，底部には汚泥・ヘドロの堆積が見られた．フジツボ類の着生はあまり見られなかった．設置後は底部には汚泥・ヘドロ類の堆積が見られるが，ムラサキイガイの着生は見られなくなった．放水路においては，設置前はムラサキイガイおよびカキ・フジツボ類の着生が見られたが，設置後においてはムラサキイガイの着生は減少しており着生はフジツボ類で占められた．興味深いことに設置前と比較してフジツボ類の付着量が多くなったが，これはムラサキイガイとの付着場所の取り合い競合がなくなったためではないかと推測された．

②臭気発生状況

　冷却水取水路への貝類の着生減少により臭気発生の抑制につながっている．

③運用性の向上

　海水電解装置設置後は貝類の着生に起因する発電機出力抑制などのトラブル回避や付着貝類の清掃作業減少により安定運転および運用性向上が図られている．

(相馬共同火力発電(株))

9・8 付着防止技術② 海水電解装置

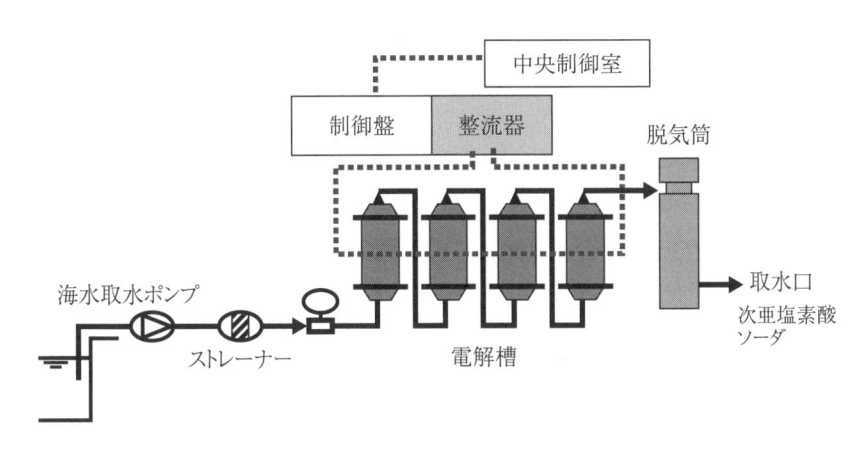

図9・18 海水電解装置フロー

表9・6 海水電解装置設置後の処理物量の増減

項 目	2008年度実績	2010年度実績	増減	増減率
固化処理物	166 t	118 t	48 t 減	29％減
洗浄破砕貝	278 t	140 t	138 t 減	50％減
砂	28 t	24 t	4 t 減	14％減
合 計	472 t	282 t	190 t 減	40％減

●取水路貝付着状況写真
 電解装置設置前（壁面および天井）　　電解装置設置後（壁面および天井）

●放水路貝付着状況写真
 電解装置設置前（壁面および天井）　　電解装置設置後（壁面および天井）

図9・19 海水電解装置設置前後の付着状況

9・9　付着防止技術③　防汚パネル（1）取水路への設置

　東京電力(株)では多様な取水設備の汚損傷対策に取り組んでおり，その1つとして海生生物付着防止装置「KIHI パネル（株式会社ナカボーテック製）」を導入している．パネルの取り付けは流水中での潜水作業を伴うことから，安全性・作業性を考慮した独自の工法をメーカーと共同開発した．
　ここでは，東京電力(株)による火力発電所での流水中 KIHI パネル取り付け工法と KIHI パネルによる付着防止効果について紹介する．

1) 導入に至った経緯
　発電所では定期的に取水路清掃を行っており，効率的に取水路清掃を行うため底面や壁面など場所によって数種類の清掃ロボットを使い分けている所がある．いずれのロボットも定期的にメンテナンスを行っているが，経年劣化などにより不具合も発生してきており，修理や更新に費用がかかっている．そこで，修理方法の工夫やロボットの更新計画に加え，新たに海生生物付着防止装置「KIHI パネル」の導入を検討した．
　検討に当たっては取水路のうち開渠部を対象としたことから，紫外線下で使用しても防汚効果が低下せず長寿命が期待される KIHI パネルを採用することとした．また，設置コストを抑えるため，施工範囲を厳選し，生物付着量の多い干満部分を中心にパネルを設置するなどの工夫を行った．

2) 設置工事
① 概　要
　　KIHI パネル仕様：チタンパネル（陽極），ガイドレール（陰極）
　　施工（設置）箇所：取水路開渠部壁面（直線部）
　　施工メーカー：株式会社ナカボーテック

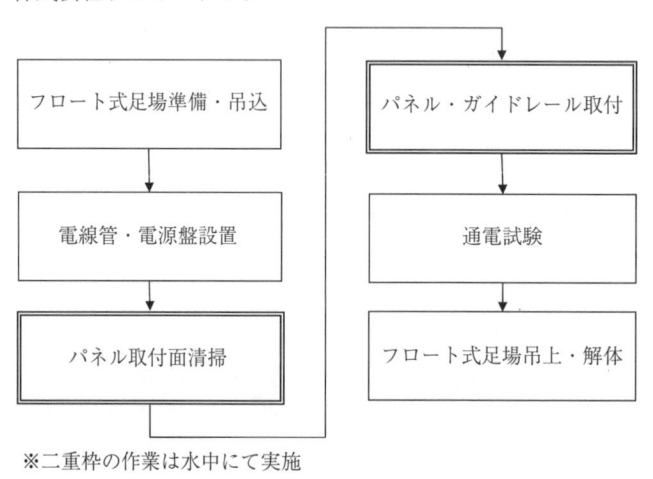

※二重枠の作業は水中にて実施

図9・20　工事フロー

②工事内容

主要な工事内容をフロー図で示す（図9·20）．一定エリアのKIHIパネル取り付けが完了した段階で通電し，順次運用に入れた．

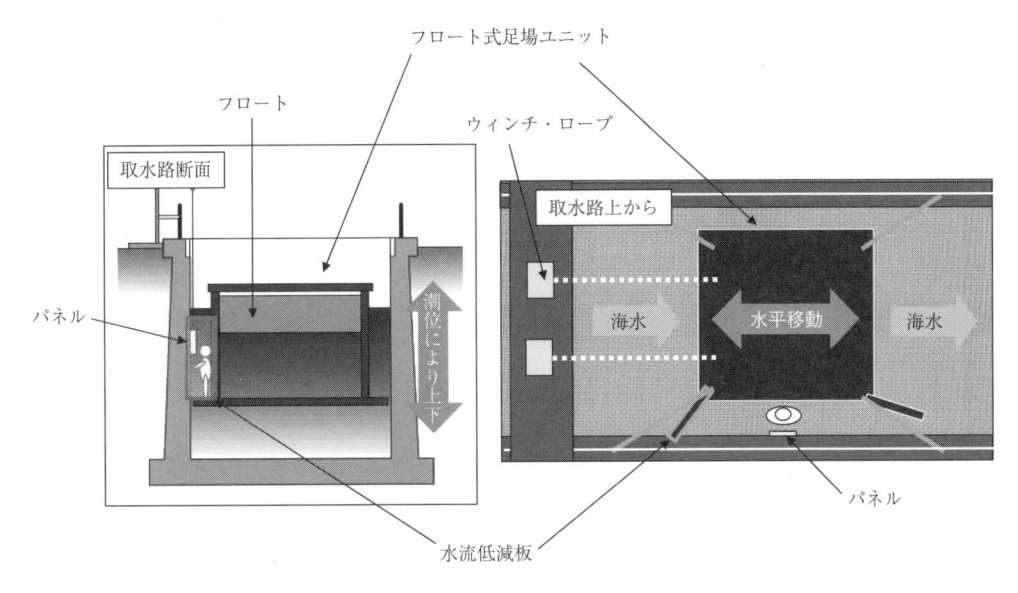

図9·21　施工箇所（取水路開渠部　直線部）

図9·22　KIHIパネル設置状況

3）設置に当たっての課題と工夫

KIHI パネル設置作業は取水路内における一定の流水中での作業となるため，安全性や作業性を確保するための足場が必要であった．通常の高所作業用足場では流水を遮断することができず，また頻繁な配置変えが必要となることから，流水作業用のフロート式足場ユニットの開発を行うこととした．この足場ユニットには「水流低減板」を設け，またフロート式により施工箇所へ自由に水平移動できる仕様とした（図 9・23）．

フロート式足場ユニットの採用に当たっては，モデル試験（実機の約 1/4 スケール）にてその強度や水流中での安定性，水流遮蔽効果などを検証した．モデル試験で得られた結果を踏まえて足場ユニットの仕様を決定し，最終的には発電所取水路に吊り込んだ状態で調整および安全性・作業性の確認を行った．

また，フロート式であることから足場の位置が潮位により上下するため，事前に取水路内の潮位を把握しておき，日変動や季節変動を考慮した上で適切な作業時間を設定した．また，作業中も随時取水路内の潮位を確認しながら作業を進めた．

4）KIHI パネル設置効果

設置から数カ月時点で，KIHI パネルを付けていない干満部分には貝類の付着が見られたが（図 9・24 左側），KIHI パネル設置部分（通電したパネル表面）には，ほとんど生物の付着は見られなかった（図 9・24 右側）．引き続き長期的な付着状況の確認を行い，KIHI パネルの有効性について評価を行う．

（東京電力(株)）

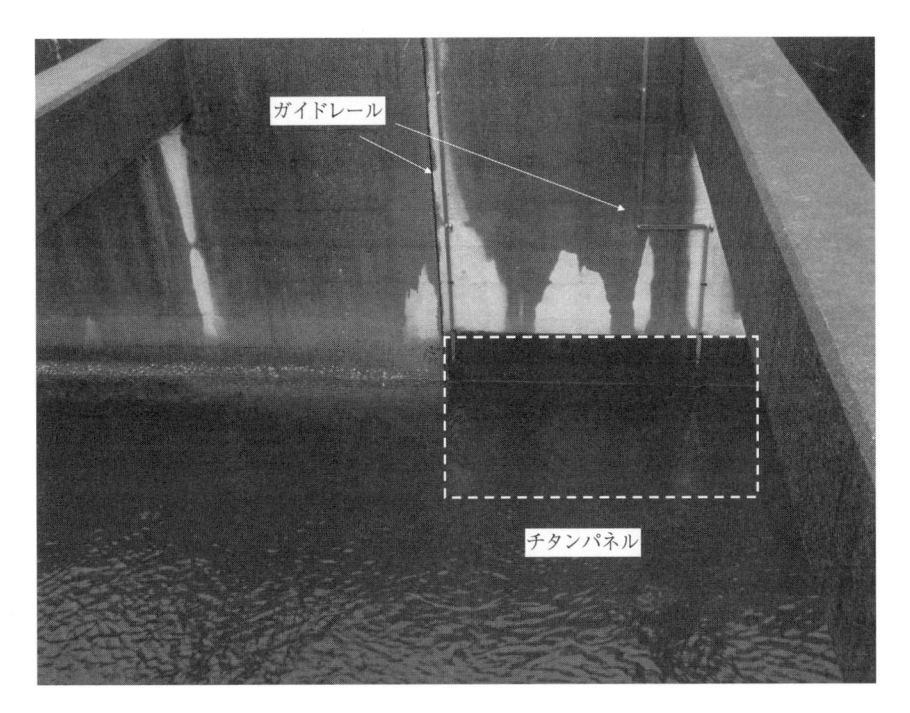

9·9 付着防止技術③ 防汚パネル（1）取水路への設置

図9·23 フロート足場ユニット

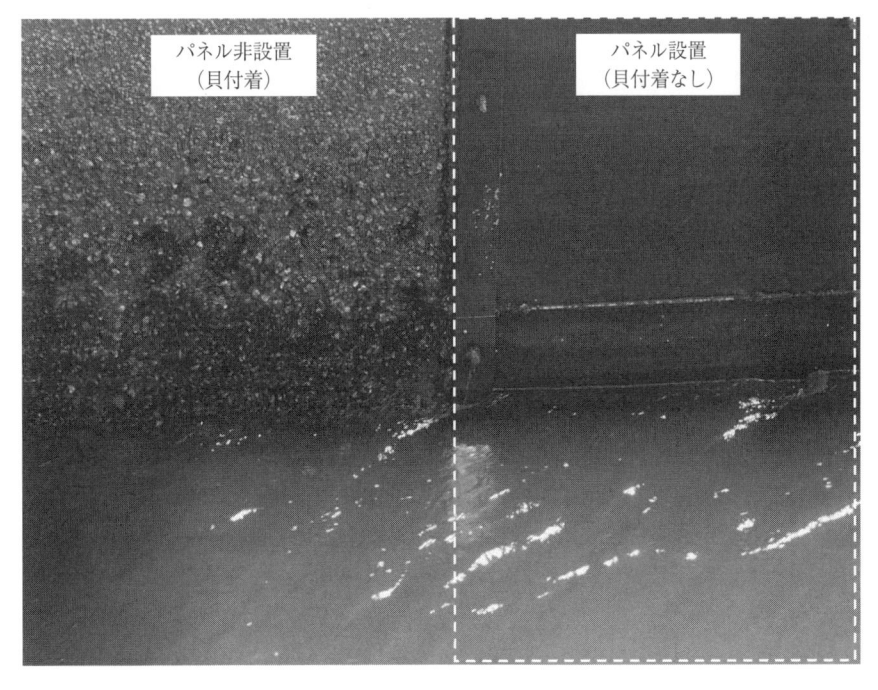

図9·24 生物付着状況（数カ月後）

9・10　付着防止技術④　防汚パネル（2）取水管への設置

電源開発(株) 磯子火力発電所では，冷却水（海水）系統に塩素注入を実施しておらず，水路には貝などの多量の海生生物が付着していた．貝などは海水路に付着・滞留することで，成長，繁殖，死滅を繰り返し，剥離・堆積により除貝スクリーン差圧上昇，復水器への流れ込みによる真空低下などを発生させる．また付着した貝類の清掃・処理費用ならびに環境負荷の増大も無視できない状況であった．

一方，海生生物の付着対策としては，海水電解装置や防汚塗装が一般的であるが，取水口からポンプ場までの取水管は，定期点検時においても海水を抜くことができないため，防汚塗装が困難であるという課題があった．そこで，これらの課題を克服すべく，海水中でも施工が可能な防汚パネルの設置を検討・施工した．

ここでは，電源開発(株)における復水器冷却用海水取水管への防汚パネル設置による海生生物付着抑について紹介する．

1) 防汚パネル「マップルパネル」と工法について

防汚パネルとしてマップルパネルを採用した．マップルパネルの名称の由来はMussel（ムラサキ貝，ムール貝）とProof（防ぐ）を略した造語である．マップルパネルは防汚塗装をFRPパネル表面に塗布してプレキャスト化した海生生物付着防止パネル（図9・25）であり，良好な防汚性能を有している．

マップルパネルに使用している防汚塗料は亜酸化銅系加水分解型塗料であり，塗料から海水中に溶解する銅イオンが忌避物質となって海生生物の付着を防止する．また，防汚塗料の溶解機構が加水分解型であるため，長期的に銅イオンの溶出量を一定に保つことが可能であること，現場での塗装工期の制約を受けないため厚塗りも可能であることから，耐用年数が従来の塗装の2倍以上（約8年）となる利点がある．

マップルパネル工法は，マップルパネルを鋼管内面にアンカーで取り付ける工法である．これにより，従来塗装工法では不可能であった水中での施工が可能である．具体的には，鋼管にボルトを設置し，マップルパネルをナットで固定，防汚塗装をしたボルトキャップを取り付ける．パネルの防汚効果がなくなった際はパネルを交換するが，ナットを外してパネルを取り換える簡易な作業での更新が可能である．

2) マップルパネルの設置

磯子火力発電所の近隣海域での1年間の浸水試験をしたところ，マップルパネルに海生生物は付着せず，比較として試験をしたタールエポキシ塗装よりも防汚効果は優れていることを確認した．また，取水路の流速条件において，パネルが剥離しないことをシミュレーションで確認した上で，（図9・26）の通り，2006年に新1号機取水管の一部，新2号機については2009年7月の運転開始に合わせて取水口ならびに取水管全域にパネルを設置した．

3) 海生生物の付着抑制効果

パネルの設置以降，プラント停止時に定期的にパネルの防汚効果を確認している．2013年の1号機の点検状況を（図9・27，9・28）に示す．未施工部にはムラサキイガイを主体とした海生生物が付着しているのに対して，既にマップルパネル導入から7年経過しているにもかかわらず，パネル施工部には海生生物は付着しておらず，パネルの防汚効果が維持されていることが確認できている．これより，当初目標とした8年の耐用年数をクリアできるものと見込まれる．

(電源開発㈱)

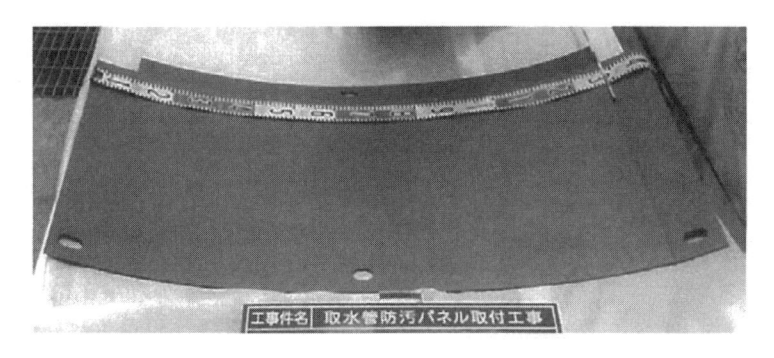

図9・25 マップルパネル（取付施工前）

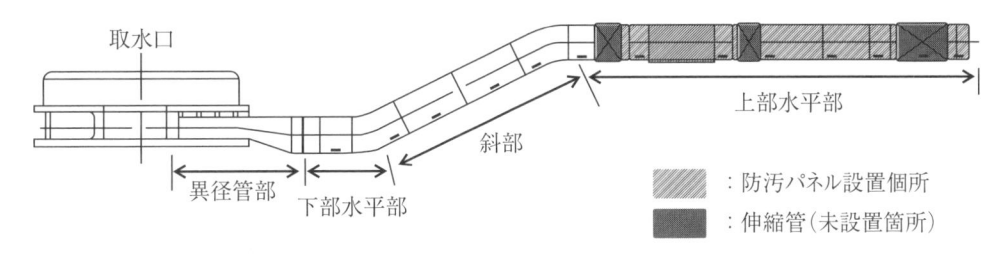

図9・26 新1号取水管マップルパネル施工範囲（斜線部のみ）

図9・27 パネル未施工部（取水管40m天井） 　　図9・28 パネル施工部（取水管20m天井）

9・11　付着防止技術⑤　マイクロバブルによる生物付着抑制

発電所の補機を冷却する海水系統は電解塩素を用いて生物付着を抑制しているが，使用量の制限や塩素濃度の減衰により十分な効果が得られていない．ここでは，塩素処理に替わる生物付着抑制技術としてマイクロバブル注入法を検討した関西電力(株)の開発事例を紹介する．

1) 開発の概要
①マイクロバブルと付着抑制効果
実海水を通水したベンチスケール大の試験装置を用い，海水中に空気，窒素，および二酸化炭素をマイクロバブルとして注入した．海水体積に対し気体体積5％で注入した場合，付着抑制効果は二酸化炭素が最も高く，次いで窒素，空気の順であった．

②二酸化炭素濃度と付着抑制効果
最も効果のあった二酸化炭素の濃度を変化させて付着抑制効果を測定した．図9・29に示すとおり，注入率1％付近から付着防止率が60％を越え，注入率5％で付着防止率は90％となった．また，同時にpHの測定を実施した結果，二酸化炭素注入率2.5％ではpH6.7，5.0％ではpH6.4であった．

③気体注入率と溶存酸素の関係
窒素，および二酸化炭素の注入率を変化させた場合の溶存酸素濃度を測定した．測定結果を図9・30に示した．両者とも注入率5.0％においても，溶存酸素濃度は環境基準である2 mg/l以下には低下せず，付着抑制効果は溶存酸素濃度の低下が要因でないことを確認した．

④二酸化炭素濃度とフジツボへの効果
成体のサンカクフジツボ $Balanus\ trigonus$ を二酸化炭素によりpHを低下させた環境下に置き，餌を口に運ぶ（蔓脚運動）回数を観察した．その結果，注入率2.5％（pH7付近）では，正常海水と運動回数に差がないことが確認できた．

また，ドロフジツボ $Balanus\ kondakovi$ の付着期幼生を用いた試験においては，二酸化炭素によりpH6以下に調整した海水中では活動しない個体が増え，付着行動も大幅に低下することを確認した．しかし，二酸化炭素によりpH5付近に暴露した幼生においても，pHを正常海水程度に戻すと約30分で活動を再開することを確認した．

2) 課題および今後の取り組み
実機適用に向けた注入濃度の最適化，付着抑制メカニズムの解明，および沿岸の微細藻類などへの影響調査などを実施する予定である．また，費用対効果，設備に対する影響の検討も必要である．

(関西電力(株))

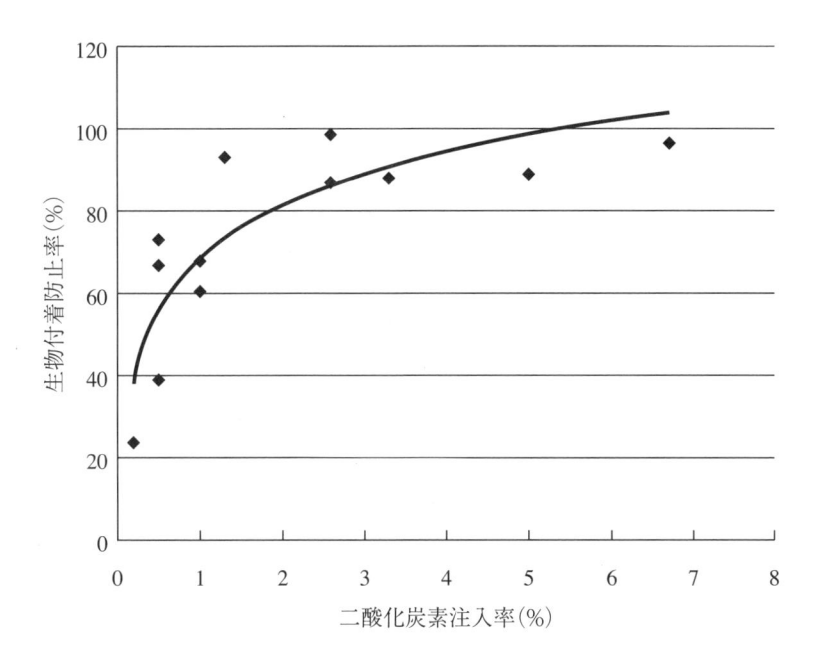

9・11 付着防止技術⑤ マイクロバブルによる生物付着抑制

図9・29 二酸化炭素注入率と生物付着防止率の関係

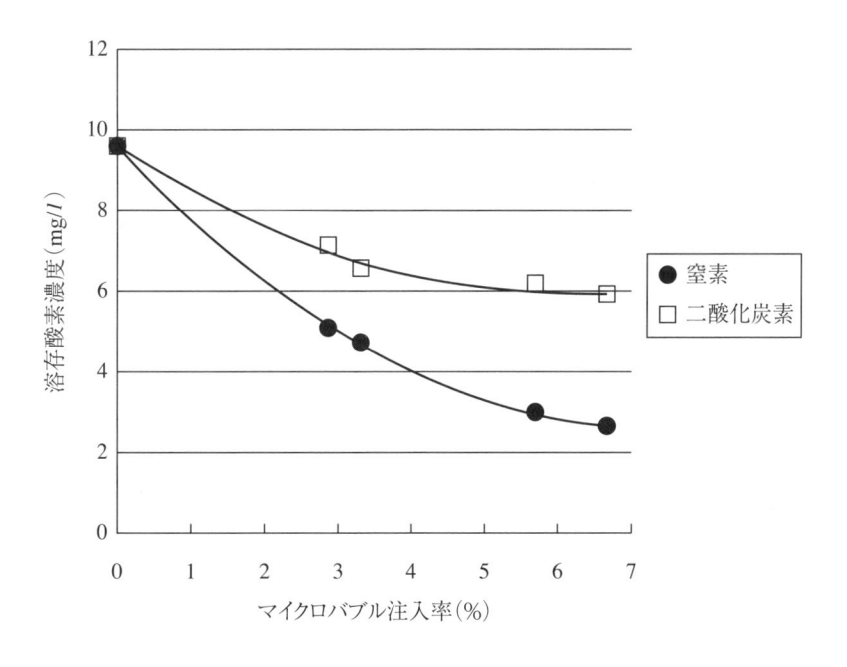

図9・32 マイクロバブル注入率と溶存酸素濃度との関係

9・12 コンポスト化処理

復水器冷却水に海水を使用している火力発電所では，取水口，取水路および放水路の取放水設備にムラサキイガイ類 Mussels やフジツボ類 Barnacles などの海生生物が付着するが，大量の付着・剥離は取水障害などによる設備トラブルに繋がるため海生生物の除去作業が必要である．

ここでは，北海道電力(株)が取り組んでいる取水路などの除去作業で発生した海生生物をコンポスト化して活用している事例を紹介する．

1）取り組みの概要

取放水設備に付着した海生生物の除去と処理について，北海道電力では十数年前までは冷却水の取水障害が発生する都度，発電所を一時停止して実施していたが，経年とともにその発生頻度が多くなってきたことから，1993年以降は予防保全の考え方を導入し，発電所の定期点検に併せて海生生物の除去を計画的に実施している．

定期点検時に除去した海生生物の処理方法については，焼却化およびコンポスト化の検討を行ってきたが，当時はいずれも恒久的に採用するには効率やコストなどの諸課題が多く，除去した海生生物を全て産業廃棄物として処理してきた．その後，産業廃棄物の処理費用が年々増加したため，再び廃棄物の減量化や処理費用低減などの対策がクローズアップされ始めたことから，海生生物のコンポスト化（堆肥化）に取り組み，現在は自社利用の実用化を行っている．

2）海生生物コンポストの特徴

①海生生物コンポストの性状

(i) 海生生物コンポストの一般化学性状は，バーク堆肥と比較し，肥料の三要素である窒素，リン酸およびカリウム含有量は同等であるが，有機物が少なく，カルシウムが多い．
　カルシウムは土壌の酸性を改良する効果があるため，酸性に弱い作物を栽培するときに，pH矯正資材として利用するのが効果的である．

(ii) 海生生物コンポストに含有されている有害微量元素および塩分は，汚泥肥料基準や塩分上限目安を下回っており，標準的な堆肥施用量を上限とする限り多くの植物に対して有害性は小さい．
　ただし，施用箇所の対象植物の塩分感受性が強い場合は，施用量の調節が必要である．

(iii) 海生生物コンポストは，有機物の含有量が少ないことから，バーク堆肥の代替としての性能は劣るが，目土材および酸性土壌改良材の代替として適用可能である．

②肥料の認可について

2003年度，海生生物コンポストは肥料取締法に基づく特殊肥料[※]（堆肥）として申請し認可された．

[※]：肥料取締法に基づく肥料区分は，「特殊肥料」，「普通肥料」がある．

9・12 コンポスト化処理

3) コンポスト化の実績

海生生物は，粉砕，発酵の過程を経てコンポスト化される．その処理状況を図9・31に示す．

2003年度～2013年度までの取水路などから除去した海生生物量は約10,000 m³であり，このうちコンポスト化した堆肥量と海生生物の産業廃棄物処理量の実績を図9・32に示す．

2003年度から石炭火力発電所の石炭灰埋立場の上部覆土材，発電所構内防油提の築堤部工事における土壌地盤の補強改良や新設構築物の配管埋立工事における緑地地盤の土壌改良材として約4,300 m³を使用しており，取水路などから除去した海生生物の約40％の減量化を達成した．

(北海道電力(株))

粉砕前	粉砕状況
粉砕後	発酵状況（海生生物＋シード菌＋米糠）

図9・31 海生生物のコンポスト化処理の状況

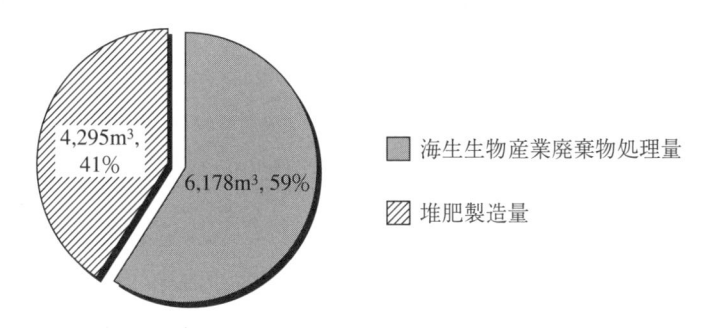

図9・32 海生生物のコンポスト化実績（2003～2013年度）

9・13 海外の事例

我が国の防汚対策は海外の事例を踏襲することで開始されたと言っても過言ではない．しかし，そこには我が国独自の改良や修正，工夫の積み重ねがあり，また，サイト特有の様々な条件，事情に合わせて発展してきた．ここでは，塩素処理に関係した海外の事情，その他の薬剤処理，クラゲなどによる取水閉鎖防止対策など，まだ我が国では導入されていないが現在わが国で行われている対策のさらなる改善に役立ちそうな事例のいくつかを紹介する．

1) 塩素処理の海外事情
①注入方法と運用濃度

ヨーロッパの発電所では，海水利用の発電所に限ってみるとフランス，アイルランド，イギリス，イタリア，オランダ，ポルトガル，スペインでの塩素処理の実績が報告されている．方法は，薬液注入および海水電解処理であり，連続注入や間欠注入を行っている．

我が国の処理方法との大きな違いはその注入濃度である．注入濃度とその後の残留塩素濃度の一例を表9・7に示したが，0.8 mg/l 程度の注入濃度で，復水器での処理濃度は0.3 mg/l 程度あり，放水口でも0.1 mg/l 程度である．フランスのある発電所では，入り口で1.7 mg/l，出口では0.3 mg/l の連続注入であり，ステンレスの円筒に5 mm のパンチ穴を開けたファインメッシュスクリーンを見学したが全く何も付着していなかった．この出口濃度は，我が国の多くの地点で行われている低濃度連続注入の入り口での注入量に匹敵する．

なお，世界銀行の発電所建設に関する排水についてのガイドラインでは，残留塩素濃度は0.2 mg/l である（World Bank Group, 1998）．また，塩素注入に対するOECDの動きをフランスの規制庁でヒアリングした結果では，今後の注入に対する規制は，「厳しくなっても緩和されることはないであろう」との見通しであった．我が国の塩素注入は，早くから出口ゼロの厳しい（自主）規制下で運用されていることから欧州にすぐに合わせる必要はないかも知れないが，今後の動向を注視する必要はあろう．

②汚損生物の出現に合わせた塩素注入技術

イギリスの発電所に隣接した研究所では，バイオボックスによる塩素注入管理を行っていた．それは，復水器から海水の一部をバイパスして塩ビ管に導入し，箱の中に垂下した付着板を研究所に送付すると，研究所で付着幼生の出現を直接観察し，塩素注入の開始，休止をアドバイスするというシステムである．最近では，アメリカのダムでゼブラマッセル対策のため，塩素と他の薬物注入の比較試験に用いた例がある（Meehan et.al., 2013）．そこでは，幼貝の付着は劇的に突然起こるため，秋の産出期の3カ月前からバイオボックスを観察し（図9・33），幼貝が見られた4日後に2 mg/l の塩素注入を8時間，7日間行うと親貝の80％が死滅する．

我が国では，東京大学名誉教授であった故平野礼次郎博士がカキの養殖などで行われている「種見」の技術と同じであると指摘され，東京大学海洋研究所の教授であった故梶原武博士が垂下ロープの繊

維に付くムラサキイガイの稚貝の出現状況モニタリングに応用することを奨励されたが，本章9・6の「付着生物観察容器」の他に事例を聞かない．

また，オランダのKEMAではイガイの殻の開閉を計測・感知し，塩素を注入するパルス・クロリネーション方法を開発している．汚損生物出現モニタリング・バイオセンサーの開発，利用は，これから飛躍的に進む研究分野と考えられる．

③副生成物に関する知見

冷却用海水へ海水電解液を注入する際，塩素と有機物が生成するトリハロメタンの毒性が懸念される．海水に入った塩素は図9・34に示すように，遊離や結合形態の残留オキシダントを経て，溶存有機物質と反応しトリハロメタンなどの有機ハロゲン化合物が生成される．この有機ハロゲン化合物を塩素による副生成物，CBPと呼ぶ．我が国では塩素副生成物の発生機構と分析に関する熊井・小泉（1986）の報告がある．

表9・7　ヨーロッパの発電所（Penly Nuclear Power Station）における塩素濃度管理の一例

Jenner *et al.*（1998）より作成

場　所	塩素濃度
取水口注入口	0.80 mg/*l*
取水口スクリーンの部分	0.40 mg/*l*
復水器入口	0.30 mg/*l*
復水器出口	0.24 mg/*l*
海域放流口	0.1 mg/*l* 以下

図9・35　バイオボックスに付着した貝類

Jennerら（1998）はCBPに関し広範な調査結果の報告を行っている．フランス電力の調査によれば，0.8 mg/lの海水への塩素注入で生成されるCBPの84％は揮発性のブロモホルムで24 μg/l，10％はジブロモアセトニトリル，他5％はその他のTHM，他1％はその他である．また，イギリス・オランダ・フランスのいくつかの発電所の調査では，0.3～1.5 mg/lの塩素投入で，ブロモホルムは3～30 μg/l程度である．

ブロモフォルムは多くの紅藻が自然界で生産し海中に放出している（松田ら，2013）．このブロモフォルムは，残留塩素に比較すると毒性値が低く，植物プランクトンの珪藻などの7日間のEC50は32 mg/l以上という報告がある（Erickson et al., 1978）．

また，Taylor（2006）は，ヨーロッパの発電所における塩素処理によって生成する塩素副生成物，特にブロモホルムに注目した海産硬骨魚類の長期曝露試験結果を報告しており，塩素処理実施時期は対象試験生物であるスズキの脂肪への蓄積は認められるものの，塩素処理を停止すると速やかに排出され，明白な環境毒物ストレスをもたらすことはない．このTaylor（2006）の報告では，CBPの特性解明は未解決の部分も残っているが，この論文で検討した一連の研究（群体・個体群，生理学，代謝，遺伝子レベルでの影響検討研究）によれば，低レベル塩素処理が沿岸水域に及ぼす影響はごくわずかと考えられると結論している．Iibuchiら（2009）も，ヒラメでのブロモフォルムの蓄積は塩素処理を停止すると速やかに排出されることを報告している．

2）その他の薬剤処理
①二酸化塩素

二酸化塩素は塩素に比べ酸化力が強く有機ハロゲン化合物の生成が少ない特徴があり，ヨーロッパ，特にイタリアではほとんどの発電所に電解塩素の代わりとして使用されている．注入有効濃度は0.1～0.5 mg/lである．しかし，塩素の2.5倍のコストが示されている（原ら，2005；Venkatesan and Murthy, 2009；古田，2011）．我が国では，水道法でも認可された酸化剤である．主に，浄化処理過程で前処理に使用されている．

②アミン系薬剤（アルキルジアミン類）

ヨーロッパやアメリカでは，塩素の代わりにアミン系の薬剤の注入が行われている事例がある．フランスのある発電所では，塩素注入の代わりにアミン系薬剤（MEXEL）を15年以上前から検討し，現在，本格運用を実施している．そこでは，注入濃度は3～5 mg/l，1日に30分間の間欠注入で，効果は良好．防汚作用としては，アミン系薬剤の分子がスケールやバクテリア，汚泥などを包み込み，流動化および分散化させて付着抑制するとともに，配管表面などに付着しコーティングして，付着しにくい表面を形成する．

Mexelの注入による周辺海域への影響については，地域の市民団体の専門家が30年にわたり発電所周辺の海域調査を行っているが，生物種などに影響が出たという結果は得られていない．我が国では未だ注入の実績はないが，魚卵の発生にどのような影響があるかを室内で試験した例がある（小林ら，2012）．

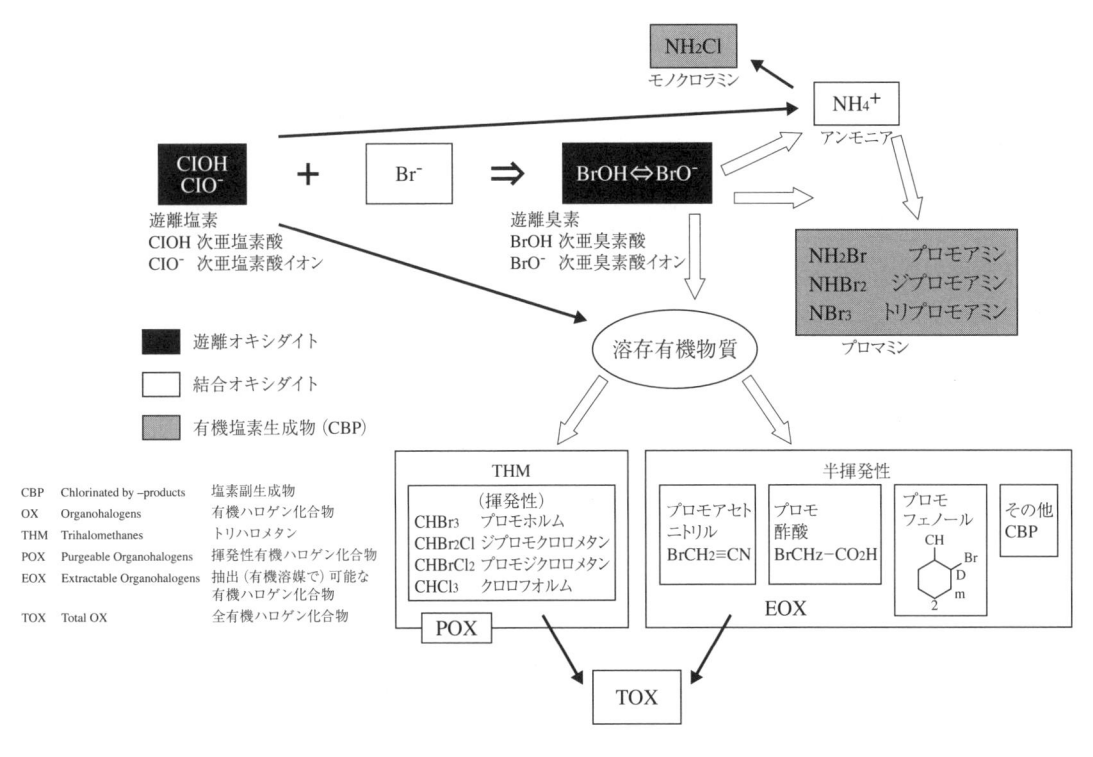

図 9・34　海水における塩素の主要反応概要図
Taylor（2006）より作成

3）スクリーンの閉鎖防止対策

①魚類忌避システム

フォーリー（イギリス）の研究所では，取水口への魚類迷入防止のため音と光，気泡を使った魚類忌避システムを研究していた．魚類は，音，光，気泡それぞれに反応して忌避する行動を取る．しかし，危険がないとわかると反応しなくなる．そこで，それらの組み合わせの内，気泡のカーテンを通り抜けるときだけ超音波が聞こえるシステムが有効であったので，さらに超音波のリズムを変えるなどして浮き袋をもつ魚の80％を忌避させるようにした．カナダのサケ科魚類の迷入防止に役立てている．

②オキアミ，クラゲ処理

韓国のある原子力発電所では，クラゲやオキアミが大量に入るシーズンに取水口を漁業で使うような小型の曳き網で覆うことが行われている．その運用は漁業者に委託され，曳き網で集められた生物は網生け簀に集められ，漁船によって沖に運ばれ放流される．また，クラゲについては，台船上に設置した掻き揚げ爪付きのベルトコンベアーの一端を水中に沈め，台船の反対側に係留した網生け簀に集める試験も行われていた（図9・35）．

（小林聖治・原　猛也）

図9·35 水中に沈めてクラゲを掻き揚げるブラシローラー（左）とスクリーンブロッケージを防ぐ曳き網（右）

文　献

Dreano, C., R. R. Kirby and A. S. Clare（2007）：Involvement of the barnacle settlement-inducing protein complex（SIPC）in species recognition at settlement, *J. Exp. Mar. Biol. Ecol.*, 351, 276-282.

Erickson, S. J. and Freeman, A. E.（1978）：Toxicity screening of fifteen chlorinated and brominated compounds using four species marine phytoplankton, Water Chlorination, 307-310.

古田岳志・野方靖行・小林卓也・菊池弘太郎（2011）：付着生物防除における薬剤の効果に関する文献調査（調査報告：V10004），電力中央研究所．

古田岳志・野方靖行・菊池弘太郎（2012）：薬剤による付着生物防除―フジツボおよびイガイ類幼生に対する塩素の影響

原　猛也・藤澤俊郎・山田　裕・青山善一・杉島英樹・小林　努（2005）：二酸化塩素が海生生物に与える影響の予備的検討，海生研報, 8, 11-17.

市川幸司・高岡哲也・泉　孝弘・大井義文（1998）：超音波センサを用いたクラゲ監視システムの開発，四国電力，四国総合研究所社研究期報, 71, 1-8.

Iibuchi, T., Hara, S., Tsuchida, S., Kobayashi, I. Katuyama, T. Kobayashi and M. Kiyono（2009）：Accumulation of Bromoform, a Chlorination Byproduct, by Japanese Flounder, Paralichthys olivaceus."Global Change Mankind-Marine Environment Interactions", Proceedings of the 13th French-Japanese Oceanography Symposium, Springer-Verlag, 203-207.

Jenner, H. A., W. Whitehous, J., Taylor, C. J. L. and Khalanski M.（1998）：Cooling water management in European power stations Biology and control of fouling, Hydroecologie Appliquee Tome, 10（1-2）．

Kamiya, K. Yamashita, K. Yanagawa, T. Kawabata, T. and Watanabe, K.（2012）：Cypris lavae（Cirripedia: Balanomorpha）display auto-fluorescence in nearly specific patterns, *Zool Sci.*, 29, 247-253.

川辺允志（1999）：英仏紀行と仏電力訪問記，火力原子力発電, 40, 392-401.

川辺允志（2004）：21世紀における付着生物対策技術，日本海水学会誌, 58, 378-383.

小林聖治・高野稔之・原　猛也・渡邊剛幸（2012）：防汚剤のシロギス卵への影響試験, *Sessile Organisms*, 29, 78.

熊井一馬・小泉道夫（1986）：トリハロメタン発生機構と分析法,「セミナークロリネーションの過去と現在」電気化学会　海生生物汚損懇談会．

松田竜也・Yan Mengjie・武智克彰・高野博嘉・滝尾　進（2013）：スサビノリ糸状体におけるブロモフォルム生成と付着細菌との応答，第15回マリンバイオテクノロジー学会大会講演要旨集．

松村清隆・山下桂司・神谷享子・岡田佳子・柳川敏治・岡　洋祐・川端豊喜（2002）：タテジマフジツボおよびアカフジツボキプリス幼生の着生における着生誘起タンパク質と付着基盤性状の重要性, *Sessile Organisms*, 19（2），

93-99.

Meehan S., F. E. Lucy, B. Gruber and S. Rackl (2013) : Comparing a microbial biocide and chlorine as zebra mussel control strategies in an Irish drinking water treatment plant, *Management of Biological Invasions*, 4 (2), 113–122.

Taylor, C. J. L (2006) : The effects of biological fouling control af coastal and estuarine power station, *Marine Pollution Bulletin*, 53, 30-48.

Venkatesan, R.・Murthy, P. S (2009) : Macrofouling Control in Power Plants, Marine and Industrial Biofouling, Sprihger Series on Biofilms Volume 4, 265-291.

World Bank Group (1998) : Pollution Prevention and Abatement Handbook.

索　引

あ　行

亜鉛　149
　──ピリチオン　141
赤潮　86
アカフジツボ　170
悪臭対策　314
亜酸化銅　112, 116
　──溶出　196
足糸数　193, 194
足糸平板試験方法　192
アジェンダ 21　305
アセスメント係数　237
アセスメントの実施者　271
アルキルジアミン　348
　──類　137
アルミニウム黄銅管　44
移送ポンプ　312
遺伝子検出法　162
イムノクロマト法　328
医薬用外劇物　134
イルガロール　141
上乗せ排水基準　283
運転管理　203
エアレーション装置　322
AFS 条約　94
AOD 試験　243
エキス　176
SEA ガイドライン　270
SDS の有効活用　309
HSI 法　216
エフィラ　77
LNG 気化器　5
沿岸の流動　31
塩素　118
　──減衰曲線　120
　──代替薬剤　137
　──注入　118, 126
　──注入位置　127
　──注入量　126
　──要求量　120
鉛直分布　188
塩ビ板　196
塩分　28
OECD テストガイドライン　225

オープンラック式 LNG 気化器　20
沖合放水マルチパイプ方式　24
オゾン　134
汚損生物　36, 108
　──の出現カレンダー　190
　──幼生の発生予知　110
親潮　30
オルトトリジン法　121, 128
温室効果ガス　206
温水　157
　──クーラー　158
　──処理　100, 158
温排水　212
　──拡散予測　214

か　行

加圧凝集浮上処理　320
加圧水型発電方式　4
カーテンウォール　9
カーボランダムボール　143
海域垂下試験　192
貝焼却生石灰　174
海水　28
　──温　29
　──温上昇　29
　──設備保守管理技術の歴史　95
　──電解装置　98, 118, 334
　──冷却器　5, 18
　──漏洩　102
海生生物廃棄物　170
改正法アセス　270
海藻類　46
回転（ロータリー）レーキ付きバースクリーン　96
ガイドレール　336
海綿類　68
海洋汚染防止条約　236
海洋環境　40
海洋生物忌避材料　192
海洋調査技術マニュアル　196
海流　30
化学的酸素要求量　186
化学的な方法　110
化学物質管理　224

化学物質関連法　295
化学物質の影響評価　236
化学物質を取り扱う事業者　295
化管法　220, 304
カキ類　54, 170
閣議アセス　268
過酢酸　134
過酸化水素水　133
可視化モデル　203
画像処理　322
化審法　218, 299
加水分解型　116
　──塗料　340
ガスタービンコンバインドサイクル発電方式　2
画像解析　326
　──法　160
カッター付水中ポンプ　320
稼働率　206
過流型除貝装置　146
渦流フィルタ　332
ガルバニ電極　130
カワヒバリガイ　51
カワホトトギスガイ　137
環境影響評価法　267
環境基準　247
環境基本法　264
環境施策への協力義務　264
環境試料の実測　233
環境審査顧問会　268
環境負荷低減努力　264
間欠注入　346
監視用カメラ　316
管棲ゴカイ　69
完全清掃面　190
帰還水路　99
基盤　190
　──から 1 mm 程度内の流速　190
　──選択性　193
　──表面　190
KIHI パネル　149
キプリス幼生　58, 194
逆洗　100
給水部　198

353

凝集加圧処理　172	**さ　行**	省議アセス　268
魚類忌避システム　349	細管伝熱性能低下　44	蒸気タービン復水器　4
汽力発電方式　2	細菌　42	除貝作業　170
金属塩　137	最終選好水温　216	除貝装置　20, 96, 99, 108, 146
菌類　42	最適付着水温　190	除去　110
クラゲ回収用ピット　324	細胞外多糖物質　42	植物プランクトン　85
クラゲ監視システム　322	錆びこぶ　44	所内比率　203
クラゲ減容化　320	サルパ類　81	処理　110
クラゲ対策　78	3Rの促進　285	──方法　170
クラゲの来襲情報　206	産業廃棄物　287	シリコーンエラストマー　168
クラゲ分解菌　172	──処理法　285	シリコーン系防汚塗料　112, 114
クラゲ防止網　96, 99, 322	残留塩素　120	シリコンゴム　168
クラゲ洋上処理システム　312	──連続監視装置　129	餌料　176
クラゲ流入対策設備　316	残留オキシダント　133	新規化学物質　300
クラゲ類　76	次亜塩素酸　133	──の審査　301
グラニュレートボール　143	──ソーダ　118	真空度管理　102
黒潮　30	GESUMP有害評価手順　236	真空度偏差　102
黒潮の蛇行　31	GTCC発電方式　2	親水性　167
蛍光顕微鏡　328	ジェット洗浄　100, 143	水域類型　250
外科用接着剤　194	試験板垂下試験　196	水産用水基準　122, 252
結合塩素　120	自己逆洗型除貝装置　146	水質汚濁防止法　279
検出方法　160	自己研鑽型　116	水質二法　279
原子炉補機冷却用海水設備　6	事後調査　270	水上監視モニター　332
原生動物　42	──報告　273	水中清掃ロボット　100
研磨ボール　142	自主管理　218	水中放水方式　24
高温耐性　157	止水・流水条件　193	水頭損失計測　200
公害国会　279	事前審査　301	スクリーニング　272
公害対策基本法　267	下地皮膜　42	──試験　192
公害防止　264	実機試験　198	スクリーン設備の保守・管理　102
公共用水域　250	実機データ　203	スコーピング　269
抗菌作用　149	自動測定装置　121	スポンジボール　108, 142, 144
抗原抗体反応　160	シナリオ　234	──洗浄　100
高水温型水域　186	生物皮膜　42	スライム　42
鋼船船底塗料防汚性浸海試験方法　193, 196	シャーレ　194	生活環境項目　250
抗体法　160	臭気発生の抑制　334	生活環境の保全　250
高流速　100	取水管　10, 12	清浄度　103
コウロエンカワヒバリガイ　51	取水口　9	清掃ロボット　332
護岸　188	取水水深　188	生態影響リスク　240
──放水　24	取水槽のスクリーン設備　9	生態防汚　110
国際海事機関　236	取水連行　212	最適運用条件　200
コケムシ　70	取水路　10, 12	生物学的な方法　110
固定式バースクリーン　10	取水路放水路の保守・管理　102	生物相　40
コンポスト　172, 174, 344	出力低下　203	生物濃縮係数　225
	種判別　328	生物皮膜　44
	循環水ポンプ　13, 96	──形成と脱離　43
	準備書手続き　273	──対策　44

生物付着　190	電気分解　126	半数致死温度　215
生物連行　212	電気防汚　148	半数致死濃度　225
石炭ガス化複合発電方式　2	電気防食装置　98	PRTR制度　304
接触角　114, 166	電撃処理　168	微細構造　166
セメント　172	動植物性残さ　289	微生物　42
ゼロエミッション　206	導電塗膜　117	——腐食　44
残塩濃度常時監視装置　128	銅ピリチオン　112	人の健康の保護　247
全残留塩素濃度　132	動物プランクトン　88	ヒドロ虫類　62, 170
全残留塩素表示　130	透明板　326	評価書手続き　273
せん断力　190	トガリサルパ　82, 170	標準ボール　142
船底塗料　240	特殊肥料　344	表層放水方式　23
全排水毒性試験　242	毒性試験　225	費用対効果　108
戦略的アセスメント　269	——指針　230	表面加工　166
走査型超音波センサ　322	都市沿岸型水域　186	表面自由エネルギー　166
総量規制　283	土壌改良材　172	表面性状　190
流量制御部　198	トラベリングスクリーン　10, 96	表面の平滑性　114
疎水性　167	トリハロメタン　347	肥料　172, 174
——表面　167	トリブチルスズオキシド　112	不確実係数　237
粗清掃面　190		復水器　15
粗度　157	**な　行**	——管汚れ測定方法　42
	二酸化塩素　134, 348	——逆洗装置　20, 108
た　行	二酸化炭素　342	——細管洗浄装置　98
第1触角　190	粘着性物質　114	——細管ボール洗浄装置　20
対照板　195, 196	粘土鉱物　43	——の保守・管理　102
第2種特定化学物質　302	燃料消費量　206	——細管漏洩検査方法　104
堆肥　172	濃度予測モデル　234	副生成物　121
第4級アンモニウム化合物　137	ノープリウス幼生　58	フジツボ　56, 144, 152
脱気復水器　18	望ましい水質　253	——付着忌避活性試験法　192
WET試験　242		腐食　28
致死効果　194	**は　行**	付着板調査　160
チタン管　44	バイオアッセイ　242	付着珪藻　42
チタンシート　148	バイオセンサ　347	付着生物　108
チタンパネル　336	バイオボックス　346	——観察容器　326
超音波処理　168	廃棄物　286	——湿重量　196
長期耐久性　117	——処分量　206	——調査　196
潮汐流　31	——の処理委託　289	——の成長速度　198
通水試験　198	排出目録制度　304	——の脱落　198
通水トラブル　108	排水基準　252, 280	——量　188
D型幼生　48	ハイドロゲル　168	付着阻害活性　194
低水温型水域　186	配慮書手続き　272	付着阻害物質　117, 164
DPD法　121, 128	曝露シナリオ　235	付着促進　44
低表面自由エネルギー　114	ハザード比　239	付着防止　110
鉄細菌　44	排砂ロボット　332	——膜　168
ΔT　214	バブリング空気設備　316	付着抑制　110
電解塩素　126, 137	パレット洗浄　143	沸騰水型発電方式　4
電気伝導率　102	半数影響濃度　225	物理的な方法　110

不法投棄　291	迷入防止　349	労働安全衛生法上の危険物　134
浮遊生活期　160, 190	メーカーの責務　304	ロータリースクリーン　10, 96
ブラシ洗浄　100, 143	模擬水路　154	
ブラシ打ち　142	モデル管水路　198	
プラヌラ　77	モデルコンデンサ　198	**アルファベット**
プランクトン　85	モデル水管路試験　198	CO2　164
篩い分け試験　192	モニタリング　206	Crisp　154
フロート式足場ユニット　338		EPA　239
ブロモホルム　121, 348	**や　行**	ivermectin　164, 165
分解酵素　172	薬液注入　99, 108	MacroTech　139
分散網　316	薬品注入部　198	MEXEL　140
分布特性　38	有機スズ代替船底防汚塗料　141	NOEC　237
壁面流速　154	有機スズ塗料　94	PDMSe　168
ペディベリジャー幼生　48	有効利用　172	PEC　234
ベニクダウミヒドラ　64	ユーザーの責務　220, 308	PNEC　237
法アセス　269	優占　188	SharkletFATM　168
防汚剤　192	優先評価化学物質　２１９	
防汚素材　192	遊離塩素　120, 132	
防汚対策　108	遊離残留塩素　130	
防汚塗装　100	洋上貯留槽　312	
防汚塗料　108, 112, 192, 196	幼生　190	
──の寿命　198	──検出キット　328	
防汚パネル　340	ヨコエビ類　72	
芳香族炭化水素　137	汚れ係数　44	
防波堤　188	予測環境濃度　233	
補機冷却水冷却器　5, 18	予測無影響濃度　237	
保護皮膜　96	予防　110	
保全措置　264	──的措置　218	
ホヤ類　74		
ポリッシングボール　143	**ら　行**	
	ラクトン環　164	
ま　行	リサイクルの促進努力　264	
マイクロスクリーン　168	リサイクル法　286	
マイクロバブル　164, 342	リサイクル方式　123	
マクロサイクリックラクトン　164	リスク　223	
摩擦損失　157	──評価　223	
マッセルフィルター　96	──ベースの管理　300	
マニュフェスト　289	硫酸還元細菌　44	
マノメーター　200	硫酸第一鉄注入装置　98	
マルチウエルプレート　194	流速　154, 190	
マンガン酸化細菌　44	──分布　154	
ミズクラゲ　76, 170	流入防止　110	
ミドリイガイ　48, 170	流量制御弁　201	
無公害防汚塗料　196	冷却水系　198	
ムラサキイガイ　48, 133, 170, 176	レーキ付き回転バースクリーン　10	
──の幼貝　194	連続細管洗浄装置　108	

発電所海水設備の 汚損対策ハンドブック	編 者　火力原子力発電技術協会 © 発行者　片 岡 一 成 発行所　恒星社厚生閣
2014年10月20日　初版第1刷発行	〒160-0008　東京都新宿区三栄町8 電話 03 (3359) 7371 (代) http://www.kouseisha.com/
定価はカバーに表示してあります	印刷・製本　シナノ

ISBN978-4-7699-1483-9　C1051

JCOPY ＜(社)出版者著作権管理機構　委託出版物＞
本書の無断複写は著作権上での例外を除き禁じられています．複写される場合は，その都度事前に，(社)出版社著作権管理機構（電話 03-3513-6969，FAX03-3513-6979，e-mail:info@jcopy.or.jp）の許諾を得て下さい．

好評発売中

フジツボ類の最新学
―知られざる固着性甲殻類と人とのかかわり―

日本付着生物学会　編
A5判／420頁／定価（本体6,800円＋税）

（1）フジツボ類の分類，生態，付着機構に関する最新の情報（2）環境保全を考えたフジツボの付着を防ぐ最新研究（3）新食材，生理活性物質としての利用，コンクリート耐久性向上への利用などの新規利用研究（4）自然教育の教材としてのフジツボの有用性など，フジツボ類に関するあらゆる最新情報を掲載．フジツボのカラー写真多数掲載．

黒装束の侵入者
―外来付着性二枚貝の最新学―

日本付着生物学会　編
梶原　武・奥谷喬司　監修
A5判／132頁／定価（本体2,300円＋税）

異常な繁殖力を有し，奇妙な色をしたイガイは，30年間で我が国沿岸を占有し，船舶・養殖施設などに甚大な被害を与えている汚損生物である．本書はこのイガイの分類法，日本への侵入と定着過程，DNA鑑定による系統解析などを奥谷喬司・桑原康裕・植田育男・木村妙子・中井克樹・井上広滋・渡部終五氏が論究．

海洋生物の付着機構

水産無脊椎動物研究所　編
A5判／150頁／定価（本体5,000円＋税）

わが国沿岸域の主要な海産付着生物（海綿・ヒドロ虫・管棲多毛類・苔虫・フジツボ・ホヤ類）を取り上げ，その分類体系・形態の特徴を概説し，さらに種の査定法まで解説．またその生態調査法として海中構造物・試験板浸漬調査法を具体的に解説する．幼生の行動と付着機構，付着機構，接着物質など．

水産無脊椎動物学入門

林　勇夫　著
A5判／292頁／定価（本体3,500円＋税）

好評の前著「基礎水産動物学」から十数年，本書は内容を一新し，無脊椎動物に的を絞り，最初に総論部分で，無脊椎動物について全般的に説明し，各論で個々の分類群について詳述することで，読者の便宜を図った．基礎的な事項を中心にし，専門的な勉強の最初のステップとして本書を活用いただきたい．

環境アセスメント学の基礎

環境アセスメント学会　編
B5判／234頁／定価（本体3,000円＋税）

本書は，環境アセスメント学会が学会創立10周年を記念して，全力を傾注して編集したもので，環境アセスメントに関する学術的，実務的知見を集大成し，学部，大学院学生，環境アセスメントの専門技術者を目指す方に利用していただく標準的なテキストとして作成．講義用テキストとして活用しやすいよう各章90分講義にあわせ構成した．

恒星社厚生閣